工学结合·基于工作过程导向的项目化创新系列教材
国家示范性高等职业教育土建类“十三五”规划教材

# 安装工程清单计量与计价项目化教程

ANZHUANG GONGCHENG QINGDAN JILIANG YU JIJIA XIANGMUHUA JIAOCHENG


主　编　林秀华　王雅云
　　　　陆凤池
副主编　孟国庆　汪　锋
　　　　黎雪君　吕丹丹
　　　　王文璟　任　薇
主　审　刘冬梅


提供 课件PPT 教案 www.ibook4us.com
提供 习题/试题（含答案） www.ibook4us.com
提供 课程标准 教学计划 www.ibook4us.com

## 内 容 简 介

本书主要介绍建筑安装工程工程量清单编制与计价的方法。书中选取的工程实例主要包括建筑安装工程中最常用的3个专业的工程项目，分别为小区住宅采暖工程、住宅楼电气照明工程、通风空调工程，实例的选取紧密结合当前建筑行业实际。本书有如下两个主要特点。

(1) 内容组织编排新颖。书中内容顺序的编排颠覆了以往教材的传统方法，按照工程量清单编制的实际工作顺序和过程来编排，同时还把每道程序分为不同的单元，每一步都配有详细的讲解和计算过程。一个专业项目学习完成后，读者就可以基本掌握该专业工程量清单的编制方法和编制内容，非常实用。

(2) 项目化。本书以工程项目为载体，把学习内容、知识点融入工程量清单编制过程中，把零散的不容易记忆的内容串联起来，初学者学习时容易上手。

本书适用于高职高专院校的工程造价专业、建筑工程专业、给排水工程专业等专业的学生使用，也可以作为其他培训机构的教学用书，工程造价人员的考证用书，以及其他相关专业技术人员的参考用书。

为了方便教学，本书还配有电子课件等教学资源包，相关教师和学生可以登录“我们爱读书”网(www.ibook4us.com)免费注册并浏览，或者发邮件至 husttujian@163.com 免费索取。

**图书在版编目(CIP)数据**

安装工程清单计量与计价项目化教程/林秀华，王雅云，陆凤池主编. —武汉：华中科技大学出版社，2017.8
国家示范性高等职业教育土建类“十三五”规划教材
ISBN 978-7-5680-3255-1

Ⅰ.①安… Ⅱ.①林… ②王… ③陆… Ⅲ.①建筑安装-工程造价-高等职业教育-教材 Ⅳ.①TU723.3

中国版本图书馆 CIP 数据核字(2017)第 188003 号

**安装工程清单计量与计价项目化教程**
Anzhuang Gongcheng Qingdan Jiliang yu Jijia Xiangmuhua Jiaocheng

林秀华　王雅云　陆凤池　主编

策划编辑：康　序
责任编辑：狄宝珠
责任监印：朱　玢
出版发行：华中科技大学出版社(中国·武汉)　电话：(027)81321913
武汉市东湖新技术开发区华工科技园　邮编：430223
录　　排：武汉正风天下文化发展有限公司
印　　刷：武汉华工鑫宏印务有限公司
开　　本：787mm×1092mm　1/16
印　　张：20
字　　数：509 千字
版　　次：2017 年 8 月第 1 版第 1 次印刷
定　　价：39.00 元

# 前言

本书适用于采用“基于工作过程的项目化教学”的方法组织教学。书中内容力求紧密结合生产实际，选取建筑安装工程中用途最广、最常见的几个专业的工程实例，选编了小区住宅采暖工程、住宅楼电气照明工程、通风空调工程等三个工程项目，并配备了相应的专业工程图纸。通过对这几个实际工程量清单的编制，把教学内容、主要知识点融入工程量清单编制的过程中，每个工程根据知识点的不同又分为不同的单元。书中每个项目后都附有该专业的一套完整的工程图纸，作为学习、提高的内容，供学生练习编制该专业工程量清单。

本书中知识点的编排顺序模拟了工作场景和工作过程，将理论与实际操作相衔接，打破理论课、实验课的界限，将理论教学和实操教学融为一体，在实践中教理论，在运用中学技术。安装工程实例工程量清单的编制过程就是学生学习的过程。通过对实际工程量清单的编制，使学生掌握工程量清单的编制方法和编制步骤，熟悉常用专业安装工程工程量计算规则，掌握安装工程量清单与计价等基本知识。本书着重培养学生的实践动手能力及解决问题的能力，为今后从事工程造价行业的工作打下基础，对学生职业能力培养和职业素养养成起主要支撑作用。

本书适用于高职高专院校的工程造价专业、建筑工程专业、给排水工程专业等专业的学生使用，也可以作为其他培训机构的教学用书，工程造价人员的考证用书，以及其他相关专业技术人员的参考用书。

本书由南京科技职业学院林秀华、福建信息职业技术学院王雅云、南京科技职业学院陆凤池任主编，由中煤科工集团南京设计研究院孟国庆、长江工程职业技术学院汪锋、新疆石河子职业技术学院黎雪君、山西旅游职业学院吕丹丹、铜陵职业技术学院王文璟、鄂州职业大学任薇任副主编，全书由林秀华审核并统稿。本书由南京科技职业学院刘冬梅担任主审。

为了方便教学，本书还配有电子课件等教学资源包，相关教师和学生可以登录“我们爱读书”网(www.ibook4us.com)免费注册并浏览，或者发邮件至 husttujian@163.com 免费索取。

由于编者水平有限，书中难免有不足之处，欢迎读者批评指正。

编　者

2017 年 7 月

# 前言

# 目录

**项目1　工程量清单计价概述** ……………………………………………………………… (1)
1.1　我国传统工程造价管理体制变革的背景 …………………………………………… (1)
1.2　我国工程造价管理制度的变革 ……………………………………………………… (2)
1.3　《建设工程工程量清单计价规范》(GB 50500—2013)内容简介 …………………… (4)
1.4　《通用安装工程工程量计算规范》(GB 50856—2013)内容简介 ………………… (15)
**项目2　小区住宅采暖工程工程量清单编制与计价** ……………………………………… (17)
2.1　采暖工程相关知识 ………………………………………………………………… (17)
2.2　小区住宅采暖工程施工图识读 …………………………………………………… (22)
2.3　给排水、采暖、燃气工程工程量清单与计价概述 ………………………………… (28)
2.4　给排水、采暖、燃气管道工程量清单编制与计价 ………………………………… (32)
2.5　管道支架及套管制作安装工程量清单编制与计价 ……………………………… (51)
2.6　阀门、水表等管道附件安装工程量清单编制与计价 …………………………… (63)
2.7　供暖器具安装工程量清单编制与计价 …………………………………………… (72)
2.8　刷油、防腐工程量清单编制与计价 ………………………………………………… (77)
2.9　采暖系统调试工程量清单编制与计价 …………………………………………… (90)
2.10　措施项目清单编制与计价 ………………………………………………………… (93)
2.11　工程造价的确定 ………………………………………………………………… (104)
2.12　项目2清单计价实例 …………………………………………………………… (111)
**项目3　住宅楼电气照明工程工程量清单编制与计价** ………………………………… (134)
3.1　电气工程相关知识 ………………………………………………………………… (134)
3.2　“住宅楼电气照明工程”施工图识读 ……………………………………………… (141)
2.3　电气设备安装工程工程量清单与计价概述 ……………………………………… (152)
3.4　控制设备及低压电器安装工程量清单编制与计价 ……………………………… (154)
3.5　电缆安装工程量清单编制与计价 ………………………………………………… (167)
3.6　配管、配线工程量清单编制与计价 ……………………………………………… (183)

3.7 防雷和接地装置工程量清单编制与计价 …………………………………………… (199)
3.8 照明器具安装工程量清单编制与计价 …………………………………………… (209)
3.9 电气调整试验工程量清单编制与计价 …………………………………………… (214)
3.10 项目二清单计价实例 …………………………………………………………… (220)
**项目4 通风空调工程工程量清单编制与计价** ……………………………………… (244)
4.1 通风空调工程相关知识 ………………………………………………………… (244)
4.2 地下二层通风工程施工图识读 ………………………………………………… (253)
4.3 通风及空调工程工程量清单与计价概述 ……………………………………… (259)
4.4 通风及空调设备及部件制作安装工程量清单编制与计价 ……………………… (261)
4.5 通风管道制作安装工程量清单编制与计价 …………………………………… (271)
4.6 通风管道部件制作安装清单编制与计价 ……………………………………… (290)
4.7 通风工程检测、调试工程量清单编制与计价 ………………………………… (300)
4.8 项目4清单计价实例——地下二层通风工程清单编制与计价 ………………… (303)
**附录A 建筑安装工程费用项目组成表(按费用构成要素划分)** ………………… (312)
**附录B 建筑安装工程费用项目组成表(按造价形成划分)** ……………………… (313)

# 工程量清单计价概述

## 子项目 1.1 我国传统工程造价管理体制变革的背景

到20世纪90年代以前，我国的工程造价概预算定额管理制度，是沿用了苏联的模式，采用的是定额计价模式，这种模式是与高度集中的计划经济体制相适应的。党的十一届三中全会以来，我国在政治、经济体制方面进行了变革，政治、经济形式发生了巨大变化，到20世纪90年代，逐步建立了市场经济体制。伴随着这种变化，建设领域开始初步实行招投标制度，引入竞争机制。但是传统的定额计价模式不能适应招投标的要求，由于定额的限制，无论是业主编制的标底，还是施工企业编制的投标报价，都不能超出定额的规定。我国建设市场的发承包计价，是以定额作为主要依据的。这就限制了企业之间的竞争。

定额计价模式不适应招投标的要求主要表现在以下几个方面。

**1. 定额成为确定工程造价的主体**

长期以来，我国建设市场的发承包计价、定价是以工程预算定额作为主要依据的。定额的法令性决定了定额成为确定工程造价的主体，而与建设工程联系密切的作为建筑市场主体的发包人和承包人，则没有价格的决策权，其主体资格形同虚设。企业作为市场的主体，必须是市场价格决策的主体，应根据企业自身的经营状况和市场供求关系决定报价。

**2. 定额的指令性过强、指导性不足**

定额的指令性过强、指导性不足，在具体表现形式上主要是措施项目等施工手段，以及资源消耗量部分统得过死，把企业的技术装备、施工手段、管理水平等本属竞争内容的活跃因素固定化了，不利于企业自主报价，自由竞争。

**3. 定额“量”“价”合一**

定额“量”“价”合一，就是把相对稳定的资源消耗量与不断变化的资源价格合二为一。经济体制中的人工、材料、机械等资源价格是动态变化的，而定额“量”“价”合一的结果，就是难以及时就人工、材料、机械等资源价格的变化适时进行调整，也就难以反映建筑市场价格的动态变化。使市场的参与各方无所适从，难以合理地确定市场价格。

为了适应工程招投标的需要，就必须由市场形成价格，因此需要对传统的定额计价模式进行变革。

另外，随着我国改革开放进一步加快，中国经济逐渐融入全球市场，特别是在加入 WTO 之后，我国的建筑市场对外开放，大量的国外建筑承包企业进入我国市场。同时，我国的建筑企业也大量进入国外市场。在这种开放的市场环境下，迫使我们不得不遵循工程造价管理的国际惯例，尽快与国际惯例接轨，因此，必须改革计价模式，把定价权交给企业和市场，由市场竞争形成价格。

# 子项目 1.2 我国工程造价管理制度的变革

## 一、工程造价管理制度改革目标

工程造价管理体制改革的最终目标是要在统一工程量计算规则和消耗量定额的基础上，遵循商品经济价值规律，建立以市场形成价格为主的价格机制，即“政府宏观调控，企业自主报价，市场竞争形成价格”。

从前面的分析可以看出，我国工程造价管理制度的变革的关键是实现“量”、“价”分离。人工、材料、机械台班等资源价格由指导价变为市场价，政府主管部门规定的取费及其费率由指令性变为指导性，改变定额的计划性属性。

企业依据政府和社会咨询机构提供的市场价格信息和造价指数，采用企业自行制定定额与政府指导性相结合的方式，结合企业自身实际情况，自主报价，通过市场竞争予以定价。

## 二、工程造价管理制度的改革

一场由市场形成价格的工程造价管理体制的改革势在必行。通过市场价格机制的运行，逐步建立起适应社会主义市场经济体制、符合中国国情、与国际惯例接轨的工程造价管理体制。实行“量”、“价”分离，国家取消定价，把定价权交还给企业和市场。其主导原则就是“确定量、市场价、竞争费”，具体改革措施就是在工程施工发、承包过程中采用工程量清单计价。

工程量清单计价是目前国际上通行的、大多数国家所采用的工程计价方式。在我国工程建设中推行工程量清单计价，是与市场经济相适应的、与国际惯例接轨的一项重要的造价改革措施，必将引起我国工程造价管理体制的重大变革。

回顾我国工程造价管理制度的改革过程，基本上是渐进式的改革，分步实施的。

**1. 第一步，提出了“控制价量、指导价、竞争费”的改革措施**

20 世纪 90 年代初，为了适应建设市场改革的要求，针对定额计价存在的问题，建设部提出了“控制量、指导价、竞争费”的改革措施。并在工程发承包中逐步实行招投标制度。工程造价管理由静态管理逐步转变为动态管理。

这时期工程造价改革的主要思路和原则是:将工程预算定额中的人工、材料、机械台班的消耗量与相应的单价分离。“控制量”也就是控制资源的消耗量,人、材、机的消耗量是国家根据有关规范、标准以及社会的平均水平来确定。“控制量”的目的就是要保证工程质量。“指导价”就是要逐步走向市场形成价格。“竞争费”是指措施费是放开的,是可以竞争的。

这一措施在我国实行市场经济初期起到了积极的作用。但这种做法并没有彻底改变工程价格由政府定价的状况,随着市场化进程的发展,难以满足招标投标和评标的要求。因为,控制的量是反映的社会平均消耗水平,不能准确地反映各个企业的实际消耗量,不能全面地体现企业装备水平、管理水平和劳动生产率。

**2. 改革以工程预算定额为计价依据的定额计价模式,实行工程量清单计价模式**

1) 2003 版《建筑工程工程量清单计价规范》

建设部于 2002 年 2 月开始组织有关部门和地区的工程造价专家编制工程量清单计价规范。通过广泛地征求意见、充分地探讨论证、反复地推敲修改,最终形成了国家标准《建设工程工程量清单计价规范》(GB 50500—2003),经建设部批准,于 2003 年 7 月 1 日正式颁布实施,这是我国工程造价计价方式适应社会主义市场经济发展的一次重大改革,也是我国工程造价计价工作向逐步实现“政府宏观调控,企业自主报价,市场竞争形成价格”的目标迈出的坚实的一步。

2) 2008 版《建筑工程工程量清单计价规范》

《建设工程工程量清单计价规范》(GB 50500—2003)实施以来,对规范工程招投标中的发、承包计价行为起到了重要作用,为建立市场竞争形成价格的机制奠定了基础。但在使用中也出现了一些急需完善的地方,住房和城乡建设部组织有关单位和专家对该规范进行了修订,于 2008 年 7 月发布了《建设工程工程量清单计价规范》(GB 50500－2008),自 2008 年 12 月 1 日起实施。该规范增加了工程合同签订、工程计量与价款支付、工程变更价款调整、工程索赔和工程结算等方面相应的内容。

3) 2013 版《建筑工程工程量清单计价规范》

为了规范建设工程造价计价行为,统一建设工程计价文件的编制原则和计价方法,适应工程建设招投标市场的深入发展,在总结《建设工程工程量清单计价规范》(GB 50500—2008)实施以来及工程量清单计价改革经验的基础上,对《建设工程工程量清单计价规范》(GB 50500—2008)进行了修订。形成了新的国家标准《建设工程工程量清单计价规范》(GB 50500—2013)。从 2013 年 7 月 1 日开始实施。

修订内容主要是针对执行中存在的问题,特别是清理拖欠工程款工作中普遍反映的,在工程实施阶段中有关工程价款调整、支付、结算等方面缺乏依据的问题,主要修订了原规范正文中不尽合理、可操作性不强的条款及表格格式,特别增加了采用工程量清单计价如何编制工程量清单和招标控制价、投标报价、合同价款约定以及工程计量与价款支付、工程价款调整、索赔、竣工结算、工程计价争议处理等内容,并增加了条文说明。

修改后的 2013 版《建筑工程工程量清单计价规范》相比 2008 版规范,其内容涵盖了从工程实施阶段开始的招投标、合同价的确定到竣工结算与支付、合同价款争议的解决、工程造价鉴定以及工程计价资料与档案建立的全过程,实行工程造价全过程的管理。加强了市场监管,强化了清单计价的执行力度。

《建筑工程工程量清单计价规范》经过几次修订，内容不断完善，可操作性也不断增强。

## 三、2013 版《建筑工程工程量清单计价规范》的主要特点

**1. 竞争性**

计价规范中的人工、材料、机械都没有具体的消耗量，其消耗量和单价由企业根据企业定额和市场价格信息，参照建设主管部门发布的社会平均消耗量定额进行报价。这不是不要定额，而是改变定额作为政府定价的法定行为，企业可以参照执行定额，也可以自行制定定额。采用自行制定定额与政府指导性相结合的方式。

计价规范中的"措施项目"，在工程量清单中只列"措施项目"一栏，具体采用什么措施，由投标人根据自己企业的施工组织设计，视具体情况而定。各个企业所采用的措施项目各有不同，是留给企业的竞争空间。这样就把报价权交给了企业，体现出企业之间的竞争性。

**2. 强制性**

规范中黑体字标志的条文为强制性条文，必须严格执行。按照计价规范规定，使用国有资金投资的建设工程发承包，必须采用工程量清单计价。非国有资金投资的建设工程，宜采用工程量清单计价。不采用工程量清单计价的建设工程，也应执行规范除工程量清单等专门性规定外的其他规定。

**3. 统一性**

《建筑工程工程量清单计价规范》实行五个统一，即项目编码统一、项目名称统一、项目特征描述统一、计量单位统一、工程量计算规则统一。

**4. 实用性**

计价规范中，项目名称明确清晰，工程量计算规则简洁明了，列有项目特征与工程内容，便于确定工程造价。

**5. 通用性**

与国际惯例接轨，符合工程量计算方法标准化、工程量计算规则统一化、工程造价确定市场化的要求。

# 子项目 1.3 《建设工程工程量清单计价规范》(GB 50500—2013)内容简介

《建设工程工程量清单计价规范》(GB 50500—2013)共分为总则、术语、一般规定、招标工程量清单、招标控制价、投标报价、合同价款约定、工程计量、合同价款调整、合同价款中期支付、竣工结算与支付、合同解除的价款结算与支付、合同价款争议的解决、工程计价资料与档

案、计价表格等 15 章内容和 11 个附录。规范中以黑体字标志的条文为强制性的条文，必须严格执行。

下面分别介绍有关章节中的重点内容。

# 任务 1 总则及一般规定

## 一、总则

本章规定了本规范制定的目的、依据、适用范围、应遵守的基本原则、工程造价的组成、执行本规范与执行其他标准之间的关系等基本事项。其主要内容如下。

**1. 规范制定的目的**

本规范制定的目的是为了规范建设工程造价计价行为，统一建设工程计价文件的编制原则和计价方法。

本条说明了规范内容范围扩大到了统一建设工程计价文件，而不仅仅是工程量清单的编制和计价方法。

**2. 规范编制的依据**

本规范编制的依据是《中华人民共和国建筑法》《中华人民共和国合同法》《中华人民共和国招标投标法》。

**3. 规范适用范围**

本规范适用于建设工程发承包及实施阶段的计价活动。

一般工程建设项目分为以下几个阶段：前期决策阶段（可行性研究阶段）、设计阶段（分为初步设计和施工图设计）、招投标与合同价的确定阶段、施工阶段、竣工决算阶段。

与其相对应的工程造价的计价是工程估算（可行性研究阶段）、工程概预算（初步设计、施工图设计）、招标控制价、投标报价（招投标阶段）、合同价、结算价（施工阶段）、竣工结算（竣工决算阶段）。

本条规范明确了适用阶段为：从工程发承包阶段（招投标与合同价的确定），至工程实施阶段（工程施工、竣工决算）计价活动。也就是说，本规范不适用于前期决策阶段和设计阶段的计价活动。

本条规范所指的计价活动包括了以下内容：招标工程量清单编制、招标控制价的编制、投标报价的编制、合同价款的约定、竣工结算的办理以及施工过程中的工程计量办法、工程索赔与现场签证、合同价款调整、合同价款的中期支付、合同价款争议的解决等工程建设全过程的计价活动。

**4. 应遵守的基本原则**

建设工程施工发承包及实施阶段的计价活动应遵循客观、公正、公平的原则。

本条体现的是对建设工程计价活动的最基本的要求。这就要求工程量清单计价活动要有高度透明度，工程量清单编制要实事求是；招标活动不能弄虚作假，招标机会要平等，公平对待所有投标人；投标报价要从企业实际情况出发，不能低于成本价报价、不串通报价等。

**5. 工程造价的组成**

建设工程施工发承包造价由分部分项工程费、措施项目费、其他项目费、规费和税金组成。

本条规定了建设工程发承包及实施阶段计价时，不论采用什么计价方式，工程造价都由分部分项工程费、措施项目费、其他项目费、规费和税金组成。

## 二、一般规定

**1. 执行本规范的范围**

本规范明确规定：使用国有资金投资的建设工程发承包，必须采用工程量清单计价。非国有资金投资的建设工程，宜采用工程量清单计价。不采用工程量清单计价的建设工程，应执行本规范除工程量清单等专门性规定外的其他规定。

本条规定了执行本规范的范围，国有投资的资金包括国家融资资金和以国有资金为主的投资资金。

(1) 国有资金投资的工程建设项目包括：

① 使用各级财政预算资金的项目；

② 使用纳入财政管理的各种政府性专项建设资金的项目；

③ 使用国有企事业单位自有资金，并且国有资产投资者实际拥有控制权的项目。

(2) 国家融资资金投资的工程建设项目包括：

① 使用国家发行债券所筹资金的项目；

② 使用国家对外借款或者担保所筹资金的项目；

③ 使用国家政策性贷款的项目；

④ 国家授权投资主体融资的项目；

⑤ 国家特许的融资项目。

(3) 以国有资金为主的工程建设项目是指国有资金占投资总额50%以上，或虽不足50%但国有投资者实质上拥有控股权的工程建设项目。

而对于非国有资金投资的建设工程，建议使用，但是不强制使用工程量清单计价。非国有资金投资的建设工程，可以不采用工程量清单计价，但是除了计价之外的其他活动，如工程价款支付、竣工结算与支付、合同价款争议的解决等活动内容也必须执行本规范的相关条款的规定。

**2. 计价方法**

工程量清单应采用综合单价计价。

本条规定了实行工程量清单计价应采用综合单价计价。不论分部分项项目、措施项目、其他项目，还是以单价或总价形式表现的项目，其综合单价的组成内容应包括除规费、税金以外的所有金额。

这里，综合单价的定义仍是一种狭义上的综合单价，规费、税金不包括在综合单价中。国际上所说的综合单价，一般是指包括全部费用的综合单价，包括规费、税金。目前在我国，建筑市场存在过度竞争的情况下，保障规费、税金等不可竞争费仍是很有必要的。

措施项目清单中的安全文明施工费应按照国家或省级、行业建设主管部门的规定计价，不得作为竞争性费用。

规费和税金应按国家或省级、行业建设主管部门的规定计算，不得作为竞争性费用。

# 任务 2 术语

本章对本规范特有的术语给予定义。其主要内容如下。

工程量清单：载明建设工程的分部分项工程项目、措施项目、其他项目的名称和相应数量以及规费项目、税金项目等内容的明细清单。

招标工程量清单：招标人依据国家标准、招标文件、设计文件以及施工现场实际情况编制的，随招标文件发布供投标报价的工程量清单，包括其说明和表格。

分部分项工程：分部工程是单项或单位工程的组成部分，是按结构部位、路段长度及施工特点或施工任务将单项或单位工程划分为若干分部的工程；分项工程是分部工程的组成部分，是按不同的施工方法、材料、工序及路段长度等将分部工程划分为若干个分项或项目的工程。

措施项目：为完成工程项目施工，发生于该工程施工准备和施工过程中的技术、生活、安全、环境保护等方面的项目。

项目编码：分部分项工程和措施项目清单名称的阿拉伯数字标识。

项目特征：构成分部分项工程项目、措施项目自身价值的本质特征。

综合单价：完成一个规定清单项目所需的人工费、材料和工程设备费、施工机具使用费和企业管理费、利润以及一定范围内的风险费用。

风险费用：隐含于已标价工程量清单综合单价中，用于化解发承包双方在工程合同中约定内容和范围内的市场价格波动风险的费用。

工程量偏差：承包人按照合同工程的图纸（含经发包人批准由承包人提供的图纸）实施，按现行国家计量规范规定的工程量计算规则计算得到的完成合同工程项目应予计量的工程量与相应的招标工程量清单项目列出的工程量之间的偏差。

暂列金额：招标人在工程量清单中暂定并包括在合同价款中的一笔款项。用于工程合同签订时尚未确定或者不可预见的所需材料、工程设备、服务的采购，施工中可能发生的工程变更、合同约定调整因素出现时的合同价款调整以及发生的索赔、现场签证确认等的费用。

暂估价：招标人在工程量清单中提供的用于支付必然发生但暂时不能确定价格的材料、工程设备的单价以及专业工程的金额。

计日工：在施工过程中，承包人完成发包人提出的施工图纸以外的零星项目或工作，按合同中约定的综合单价计价的一种方式。

总承包服务费：总承包人为配合协调发包人进行的专业工程分包，对发包人自行采购的工程设备、材料等进行保管以及施工现场管理、竣工资料汇总整理等服务所需的费用。

安全文明施工费：在合同履行过程中，承包人按照国家法律、法规、标准等规定，为保证安全施工、文明施工，保护现场内外环境和搭建临时设施等所采用的措施而发生的费用。

施工索赔：在工程合同履行过程中，合同当事人一方因非己方的原因而遭受损失，按合同约定或法规规定应由对方承担责任，从而向对方提出补偿的要求。

现场签证：发包人现场代表（或其授权的监理人、工程造价咨询人）与承包人现场代表就施工过程中涉及的责任事件所作的签认证明。

提前竣工（赶工）费：承包人应发包人的要求，采取加快工程进度的措施，使合同工程工期缩短产生的，应由发包人支付的费用。

误期赔偿费：承包人未按照合同工程的计划进度施工，导致实际工期大于合同工期（包括经发包人批准的延长工期），承包人应向发包人赔偿损失发生的费用。

费用：承包人为履行合同所发生或将要发生的所有合理开支，包括管理费和应分摊的其他费用，但不包括利润。

利润：承包人完成合同工程获得的盈利。

企业定额：施工企业根据本企业的施工技术、机械装备和管理水平而编制的人工、材料和施工机械台班等的消耗标准。

规费：根据国家法律、法规规定，由省级政府或省级有关权力部门规定施工企业必须缴纳的，应计入建筑安装工程造价的费用。

税金：国家税法规定的应计入建筑安装工程造价内的营业税、城市维护建设税及教育费附加和地方教育费附加。

发包人：具有工程发包主体资格和支付工程价款能力的当事人以及取得该当事人资格的合法继承人。本规范有时又称招标人。

承包人：被发包人接受的具有工程施工承包主体资格的当事人以及取得该当事人资格的合法继承人。本规范有时又称投标人。

工程造价咨询人：取得工程造价咨询资质等级证书，接受委托从事建设工程造价咨询活动的当事人以及取得该当事人资格的合法继承人。

造价工程师：取得造价工程师注册证书，在一个单位注册、从事建设工程造价活动的专业人员。

造价员：取得全国建设工程造价员资格证书，在一个单位注册、从事建设工程造价活动的专业人员。

工程计量：发承包双方根据合同约定，对承包人完成合同工程的数量进行的计算和确认。

工程结算：发承包双方根据合同约定，对合同工程在实施中、终止时、已完工后进行的合同价款计算、调整和确认。包括期中结算、终止结算、竣工结算。

招标控制价：招标人根据国家或省级、行业建设主管部门颁发的有关计价依据和办法，以及拟定的招标文件和招标工程量清单，结合工程具体情况编制的招标工程的最高投标限价。

投标价：投标人投标时响应招标文件要求所报出的对已标价工程量清单汇总后标明的总价。

签约合同价（合同价款）：发承包双方在工程合同中约定的工程造价，即包括了分部分项工程费、措施项目费、其他项目费、规费和税金的合同总金额。

# 任务 3 招标工程量清单

## 一、一般规定

本章规定了工程量清单编制人及其资格，工程量清单组成、内容、编制依据等。

招标工程量清单应由具有编制能力的招标人或受其委托，具有相应资质的工程造价咨询人或招标代理人编制。该条规定了工程量清单的编制主体。

招标工程量清单必须作为招标文件的组成部分，其准确性和完整性由招标人负责。招标工程量清单是工程量清单计价的基础，应作为编制招标控制价、投标报价、计算工程量、工程索赔等的依据之一。

该条款规定了工程量清单的准确性和完整性的责任人是发包方，投标人依据工程量清单进行投标报价，对工程量清单不负有核实的义务，更不具有修改和调整的权利。

工程量清单的组成：应由分部分项工程量清单、措施项目清单、其他项目清单、规费项目清单、税金项目清单组成。

编制工程量清单应依据：

（1）本规范和相关工程的国家计量规范；

（2）国家或省级、行业建设主管部门颁发的计价依据和办法；

（3）建设工程设计文件；

（4）与建设工程有关的标准、规范、技术资料；

（5）拟定的招标文件；

（6）施工现场情况、工程特点及常规施工方案；

（7）其他相关资料。

## 二、分部分项工程项目

分部分项工程量清单应载明项目编码、项目名称、项目特征、计量单位和工程量。分部分项工程量清单应根据相关工程现行国家计量规范规定的项目编码、项目名称、项目特征、计量单位和工程量计算规则进行编制。

本条规定了构成一个分部分项工程量清单的五个要件——项目编码、项目名称、项目特征、计量单位和工程量，这五个要件在分部分项工程量清单的组成中缺一不可。

**1. 项目编码**

“项目编码”是分部分项工程和措施项目工程量清单项目名称的阿拉伯数字标识的顺序码。

本条规定了工程量清单编码的表示方式及其设置规定。工程量清单编码以十二位阿拉伯数字表示，一至九位为统一编码，应按附录的规定设置，十至十二位为清单项目名称顺序码，应根据拟建工程的工程量清单项目名称设置。同一招标工程的项目编码不得有重码。

各位数字的含义及级别具体如下。

一、二位为工程分类顺序码，为第 1 级。如建筑与装饰工程为 01，仿古建筑工程为 02，安装工程为 03，市政工程为 04 等。

三、四位为专业工程顺序码，为第 2 级。

五、六位为分部工程顺序码，为第 3 级。

七、八、九位为分项工程项目名称顺序码，为第 4 级。

十至十二位为具体清单项目名称顺序码，为第 5 级。

以安装工程为例，说明项目编码的表示方法和含义，见图 1-1。

第 1 级 第 2 级 第 3 级 第 4 级 第 5 级

03——04——08——004——×××

**图 1-1**

第 1 级表示分类顺序码，如 03 表示安装工程；

第 2 级表示专业工程顺序码，如 04 表示电气设备安装；

第 3 级表示分部工程顺序码，如 08 表示电缆；

第 4 级表示分项工程项目名称顺序码，如 004 表示电缆槽盒；

第 5 级表示具体清单项目名称顺序码。

当同一标段(或合同段)的一份工程量清单中含有多个单位工程且工程量清单是以单位工程为编制对象时，在编制工程量清单时应特别注意对项目编码十至十二位的设置不得有重码的规定。例如一个标段(或合同段)的工程量清单中含有三个单位工程，每一单位工程中都有项目特征相同的堆砌石假山，在工程量清单中又需反映三个不同单位工程的堆砌石假山工程量时，则第一个单位工程堆砌石假山的项目编码应为 050301002001，第二个单位工程堆砌石假山的项目编码应为 050301002002，第三个单位工程堆砌石假山的项目编码应为 050301002003，并分别列出各单位工程堆砌石假山的工程量。

**2. 项目名称**

本条规定了分部分项工程量清单项目的名称应按附录中的项目名称，结合拟建工程的实际确定。

**3. 项目特征**

“项目特征”是对体现分部分项工程量清单、措施项目清单价值的特有属性和本质特征的描述。

工程量清单的项目特征是确定一个清单项目综合单价不可缺少的重要依据，在编制工程量清单时，必须对项目特征进行准确和全面的描述。但有些项目特征用文字往往又难以准确和全面的描述清楚。因此，为达到规范、简捷、准确、全面描述项目特征的要求，在描述工程量清单项目特征时应按以下原则进行。

(1) 项目特征描述的内容应按附录中的规定，结合拟建工程的实际，能满足确定综合单价的需要。

(2) 若采用标准图集或施工图纸能够全部或部分满足项目特征描述的要求，项目特征描述可直接采用详见××图集或×× 图号的方式。对不能满足项目特征描述要求的部分，仍应用文字描述。

**4. 工程量计算**

工程量计算是指建设工程项目以工程设计图纸、施工图组织设计或施工方案及有关技术经济文件为依据，按照相关工程国家标准的计算规则、计量单位等规定，进行工程数量的计算活动，在工程建设中简称工程计量。

本条规定了工程量应按附录中规定的工程量计算规则计算。

**5. 计量单位**

本条规定了工程量清单的计量单位应按附录中规定的计量单位确定。

附录中有两个或两个以上计量单位的，应结合拟建工程项目的实际选择其中一个。

## 三、措施项目

措施项目清单应根据相关工程现行国家计量规范的规定编制。

措施项目清单应根据拟建工程的实际情况列项。

由于影响措施项目设置的因素太多，本规范不可能将施工中可能出现的措施项目一一列出。在编制措施项目清单时，因工程情况不同，出现本规范及附录中未列的措施项目，可根据工程的具体情况对措施项目清单作补充，且补充项目的有关规定及编码的设置应按本规范相关条文执行。

本条规定了措施项目也同分部分项工程一样，编制工程量清单必须列出项目编码、项目名称、项目特征、计量单位。同时明确了措施项目的计量，项目编码、项目名称、项目特征、计量、工程量计算规则，按本规范的有关规定执行。

计价规范将措施项目分为两类：一类是不能计算工程量的项目，如安全文明施工、临时设施等，就以“项”为计价单位，称为“总价项目”；另一类是可以计算工程量的项目，如脚手架、降水工程等，就以“量”计价，称为“单价项目”，这样更有利于措施费的确定和调整。

## 四、其他项目

其他项目清单应按照下列内容列项：

(1) 暂列金额；

(2) 暂估价：包括材料暂估单价、工程设备暂估单价、专业工程暂估价；

(3) 计日工；

(4) 总承包服务费。

暂列金额应根据工程特点,按有关计价规定估算。

暂估价中的材料、工程设备暂估价应根据工程造价信息或参照市场价格估算;专业工程暂估价应分不同专业,按有关计价规定估算,列出明细表。

计日工应列出项目名称、计量单位和暂估数量。

出现本规范未列的项目,应根据工程实际情况补充。

## 五、规费

规费项目清单应按照下列内容列项:

(1) 社会保障费:包括养老保险费、失业保险费、医疗保险费;

(2) 住房公积金;

(3) 工程排污费。

出现本规范未列的项目,应根据省级政府或省级有关权力部门的规定列项。

## 六、税金

税金项目清单应包括下列内容:

(1) 增值税;

(2) 城市维护建设税;

(3) 教育费附加。

出现本规范未列的项目,应根据税务部门的规定列项。

# 任务 4 工程量清单计价

计价规范中关于这部分内容共 11 节,规定了工程量清单计价从招标控制价、投标报价、合同价款约定、工程计量、合同价款调整、合同价款中期支付、竣工结算与支付、合同解除的价款结算与支付、合同价款争议的解决、工程计价资料与档案等所有内容。

规范中所提到的工程量清单计价,主要是指与建设工程发承包及实施阶段相对应的“招标控制价”“投标报价”“合同价”“竣工结算价”这“四价”。

其中,建设工程施工发承包造价由分部分项工程费、措施项目费、其他项目费、规费和税金组成,如图 1-2 组成。

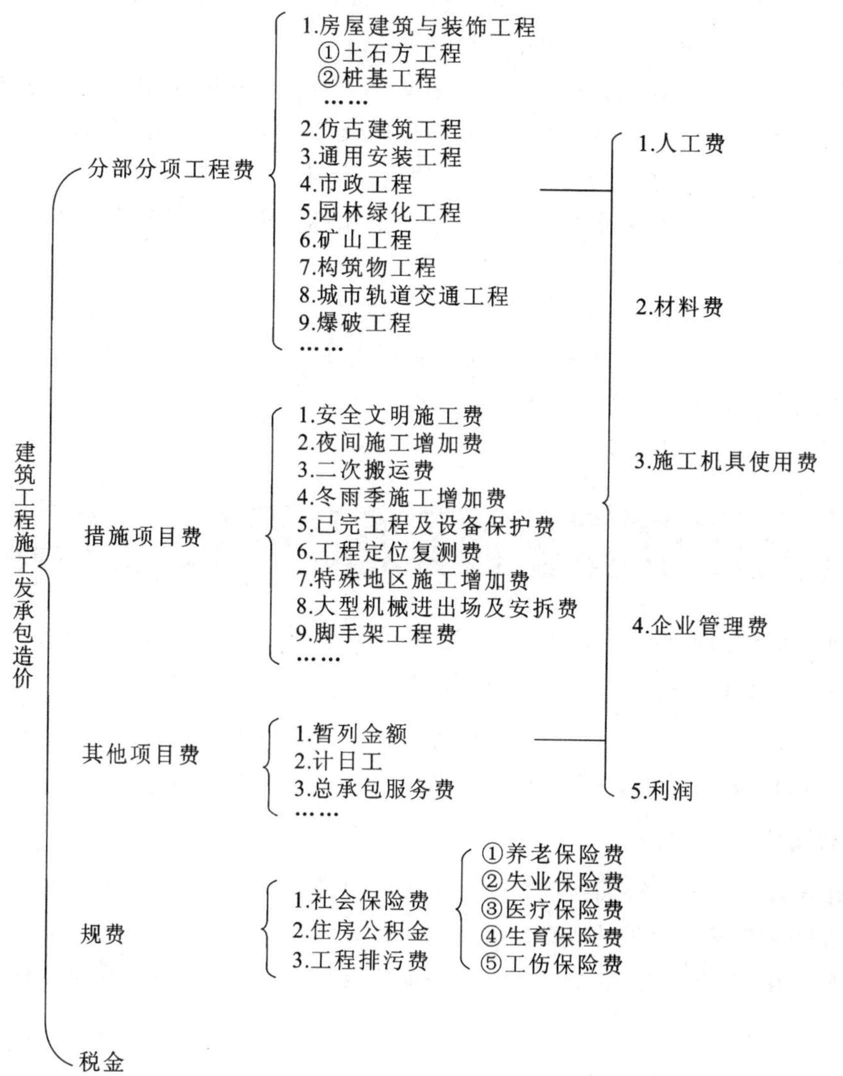


**图 1-2　建筑工程施工发承包造价组成**

## 一、分部分项工程量清单计价

分部分项工程量清单计价方式是采用综合单价计价。

综合单价是完成一个规定清单项目所需的人工费、材料和工程设备费、施工机具使用费和企业管理费、利润以及一定范围内的风险费用。

风险费用是隐含于已标价工程量清单综合单价中，用于化解发承包双方在工程合同中约定内容和范围内的市场价格波动风险的费用。即：

综合单价＝人工费＋材料费＋机械费＋管理费＋利润＋由投标人承担的风险费用
＋其他项目清单中的材料暂估价

综合单价中应包括拟定的招标文件中要求投标人承担的风险费用。拟定的招标文件没有明确的，如是工程造价咨询人编制的，应提请招标人明确；如是招标人编制的，应予明确。

招标文件中提供了暂估单价的材料，按暂估的单价计入综合单价。

分部分项工程项目费应根据拟定的招标文件和招标工程量清单项目中的特征描述及有关要求确定综合单价计算。

综合单价是由投标人根据自己的企业定额自主报价，体现出工程造价最终由市场定价这一原则。企业如果没有自己的企业定额，也可以参照当地工程造价主管部门颁布的计价定额，或根据企业自己所掌握的市场价格在此基础上做一定调整，自主报价。江苏省现行计价定额为2014 版《江苏省安装工程计价定额》。

## 二、措施项目计价

措施项目计价分两类：一类采用单价措施项目计价；另一类采用总价措施项目计价。

**1. 单价措施项目计价**

可以计算工程量的措施项目，应采用单价措施项目计价。措施项目中的单价项目，应根据拟定的招标文件和招标工程量清单项目中的特征描述及有关要求确定综合单价计算。

**2. 总价措施项目计价**

不宜计算工程量的措施项目，应采用总价措施项目计价。以“项”为单位的方式计价，计价内容应包括除规费、税金以外的所有费用。

措施项目中的总价项目，措施项目费应根据拟定的招标文件中的措施项目清单按本规范的相关条文的规定计价。

**3. 措施项目清单中的“安全文明施工费”**

该费用应按照国家或省级、行业建设主管部门的规定计价，不得作为竞争性费用。

## 三、其他项目计价

其他项目费应按下列规定计价：

(1) 暂列金额应按招标工程量清单中列出的金额填写；

(2) 暂估价中的材料、工程设备单价应按招标工程量清单中列出的单价计入综合单价；

(3) 暂估价中的专业工程金额应按招标工程量清单中列出的金额填写；

(4) 计日工应按招标工程量清单中列出的项目根据工程特点和有关计价依据确定综合单价计算；

(5) 总承包服务费应根据招标工程量清单列出的内容和要求估算。

## 四、规费和税金

规费和税金应按国家或省级、行业建设主管部门的规定计算，不得作为竞争性费用。

# 子项目 1.4 《通用安装工程工程量计算规范》(GB 50856—2013)内容简介

与《建设工程工程量清单计价规范》(GB 50500—2013)相配套的是9个专业计量规范，涉及9个专业工程，它们分别是：房屋建筑与装饰工程、通用安装工程、市政工程、园林绿化工程、矿山工程、仿古建筑工程、城市轨道交通工程、构筑物工程、爆破工程。

GB50856—2013共分5个部分，分别是：总则、术语、工程计量、工程量清单编制、附录。其中附录共有13个，分别为附录A、附录B、附录C……附录N。工程量清单编制及附录的内容在后面各项目中介绍。下面简要介绍《通用安装工程工程量计算规范》(GB 50856—2013)总则、术语、工程计量等相关的内容。

## 一、总则

为规范工程造价计量行为，统一"通用安装工程"工程量清单的编制、项目设置和计量规则，特制定本规范。本规范适用于一般工业与民用建筑安装工程施工发承包计价活动中的工程量清单编制和工程量计算。通用安装工程计量，应当按本规范进行工程量计算。工程量清单和工程量计算等造价文件的编制与核对应由具有资格的工程造价专业人员承担。通用安装工程计量活动，除应遵守本规范外，还应符合国家现行有关标准的规定。

其中"通用安装工程计量，应当按本规范进行工程量计算。"一条为强制性条款，规定了执行本规范的范围，明确了无论是国有资金投资的还是非国有资金投资的工程建设项目，其工程计量必须执行本规范。

## 二、术语

### 1. 分部分项工程

分部工程是单位工程的组成部分，是按通用安装工程专业及施工特点或施工任务将单位工程划分为若干分部的工程；分项工程是分部工程的组成部分，是按不同施工方法、材料、工序等将分部工程划分为若干个分项或项目的工程。

**2. 安装工程**

安装工程是指各种设备、装置的安装工程。

安装工程通常包括:工业、民用设备,电气、智能化控制设备,自动化控制仪表,通风空调,工业、消防、给排水、采暖、燃气管道以及通信设备安装等。

## 三、工程计量

**1. 计量单位**

本规范附录中有两个或两个以上计量单位的,应结合拟建工程项目的实际情况,选择其中一个。同一工程项目的计量单位应一致。

工程计量时每一项目汇总的有效位数应遵守下列规定:

(1) 以"t"为单位,应保留小数点后三位数字,第四位小数四舍五入;

(2) 以"m、$m^2$、$m^3$、kg"为单位,应保留小数点后两位数字,第三位小数四舍五入;

(3) 以"台、个、件、套、根、组、系统"为单位,应取整数。

**2. 工作内容**

本规范各项目仅列出了主要工作内容,除另有规定和说明外,应视为已经包括完成该项目所列或未列的全部工作内容。

# 项目 2

# 小区住宅采暖工程工程量清单编制与计价

## 子项目 2.1 采暖工程相关知识

### 一、采暖工程系统简介

采暖工程中由热源产生的热媒，通过管道输送到需采暖房间，再通过采暖器具，将热媒中的热量散发到房间，起到采暖作用，冷却后的“热媒”，又通过管道回到热源中去，进行再循环。

采暖系统一般由锅炉房（热源）、管网、散热器、减压阀、疏水器、回水泵、回水管网等组成。常见采暖方式中的热媒一般为热水采暖、蒸汽采暖等。

以热水为热媒，且热水是靠水泵产生的压力进行循环流动的称为机械循环热水采暖系统。以蒸汽锅炉产生的蒸汽送到散热器当中凝结成水放出汽化潜热的称为蒸汽采暖系统。按蒸汽工作压力大小，又可以分为低压蒸汽采暖系统和高压蒸汽采暖系统。

低压蒸汽采暖系统是指蒸汽相对压力低于 70 kPa 的蒸汽采暖系统。大于 70 kPa 的蒸汽采暖系统为高压蒸汽采暖系统。

### 二、室内采暖工程系统组成

室内采暖工程系统由以下几部分组成。

（1）热力入口装置：阀门、压力表、温度计等。

（2）管道系统：管道系统包括供水管道和回水管道。其中供水管道又包括供水干管、立管、支管。回水管道一般为回水干管。

(3) 管道附件。

采暖管道上的附件包括阀门、手动排气阀、集气罐或自动排气阀、伸缩器、支架等。

手动排气阀在散热器上部专设的螺纹孔上,以手动方式排除散热器中的空气。集气罐或自动排气阀一般设在供水干管的末端(最高点),用于排除系统中的空气。伸缩器的主要作用是补偿管道因热胀冷缩而产生的变化。

(4) 供暖器具:散热器

散热器是使室内空气温度升高的设施。常用散热器有三类:铸铁散热器、钢制散热器[又分为钢制闭式(串片)散热器和钢制板式散热器(组)]、光排管散热器。

① 铸铁散热器。

图 2-1 所示为铸铁散热器。

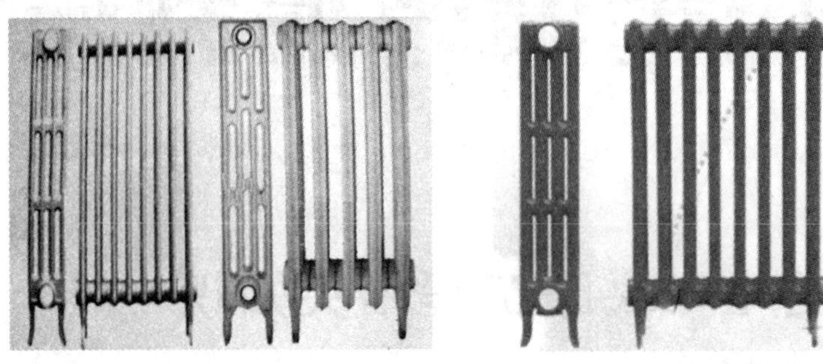

**图 2-1 铸铁散热器**

② 钢制闭式(串片)散热器。

图 2-2 所示为钢制闭式散热器。

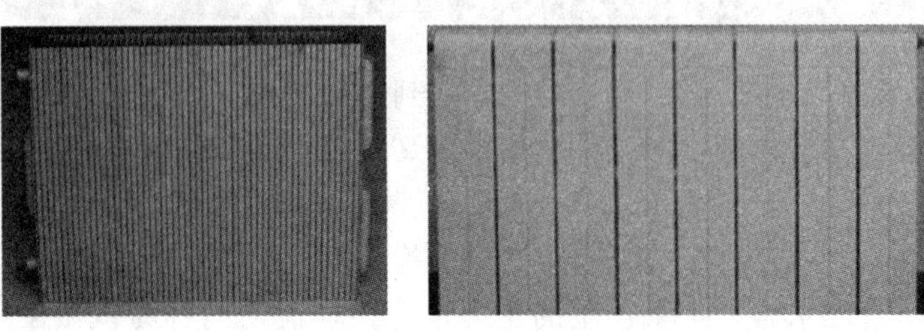

**图 2-2 钢制闭式散热器**

③ 钢制板式散热器。

图 2-3 所示为钢制板式散热器 。

**图 2-3 钢制板式散热器**

④ 钢制柱式散热器。

图 2-4 所示为钢制柱式散热器

⑤ 光排管散热器。

图 2-5 所示为光排管散热器 。

图 2-4　钢制柱式散热器

图 2-5　光排管散热器

## 三、常见的热水采暖系统的分类

**1. 按系统循环动力的不同分类**

按系统循环动力的不同，热水供暖系统可分为自然循环系统和机械循环系统。靠流体的密度差进行循环的系统，称为"自然循环系统"；靠外加的机械（水泵）力循环的系统，称为"机械循环系统"。

**2. 按供、回水方式的不同分类**

按供、回水方式的不同，热水供暖系统可分为单管系统和双管系统。在高层建筑热水供暖系统中，多采用单、双管混合式系统形式。如图 2-6 所示为单管系统，图 2-7 所示为双管系统。

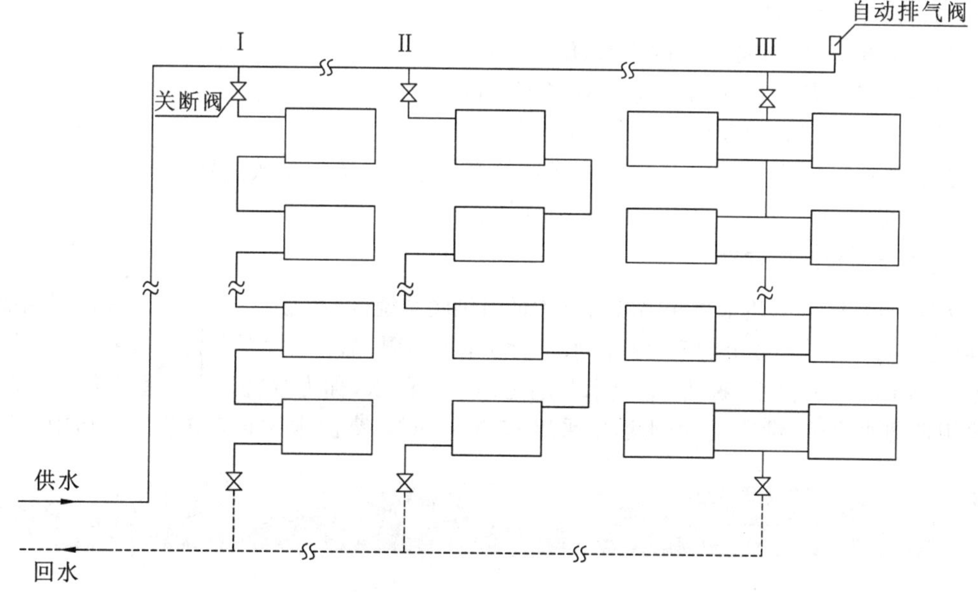


图 2-6　单管系统

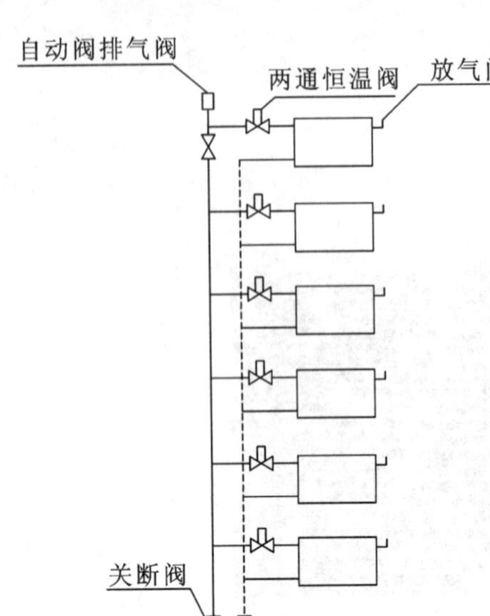


图 2-7　双管系统

**3. 按管道敷设方式的不同分类**

按管道敷设方式的不同，热水供暖系统可分为垂直式系统和水平式系统。

1）垂直式

垂直式指将垂直位置相同的各个散热器用立管进行连接的方式。它按散热器与立管的连接方式又可分为单管系统和双管系统两种；按供、回水干管的布置位置和供水方向的不同也可分为上供下回、下供下回和下供上回等几种方式。

(1) 上供下回式系统。

供水干管在顶层散热器的上边，回水干管在底层散热器的下边。

(2) 下供下回式系统。

供水干管、回水干管都在底层散热器的下边。

在有地下室的建筑物中，或在顶层建筑天棚下难以布置供水干管的场合，常用此种方式 。

(3) 下供上回式系统。

供水干管在底层散热器的上边，回水干管在顶层散热器的下边。

这种系统的特点是无须设置集气罐等排气装置。因为水、空气流动方向一致。

2）水平式

水平式指将同一水平位置（同一楼层）的各个散热器用一根水平管道进行连接的方式。它可分为顺流式和跨越式两种方式。顺流式的优点是结构较简单，造价低，但各散热器不能单独调节；跨越式中各散热器可独立调节，但造价较高，且传热系数较低。

水平式系统与垂直式系统相比具有如下优点。

① 构造简单，经济性好。

② 管路简单，无穿过各楼层的立管，施工方便。

③ 水平管可以敷设在顶棚或地沟内，便于隐蔽。

④ 便于进行分层管理和调节。

但水平式系统的排气方式要比垂直式系统复杂些，它需要在散热器上设置冷风阀分散排气，或在同层散热器上串接一根空气管集中排气。

**4. 按热媒温度的不同分类**

按热媒温度的不同，热水供暖系统可分为低温供暖系统（供水温度 $t<100$ ℃）和高温供暖系统（供水温度 $t\geqslant100$ ℃）。各个国家对高温水和低温水的界限，都有自己的规定。在我国，习惯认为，低于或等于 100 ℃的热水，称为“低温水”；超过 100 ℃的水，称为“高温水”。室内热水供暖系统大多采用低温水供暖，设计供/回水温度采用 95 ℃/70 ℃，高温水供暖宜在生产厂房中使用。

## 四、采暖系统实例

下面介绍几种常见的热水采暖系统。

### 1. 上供下回式垂直式单管系统

在图 2-8 所示上供下回式垂直式系统中有两种形式：一种如图 2-8 中①、②所示，为顺流（串联）垂直单管系统；另一种如图中立管③、④所示，为跨越式垂直单管系统。顺流（串联）垂直单管系统构造简单，造价低廉，水力稳定性好。但是不能调节散热器的散热量，容易出现室温不均，特别是上热下冷的现象。跨越式垂直单管系统设有跨越管和三通调节阀，在调节室温方面优于顺流式。

### 2. 下供上回式垂直式单管系统

如图 2-9 所示为下供上回式垂直式单管系统，即所谓倒流式系统，只能用于高温热水（过热水）供暖系统。在这种系统中，热水下进上出，热水温度由下至上逐渐降低，防止汽化所需压力也随之降低，与上供下回系统相比，该系统定压值低；但其传热系数要远低于其他方式，散热器用量增加，这是其致命弱点。这种系统现在已较少使用。

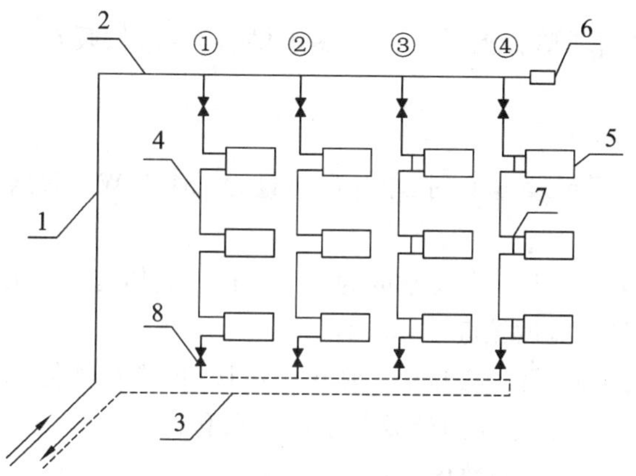


**图 2-8 上供下回式垂直式单管系统**

1—总立管；2—供水管干；3—回水干管；4—立管；5—散热器；6—自动排气阀；7—跨越管配三道调节阀；8—阀门

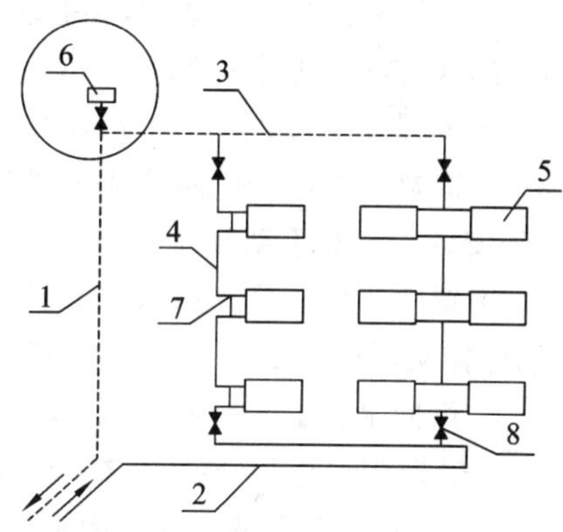


**图 2-9 下供上回式垂直式单管系统**

1—总立管；2—供水干管；3—回水干管；4—立管；5—散热器；6—自动排气阀；7—阀门；8—温控阀

### 3. 上供下回式垂直式双管系统

如图 2-10 所示为上供下回式垂直式双管系统，立管上各层散热器并联连接。热水流经各层散热器环路的流程基本相同。但是作用于各层散热器环路的自然水压却不相同。散热器所在楼层越高，水压也就越大。这种差异，会导致上热下冷的现象。楼层越高，这种现象越严重。

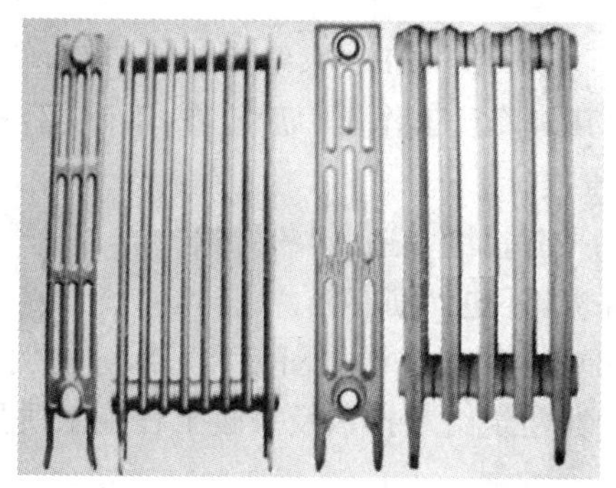

**图 2-10 上供下回式垂直式双管系统**

# 子项目 2.2 小区住宅采暖工程施工图识读

## 任务 小区住宅采暖工程工程施工图展示

以下是小区住宅采暖工程施工图图纸内容。

图纸设计及施工说明如下。

(1) 本住宅楼为框架结构，共七层，设机械循环单管上供下回式热水供暖系统；供暖热媒为95 ℃/70 ℃热水，供暖热负荷为181.7 kW。

(2) 供暖设计参数：室内为18 ℃；室外为−8 ℃。

(3) 散热器采用铸铁四柱813型散热器；$\triangle T=64.5$ ℃时，单片散热量为151.7 W。每组散热器均安装DN10手动放风阀。

(4) 图中所标注尺寸均以mm计，标高均以m计。楼板厚度为120 mm。墙体为240 mm墙，墙体抹灰厚度按20 mm计。基础为条形基础，宽度按500 mm计。

(5) 供回水管道采用低压流体输送用焊接管道，管径≤DN32时丝扣连接(即螺纹连接)，管径>DN32时焊接连接；管道穿楼板、墙处设钢套管。穿地面处设置刚性防水套管。

(6) 管道支、吊架的最大跨距不应超过表2-1给出的数值。

**表2-1 管道支、吊架的最大跨距**

| 公称直径 | | DN20 | DN25 | DN32 | DN40 | DN50 | DN65 |
|---|---|---|---|---|---|---|---|
| 最大跨距/m | 保温管 | 2 | 2 | 2.5 | 3 | 3 | 4 |
| | 不保温管 | 3 | 3.5 | 4 | 4.5 | 5 | 6 |

(7) 管道支、吊、托架的具体形式及安装位置由安装单位根据现场情况而定，做法参见国标图集05R417-1《室内管道支吊架》。

(8) 此供暖系统(对于±0.00平面)工作压力为0.8 MPa，系统安装完毕后，管道保温前应进行水压试验，10 min内压力降不大于0.02 MPa，降至工作压力后检查，不渗、不漏为合格。

(9) 在供水、回水干管最高处，设置自动排气阀。

(10) 管道、套管、散热器、支架除锈后，刷红丹防锈漆2遍、银粉2遍。

(11) 局部需要保温的管道采用岩棉管壳保温，外包加筋铝箔。

(12) 其他未列出图例参见GB/T 50114—2010《暖通空调制图标准》，部分图例见表2-2。

(13) 其他未尽事宜应符合GB 50242—2002《建筑给水排水及采暖工程施工质量验收规范》的规定。

小区住宅采暖工程所用材料见表2-3。其采暖系统及平面布置图见图2-11～图2-14。

表 2-2 部分图例

| 图例 | 名称 | 图例 | 名称 | 图例 | 名称 |
|---|---|---|---|---|---|
| | 采暖供水管 | 10 10 | 散热器 | | 压力表+旋塞阀 |
| | 采暖回水管 | | 自动排气阀 | | 固定支架 |
| | 管道保温 | | 截止阀 | | 温度计 |

表 2-3 材料表

| 序号 | 名称 | 规格 | | 单位 | 数量 | 备注 |
|---|---|---|---|---|---|---|
| 1 | 铸铁散热器 | TTZ4-642-8(813)型 | 8 片 | 组 | | |
| 2 | 铸铁散热器 | TTZ4-642-8(813)型 | 10 片 | 组 | | |
| 3 | 铸铁散热器 | TTZ4-642-8(813)型 | 12 片 | 组 | | |
| 4 | 铸铁散热器 | TTZ4-642-8(813)型 | 14 片 | 组 | | |
| 5 | 铸铁散热器 | TTZ4-642-8(813)型 | 16 片 | 组 | | |
| 6 | 铸铁散热器 | TTZ4-642-8(813)型 | 23 片 | 组 | | |
| 7 | 铸铁散热器 | TTZ4-642-8(813)型 | 25 片 | 组 | | |
| 8 | 铸铁散热器 | TTZ4-642-8(813)型 | 28 片 | 组 | | |
| 9 | 螺纹截止阀 | J11T-16 | DN20 | 个 | | |
| 10 | 螺纹截止阀 | J11T-16 | DN32 | 个 | | |
| 11 | 螺纹截止阀 | J41T-16 | DN65 | 个 | | |
| 12 | 自动排气阀 | ZP-Ⅱ | DN20 | 个 | | |
| 13 | 手动放风阀 | DN10 | | 个 | | 散热器 |
| 14 | 双金属温度计 | WSS-471 | | 个 | | 尾长 $e$=200 mm |
| 15 | 压力表 | Y-100 0～1.0 MPa | | | | |
| 16 | 低压流体输送用焊接钢管 | DN15 | | m | | 安装压力表使用 |
| 17 | 低压流体输送用焊接钢管 | DN20 | | m | | |
| 18 | 低压流体输送用焊接钢管 | DN32 | | m | | |
| 19 | 低压流体输送用焊接钢管 | DN40 | | m | | |
| 20 | 低压流体输送用焊接钢管 | DN50 | | m | | |
| 21 | 低压流体输送用焊接钢管 | DN65 | | m | | |
| 22 | 岩棉管壳(保温层) | $\delta$=30 mm DN65 | | $m^3$ | | |
| 23 | 加筋铝箔 | | | $m^2$ | | 岩棉管壳外 |

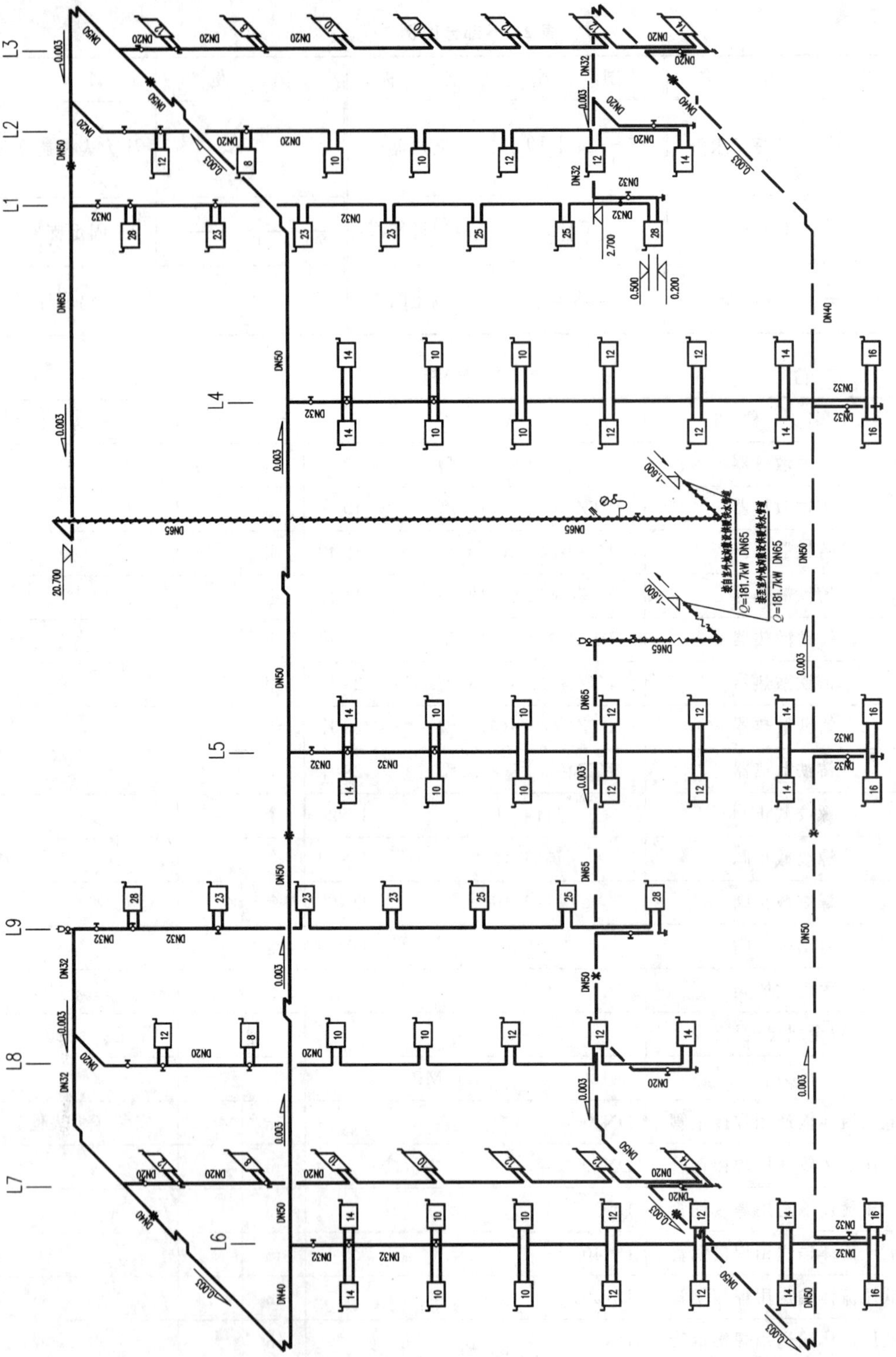

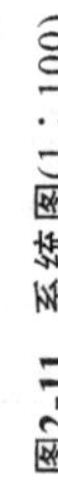

图2-11 系统图(1:100)

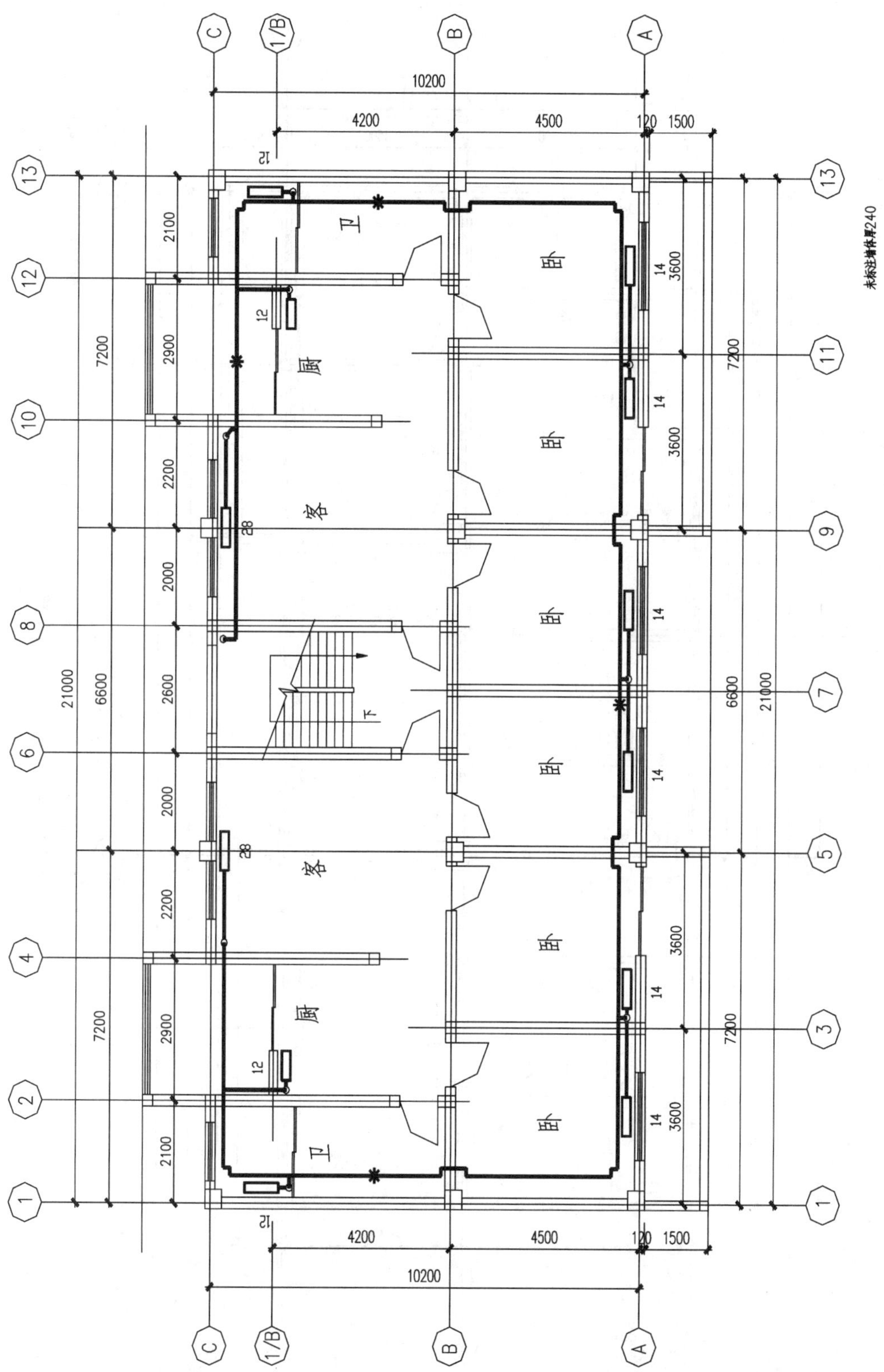


图2-12　七层平面布置图(1：100)

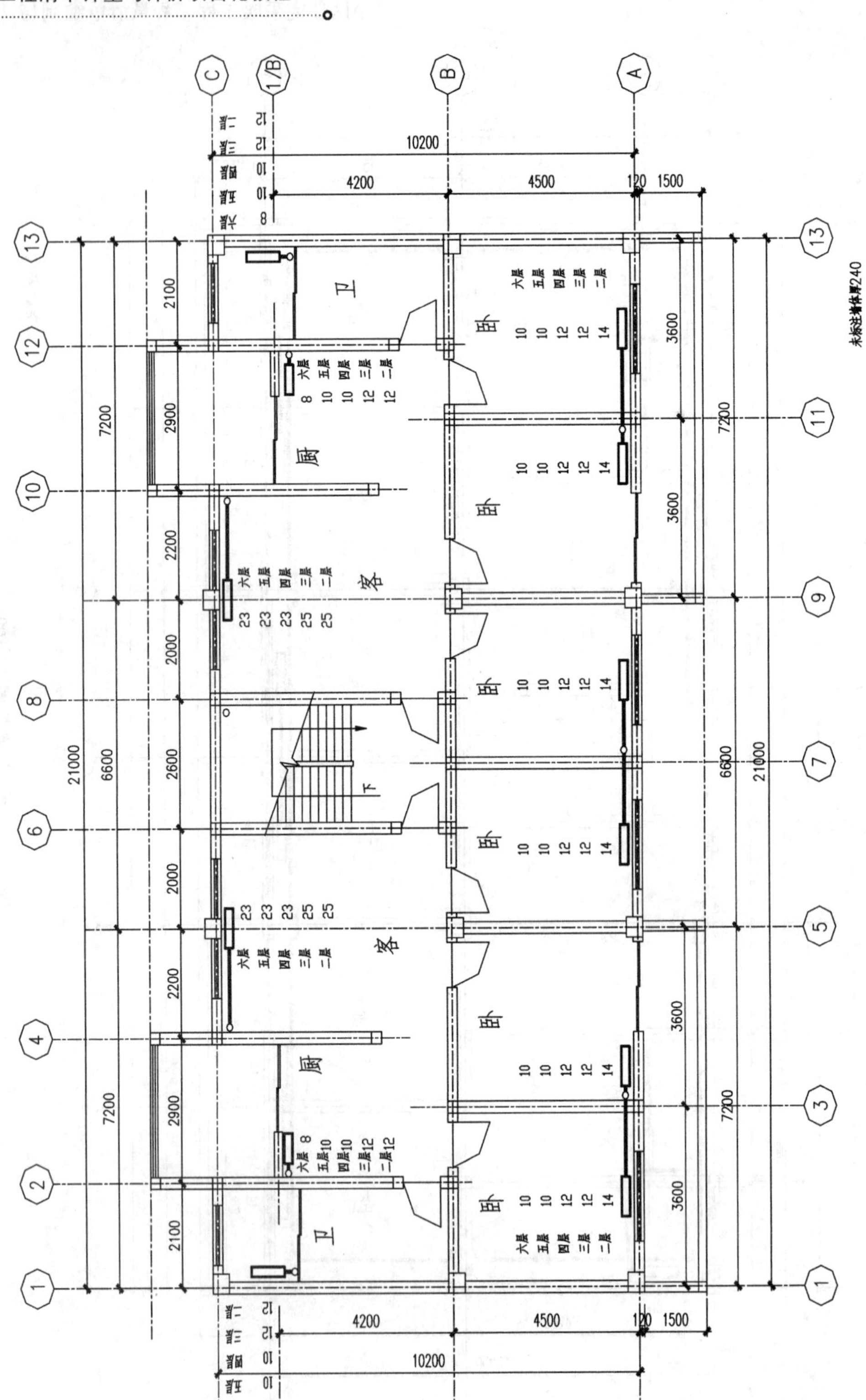


图2-13　二~六层标准层平面布置图(1∶100)

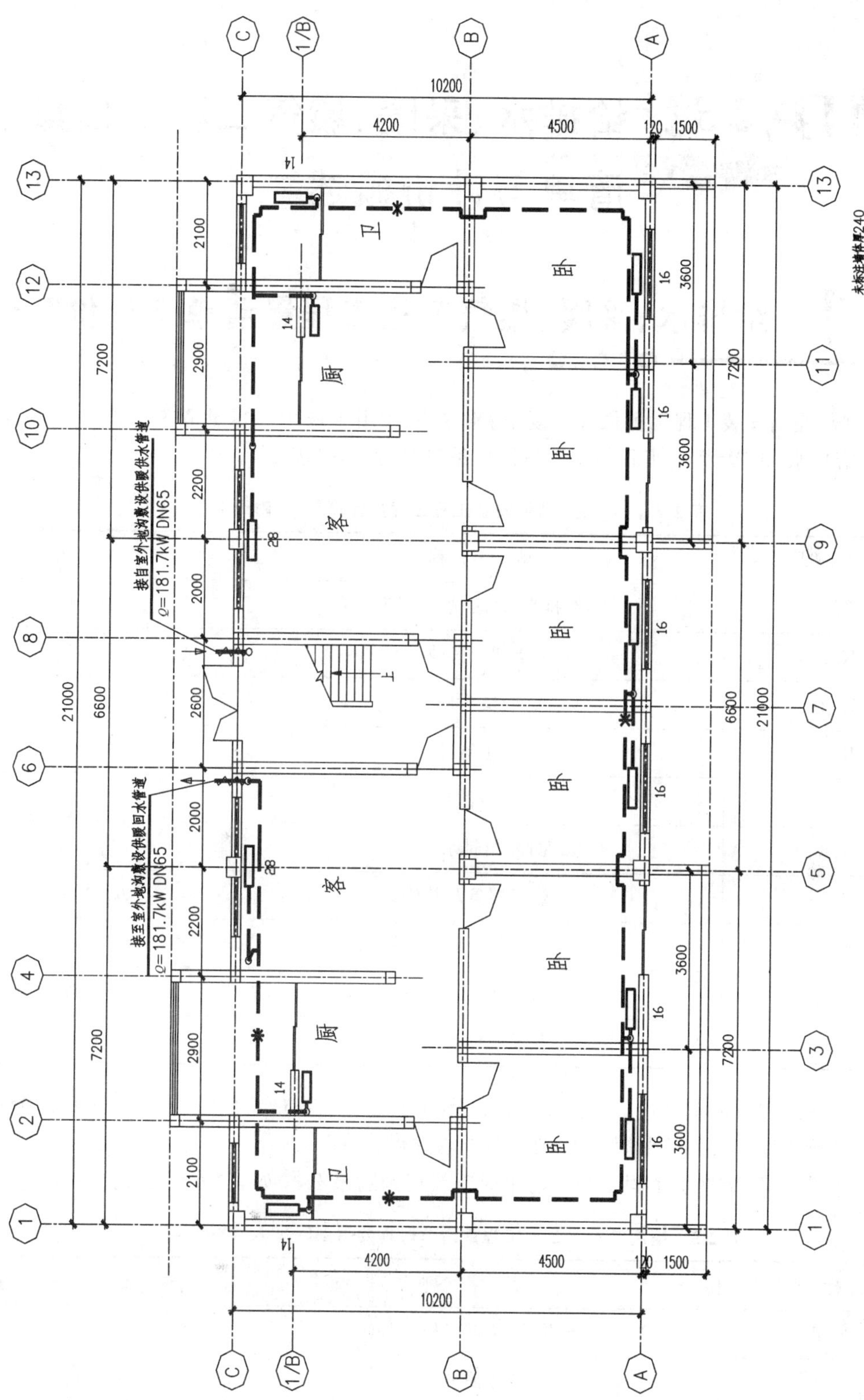


图2-14 一层平面布置图(1∶100)

# 子项目 2.3 给排水、采暖、燃气工程工程量清单与计价概述

## 任务 1 给排水、采暖、燃气工程工程量清单与计价简介

2013 版《通用安装工程工程量计算规范》附录 K 适用于采用工程量清单计价的新建、扩建的生活用给排水、采暖、燃气工程的工程量清单编制与计价，见表 2-4。

**表 2-4　2013 版《通用安装工程工程量计算规范》附录 K**

| 表 标 号 | 表 名 称 | 表 编 码 |
|---|---|---|
| K.1 | 给排水、采暖、燃气管道 | 031001 |
| K.2 | 支架及其他 | 031002 |
| K.3 | 管道附件 | 031003 |
| K.4 | 卫生器具 | 031004 |
| K.5 | 供暖器具 | 031005 |
| K.6 | 采暖、给排水设备 | 031006 |
| K.7 | 燃气器具及其他 | 031007 |
| K.8 | 医疗气体设备及附件 | 031008 |
| K.9 | 采暖、空调水工程系统调试 | 031009 |
| K.10 | 相关问题及说明 | 0310010 |

所有采用工程量清单计价的给排水、采暖、燃气工程的工程量清单编制，综合单价的分析表的计算等计价工作都必须按照附录 K 的规范要求去做。

由此可见，编制给排水工程工程量清单时需要用到附录 K 中如表 2-5 所示的内容。

**表 2-5　编制给排水工程工程量清单时需要用到附录 K 中的内容**

| 表 标 号 | 表 名 称 | 表 编 码 |
|---|---|---|
| K.1 | 给排水、采暖、燃气管道 | 031001 |
| K.2 | 支架及其他 | 031002 |
| K.3 | 管道附件 | 031003 |

续表

| 表　标　号 | 表　名　称 | 表　编　码 |
|---|---|---|
| K.4 | 卫生器具 | 031004 |
| K.10 | 相关问题及说明 | 0310010 |

编制采暖工程工程量清单时需要用到附录 K 中如表 2-6 所示的内容。

**表 2-6　编制采暖工程工程量清单时需要用到附录 K 中的内容**

| 表　标　号 | 表　名　称 | 表　编　码 |
|---|---|---|
| K.1 | 给排水、采暖、燃气管道 | 031001 |
| K.2 | 支架及其他 | 031002 |
| K.3 | 管道附件 | 031003 |
| K.5 | 供暖器具 | 031005 |
| K.6 | 采暖、给排水设备 | 031006 |
| K.9 | 采暖、空调水工程系统调试 | 031009 |
| K.10 | 相关问题及说明 | 0310010 |

编制燃气工程工程量清单时需要用到附录 K 中如表 2-2 所示的内容。

**表 2-7　编制燃气工程工程量清单时需要用到附录 K 中的内容**

| 表　标　号 | 表　名　称 | 表　编　码 |
|---|---|---|
| K.1 | 给排水、采暖、燃气管道 | 031001 |
| K.2 | 支架及其他 | 031002 |
| K.3 | 管道附件 | 031003 |
| K.7 | 燃气器具及其他 | 031007 |
| K.10 | 相关问题及说明 | 0310010 |

K.10“相关问题及说明”中的主要内容如下。

## 一、给排水、采暖、燃气工程室内外管道界限的划分

（1）给水管道室内外界限划分：以建筑物外墙皮 1.5m 为界，入口处设阀门者以阀门为界。

（2）排水管道室内外界限划分：以出户第一个排水检查井为界。

（3）采暖管道室内外界限划分：以建筑物外墙皮 1.5m 为界，入口处设阀门者以阀门为界。

（4）燃气管道室内外界限划分：地下引入室内的管道以室内第一个阀门为界，地上引入室内的管道以墙外三通为界。

## 二、给排水、采暖、燃气工程室外管道与市政管网工程界限的划分

室外给排水、采暖、燃气管道以与市政管道碰头点为界；厂区、住宅小区的庭院喷灌及喷泉水设备安装按本规范相应项目执行；公共庭院喷灌及喷泉水设备安装按现行国家标准《市政工程工程量计算规范》(GB 50857—2013) 管网工程的相应项目执行。

## 三、给排水、采暖、燃气工程室外管道安装与土建工程界限的划分

本规范涉及管沟、坑及井类的土方开挖、垫层、基础、砌筑、抹灰、地沟盖板预制安装、回填、运输、路面开挖及修复、管道支墩的项目，按现行国家标准《房屋建筑与装饰工程工程量计算规范》(GB 50854—2013) 的相应项目执行。

## 四、其他相关问题及说明

(1) 管道热处理、无损探伤，应按本规范附录 H 工业管道工程相关项目编码列项。

(2) 医疗气体管道及附件，应按本规范附录 H 工业管道工程相关项目编码列项。

(3) 管道、设备及支架除锈、刷油、保温除注明者外，应按本规范附录 M 刷油、防腐蚀、绝热工程相关项目编码列项。

(4) 凿槽(沟)、打洞项目，应按本规范附录 D 电气设备安装工程相关项目编码列项。

# 任务 2 计取有关费用的规定

2014 版《江苏省安装工程计价定额》第十册的内容适用于新建、扩建项目中的生活用给排水、采暖、燃气、采暖热源工程管道及附件配件安装、小型容器制作安装。在采用组价方法计算此几类工程清单项目综合单价时，可参照 2014 版《江苏省安装工程计价定额》第十册的内容。

《江苏省安装工程计价定额》第十册中关于计取各项费用的规定如下。

(1) 脚手架搭拆费按人工费的 5%计算，其中人工工资占 25%。

脚手架搭拆属于措施项目，脚手架搭拆费应计入措施项目费用中，属于竞争性费用。

(2) 高层建筑增加费(指高度在 6 层或 20 m 以上的工业与民用建筑)。

高层建筑安装施工，生产效率较一般建筑肯定要低，为了弥补人工的降效，所以计取高层建筑增加费。高层建筑增加费应计入措施项目费用中，属于竞争性费用。

高层建筑，安装工程预算定额定义为层数在 6 层以上(不含 6 层)或高度在 20 m 以上(不含

20 m)的工业与民用建筑(只要满足其中一个条件),应按定额规定计取高层建筑增加费。

建筑物高度是指自设计室外地坪至檐口滴水的垂直高度,不包括屋顶水箱、楼梯间、电梯间、女儿墙等高度。

高层建筑增加费发生的范围是:暖气、给排水、生活用煤气、通风空调、电气照明工程及保温、刷油等。

高层建筑增加费的计取方法是:计费基数×定额规定费率。

计费基数是全部工程的人工费(包括 6 层以下或 20 m 以下工程)。

高层建筑增加费定额规定费率如表 2-8 所示。

**表 2-8 高层建筑增加费定额规定费率**

| 层　　数 | 9 层以下(30 m) | 12 层以下(40 m) | 15 层以下(50 m) | 18 层以下(60 m) | 21 层以下(70 m) | 24 层以下(80 m) | 27 层以下(90 m) | 30 层以下(100 m) | 33 层以下(110 m) |
|---|---|---|---|---|---|---|---|---|---|
| 按人工费的(%) | 12 | 17 | 22 | 27 | 31 | 35 | 40 | 44 | 48 |
| 其中人工工资占(%) | 17 | 18 | 18 | 22 | 26 | 29 | 33 | 36 | 40 |
| 机械费占(%) | 83 | 82 | 82 | 78 | 74 | 71 | 68 | 64 | 60 |
| 层　　数 | 36 层以下(120 m) | 39 层以下(130 m) | 42 层以下(140 m) | 45 层以下(150 m) | 48 层以下(160 m) | 51 层以下(170 m) | 54 层以下(180 m) | 57 层以下(190 m) | 60 层以下(200 m) |
| 按人工费的(%) | 53 | 58 | 61 | 65 | 68 | 70 | 72 | 73 | 75 |
| 其中人工工资占(%) | 42 | 43 | 46 | 48 | 50 | 52 | 56 | 59 | 61 |
| 机械费占(%) | 58 | 57 | 54 | 52 | 50 | 48 | 44 | 41 | 39 |

(3) 超高增加费。

2014 版《江苏省安装工程计价定额》是按安装操作物高度在定额规定高度以下施工条件编制的,定额工效也是在这个施工条件下测定的数据。如果实际操作物的高度超过定额规定高度,将会引起人工降效,为弥补操作物超高引起的人工降效,需要计取超高增加费。其发生费用应计入相应项目的综合单价中。

操作物的高度定义为:有楼层的为楼地面至安装物的距离;无楼层的为操作地面至操作物的距离。

2013 版《通用安装工程工程量计算规范》规定:项目安装高度若超过基本高度时,应在“项目特性”中描述。该规范安装工程各附录基本安装高度规定是不同的,各附录基本安装高度为:

附录 A　机械设备安装工程　10 m;

附录 D　电气设备安装工程　5 m;

附录 E　建筑智能化安装工程　5 m;

附录 G　通风空调工程　6 m;

附录 J　消防工程　5 m；

附录 K　给排水、采暖、燃气工程　3.6 米；

附录 M　刷油、防腐、绝热工程　6 m。

超高增加费的计取方法是：计费基数× 超高系数。

计费基数是操作物高度在定额规定高度以上的那一部分工程的人工费，没有超过定额高度的工程量不能计取超高增加费。

附录 K　给排水、采暖、燃气工程基本安装高度以 3.6 m 为界限，超过 3.6 m 时其超过部分(指由 3.6 m 至操作物高度)的定额人工费乘以表 2-9 所列系数。

**表 2-9　超高增加费系数表**

| 标高±(m) | 3.6～8 | 3.6～12 | 3.6～16 | 3.6～20 |
|---|---|---|---|---|
| 超高系数 | 1.10 | 1.15 | 1.20 | 1.25 |

(4) 采暖工程系统调整费按采暖工程人工费的 15%计算，其中人工工资占 20%。

(5) 空调水工程系统调试，按空调水系统(扣除空调冷凝水系统)人工费的 13%计算，其中人工工资占 25%。

(6) 设置于管道间、管廊内的管道、阀门、法兰、支架安装，人工费乘以系数 1.3。

(7) 主体结构为现场浇注采用钢模施工的工程，内外浇注的人工乘以系数 1.05，内浇外砌的人工费乘以系数 1.03。

# 子项目 2.4　给排水、采暖、燃气管道工程量清单编制与计价

## 任务 1　管道安装工程工程量清单设置

给排水、采暖、燃气工程工程量清单由以下几个部分组成：分部分项工程量清单、措施项目清单、其他项目清单、规费和税金项目清单。

其中分部分项工程量清单的内容在子项目 2.4～2.9 中介绍，措施项目清单、其他项目清单、规费和税金在子项目 2.10 中介绍。

本单元介绍分部分项工程量清单中“给排水、采暖、燃气管道”工程量清单的编制与计价。

给排水、采暖、燃气管道工程量清单项目设置、项目特征描述的内容、计量单位、工程量计算规则，应按 2013 版《通用安装工程工程量计算规范》附录 K 中表 K.1 的规定执行，如表 2-10 所示。

表 2-10 给排水、采暖、燃气管道(编码:031001)

| 项目编码 | 项目名称 | 项目特征 | 计量单位 | 工程量计算规则 | 工作内容 |
|---|---|---|---|---|---|
| 031001001 | 镀锌钢管 | 1.安装部位<br>2.介质<br>3.规格、压力等级<br>4.连接形式<br>5.压力试验及吹、洗设计要求<br>6.警示带形式 | m | 按设计图示管道中心线以长度计算 | 1.管道安装<br>2.管件制作、安装<br>3.压力试验<br>4.吹扫、冲洗<br>5.警示带铺设 |
| 031001002 | 钢管 | | | | |
| 031001003 | 不锈钢管 | | | | |
| 031001004 | 铜管 | | | | |
| 031001005 | 铸铁管 | 1.安装部位<br>2.介质<br>3.材质、规格<br>4.连接形式<br>5.接口材料<br>6.压力试验及吹、洗设计要求<br>7.警示带形式 | | | 1.管道安装<br>2.管件安装<br>3.压力试验<br>4.吹扫、冲洗<br>5.警示带铺设 |
| 031001006 | 塑料管 | 1.安装部位<br>2.介质<br>3.材质、规格<br>4.连接形式<br>5.阻火圈设计要求<br>6.压力试验及吹、洗设计要求<br>7.警示带形式 | | | 1.管道安装<br>2.管件安装<br>3.塑料卡固定<br>4.阻火圈安装<br>5.压力试验<br>6.吹扫、冲洗<br>7.警示带铺设 |
| 031001007 | 复合管 | 1.安装部位<br>2.介质<br>3.材质、规格<br>4.连接形式<br>5.压力试验及吹、洗设计要求<br>6.警示带形式 | | | 1.管道安装<br>2.管件安装<br>3.塑料卡固定<br>4.压力试验<br>5.吹扫、冲洗<br>6.警示带铺设 |
| 031001008 | 直埋式预制保温管 | 1.埋设深度<br>2.介质<br>3.管道材质、规格<br>4.连接形式<br>5.接口保温材料<br>6.压力试验及吹、洗设计要求<br>7.警示带形式 | | | 1.管道安装<br>2.管件安装<br>3.接口保温<br>4.压力试验<br>5.吹扫、冲洗<br>6.警示带铺设 |
| 031001009 | 承插陶瓷缸瓦管 | 1.埋设深度<br>2.规格<br>3.接口方式及材料<br>4.压力试验及吹、洗设计要求<br>5.警示带形式 | m | 按设计图示管道中心线以长度计算 | 1.管道安装<br>2.管件安装<br>3.压力试验<br>4.吹扫、冲洗<br>5.警示带铺设 |
| 031001010 | 承插水泥管 | | | | |

续表

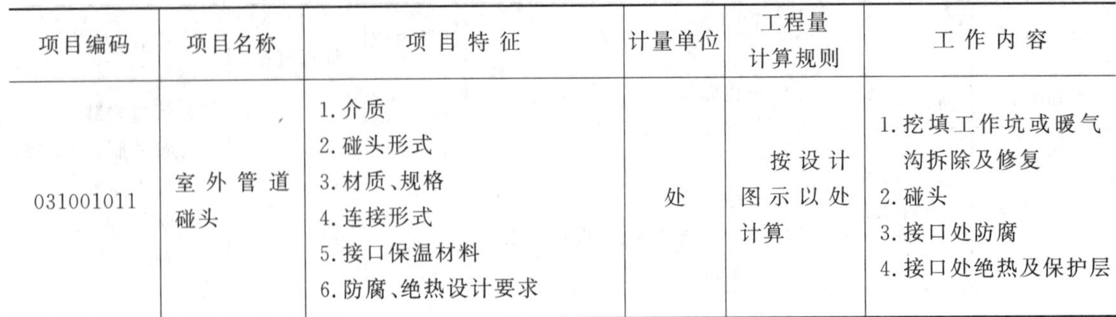

| 项目编码 | 项目名称 | 项 目 特 征 | 计量单位 | 工程量计算规则 | 工 作 内 容 |
|---|---|---|---|---|---|
| 031001011 | 室外管道碰头 | 1. 介质<br>2. 碰头形式<br>3. 材质、规格<br>4. 连接形式<br>5. 接口保温材料<br>6. 防腐、绝热设计要求 | 处 | 按设计图示以处计算 | 1. 挖填工作坑或暖气沟拆除及修复<br>2. 碰头<br>3. 接口处防腐<br>4. 接口处绝热及保护层 |

# 任务 2 水暖安装工程常用管材基本知识

## 一、安装工程常用管道材料

### （一）几种常用管材

用于工程中的管材很多，常用的管材有无缝钢管、焊接钢管、铸铁管、塑料管、铝塑复合管、钢塑复合管等。

**1. 无缝钢管**

（1）用途：可承受高温、高压，用于输送高压蒸汽、高温热水等介质。如锅炉热水管。

（2）管道直径规格表示方法："外径×壁厚"，如：$\phi108\times4$。

（3）常用规格：按生产工艺不同可分为冷拔无缝钢管和热轧无缝钢管。

冷拔无缝钢管：$\phi5\sim\phi200$ mm，壁厚 0.25～14 mm；

热轧无缝钢管：$\phi32\sim\phi630$ mm，壁厚 2.5～75 mm。

**2. 焊接钢管**

焊接钢管也称为低压流体输送用管道。由钢板焊接而成，焊缝可分为直缝、螺旋缝。

1）用途

因管壁有焊缝，不能承受高压，一般用于 $P\leqslant2.0$ MPa 的管道。按焊缝形状可分为直缝焊接钢管和螺旋缝焊接钢管，具体特点和用途分别如下。

（1）直缝焊接钢管：一般用于 $P\leqslant1.6$ MPa 低压流体输送管道，按管壁是否镀锌分为黑铁管和白铁管。

黑铁管：不镀锌，易生锈，用于非饮用水管；

白铁管：镀锌，不易生锈，用于给水管。

（2）螺旋缝焊接钢管：一般用于 $P\leqslant2.0$ MPa 室外煤气、天然气管道。如西气东输工程中所用管道。

2)管道直径规格表示方法

直缝焊接钢管:用“公称直径”表示,如 DN25;

螺旋缝焊接钢管:用“外径×壁厚”表示,如 $\phi$108×4。

3)常用表示符号。

RC:穿水煤气管敷设。

SC:穿钢管敷设。

PC:穿 PVC 塑料管敷设。

TC:穿电线管敷设。

**3. 铸铁管**

铸铁管又叫生铁管,是用铸铁浇铸成型的管子。自重大,笨重。按用途可分为给水、排水铸铁管等。

1) 用途和接口方式

(1) 给水铸铁管按材质又可分为灰口铸铁管、球墨铸铁管,主要用于室外给水和煤气输送管线等。如图 2-15 和图 2-16 所示。

接口:承插式、法兰式。

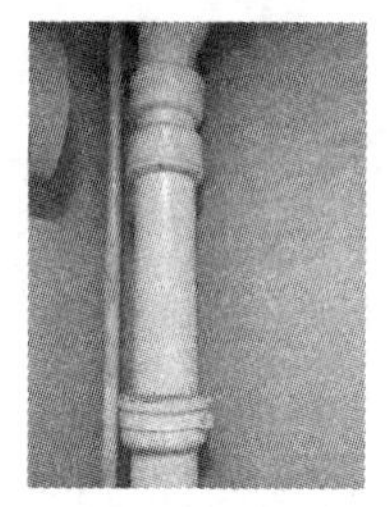

图 2-15 灰口铸铁管(室内排水用)

图 2-16 球墨铸铁管

(2) 排水铸铁管:其中,灰口铸铁管主要适用于室内排水管,现在已逐渐被淘汰,被塑料管代替。接口为承插式 。

2) 管道直径规格表示方法

管道直径规格通常用“公称直径”表示,如 DN50。

3) 铸铁管连接方式

铸铁管一般采用承插连接,如图 2-17 所示。

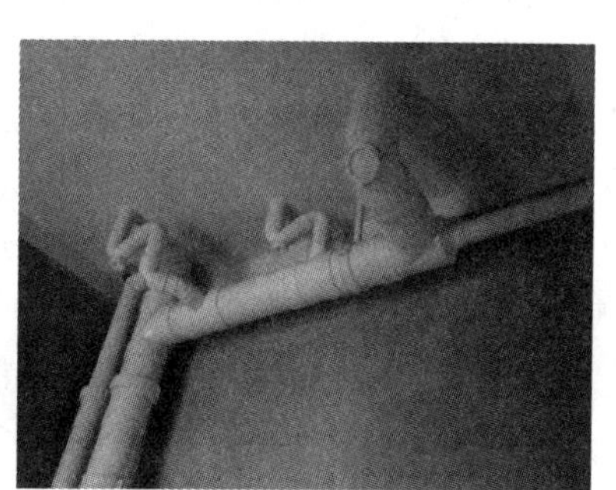

图 2-17 铸铁管承插连接

**4. 塑料管**

管道直径规格表示方法用管道外径 *De* 表示,常采用热熔连接方式。常用的塑料管如下。

1) 聚氯乙烯(PVC)管

常用的 PVC 管又分为软 PVC 和硬 PVC(又称 UPVC),UPVC 主要适用于电线保护管和排污管道。

2) 聚丙烯(PPR)管

聚丙烯管主要用作室内给水管道。既可以用作冷水管,也可以用作热水管。

3）聚乙烯(PE)管

此管被广泛应用于建筑给排水、埋地排水管，建筑采暖、输气管，电工与电讯保护套管，工业用管，农业用管等。其主要应用于城市供水、城市燃气供应及农田灌溉。PE管(图2-18)主要用于市政管道。其中给水管和燃气管是其两个最大的应用市场。

**5. 铝塑复合管**

焊接铝管为中间层，内外层为塑料，用专用热熔胶，经挤压形成。常用于室内给水管。管道直径用公称直径表示，如图2-19所示。

图2-18　聚乙烯(PE)管材

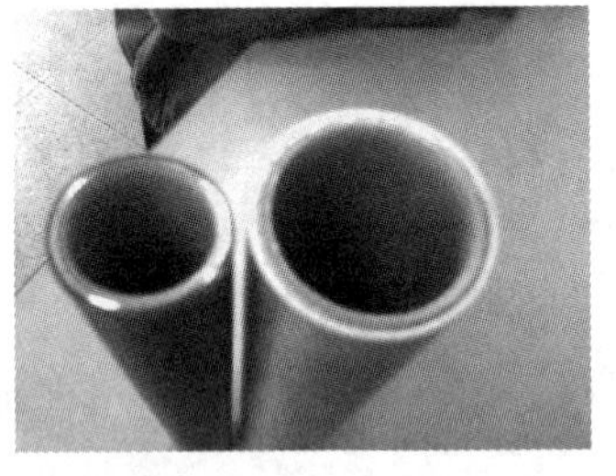

图2-19　铝塑复合管

**6. 钢塑复合管**

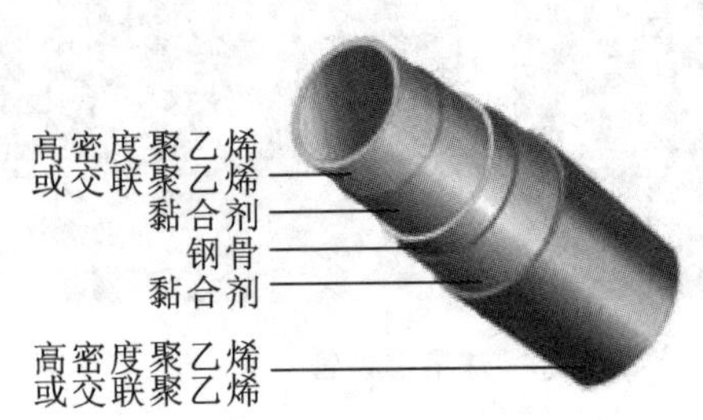


图2-20　钢塑复合管结构

钢塑复合管是一种新兴的复合管管材，产品以无缝钢管、焊接钢管为基管，内壁涂装高附着力、防腐、食品级卫生型的聚乙烯粉末涂料或环氧树脂涂料，其结构如图2-20所示。采用前处理、预热、内涂装、流平、后处理工艺制成的给水镀锌内涂塑复合钢管，是传统镀锌管的升级型产品。

钢塑复合管有很多分类，可根据管材的结构分为钢带增强钢塑复合管、无缝钢管增强钢塑复合管、孔网钢带钢塑复合管以及钢丝网骨架钢塑复合管。当前，市面上最为流行的是钢带增强钢塑复合管，也就是我们常说的钢塑复合压力管，这种管材中间层为高碳钢带通过卷曲成型对接焊接而成的钢带层，内外层均为高密度聚乙烯(HDPE)。这种管材中间层为钢带，所以管材承压性能非常好，不同于铝带承压不高，管材最大口径只能做到63 mm，钢塑管的最大口径可以做到200 mm，甚至更大；由于管材中间层的钢带是密闭的，所以这种钢塑管同时具有阻氧作用，可直接用于直饮水工程，而其内外层又是塑料材质，具有非常好的耐腐蚀性。如此优良的性能，使得钢塑复合管的用途非常广泛，石油、天然气输送，工矿用管，饮水管，排水管等各种领域均可以见到这种管的身影。

钢塑复合管一般用螺纹连接。管道直径用公称直径DN(mm)表示。

（二）管道连接方式

管道连接方式一般在图纸说明中有文字说明，常用连接方式有以下几种：

**1. 螺纹连接**

螺纹连接也称丝扣连接，适用于镀锌钢管及焊接钢管。

**2. 焊接**

采用氧乙炔焊或电弧焊，适用于焊接钢管、无缝钢管，不适用于镀锌钢管。

**3. 承插连接**

管端设有承插口，铸铁管宜用承插式接口，用油麻石棉水泥、橡胶圈石棉水泥、橡胶圈水泥砂浆、油麻青铅和自应力水泥砂浆接口作连接密封口。

(1) 给水铸铁管通常采用油麻石棉水泥接口作连接密封。油麻石棉水泥接口是一种常用的接口形式，在 2.0～2.5 MPa 压力下能保持密封。

(2) 橡胶圈石棉水泥接口采用橡胶圈(1～2 个)代替油麻辫条，橡胶圈适用于直径大于 300 mm 的管子。

(3) 橡胶圈水泥砂浆接口是用水泥砂浆代替了石棉水泥封口，可用于直径小于 200 mm 的小口径管道上。

(4) 油麻青铅接口承受震动和弯曲的性能较好，一般仅在管道抢修，新旧管道的连接工程和防止基础沉陷，防震等特殊管道工程中，才采用青铅接口。

(5) 自应力(膨胀)水泥砂浆接口，这种接口具有较强的水密性。

**4. 法兰连接**

法兰连接就是把两个管道、管件或器材，先各自固定在一个法兰盘上，然后在两个法兰盘之间加上法兰垫，最后用螺栓将两个法兰盘拉紧使其紧密结合起来的一种可拆卸的连接方式。法兰与管道、管件或器材的连接又分螺纹法兰连接和焊接法兰连接。

螺纹法兰是将法兰的内孔加工成管螺纹，并和带螺纹的管子配套实现连接，是一种非焊接法兰(见图 2-21)。焊接法兰连接就是法兰与管道、管件或器材的连接采用焊接的方式。

图 2-21　螺纹法兰

法兰是一种在一定压力范围内可保持密封作用，可拆卸的连接件。优点是密封性能好，拆卸安装方便，结合强度高。一般法兰用于经常拆卸部位，如筒体与封头设备上接管口及大口径管道间和管道之间的连接上。法兰的工作系统是由一对法兰、数个螺栓、螺母、垫圈和一个垫片组成。缺点是耗钢材多，价格昂贵，成本高。

如图 2-22～图 2-25 所示分别为螺纹连接、焊接、法兰连接、承插连接。

图 2-22　螺纹连接

图 2-23　焊接

图 2-24　法兰连接

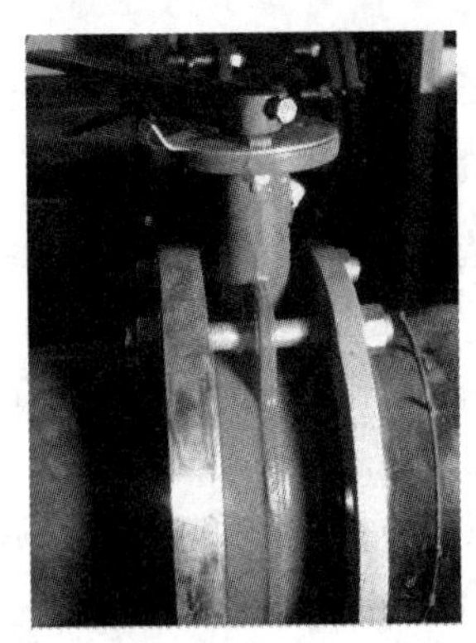
图 2-25　承插连接

**5. 热熔连接**

热熔连接广泛应用于塑料管管材的连接，使用专门的热熔机械。它是近几年新发展起来的一种连接方法。

（三）管子与管路附件的公称通用直径标准

**1. “公称直径”的概念**

一般来说，管道直径分为外径、内径，为了使得管道与管道附件（管件、阀门）等相互连接时尺寸统一，设计、制造、安装时方便，为了使管子、管件连接尺寸统一，人为地规定了一种尺寸标准，称为“公称直径”，也叫公称通径，是管子（或者管件）的规格名称。用 DN 表示。公称直径既不是外径，也不是内径。

公称直径常用尺寸有 15mm、20 mm、25 mm、32 mm、40 mm、50 mm、65 mm、80 mm、100 mm、125 mm、150 mm、200 mm、250 mm、300 mm、350 mm、400 mm、450 mm、500、600mm 等。

对采用螺纹连接的管子，公称直径在习惯上也用英制螺纹尺寸（in）表示，如表 2-11 所示。

表 2-1　公称直径尺寸与管螺纹尺寸对照表

| mm | in | mm | in | mm | in | mm | in |
|---|---|---|---|---|---|---|---|
| 15 | 1/2 | 20 | 3/4 | 25 | 1 | 32 | 5/4 |
| 40 | 3/2 | 50 | 2 | 65 | 5/2 | 80 | 3 |
| 100 | 4 | 150 | 6 | 200 | 8 | 250 | 10 |

塑料管常用外径 *De* 表示，外径与公称直径 DN 对照如表 2-12 所示。

表 2-12　塑料管外径与公称直径对照表

| 外径 *De*/mm | 20 | 25 | 32 | 40 | 50 | 63 | 75 | 90 | 110 |
|---|---|---|---|---|---|---|---|---|---|
| 英制直径/in | 1/2 | 3/4 | 1 | 5/4 | 3/2 | 2 | 5/2 | 3 | 4 |
| 公称直径 DN/mm | 15 | 20 | 25 | 32 | 40 | 50 | 65 | 80 | 100 |

### （四）管子与管路附件的公称压力与试验压力标准

在工程上以介质工作温度在0 ℃时，制品所允许承受的工作压力，作为该制品的耐压强度标准，称为“公称压力”用符号Pg表示，如Pg1.6表示公称压力为1.6 kgf/cm²（即0.16 MPa）。管子与管路附件在出厂前必须进行压力试验，检查其强度与密封性。对产品进行强度试验，其承受压力，称为试验压力，用符号“Ps”表示，如试验压力为10 kgf/cm²（即1 MPa）则用Ps10表示。公称压力或试验压力的法定计量单位为帕斯卡（Pa），还有千帕（kPa）、兆帕（MPa）。压力计量单位的换算如下：

$$1\ \mathrm{kgf/cm^2} = 98\ 066.5\ \mathrm{Pa},\ 1\ \mathrm{MPa} = 10\ \mathrm{kgf/cm^2}$$

管道公称压力等级的划分是按《工业金属管道工程施工规范》（GB 50235—2010）确定的。

低压管道：$0 < P \leqslant 1.6$ MPa，民用给排水管道属于低压管道；管道介质设计压力为：$0 < P \leqslant 1.6$ MPa。

中压管道：1.6 MPa $< P \leqslant 10$ MPa。

高压管道：10 MPa $< P \leqslant 42$ MPa。

蒸汽管道：$P \geqslant 9$ MPa，工作温度不低于500 ℃为高压。

### （五）管件

管件是管道的接头零件（见图2-16），可归纳为下列类型。

图2-26　管件

（1）连接管件，如管箍（用于同径管连接）活接头（用于需拆卸管道的连接）等。

（2）变径管件，如大小头、补芯，用于不同管径的连接。

（3）改向管件，如各种不同角度和形式的弯头，用于管道改变走向。

（4）分支管件，如正斜三通、四通及各种承通管件和盘通管等，用于管道分流。

（5）清通管件，如检查口、清扫口等，用于管道清通。

## 二、管道的安装

管道的安装步骤如下。

**1. 管道连接**

前面已学习过，管道的连接方式一般有螺纹连接、焊接、法兰连接、承插连接等几种连接方法。一般在工程图纸的总设计说明中会详细说明管道的连接方式。

管道外表面与墙体抹灰面净距离：按照管道安装规范的规定，一般如下：

| 当 | 管径≤32 mm时 | 25～35 mm |
|---|---|---|
| | 管径＞32 mm时 | 30～50 mm |

**2. 管道防腐**

对于焊接钢管，在管道安装完毕后要进行防腐处理，一般采用对管道外表面除锈、刷油的方法进行防腐处理。比如,先刷防锈漆一道,再刷银粉漆一道或两道。一般在工程图纸的总设计说明中会详细说明管道的防腐处理要求。

一般镀锌钢管不需要刷油,除非工程有特殊要求;塑料管也不需要进行刷油防腐处理。

**3. 管道保温**

对热水管道、蒸汽管道、有防冻要求的给水管道,需采取保温措施。在管道外包裹保温材料。对需要保温的管道,一般在工程图纸的总设计说明中会详细说明采用何种保温材料,以及保温厚度等要求。

**4. 管道冲洗**

对于水、暖、煤气管道:设计说明中一般没有要求,但按施工规范要求,一般在管道施工完成后需进行冲洗,清除在施工时管道内产生的焊渣等杂物。不同用途的管道,管道冲洗的方法也不尽相同。

水、暖管道一般用水进行冲洗,煤气管道用压缩空气进行吹洗。对于给水管道,还需要进行消毒处理。

**5. 管道试压**

管道安装完毕后应做水压试验。在试验压力下做外观检查,应不渗不漏。

# 任务 3 管道安装清单工程量计算

管道安装清单项目的工作内容包括管道安装、管件制作安装、管道压力试验、管道吹扫、管道冲洗及警示带铺设。

## 一、工程量计算规则

各种管道均应区分不同材质、不同连接方式、不同管径,按设计图示管道中心线以“m”为计算单位,计算管道延长米长度,不扣除阀门、管件(包括减压阀、疏水器、水表、伸缩器等组成安装)及附属构筑物所占的长度。

## 二、工程量计算方法

计算规则中所说的管件,一般是指弯头、三通、四通、管箍、补芯、丝堵、活接头等,在排水管道的工程量计算中,存水弯也可视同管件,一起计入管道的延长米中。方形补偿器以及所占的长度列入管道安装工程量。

准确计算管道长度的关键是找准管道变径的位置,管道变径常在管道的分支处、交叉处,弯头处较少。

**1. 水平管道计算**

水平管道的计算应根据施工平面图上标注的尺寸进行计算。安装工程施工平面图中的尺寸通常不是逐段标注的,所以实际工作中可以利用比例尺进行计量。

**2. 垂直管道计算**

一般按系统图中标高尺寸计算。

## 三、采暖工程中管道增加长度计算

采暖工程与给排水工程管道的工程量计算基本相同,即按图示管道中心线计算延长米,管道中阀门和管件所占长度均不扣除,但要扣除散热器所占长度。

本节重点介绍采暖工程中常见的“揻弯增加长度”的相关计算。

**1. 揻弯增加长度**

在采暖工程管道的安装过程中,水平方向管道与垂直方向管道之间通常会有偏差,为了便于连接,常常需要对管道进行揻弯。由于在使用过程中,管道会出现热胀冷缩现象,揻弯还可以起到满足管道的热胀量的作用。

在横干管与立管连接处、水平支管与散热器连接处等地方设乙字弯;立支管与水平支管交叉处,设抱弯绕行;在立管、水平管分支处,设羊角弯等。

(1) 乙字弯:横干管与立管连接处、水平支管与散热器连接处。

(2) 抱弯:立支管与水平支管交叉处。

(3) 羊角弯:立管与水平管分支处。

计算管道长度时,为简化计算,通常采用管道直线长度加管道揻弯的近似长度的方法。常见管道揻弯的近似增加长度见表2-3。

**表2-3　揻弯增加长度**　　单位:mm

| 管　道 | 乙　字　弯 | 抱　弯 | 羊　角　弯 |
|---|---|---|---|
| 立管 | 60 | 60 | 分支处设置300～500 |
| 支管 | 35 | 50 | |

注:实际预算的计算中有时往往忽略。

**2. 常用散热器规格尺寸表**

常用散热器规格尺寸、安装高度、散热面积和质量等内容见表2-14,在计算工程量时,可以直接查表获取相关数据,如铸铁散热器每片长度、表面积等。

**表2-14　常用散热器规格尺寸、安装高度、散热面积和质量表**

| | 长翼形 | | 圆翼形 | | 四柱 | 五柱 | M132 |
|---|---|---|---|---|---|---|---|
| | 大60 | 小60 | D50 | D75 | | | |
| 散热器高度/mm | 600 | 600 | | | 813 | 813 | 584 |
| 每片长度/mm | 280 | 200 | 1000 | 1000 | 57 | 57 | 82 |
| 每片宽度/mm | 115 | 115 | | | 178 | 203 | 132 |
| 每片散热面积/$m^2$ | 1.17 | 0.8 | 1.1 | 1.8 | 0.28 | 0.33 | 0.24 |

续表

| | 长翼形 | | 圆翼形 | | 四柱 | 五柱 | M132 |
|---|---|---|---|---|---|---|---|
| | 大 60 | 小 60 | D50 | D75 | | | |
| 每片质量/kg | 28 | 19.26 | | 38.23 | 7.9（有足）<br>7.55（无足） | | 6.5 |
| 每片水容量/L | 8 | 5.66 | | 4.42 | 1.37 | | 1.3 |

**3. 水平支管（散热器支管）工程量的计算**

水平支管长度即立管到散热器之间的距离。通常散热器都是放在建筑物的窗下，散热器中心线与窗中心线一般是重合的。这种情况下，水平支管长度一般按下面的方法计算。

（1）单侧散热器水平支管长度计算：

1 个水平支管长度＝立管中心至散热器中心长度－散热器长度/2＋乙字弯增加长度

注意：1 个散热器有 2 个水平支管（进和出）。

**例 2-1** 计算图 2-27 中水平支管长度。假设墙体轴线距离为 4200 mm，厚度为 240 mm，立管中心线距离内墙面净距离为 30 mm，散热器共 14 片。

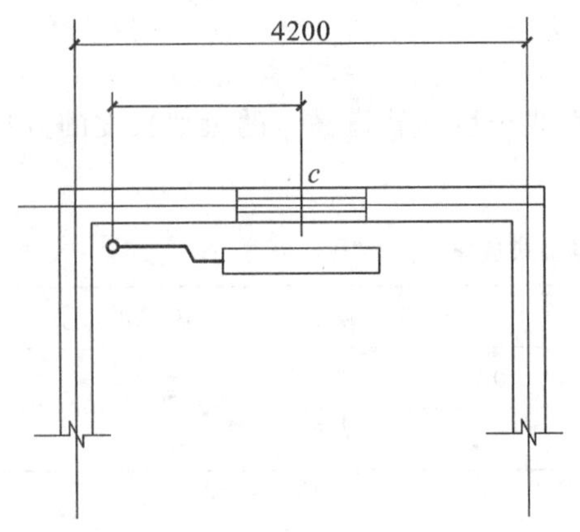


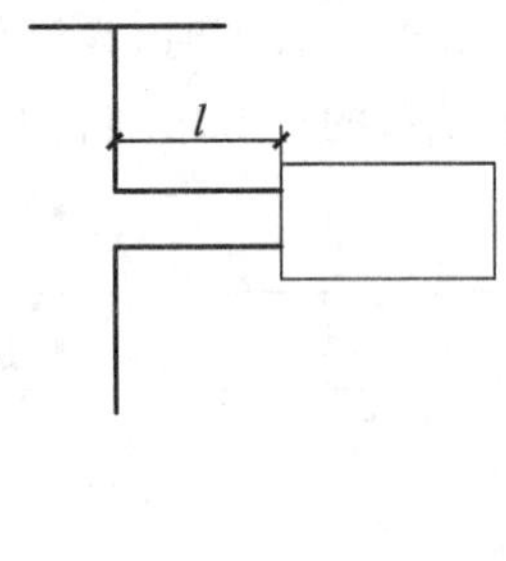


图 2-27 例 2-1 图

实物图片如图 2-28 所示。

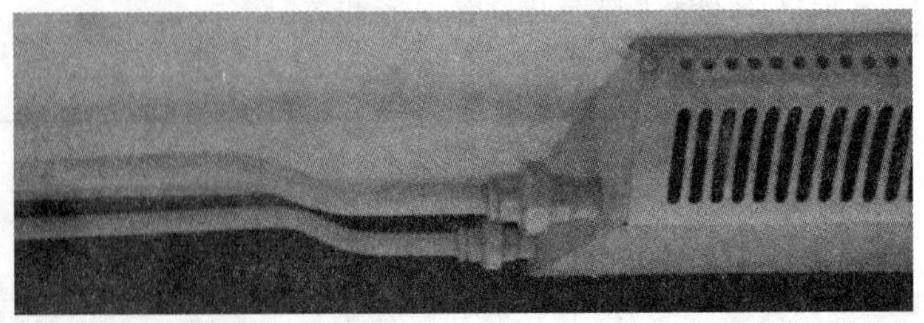

图 2-28 铸铁散热器

**解** 1 个水平支管长度＝[4.2/2－0.12－0.03)－14×0.057/2＋0.035] m＝1.59 m

1 个散热器有 2 个水平支管(进和出),则水平支管总长度为:

$$(1.59\times 2)\ \text{m}=3.18\ \text{m}$$

其中:0.057 为该种散热器每片的长度;

0.035 为(乙字弯长度)揻弯长度。

(2) 双侧散热器水平支管长度计算:

1 个水平支管长度=两组散热器中心长度-两组散热器长度/2(即 2 个散热器半长)+两个乙字弯增加长度

注意:1 个散热器有 2 个水平支管(进和出)。

**例 2-2** 计算图 2-29 中水平支管长度。

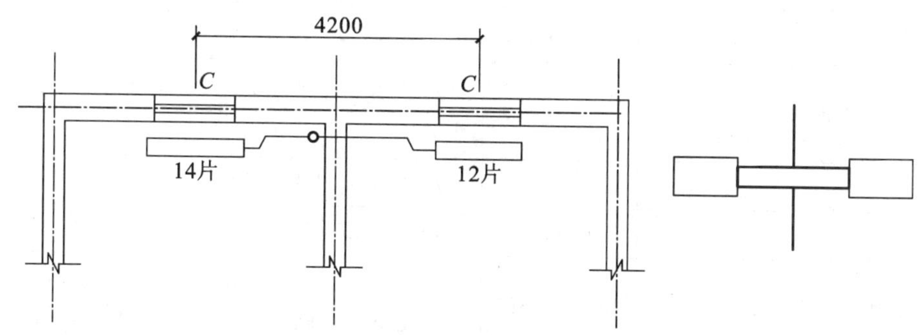


图 2-29 例 2-2 图

**解** 1 个水平支管长度=[4.2-(14+12)×0.057/2+0.034×2] m=3.53 m

1 个散热器有 2 个水平支管(进和出),则水平支管总长度为:

$$(3.53\times 2)\ \text{m}=7.06\ \text{m}$$

其中:0.057 为该种散热器每片的长度;

0.035 为(乙字弯长度)揻弯长度。

**4. 立管工程量计算**

因为供水水平干管、回水水平干管有坡度,因此标高按平均高度计算 。单个立管长度计算如下:

单个立管长度=立管图示长度+立管乙字弯长度

其中:"立管图示长度"应根据立管上下端标高按实际长度计算。

## 四、计算实例

工程量计算一般使用计算表,计算过程要注意条理性,对所计算内容尽量要有文字标识,便于自我检查、相互检查。计算完成后便形成了工程量计算书。

以项目 2 中的部分管道工程量计算为例,说明管道工程量的计算方法。计算过程和格式见表 2-15。

注意:

(1) 采暖管道室内外界限划分:以建筑物外墙皮 1.5 m 为界,入口处设阀门者以阀门为界。

所以管道工程量计算需从室外外墙皮 1.5 m 开始计算。

(2) 本工程水平方向管道长度是按比例量取的。量取前首先应确定长度比例。

(3) 垂直方向管道长度是按管道标高计算的。

**表 2-15　工程量计算书**

| 序号 | 工程名称 | 单位 | 数量 | 计算公式 |
|---|---|---|---|---|
| 一 | **管道工程** | | | |
| 1 | 供水干管 | | | |
| | 焊接钢管焊接 DN65 | m | 28.705 | |
| | 水平 | | 6.405 | |
| | 其中:室外进入室内 | | 1.810 | 水平:1.5(室外地下)+0.24(墙厚)+0.07(管中心距墙) |
| | 室内 | | 4.595 | 水平:0.3+4.295(8 轴－10 轴) |
| | 垂直 | | 22.300 | 垂直:20.7+1.6 |
| | 焊接钢管焊接 DN50 | m | 31.385 | 水平:(4.655+0.16)(10 轴－13 轴)+(8.79+0.16×2)(*C* 轴－*A* 轴)+(16.66+0.16×5)(13 轴－3 轴) |
| | 焊接钢管焊接 DN40 | m | 11.367 | 水平:3.09(3 轴－1 轴)+(7.797+0.16×3)(1/*B* 轴－*A* 轴) |
| | 焊接钢管丝接 DN32 | m | 6.311 | 水平:1.401(1/*B* 轴－*C* 轴)+(4.75+0.16)(1 轴－4 轴) |
| | | | | 室内供水水平干管总长度:4.595+31.385+11.367+6.311=53.658 |
| | | | | 水平管坡度高差:53.658×0.003=0.161 |
| | | | | 供水干管最高处标高 :20.7+0.161=20.861 |
| 2 | 回水干管 | | | |
| | 略 | | | |
| | | | | |
| 3 | 立管 | | | |
| | 供水干管平均标高 | | 20.78 | (20.7+20.861)/2=20.78 |
| | 回水干管平均标高 | | 2.78 | (2.7+2.859)/2=2.78 |
| | | | | |
| | 1) 焊接钢管丝接 DN32 | m | 108.90 | |

续表

| 序号 | 工程名称 | 单位 | 数量 | 计算公式 |
|---|---|---|---|---|
| | L1、L4、L5、L6、L9 | | | |
| | 供水： | | 95.70 | [20.78－0.5－0.3×4＋0.06(乙字弯)]×5(5个系统) |
| | 回水： | | 13.20 | [2.78－0.2＋0.06]×5(5个系统) |
| | (回水立管也可在回水干管中计算) | | | |
| | 2) 焊接钢管丝接 DN20 | m | | |
| | 略 | | | |
| 4 | 支管 | | | |
| | 1) 焊接钢管丝接 DN32 | m | 124.60 | |
| | L1、L9 | | | |
| | 散热器平均长度： | | 1.43 | (28＋23＋23＋23＋25＋25＋28)片/7×0.057 m/片＝1.43 |
| | 支管长度 | m | 34.44 | [(4.2/2－0.12(半墙厚)－0.07(管距墙)－1.43/2＋0.035(乙字弯)]×2(供、回)×7(层)×2(个系统) |
| | L4、L6 | | | |
| | 略 | | | |
| | L5 | | | |
| | 略 | | | |
| | 2) 焊接钢管丝接 DN20 | m | | |
| | 略 | m | | |

# 任务 4 管道安装工程工程量清单编制

2013 版《通用安装工程工程量计算规范》规定(以下简称“规范”)分部分项工程量清单应包括项目编码、项目名称、项目特征、计量单位和工程量。分部分项工程量清单应根据附录规定的项目编码、项目名称、项目特征、计量单位和工程量计算规则进行编制。

给排水、采暖、燃气工程分部分项工程量清单的编制应按附录 K 规定的项目编码、项目名称、项目特征、计量单位、工程量计算规则进行。分部分项工程量清单中“给排水、采暖、燃气管道”部分的项目应按表 K.1 的规定执行。

## 一、编制工程量清单相关规定

**1. 项目设置**

规范规定：分部分项工程量清单的项目名称应按附录的项目名称结合拟建工程的实际确定。

管道部分的项目设置需根据表 K.1 的规定设置。项目名称要与规范中规定的名称一致，表 K.1 中与“项目名称”所对应的“工作内容”表示完成该清单项目所包含的工作内容。“工作内容”中所列示的安装工作内容不能再单独列项目，“计量规范”附录 K 中也没有与其对应的项目名称。例如，给排水工程中“镀锌钢管”这个项目，它包括了镀锌钢管管道安装、管件制作与安装、管道压力试验、管道吹扫、管道冲洗、警示带铺设等内容，其中的管道冲洗、管道压力试验等就不能够再单独列清单项目。

项目设置的另一个原则是不能重复，同一单位工程的项目编码不得有重复。完全相同的项目，其工程量应相加合并，作为一个清单项目，对应一个项目编码。同一材质、不同规格的管道，应属于不同项目，需分别列清单项目，给出不同的编码。例如，DN20 镀锌钢管、DN25 镀锌钢管就属于两个不同项目，需列两个不同的清单项目。

**2. 项目编码**

规范规定：分部分项工程量清单的项目编码，应采用前十二位阿拉伯数字表示，一至九位应按附录的规定设置，十至十二位应根据拟建工程的工程量清单项目名称设置，同一招标工程的项目编码不得有重码。

由于实际招标工程形式多样，江苏省在具体执行规范时规定：“为了便于操作，同一单位工程的项目编码不得有重复，不强制要求同一招标工程的项目编码不得重复”。

**3. 项目特征**

规范规定：分部分项工程量清单项目特征应按附录中规定的项目特征，结合拟建工程项目的实际予以描述。

项目特征反映了清单项目的本质特征，它直接影响该清单项目综合单价的确定。对管道项目而言，项目特征必须描述以下内容：

(1) 安装部位；

(2) 介质；

(3) 规格、压力等级；

(4) 连接形式；

(5) 压力试验及吹、洗设计要求；

(6) 警示带形式。

项目特征是区分清单项目的依据，即使管道同一规格、同一材质，只要有任何一个特征不同，都属于不同的清单项目，需分别列出清单项目。

**3. 计量单位**

规范规定：分部分项工程量清单的计量单位应按附录中规定的计量单位确定。规范附录中有两个或两个以上计量单位的，应结合拟建工程项目的实际情况，选择其中一个确定。

在同一个单位工程中，同一类分部分项项目的计量单位应一致。如钢制散热器有两个计量单位："组"和"片"，那么在同一个单位工程"小区住宅采暖工程"中，只能选择一个计量单位，"组"或者"片"。

规范规定：工程计量时每一项目汇总的有效位数应遵守下列规定：

(1) 以"t"为单位，应保留小数点后三位数字，第四位小数四舍五入；

(2) 以"m、$m^2$、$m^3$、kg"为单位，应保留小数点后两位数字，第三位小数四舍五入；

(3) 以"台、个、件、套、根、组、系统"为单位，应取整数。

**4. 补充项目**

规范规定：编制工程量清单出现附录中未包括的项目，编制人应作补充，并报省级或行业工程造价管理机构备案，省级或行业工程造价管理机构应汇总报住房和城乡建设部标准定额研究所。补充项目的编码由本规范的代码03与B和三位阿拉伯数字组成，并应从03B001起顺序编制，同一招标工程的项目不得重码。工程量清单中需附有补充项目的名称、项目特征、计量单位、工程量计算规则、工程内容。

## 二、编制工程量清单应注意的问题

**1. 项目特征描述**

管道安装项目特征描述要准确、周全，不能有遗漏，以便投标人进行报价。规范中的具体规定如下。

(1) 管道安装部位指管道安装在室内、室外。

(2) 输送介质包括给水、排水、中水、雨水、热媒体、燃气、空调水等。

(3) 铸铁管安装适用于承插铸铁管、球墨铸铁管、柔性抗震铸铁管等。

(4) 塑料管安装适用于UPVC、PVC、PP-C、PP-R、PE、PB管等塑料管材。

(5) 复合管安装适用于钢塑复合管、铝塑复合管、钢骨架复合管等复合型管道。

(6) 直埋保温管包括直埋保温管件安装及接口保温。

(7) 排水管道安装包括立管检查口、透气帽。

(8) 室外管道碰头：

① 适用于新建或扩建工程热源、水源、汽源管道与原(旧)有管道碰头；

② 室外管道碰头包括挖工作坑、土方回填表或暖气沟局部拆除及修复；

③ 带介质管道碰头包括开关闸、临时放水管线铺设等费用；

④ 热源管道碰头每处包括供、回水两个接口；

⑤ 碰头形式指带介质碰头、不带介质碰头。

(9) 压力试验按设计要求描述试验方法，如水压试验、气压试验、泄漏性试验、闭水试验、通球试验、真空试验。

(10) 吹、洗按设计要求描述吹扫、冲洗方法，如水冲洗、消毒冲洗、空气吹扫等。

## 三、管道工程量清单编制实例

以项目 2 中的 DN65 焊接钢管项目为例，说明管道清单项目的编制方法和格式，见表 2-16。

**表 2-16　分部分项工程量清单与计价表**

工程名称：小区住宅采暖工程

| 序号 | 项目编码 | 项目名称 | 项目特征描述 | 计量单位 | 工程量 | 金额/元 | | |
|---|---|---|---|---|---|---|---|---|
| | | | | | | 综合单价 | 合价 | 其中：暂估价 |
| 1 | 031001002005 | 钢管 | 室内焊接钢管 DN65 焊接，热媒体，低压，水压试验，管道冲洗 | m | 38.68 | | | |

# 任务 5　管道安装工程工程量清单综合单价的确定

《江苏省建设工程费用定额》(2014 年)在营改增后对很多内容进行了调整，定额子目中材料费单价、机械费单价皆为除税后单价，取费程序中所有费率也有很多变化。本工程相关计算执行营改增调整后的规定。

根据计价规范规定，单位工程造价由分部分项工程费、措施项目费、其他项目费、规费、税金组成。其中分部分项工程费由各分部分项项目的清单工程量乘以综合单价得出各分部分项项目费用，并汇总后得出。表 2-17 是工程量清单计价法工程造价的计算程序，由此可看出工程造价的费用构成和计价方法。

**表 2-17　工程造价计算程序**

| 序号 | 费用名称 | | 计算公式 |
|---|---|---|---|
| 一 | 分部分项工程费 | | 清单工程量×除税综合单价 |
| | 其中 | 1. 人工费 | 人工消耗量×人工单价 |
| | | 2. 材料费 | 材料消耗量×除税材料单价 |
| | | 3. 施工机具使用费 | 机械消耗量×除税机械单价 |
| | | 4. 管理费 | (1+3)×费率或(1)×费率 |
| | | 5. 利　润 | (1+3)×费率或(1)×费率 |
| 二 | 措施项目费 | | |
| | 其中 | 单价措施项目费 | 清单工程量×综合单价 |
| | | 总价措施项目费 | (分部分项工程费+单价措施项目费−除税工程设备费)×费率或以项计费 |

续表

| 序号 | 费用名称 | 计算公式 |
|---|---|---|
| 三 | 其他项目费 | |
| 四 | 规　　费 | （分部分项工程费＋措施项目费＋其他项目费－除税工程设备费）×费率 |
| 五 | 税　　金 | ［分部分项工程费＋措施项目费＋其他项目费＋规费－（甲供材料费＋甲供设备费）/1.01］×费率 |
| 六 | 工程造价 | 一＋二＋三＋四＋五 |

## 一、综合单价确定的方法

规范规定：工程量清单应采用综合单价计价。

清单工程量由招标方提供，投标方必须为工程量清单中各清单项目给出综合单价，才能计算出各清单项目的费用，汇总后得出分部分项工程费，然后确定措施项目费、其他项目费、规费及税金，最终报出投标报价。

$$分部分项工程费=\sum(各分部分项项目的清单工程量\times综合单价)$$

综合单价的计算方法一般采用“定额组价”，综合单价的计算表格称为“工程量清单综合单价分析表”。要准确确定各清单项目的综合单价，必须按照附录表中规定的各清单项目的“工作内容”确定需要组价的内容，分析掌握清单中描述的项目特征以便准确套用定额。组价一般步骤如下。

（1）根据附录表中规定的各清单项目的“工作内容”确定需要组价的分部分项工程项目内容。

（2）根据计价定额规定的工程量计算规则计算需要组价的各分部分项项目的定额工程量。

（3）需要组价的各分部分项项目根据清单中描述的项目特征选套正确的计价定额子目，计算各分部分项项目工程费用，然后合计汇总。

（4）由合计数除以清单工程量，即得出该清单项目的综合单价。

（5）适当考虑一定的风险因素，确定一个风险系数，最终确定综合单价的报价。

综合单价是由投标人根据自己的企业定额自主报价，即人工、机械、材料这些资源的单价由企业自己确定，不需要一定要同定额单价一样。这样才能体现出工程造价最终由市场定价这一原则。企业如果没有自己的企业定额，也可以参照当地工程造价主管部门颁布的计价定额，或根据企业自己所掌握的市场价格在此基础上做一定调整，然后自主报价。

## 二、管道综合单价的确定

根据附录K.1，给排水、采暖、燃气工程管道安装的工作内容包括：

（1）管道安装；

（2）管件制作、安装；

（3）压力试验；

（4）吹扫、冲洗；

(5) 警示带铺设。

在进行综合单价的组价时，组价的内容包括以下几个分部分项项目的费用：

(1) 管道安装；

(2) 吹扫、冲洗；

(3) 警示带铺设。

为什么“管件制作、安装”和“压力试验”内容没有单独计算费用呢？因为根据2014版《江苏省安装工程计价定额》，第一个项目“管道安装”定额子目的工作内容中一般包括了“管件的制作、安装”和“压力试验”等项目，因此这两项的费用已包含在“管道安装”的费用中，不需要单独计算。

结合工程实际情况，是否需要“铺设警示带”，如果需要铺设，则计算该费用；如果不需要铺设，则不计算该费用。

确定了组价的分部分项项目后，需按定额工程量计算规则（而不是计价规范）计算这三个项目的工程量，然后选套定额，按步骤计算综合单价。

## 三、综合单价计算应注意的问题

(1)“管道安装”定额子目的工作内容中已包括了“管件的制作、安装”和“压力试验”的内容，因此，组价时不需要再另外单独套用“管件的制作、安装”和“压力试验”定额子目。

(2) 套用“管道安装”定额子目时，要注意区分是“室外管道安装”还是“室内管道安装”。

## 四、管道综合单价计算实例

以项目2中的DN65焊接钢管清单项目（表2-16中的清单项目）为例，说明管道综合单价的计算方法（该工程类别属于三类）。

每个清单项目的综合单价都是通过“工程量清单综合单价分析表”分析计算后确定的，计算过程和格式见表2-18。

为了更清楚地显示综合单价计算过程，本书后面的计算格式都按表2-18的格式列示。

**表2-18　工程量清单综合单价分析表**

工程名称：小区住宅采暖工程

| 项目编码 | 031001002005 | 项目名称 | 钢管 | 计量单位 | m | 工程量 | 38.68 |
|---|---|---|---|---|---|---|---|

清单综合单价组成明细

| 定额编号 | 定额名称 | 定额单位 | 数量 | 单价/元 | | | | | 合价/元 | | | | |
|---|---|---|---|---|---|---|---|---|---|---|---|---|---|
| | | | | 人工费 | 材料费 | 机械费 | 管理费 | 利润 | 人工费 | 材料费 | 机械费 | 管理费 | 利润 |
| 10-260 | 室内给排水、采暖钢管（焊接）DN65 | 10 m | 0.1 | 157.62 | 21.09 | 39.19 | 63.05 | 22.07 | 15.76 | 2.11 | 3.92 | 6.31 | 2.21 |
| 10-372 | 管道消毒冲洗DN100 | 100 m | 0.01 | 48.11 | 37.05 | | 19.23 | 6.72 | 0.48 | 0.37 | | 0.19 | 0.07 |

续表

| 项目编码 | 031001002005 | | 项目名称 | 钢管 | | | | 计量单位 | m | | 工程量 | 38.68 |
|---|---|---|---|---|---|---|---|---|---|---|---|---|
| 清单综合单价组成明细 | | | | | | | | | | | | |
| 定额编号 | 定额名称 | 定额单位 | 数量 | 单价/元 | | | | | 合价/元 | | | |
| | | | | 人工费 | 材料费 | 机械费 | 管理费 | 利润 | 人工费 | 材料费 | 机械费 | 管理费 | 利润 |
| 综合人工工价 | | 小　　计 | | | | | | | 16.24 | 2.48 | 3.92 | 6.5 | 2.28 |
| 0.2195 工日 | | 未计价材料费 | | | | | | | 33.45 | | | | |
| 清单项目综合单价 | | | | | | | | | 64.86 | | | | |

| 材料费明细 | 主要材料名称、规格、型号 | 单位 | 数量 | 单价/元 | 合价/元 | 暂估单价/元 | 暂估合价/元 |
|---|---|---|---|---|---|---|---|
| | 焊接钢管　DN65 | m | 1.02 | 32.05 | 32.69 | | |
| | 压制弯头　DN65 | 个 | 0.07 | 10.8 | 0.76 | | |
| | 其他材料费 | | | — | 2.48 | — | |
| | 材料费小计 | | | — | 35.93 | — | |

# 子项目 2.5 管道支架及套管制作安装工程量清单编制与计价

## 任务 1 管道支架及套管制作安装工程量清单设置

给排水、采暖、燃气管道支架及套管工程量清单项目设置、项目特征描述的内容、计量单位、工程量计算规则，应按规范附录 K 中表 K.2 的规定执行，见表 2-19。

**表 2-19　支架及其他(编码:031002)**

| 项目编码 | 项目名称 | 项目特征 | 计量单位 | 工程量计算规则 | 工作内容 |
|---|---|---|---|---|---|
| 031002001 | 管道支架 | 1.材质<br>2.管架形式 | 1.kg;<br>2.套 | 1.以 kg 计量,按设计图示质量计算;<br>2.以套计量,按设计图示数量计算 | 1.制作<br>2.安装 |
| 031002002 | 设备支架 | 1.材质<br>2.形式 | | | |
| 031002003 | 套管 | 1.名称<br>2.类型<br>3.规格<br>4.填料材质 | 个 | 按设计图示数量计算 | 1.制作<br>2.安装<br>3.除锈、刷油 |

# 任务 2 管道支架制作安装清单工程量计算

## 一、管道支架的分类

**1. 按材质分类**

管道的材质不同，支架的材料也不同。

钢管需要用型钢支架，塑料管需要用塑料管夹。

**2. 按用途分类**

按管道支架在空间三维方向上所允许的位移，可分为活动支架、导向支架、固定支架三种。

(1) 活动支架。以水平安装的管道为例，管道在垂直方向上不允许有位移，但水平方向和轴向允许有位移(两个方向上允许有位移)。

根据管道对摩擦作用的不同，又可分为滑动支架和滚动支架。

滑动支架：对摩擦力无严格限制。

滚动支架：对摩擦力有严格限制，要求减小水平和轴向摩擦力。这种支架较为复杂，一般用于介质温度较高和管径较大的管道上。

在架空管道上，当不便装设活动支架时，可安装刚性吊架。

(2)导向支架。管道在垂直、水平方向上不允许有位移，轴向允许有位移(一个方向上允许有位移)。常见的如管卡。

(3)固定支架。

管道在三个方向上都不允许有位移(即任何方向上都不允许有位移)。

固定支架的具体位置由设计人员确定，在图纸上标注，用符号“ * ”表示。

**3. 按结构形式分**

按结构形式可分为支托架(含脱钩)、吊架和卡架(即管卡)。

## 二、型钢支架工程量计算规则

依据附录 K 中表 K. 2“支架及其他”中的有关规定。

按设计图示几何尺寸以“kg”为计量单位，计算质量。

注意此计算规则只适用于型钢支架。

管道支架项目的工作内容包括支架的制作和安装，但不包括刷油和防腐。刷油和防腐的工程量另外计算。

## 三、工程量计算方法

对于各种管道支架，应根据支架的结构形式，有设计图时按图纸计算其质量，无设计图时，可使用查用施工图图集及其他手册，直接查取各种不同型号支架的质量。

具体计算步骤如下。

**1. 统计管道支架数量**

按不同管径、不同方位管道分别统计。

1）立管支架

楼层层高 $H\leqslant 4$ 米时，每层设一个；

楼层层高 $H>4$ 米时，每层不得少于两个。

2）水平管支架

按支架安装最大间距计算支架个数，公式如下：

水平管支架个数＝某规格管子长度/该管支架水平最大间距＋1

钢管水平安装时，水平管支架、吊架最大间距见表 2-20。

**表 2-20 水平管支架、吊架最大间距表**

| 公称直径/mm | | DN15 | DN20 | DN25 | DN32 | DN40 | DN50 | DN65 | DN80 | DN100 | DN125 | DN150 |
|---|---|---|---|---|---|---|---|---|---|---|---|---|
| 最大间距/mm | 保温管 | 1.5 | 2 | 2 | 2.5 | 3 | 3 | 4 | 4 | 4.5 | 5 | 6 |
| | 非保温管 | 2.5 | 3 | 3.5 | 4 | 4.5 | 5 | 6 | 6 | 6.5 | 7 | 8 |

**2. 查相关图集确定单个支架质量**

计算支架质量根据标准图集的安装要求，计算每种规格支架的单个质量，再乘以支架数量，求和计算总质量。

不同类型的支架单个质量依据国家建筑标准图集的有关数据计算，表 2-21、表 2-22、表 2-23 列出了部分支架及管卡的质量数据供参考。

**表 2-21 砖墙上单立管管卡质量**

| 公称直径/mm | DN15 | DN20 | DN25 | DN32 | DN40 | DN50 | DN65 | DN80 |
|---|---|---|---|---|---|---|---|---|
| 保温管/kg | 0.49 | 0.5 | 0.6 | 0.84 | 0.87 | 0.9 | 1.11 | 1.32 |
| 非保温管/kg | 0.17 | 0.19 | 0.2 | 0.22 | 0.23 | 0.25 | 0.28 | 0.38 |

**表 2-22 水平管沿墙单管托架质量**

| 公称直径/mm | DN15 | DN20 | DN25 | DN32 | DN40 | DN50 | DN65 | DN80 | DN100 | DN125 | DN150 |
|---|---|---|---|---|---|---|---|---|---|---|---|
| 保温管/kg | 1.362 | 1.365 | 1.423 | 1.433 | 1.471 | 1.512 | 1.716 | 1.801 | 2.479 | 2.847 | 5.348 |
| 非保温管/kg | 0.96 | 0.99 | 1.05 | 1.06 | 1.1 | 1.14 | 1.29 | 1.35 | 1.95 | 2.27 | 3.57 |

**表 2-23 沿墙水平安装单管固定托架质量**

| 公称直径/mm | DN32 | DN40 | DN50 | DN65 | DN80 | DN100 | DN125 |
|---|---|---|---|---|---|---|---|
| 非保温管/kg | 4.25 | 4.63 | 4.81 | 6.22 | 7.44 | 10.02 | 13.04 |

上面几个表是根据国家建筑标准图集《室内管道支架及吊架》提供的有关数据计算汇总而

来，仅是个别型号的数据，供学习参考，实际工作时一定要根据最新的标准图集及施工图纸的具体要求认真计算单个质量。

**3. 确定支架总质量**

支架总质量＝个数×单个支架质量

## 四、与定额有关的相关规定

(1) 管道支架制作安装，公称直径 DN32 以上的，按图示尺寸以“kg”为计量单位计算支架制作安装工程量；而对于室内公称直径 32 mm 以下(含 DN32 mm)的钢管(包括镀锌钢管、不锈钢管、铜管、钢塑复合管等金属管道螺纹连接)及给水塑料管管道，其管道安装工程中已包括管道支架(管卡及托钩)制作安装在内，所以其管道支架制作安装工程量不需要另计。

注意：这里所说的公称直径 32 mm 以下(含 DN32 mm)的钢管只是指“螺纹连接”的管道，其他连接方式(如“焊接连接”)的管道管道安装工程中不包括管道支架制作安装

(2) 铸铁排水管、铸铁雨水管均包括管卡及托吊支架、臭气帽、雨水漏斗制作安装。其管道支架不需另外计算。

## 五、计算实例

以项目 2 部分管道支架制作安装工程量计算为例，说明支架工程量的计算方法。计算过程见表 2-24(以供水总管、L1 立管为例)。

计算过程中应注意：

(1) 在项目 2 的供水干管、回水干管管路中，有固定支架；

(2) 计算过程中，首先计算支架数量，然后计算支架质量。支架质量有用的两个数据如下。

①支架总质量。后面计算“支架刷油”项目时会用到该数据。

②管径在 DN32 以上的支架的质量。此工程量为“管道支架”清单项目工程量。

**表 2-24　工程量计算书**

| 序号 | 工程名称 | 单位 | 数量 | 计算公式 |
|---|---|---|---|---|
| 二 | 支架 | | | |
| 1 | 供水干管 | | | |
| | 垂直：焊接钢管 DN65 保温管上 | 个 | 7.00 | 垂直：7 个 |
| | 水平 | | | |
| | 焊接钢管 DN65 非保温管上 | 个 | 2.00 | 水平：4.595/6＋1＝1.77 |
| | 焊接钢管 DN50 非保温管上 | 个 | 7.00 | 水平：31.385/5＝6.3　其中有 3 个是固定支架 |
| | 焊接钢管 DN40 非保温管上 | 个 | 3.00 | 11.367/4.5＝2.53　其中有 1 个是固定支架 |
| | 焊接钢管 DN32 非保温管上 | 个 | 2.00 | 6.311/4＝1.58 |

续表

| 序号 | 工程名称 | 单位 | 数量 | 计算公式 |
| --- | --- | --- | --- | --- |
| 2 | 回水干管 | 个 | | |
| | 垂直:焊接钢管 DN65 保温管上 | 个 | 1.00 | 垂直:1 个 |
| | 水平 | 个 | | |
| | 焊接钢管 DN65 非保温管上 | 个 | 2.00 | 水平:3.704/6+1=1.62 |
| | 焊接钢管 DN50 非保温管上 | 个 | 7.00 | 水平:31.635/5=6.33　其中有 3 个是固定支架 |
| | 焊接钢管 DN40 非保温管上 | 个 | 3.00 | 11.417/4.5=2.54　其中有 1 个是固定支架 |
| | 焊接钢管 DN32 非保温管上 | 个 | 2.00 | 6.363/4=1.59 |
| | | | | |
| 3 | L2、L8 系统水平(焊接钢管 DN20) | 个 | 4.00 | 1 个×2(L2、L8 系统)×2(供、回) |
| | | | | |
| 4 | 立管 | | | |
| | 垂直 | | | |
| | 1) 焊接钢管丝接 DN32 | 个 | 40.00 | |
| | (L1、L4、L5、L6、L9) | | | |
| | 供水立管 | | 35.00 | 7 个(每层 1 个)×5(5 个系统) |
| | 回水立管 | | 5.00 | 1 个(底层)×5(5 个系统) |
| | 2) 焊接钢管丝接 DN20 | 个 | 32.00 | |
| | (L2、L8、L3、L7) | | | |
| | 供水立管 | | 28.00 | 7 个(每层 1 个)×4(4 个系统) |
| | 回水立管 | | 4.00 | 1 个(底层)×4(4 个系统) |
| | | | | |
| 5 | 支管　(不需要支架) | | | 因为柱式散热器立在地上,所以支管上不需要支架 |
| | | | | |
| | 1. 支架总质量汇总: | kg | 88.76 | |
| | 其中,水平: | kg | 65.00 | |
| | | | 5.16 | (2 个+2 个)×1.29 kg/个(DN65) |
| | | | 37.98 | 4 个×2 ×1.14 kg/个(DN50)+3 个×2×4.81 kg/个(DN50)(固定支架) |

续表

| 序号 | 工程名称 | 单位 | 数量 | 计算公式 |
|---|---|---|---|---|
| | | | 13.66 | 2个×2×1.1 kg/个(DN40)+1个×2×4.63 kg/个(DN40)(固定支架) |
| | | | 4.24 | 2个×2×1.06 kg/个(DN32) |
| | | | 3.96 | 4个×0.99 kg/个(DN20) |
| | 垂直: | kg | 23.76 | (7个+1个)×1.11 kg/个(DN65保温管)+40个×0.22 kg/个(DN32) 非保温管上+32个×0.19 kg/个(DN20) 非保温管上 |
| | | | | |
| | 2.其中管径≤DN32支架汇总: | kg | 23.08 | |
| | 其中,水平: | | 8.20 | 2个×2×1.06 kg/个(DN32)+4个×0.99 kg/个(DN20) |
| | 垂直: | | 14.88 | 40个×0.22 kg/个(DN32)+32个×0.19 kg/个(DN20) |
| | 3.管径大于DN32的支架汇总: | kg | 65.68 | 88.76−23.08 |

# 任务3 管道套管制作安装清单工程量计算

## 一、管道套管的作用及分类

### (一) 套管的作用

套管用于解决管道的膨胀、伸缩、拉伸变形、位移等问题。管道损坏时,套管可方便维修换管;应注意套管处不能成为固定支点。

使用套管的部位:在给排水、采暖、燃气工程中,管道安装在穿越建筑基础、墙体、楼板、屋面等部位时,应该设置套管。

水平方向:管道穿墙、梁、基础处;

垂直方向:管道穿楼板处。

### (二) 套管的分类

常用的套管有三种:防水套管、钢套管、塑料套管。

**1. 防水套管**

引入管及其他管道穿越建(构)筑物外墙、建筑物地下室、屋面时应采取防水措施,加设防水套管，防水套管又分为刚性防水套管和柔性防水套管。

刚性防水套管在有一般防水要求时使用，适用于管道穿墙处不承受管道振动和伸缩变形的建(构)筑物，安装完毕后不允许有变形量，见图 2-30；柔性防水套管适用于在防水要求比较高的部位，安装完毕后允许有变形量，见图 2-31，一般用于管道穿过墙壁之处承受振动或/和伸缩变形，或有严密防水要求的建(构)筑物，如人防墙、水池壁、与水泵连接处等。

**2. 钢套管**

钢套管：用焊接钢管加工制作而成，见图 2-32。

图 2-30　刚性防水套管

图 2-31　柔性防水套管

图 2-32　钢套管

**3. 塑料套管**

塑料套管用塑料管加工制作而成。

## 二、清单工程量计算规则

各种套管皆按照设计图示及施工验收相关规范，以“个”为计算单位，计算个数。

套管的规格应按实际套管的管径确定，一般应比穿过的管道大两号。套管规格以公称直径 DN 表示。如：穿过的管道管径为 DN20，则套管的规应为 DN32。

## 三、清单工程量计算实例

以项目 2 中部分管道套管制作安装工程量计算为例，说明套管工程量的计算方法。计算过程见表 2-25。

表 2-25　工程量计算书

| 序号 | 工程名称 | 单位 | 数量 | 计算公式 |
|---|---|---|---|---|
| 三 | 套管 | | | |
| 1 | 钢套管 | | | |
| | (1)供水干管 | | | |
| | 焊接钢管 DN100(65) | 个 | 8.00 | 1(穿外墙基础)+6(穿楼板)+1(穿墙) |

续表

| 序号 | 工 程 名 称 | 单位 | 数量 | 计 算 公 式 |
|---|---|---|---|---|
| | 焊接钢管 DN80(50) | 个 | 7.00 | 7(穿墙) |
| | 焊接钢管 DN65(40) | 个 | 2.00 | 1(穿墙) |
| | 焊接钢管 DN50(32) | 个 | 2.00 | 2(穿墙) |
| | (2)回水干管 | | | |
| | 焊接钢管 DN100(65) | 个 | 1.00 | 1(穿外墙基础) |
| | 焊接钢管 DN80(50) | 个 | 7.00 | 7(穿墙) |
| | 焊接钢管 DN65(40) | 个 | 2.00 | 2(穿墙) |
| | 焊接钢管 DN50(32) | 个 | 2.00 | 2(穿墙) |
| | (3)立管 | | | |
| | 焊接钢管 DN50(32) | 个 | 30.00 | 6(穿楼板)×5(L1,L4,L5,L6,L9) |
| | 焊接钢管 DN32(20) | 个 | 28.00 | 6(穿楼板)×4(L2,L3,L7,L8) |
| | | | | +2(供、回水)×2(L2,L8 穿 120 厚墙) |
| | (4)支管 | | | |
| | 焊接钢管 DN50(32) | 个 | 42.00 | 2(穿墙)×7 层×3(L4,L5,L6) |
| | 钢套管汇总: | | | |
| | 焊接钢管 DN100(65) | 个 | 9.00 | 2(穿外墙基础)+6(穿楼板)+1(穿墙) |
| | 焊接钢管 DN80(50) | 个 | 14.00 | 7×2(穿墙) |
| | 焊接钢管 DN65(40) | 个 | 4.00 | 2×2(穿墙) |
| | 焊接钢管 DN50(32) | 个 | 76.00 | 46(穿墙)+30(穿楼板) |
| | 焊接钢管 DN32(20) | 个 | 28.00 | 4(穿 120 厚墙)+24(穿楼板) |
| 2 | 刚性防水套管 | 个 | 2.00 | |
| | 刚性防水套管 DN100(65) | | 2.00 | 供、回水干管穿地面 1+1 |
| 3 | 钢套管刷油面积 | | | |
| | 焊接钢管 DN100(65) | $m^2$ | 0.72 | (2×0.5+6×0.12+1×0.28) m×0.3580 $m^2$/m |
| | 焊接钢管 DN80(50) | $m^2$ | 1.10 | 14 个×0.28 m/个×0.2795 $m^2$/m |
| | 焊接钢管 DN65(40) | $m^2$ | 0.27 | 4 个×0.28 m/个×0.2376 $m^2$/m |
| | 焊接钢管 DN50(32) | $m^2$ | 3.11 | (46 个×0.28 m/个+30 个×0.12 m/个)×0.1885 $m^2$/m |
| | 焊接钢管 DN32(20) | $m^2$ | 0.52 | (4 个×0.28 m/个+24 个×0.12 m/个) m×0.1297 $m^2$/m |
| 4 | 防水套管刷油面积 | | | |
| | 焊接钢管 DN100(65) | $m^2$ | 0.09 | 2×0.12 m×0.3580 $m^2$/m |

# 任务 4 管道支架及套管制作安装工程量清单编制

分部分项工程量清单中“给排水、采暖、燃气管道支架及套管”部分的项目应进按表 2-19 的规定执行。

## 一、编制工程量清单相关规定

**1. 项目设置**

规范规定:分部分项工程量清单的项目名称应按附录的项目名称结合拟建工程的实际确定。表 2-19 包括管道支架及设备支架、套管两部分内容。

**2. 项目特征**

规范规定:分部分项工程量清单项目特征应按附录中规定的项目特征,结合拟建工程项目的实际予以描述。

对管道支架及设备支架项目而言,项目特征必须描述以下内容:

(1)材质;(2)支架形式。

对套管项目而言,项目特征必须描述以下内容:

(1)名称;(2)类型;(3)规格;(4)填料材质。

**3. 计量单位**

规范规定:分部分项工程量清单的计量单位应按附录中规定的计量单位确定。规范附录中有两个或两个以上计量单位的,应结合拟建工程项目的实际情况,选择其中一个确定。

在同一个单位工程中,同一类分部分项项目的计量单位应一致。管道支架、设备支架有两个计量单位:“kg”和“套”,那么在同一个单位工程中,只能选择一个计量单位。

## 二、编制工程量清单应注意的问题

(1) 表 2-19 中的“套管制作安装”项目,只适用于穿基础、墙、楼板等部位的防水套管、填料套管、无填料套管及防火套管等,应分别列项。

(2) 根据 2014 版《江苏省安装工程计价定额》第十册的说明,以下管道的支架不需计算。

①室内管道管径小于 DN32 的钢管:安装定额子目中已包括了管卡及托钩制作安装。因此,这部分管径小于 DN32 的各种钢管的管道支架工程量不需要计入管道支架制作安装的工程量中。

② 铸铁排水管、雨水管及塑料排水管:均包括管卡及托吊支架制作与安装。因此,这 3 种管道的管道支架工程量不需要计入管道支架制作安装的工程量中。

## 三、管道支架及套管工程量清单编制实例

以项目 2 中的管道支架和 DN50 管道上的套管项目为例，说明管道支架和套管项目清单的编制方法，见表 2-26。

**表 2-26　分部分项工程量清单与计价表**

工程名称：小区住宅采暖工程

| 序号 | 项目编码 | 项目名称 | 项目特征描述 | 计量单位 | 工程量 | 金额/元 | | |
|---|---|---|---|---|---|---|---|---|
| | | | | | | 综合单价 | 合价 | 其中：暂估价 |
| 1 | 031002001001 | 管道支架 | 型钢支架，托架 | kg | 65.68 | | | |
| 2 | 031002003005 | 套管 | 钢套管 DN80，DN50 管道上用，套管除锈、刷红丹防锈漆 2 遍、刷银粉漆 2 遍 | 个 | 14.00 | | | |

注意：管道支架制作安装工程量中未包含管径小于 DN32 管道所用支架。

# 任务 5　管道支架及套管制作安装工程量清单综合单价的确定

## 一、确定综合单价应注意的问题

（1）根据规范附录 K.10 第 K.10.4 条的规定：管道、设备及支架除锈、刷油、保温除注明者外，应按本规范附录 M 刷油、防腐蚀、绝热工程相关项目编码另外列项。

（2）根据此条规定及表 2-19 的规定，管道支架项目的工程内容包括制作和安装，但没有注明包括除锈、刷油。因此，支架清单项目在计算综合单价时，组价的项目中不能包括“支架除锈、刷油、保温”。“支架除锈、刷油、保温”应按本规范附录 M 刷油、防腐蚀、绝热工程相关项目编码另外列项。而管道套管项目的工程内容中，除了制作和安装外，还注明了包括除锈、刷油。因此，套管清单项目在计算综合单价时，组价的项目中应包括“套管除锈、刷油”，即套管除锈、刷油内容不需要再另外列项，这部分费用应计入套管项目的综合单价中。

（3）单件动架质量 100 kg 以上的管道支吊架执行设备支吊架制作安装。选套定额时应注意。

（4）成品支架安装执行相应管道支架或设备支架项目，不再计取制作费，支架本身价格含在综合单价中，即成品支架不再计算支架的制作费，只计算安装费，选套“支架安装”子目。成品支架作为主材计入综合单价中。

（5）根据 2014 版《江苏省安装工程计价定额》第十册的说明，本章中的刚性防水套管制作安

装，适用于一般工业及民用建筑中有防水要求的套管制作安装；工业管道、构筑物等有防水要求的套管，执行《第八册　工业管道工程》的相应定额。

（6）在套用套管制作、安装定额时，套管的规格应按实际套管的直径选用定额（一般应比穿过的管道大两号）。

## 二、套管综合单价计算实例

以表2-26中DN50管道上的钢套管项目为例，计算该清单项目的综合单价。该清单项目见表2-27。

**表2-27　该清单项目**

工程名称：小区住宅采暖工程

| 序号 | 项目编码 | 项目名称 | 项目特征描述 | 计量单位 | 工程量 | 金额/元 | | |
|---|---|---|---|---|---|---|---|---|
| | | | | | | 综合单价 | 合价 | 其中：暂估价 |
| 1 | 031002003005 | 套管 | 钢套管DN80，DN50管道上用，套管除锈、刷红丹防锈漆2遍、刷银粉漆2遍 | 个 | 14.00 | | | |

### （一）计算说明

**1. 确定需要组价的分部分项工程项目内容**

根据表2-19的规定，套管项目的工作内容包括套管的制作安装及刷油、除锈。

（1）套管的制作。

（2）套管的安装。

（3）套管除锈、刷油。

2. 计算定额工程量

根据计价定额规定的工程量计算规则，需计算以下工程量。

（1）套管的制作及安装工程量：17个。

（2）套管除锈、刷油工程量：刷油面积1.02 $m^2$。

除了计算套管的制作及安装工程量外，还需计算套管除锈、刷油工程量，计算套管除锈、刷油工程量就是计算钢套管所使用的焊接钢管的外表面积（即管道面积）。

3. 选套定额

根据套管的特征描述，选择如下定额子目。

（1）套管的制作及安装：套管的规格应按实际套管的直径选用定额（一般应比穿过的管道大两号），DN50管道上所用套管的实际规格为DN80，所以选用定额为子目10-398“钢套管安装（钢套管公称直径DN80）”。

（2）套管除锈、刷油。套用以下子目：“管道除锈”“管道刷红丹防锈漆第1遍、第2遍”“管道刷银粉漆第1遍、第2遍”。

## （二）套管清单项目综合单价计算过程

该清单项目综合单价计算过程如表2-28所示。

**表2-28　工程量清单综合单价分析表**

工程名称：小区住宅采暖工程

| 项目编码 | 031002003005 | 项目名称 | 套管 | 计量单位 | 个 | 工程量 | 14.00 |
|---|---|---|---|---|---|---|---|

| 清单综合单价组成明细 | | | | | | | | | | | | | |
|---|---|---|---|---|---|---|---|---|---|---|---|---|---|
| 定额编号 | 定额名称 | 定额单位 | 数量 | 单价/元 | | | | | 合价/元 | | | | |
| | | | | 人工费 | 材料费 | 机械费 | 管理费 | 利润 | 人工费 | 材料费 | 机械费 | 管理费 | 利润 |
| 10-398 | 过墙过楼板钢套管制作、安装DN80 | 10个 | 0.1 | 136.16 | 116.09 | 17.85 | 54.46 | 19.06 | 13.62 | 11.61 | 1.79 | 5.45 | 1.91 |
| 11-1 | 手工除锈 管道轻锈 | 10 m² | 0.007857 | 21.45 | 2.82 | | 8.55 | 3 | 0.17 | 0.02 | | 0.07 | 0.02 |
| 11-51 | 管道刷红丹防锈漆第一遍 | 10 m² | 0.007857 | 17 | 3.36 | | 6.82 | 2.36 | 0.13 | 0.03 | | 0.05 | 0.02 |
| 11-52 | 管道刷红丹防锈漆第二遍 | 10 m² | 0.007857 | 17 | 3.05 | | 6.82 | 2.36 | 0.13 | 0.02 | | 0.05 | 0.02 |
| 11-56 | 管道刷银粉漆第一遍 | 10 m² | 0.007857 | 17.73 | 7.77 | | 7.09 | 2.45 | 0.14 | 0.06 | | 0.06 | 0.02 |
| 11-57 | 管道刷银粉漆第二遍 | 10 m² | 0.007857 | 17 | 7.19 | | 6.82 | 2.36 | 0.13 | 0.06 | | 0.05 | 0.02 |
| 综合人工工日 | | 小　计 | | | | | | | 14.32 | 11.8 | 1.79 | 5.73 | 2.01 |
| 0.1936 工日 | | 未计价材料费 | | | | | | | 0.45 | | | | |
| 清单项目综合单价 | | | | | | | | | 36.1 | | | | |

| | 主要材料名称、规格、型号 | 单位 | 数量 | 单价/元 | 合价/元 | 暂估单价/元 | 暂估合价/元 |
|---|---|---|---|---|---|---|---|
| 材料费明细 | 醇酸防锈漆 C53-1 | kg | 0.0116 | 18 | 0.21 | | |
| | 醇酸防锈漆　C53-1 | kg | 0.0102 | 18 | 0.18 | | |
| | 酚醛清漆 | kg | 0.0028 | 11 | 0.03 | | |
| | 酚醛清漆 | kg | 0.0026 | 11 | 0.03 | | |
| | 其他材料费 | | | — | 11.8 | — | |
| | 材料费小计 | | | — | 12.25 | — | |

## 三、管道支架综合单价计算实例

下面以表2-26中"管道支架"项目为例，计算该清单项目的综合单价，计算过程见表2-29。

**表2-29　工程量清单综合单价分析表**

工程名称:小区住宅采暖工程

<table>
<tr><td>项目编码</td><td colspan="2">031002001001</td><td colspan="2">项目名称</td><td colspan="3">管道支架</td><td colspan="2">计量单位</td><td>kg</td><td>工程量</td><td>65.68</td></tr>
<tr><td colspan="14">清单综合单价组成明细</td></tr>
<tr><td rowspan="2">定额编号</td><td rowspan="2">定额名称</td><td rowspan="2">定额单位</td><td rowspan="2">数量</td><td colspan="5">单价/元</td><td colspan="5">合价/元</td></tr>
<tr><td>人工费</td><td>材料费</td><td>机械费</td><td>管理费</td><td>利润</td><td>人工费</td><td>材料费</td><td>机械费</td><td>管理费</td><td>利润</td></tr>
<tr><td>10-382</td><td>管道支架制作</td><td>100 kg</td><td>0.01</td><td>176.86</td><td>63.06</td><td>175.69</td><td>70.74</td><td>24.76</td><td>1.77</td><td>0.63</td><td>1.76</td><td>0.71</td><td>0.25</td></tr>
<tr><td>10-383</td><td>管道支架安装</td><td>100 kg</td><td>0.01</td><td>244.2</td><td>22.37</td><td>52.38</td><td>97.69</td><td>34.2</td><td>2.44</td><td>0.22</td><td>0.52</td><td>0.98</td><td>0.34</td></tr>
<tr><td colspan="2">综合人工工日</td><td colspan="7">小　计</td><td>4.21</td><td>0.85</td><td>2.28</td><td>1.69</td><td>0.59</td></tr>
<tr><td colspan="2">0.0569 工日</td><td colspan="7">未计价材料费</td><td colspan="5">5.83</td></tr>
<tr><td colspan="9">清单项目综合单价</td><td colspan="5">15.45</td></tr>
<tr><td rowspan="4">材料费明细</td><td colspan="4">主要材料名称、规格、型号</td><td colspan="2">单位</td><td colspan="2">数量</td><td>单价/元</td><td>合价/元</td><td colspan="2">暂估单价/元</td><td>暂估合价/元</td></tr>
<tr><td colspan="4">型钢</td><td colspan="2">kg</td><td colspan="2">1.06</td><td>5.5</td><td>5.83</td><td colspan="2"></td><td></td></tr>
<tr><td colspan="8">其他材料费</td><td>—</td><td>0.85</td><td colspan="2">—</td><td></td></tr>
<tr><td colspan="8">材料费小计</td><td>—</td><td>6.68</td><td colspan="2">—</td><td></td></tr>
</table>

# 子项目2.6　阀门、水表等管道附件安装工程量清单编制与计价

## 任务1　阀门、水表等管道附件安装工程量清单设置

给排水、采暖、燃气阀门、水表等管道附件工程量清单项目设置、项目特征描述的内容、计量

单位、工程量计算规则，应按规范附录 K 中表 K.3 的规定执行，见表 2-30。

**表 2-30　管道附件(031003)**

| 项目编码 | 项目名称 | 项目特征 | 计量单位 | 工程量计算规则 | 工作内容 |
|---|---|---|---|---|---|
| 031003001 | 螺纹阀门 | 1.类型<br>2.材质<br>3.规格、压力等级<br>4.连接形式<br>5.焊接方式 | 个 | 按设计图示数量计算 | 1.安装<br>2.电气接线<br>3.调试 |
| 031003002 | 螺纹法兰阀门 | | | | |
| 031003003 | 焊接法兰阀门 | | | | |
| 031003004 | 带短管甲乙阀门 | 1.材质<br>2.规格、压力等级<br>3.连接形式<br>4.焊接方式及材质 | | | |
| 031003005 | 塑料阀门 | 1.规格<br>2.连接形式 | | | 1.安装<br>2.调试 |
| 031003006 | 减压阀 | 1.材质<br>2.规格、压力等级<br>3.连接形式<br>4.附件配置 | 组 | | 组装 |
| 031003007 | 疏水阀 | | | | |
| 031003008 | 除污器(过滤器) | 1.材质<br>2.规格、压力等级<br>3.连接形式 | | | 安装 |
| 031003009 | 补偿器 | 1.类型<br>2.材质<br>3.规格、压力等级<br>4.连接形式 | 个 | | 安装 |
| 031003010 | 软接头(软管) | 1.材质<br>2.规格<br>3.连接形式 | 个(组) | | |
| 031003011 | 法兰 | 1.材质<br>2.规格、压力等级<br>3.连接形式 | 副(片) | | |
| 031003012 | 倒流防止器 | 2.材质<br>3.型号、规格<br>4.连接形式 | 套 | | |

续表

<table>
<tr><th>项目编码</th><th>项目名称</th><th>项目特征</th><th>计量单位</th><th>工程量计算规则</th><th>工作内容</th></tr>
<tr><td>031003013</td><td>水表</td><td>1. 安装部位(室内外)<br>2. 型号、规格<br>3. 连接形式<br>4. 附件配置</td><td>组(个)</td><td rowspan="5"></td><td>组装</td></tr>
<tr><td>031003014</td><td>热量表</td><td>1. 类型<br>2. 型号、规格<br>3. 连接形式</td><td>块</td><td rowspan="4">安装</td></tr>
<tr><td>031003015</td><td>塑料排水管消声器</td><td rowspan="2">1. 规格<br>2. 连接形式</td><td>个</td></tr>
<tr><td>031003016</td><td>浮标液面计</td><td>组</td></tr>
<tr><td>031003017</td><td>浮标水位标尺</td><td>1. 用途<br>2. 规格</td><td>套</td></tr>
</table>

# 任务 2 阀门相关知识

阀门是控制调节介质运动的重要配件，一般民用及工业管道用的阀门大致包括闸阀、截止阀、止回阀、旋塞阀、安全阀、调节阀(节流阀)、球阀、减压阀、疏水阀、直角阀、蝶阀、隔膜阀、电磁阀等类的产品。

## 一、常用阀门的种类

常用的阀门有截止阀、闸阀、止回阀、旋塞阀、疏水阀、减压阀、隔膜阀等。

**1. 截止阀**

截止阀是一种常用的阀门，关闭严密，可调节流量，但启闭较缓慢，流体阻力大，不适用于带颗粒和黏性较大的介质。

**2. 闸阀**

闸阀也称闸板阀，阀内有闸板，分楔式闸板式和平行闸板式两种，流体阻力小，适用在较高的温度下，多用于黏性较大的介质，有一定调节流量的功能，适合一些大口径管道使用。

**3. 止回阀**

止回阀也称逆止阀、单向阀，是一种只允许介质流向一个方向流动不能反向流动的阀门，防止介质倒流，适用于一般清洁介质，对于带固体颗粒和黏性较大的介质不适用。

**4. 旋塞阀**

旋塞阀又称转心门，开关成 90°，特点是开关迅速，适用于需迅速启闭或不经常开启之处，一般低温、低压流体作开闭用，不适用于输送高温、高压介质(如蒸汽)，不宜于作调节流量用。

**5. 疏水阀**

疏水阀又称疏水器，用于蒸汽管路上，在这种管道和设备内肯定会产生凝结水，凝结水成为有害的流体。疏水阀能排除加热设备或蒸汽管线中的蒸汽凝结水，同时阻止蒸汽泄露。

**6. 减压阀**

减压阀通过对介质流量的控制，降低管道内的压力，使介质符合生产的需要，只适用于蒸汽、煤气空气、水等清洁介质，不能用于做液体减压，更不能用于含有固体的颗粒的介质。

**7. 隔膜阀**

隔膜阀适用于输送酸性介质和带悬浮物的介质，不适用于温度较高及含有机溶剂和强氧化剂的介质。

## 二、阀门产品型号及其表示方法

阀门组成常用7个单元表示，按下列顺序排列：

① ② ③ ④ ⑤ ⑥ ⑦

各部分含义如下：

单元①表示阀门类别(汉拼字母)；

单元②表示驱动方式(阿拉伯数字)；

单元③表示连接形式(阿拉伯数字)；

单元④表示结构形式(阿拉伯数字)；

单元⑤表示密封面或衬里材质(汉拼字母)；

单元⑥表示公称压力($kgf/cm^2$)；

单元⑦表示阀体材质 (汉拼字母)。

各单元常用内容具体如下：

单元①阀门类别，用汉拼字母表示，见表2-31；

**表2-31 阀门类别**

| 闸阀 | Z | 球阀 | Q |
|---|---|---|---|
| 截止阀 | J | 减压阀 | Y |
| 止回阀 | H | 疏水阀 | S |
| 旋塞阀 | X | 蝶阀 | D |
| 安全阀 | A | 隔膜阀 | G |
| 节流阀 | L | | |

单元②驱动方式，用阿拉伯数字表示，见表2-32；

表 2-32　驱动方式

| 手动 | 省略 | 电动 | 9 |
|---|---|---|---|
| 电液动 | 2 | 液动 | 7 |
| 气动 | 6 | | |

单元③连接形式，用阿拉伯数字表示，见表 2-33；

表 2-33　连接方式

| 内螺纹 | 1 | 焊接 | 6 |
|---|---|---|---|
| 外螺纹 | 2 | 法兰 | 4 |

单元④结构形式，用阿拉伯数字表示；

单元⑤密封面或衬里材质，用汉拼字母表示，见表 2-34；

表 2-34　密封面或衬里材质的代号

| 密封面或衬里材质 | 代　号 | 密封面或衬里材质 | 代　号 |
|---|---|---|---|
| 铜合金 | T | 硬质合金 | Y |
| 橡胶 | X | 衬胶 | C |
| 尼龙塑料 | SN | 衬铅 | CQ |
| 氟塑料 | SA | 衬塑料 | CS |
| 巴氏合金 | B | 搪瓷 | TC |
| 不锈钢 | H | 渗硼钢 | P |
| 渗氮钢 | D | | |

单元⑥公称压力，直接用数字表示，此数字是 MPa 的 10 倍。该数字以短横线“-”与前五个单元隔开。阀门的公称压力从 0.1～32 MPa 共 12 个等级。

单元⑦阀体材质，用汉拼字母表示，见表 2-35。

表 2-35　阀体材质

| 阀体材料 | 代　号 | 阀体材料 | 代　号 | 阀体材料 | 代　号 |
|---|---|---|---|---|---|
| 灰铸铁 | Z | 铜和铜合金 | T | 铬镍钼钛耐酸钢 | R |
| 可锻铸铁 | K | 碳素钢 | C | 铬钼钒合金钢 | V |
| 高硅铸铁 | G | 铬钼合金钢 | I | | |
| 球墨铸铁 | Q | 铬镍钛耐酸钢 | P | | |

例如“J21Y-160P”，产品名称统一为“外螺纹截止阀”，表示手动、外螺纹连接，直通式，密封面材料为硬质合金，公称压力为小于或等于 16 MPa，阀体材料为铬镍钛耐酸钢。具体如下：

单元①:阀门类别,J 表示截止阀;

单元②:驱动方式,省略表示手动;

单元③:连接方式,2 表示外螺纹连接;

单元④:结构形式,1 表示直通式;

单元⑤:密封面或衬里材质,Y 表示硬质合金;

单元⑥:公称压力,160 表示 $P \leqslant 16$ MPa;

单元⑦:阀体材料,P 表示阀体材料为铬镍钛耐酸钢。

再例如"J11T-16",产品名称统一为"内螺纹截止阀",表示手动、内螺纹连接,直通式,密封面材料为硬质合金,公称压力为小于或等于 16 MPa。具体如下:

单元①:阀门类别,J 表示截止阀;

单元②:驱动方式,省略表示手动;

单元③:连接方式,1 表示内螺纹连接;

单元④:结构形式,1 表示直通式;

单元⑤:密封面或衬里材质,T 表示铜和铜合金;

单元⑥:公称压力,16 表示 $P \leqslant 1.6$ MPa。

# 任务 3 管道附件安装:阀门、水表及其他低压器具清单工程量计算

## 一、工程量计算规则

(1) 各种阀门安装,均以"个"为计量单位,按阀门种类和型号不同分别计算个数。

(2) 法兰水表安装,以"组"为计量单位,按种类和型号不同分别计算个数。

(3) 低压器具:减压器、疏水阀组成安装,以"组"为计量单位,设计组成与估价表不同时,阀门和压力表数量可按设计用量进行调整,其余不变。

## 二、工程量计算实例

以项目 2 中部分管道附件工程量计算为例,说明管道附件工程量的计算方法。计算过程见表 2-36。

**表 2-36 工程量计算书一**

| 序号 | 工 程 名 称 | 单 位 | 数 量 | 计 算 公 式 |
|---|---|---|---|---|
| 四 | 阀门 | | | |
| | DN65 法兰截止阀 J41T-16 | 个 | 2.00 | |

续表

| 序号 | 工程名称 | 单位 | 数量 | 计算公式 |
|---|---|---|---|---|
| | DN32 螺纹截止阀 J11T-16 | 个 | 20.00 | |
| | DN20 螺纹截止阀 J11T-16 | 个 | 16.00 | |
| | 手动放风法 DN10 | 个 | 84.00 | 12×7 |
| | 自动排气阀 DN20 | 个 | 2.00 | |

# 任务 4 阀门、水表等管道附件安装工程量清单编制

分部分项工程量清单中“阀门、水表等管道附件”部分的项目应按表 2-30 的规定执行。

## 一、编制工程量清单相关规定

**1. 项目设置**

表 2-30 中包括各种阀门、水表、减压阀、疏水阀、补偿器、法兰等各种管道附件清单项目的设置。

**2. 项目特征**

各种不同的管道附件项目，其项目特征必须根据计价规范的规定来描述。以下是几种常用管道附件项目特征的描述内容。

阀门：(1)类型；(2)材质；(3)规格、压力等级；(4)连接形式；(5)焊接方式。

水表：(1)安装部位(室内外)；(2)型号、规格；(3)连接形式；(4)附件配置。

补偿阀：(1)类型；(2)材质；(3)规格、压力等级；(4)连接形式。

减压阀、疏水器：(1)材质；(2)规格、压力等级；(3)连接形式 ；(4)附件配置。

**3. 项目特征描述应注意的问题**

(1) 法兰阀门安装包括法兰连接，不得另计。阀门安装如仅为一侧法兰连接时，应在项目特征中描述。

(2) 塑料阀门连接形式需注明热熔连接、黏结、热风焊接等方式。

(3) 减压阀规格按高压侧管道规格描述。

(4) 减压阀、疏水阀、倒流防止器等项目包括组成与安装工作内容，项目特征应根据设计要求描述附件配置情况，或根据××图集或××施工图进行描述。

**4. 计量单位**

阀门、水表等管道附件分别为“个”“组”“副(片)”“套”“块”等。

规范附录中有两个或两个以上计量单位的，应结合拟建工程项目的实际情况，选择其中一个。

## 二、编制清单应注意问题

对于法兰阀门，直径小于 DN50 的阀门一般采用螺纹法兰连接，直径大于或等于 DN50 的阀门一般采用焊接法兰连接。

## 四、阀门、水表等管道附件工程量清单编制实例

以项目 2 为例，说明阀门、水表等管道附件项目清单的编制方法和格式，见表 2-37。

**表 2-37　分部分项工程量清单与计价表**

| 序号 | 项目编码 | 项目名称 | 项目特征描述 | 计量单位 | 工程量 | 金额/元 | | |
|---|---|---|---|---|---|---|---|---|
| | | | | | | 综合单价 | 合价 | 其中：人工费 |
| 1 | 031003003001 | 焊接法兰阀门 | 法兰截止阀 J41T-16，DN65，焊接 | 个 | 2.00 | | | |
| 2 | 031003001001 | 螺纹阀门 | 螺纹截止阀 J11T-16，DN32，螺纹连接 | 个 | 20.00 | | | |
| 3 | 031003001002 | 螺纹阀门 | 螺纹截止阀 J11T-16，DN20，螺纹连接 | 个 | 16.00 | | | |
| 4 | 031003001003 | 螺纹阀门 | 手动放风阀，DN10，螺纹连接 | 个 | 84.00 | | | |
| 5 | 031003001004 | 螺纹阀门 | 自动排气阀 ZP-I，DN20，螺纹连接 | 个 | 2.00 | | | |

# 任务 5　阀门、水表等管道附件安装工程量清单综合单价的确定

## 一、确定综合单价应注意的问题

(1) 各种不同的管道附件项目，其包含的工程内容各不相同。以下是几种常用管道附件项目的工程内容。

阀门：①阀门安装；②阀门电气接线；③阀门调试。

水表：水表组装。

补偿器：补偿器安装。

减压阀、疏水阀:减压阀、疏水阀组装。

计价规范中所列出得各种管道附件的工作内容,包含了管道附件安装过程中所有可能出现的各种情况下的工作内容,在组价时按实际发生的工作内容来确定该项目的综合单价。

(2) 法兰阀门安装适用于各种法兰阀门的安装,仅为一侧法兰连接时,定额中的法兰、带帽螺栓及钢垫圈数量减半。

(3) 自动排气阀安装以“个”为计量单位,已包括了支架制作安装,不得另行计算。

(4) 减压阀、疏水阀组成安装以“组”为计量单位,设计组成与定额不同时,阀门和压力表数量可按设计用量进行调整,其余不变。

(5) 伸缩器制作安装,均以“个”为计量单位。其中方形伸缩器,其工程量不单独计算,以其所占长度列入“管道安装”工程量,即方形伸缩器的两臂,按臂长的两倍合并在管道长度内计算。

(6) 单独安装法兰水表,则以“个”为计量单位,套用“低压法兰式水表安装”定额。

(7) 塑料排水管消声器,其安装费已包含在相应的管道和管件安装定额中,相应的管道按延长米计算。

## 二、工程量清单项目综合单价计算实例

以表2-37中的一个清单项目为例(见表2-38),计算该清单项目的综合单价。

**表2-38　一个清单项目**

| 序号 | 项目编码 | 项目名称 | 项目特征描述 | 计量单位 | 工程量 | 金额/元 | | |
|---|---|---|---|---|---|---|---|---|
| | | | | | | 综合单价 | 合价 | 其中:人工费 |
| 1 | 031003003001 | 焊接法兰阀门 | 法兰截止阀 J41T-16,DN65,焊接 | 个 | 2.00 | | | |

该清单项目综合单价计算过程见表2-39。

**表2-39　工程量清单综合单价分析表**

工程名称:小区住宅采暖工程

| 项目编码 | 031003003001 | 项目名称 | 焊接法兰阀门 | | 计量单位 | 个 | 工程量 | 2.00 | | | |
|---|---|---|---|---|---|---|---|---|---|---|---|
| 清单综合单价组成明细 | | | | | | | | | | | |
| 定额编号 | 定额名称 | 定额单位 | 数量 | 单价/元 | | | | | 合价/元 | | |
| | | | | 人工费 | 材料费 | 机械费 | 管理费 | 利润 | 人工费 | 材料费 | 机械费 | 管理费 | 利润 |
| 10-436 | 焊接法兰阀门安装 DN65 | 个 | 1 | 46.62 | 83.64 | 16.71 | 18.65 | 6.53 | 46.62 | 83.64 | 16.71 | 18.65 | 6.53 |
| 综合人工工日 | | 小　计 | | | | | | | 46.62 | 83.64 | 16.71 | 18.65 | 6.53 |
| 0.63 工日 | | 未计价材料费 | | | | | | | 151 | | | | |
| 清单项目综合单价 | | | | | | | | | 323.15 | | | | |

续表

| 材料费明细 | 主要材料名称、规格、型号 | 单位 | 数量 | 单价/元 | 合价/元 | 暂估单价/元 | 暂估合价/元 |
|---|---|---|---|---|---|---|---|
| | 法兰阀门　DN65 | 个 | 1 | 151 | 151 | | |
| | | | | | | | |
| | 其他材料费 | | | — | 83.64 | — | |
| | 材料费小计 | | | — | 234.64 | — | |

# 子项目 2.7 供暖器具安装工程量清单编制与计价

## 任务 1 供暖器具安装工程量清单设置

采暖工程中供暖器具工程量清单项目设置、项目特征描述的内容、计量单位、工程量计算规则,应按规范附录 K 中表 K.5 的规定执行,见表 2-40。

表 2-40　供暖器具(031005)

| 项目编码 | 项目名称 | 项目特征 | 计量单位 | 工程量计算规则 | 工作内容 |
|---|---|---|---|---|---|
| 031005001 | 铸铁散热器 | 1. 型号、规格<br>2. 安装方式<br>3. 托架形式<br>4. 器具、托架除锈、刷油设计要求 | 片(组) | 按设计图示数量计算 | 1. 组对安装<br>2. 水压试验<br>3. 托架制作、安装<br>4. 除锈、刷油 |
| 031005002 | 钢制散热器 | 1. 结构形式<br>2. 型号、规格<br>3. 安装方式<br>4. 托架刷油设计要求 | 组(片) | | 1. 安装<br>2. 托架安装<br>3. 托架刷油 |
| 031005003 | 其他成品散热器 | 1. 材质、类型<br>2. 型号、规格<br>3. 托架刷油设计要求 | | | |
| 031005004 | 光排管散热器 | 1. 材质、类型<br>2. 型号、规格<br>3. 托架形式及做法<br>4. 器具、托架除锈、刷油设计要求 | m | 按设计图示排管长度计算 | 1. 制作、安装<br>2. 水压试验<br>3. 除锈、刷油 |

续表

| 项目编码 | 项目名称 | 项目特征 | 计量单位 | 工程量计算规则 | 工作内容 |
| --- | --- | --- | --- | --- | --- |
| 031005005 | 暖风机 | 1.质量<br>2.型号、规格<br>3.安装方式 | 台 | 按设计图示数量计算 | 安装 |
| 031005006 | 地板辐射采暖 | 1.保温层材质、厚度<br>2.钢丝网设计要求<br>3.管道材质、规格<br>4.压力试验及吹扫设计要求 | 1.$m^2$<br>2.m | 1.以 $m^2$ 计量,按设计图示采暖房间净面积计算<br>2.以m计量,按设计图示管道长度计算 | 1.保温层及钢丝网铺设<br>2.管道排布、绑扎、固定<br>3.与分集水器连接<br>4.水压试验、冲洗<br>5.配合地面浇筑 |
| 031005007 | 热媒集配装置 | 1.材质<br>2.规格<br>3.附件名称、规格、数量 | 台 | 按设计图示数量计算 | 1.制作<br>2.安装<br>3.附件安装 |
| 031005008 | 集气罐 | 1.材质<br>2.规格 | 个 | | 1.制作<br>2.安装 |

# 任务2 散热器清单工程量计算

## 一、散热器种类

现场组装的散热器一般分三类,即铸铁散热器、钢制散热器及其他成品散热器、光排管散热器,除此之外,现在成品散热器使用得也越来越多。

## 二、工程量计算规则

(1) 铸铁散热器:铸铁散热器安装(翼形、四柱、五柱、M132),一般以“片”为计量单位,按设计图示数量计算散热器片数。

(2) 钢制散热器及其他成品散热器:一般以“组”或“片”为计量单位,按设计图示数量计算。

钢制散热器一般分为钢制板式器、钢制壁式散热器、钢制柱式散热器等几种。

(3) 光排管散热器:一般以“m”为计量单位,按设计图示排管长度计算。光排管散热器制作安装已包括连箱管长度,不得另行计算。排管为未计价材料。

## 三、工程量计算实例

以项目 2 中散热器工程量计算为例，说明管道散热器工程量的计算方法。计算过程见表 2-41。

**表 2-41　工程量计算书二**

| 序号 | 工程名称 | 单位 | 数量 | 计算公式 |
|---|---|---|---|---|
| 五 | 铸铁散热器 | 片 | 1190.00 | 28×4+25×4+23×6+16×6+14×16+12×24+10×20+8×4 |
| | 其中:28 片的散热器 | 组 | 4.00 | 2×2 |
| | 25 片的散热器 | 组 | 4.00 | 2×2 |
| | 23 片的散热器 | 组 | 6.00 | 3×2 |
| | 16 片的散热器 | 组 | 6.00 | 2×2+2 |
| | 14 片的散热器 | 组 | 16.00 | 1×2+1×2+4×2+2×2 |
| | 12 片的散热器 | 组 | 24.00 | 3×2+3×2+4×2+2×2 |
| | 10 片的散热器 | 组 | 24.00 | 3×2+2×2+2×2+4×2+2 |
| | 8 片的散热器 | 组 | 4.00 | 2×2 |

# 任务 3　供暖器具安装工程量清单编制

分部分项工程量清单中“供暖器具安装”部分的项目应进按表 2-40 的规定执行。

供暖器具包括各种散热器、暖风机、地板辐射采暖系统等。

## 一、编制工程量清单相关规定

(1) 铸铁散热器，项目工作内容中包括拉条制作安装。

(2) 钢制散热器结构形式包括钢制闭式、板式、壁板式、扁管式及柱式散热器等，应分别列项计算。

(3) 光排管散热器包括联管制作安装。

(4) 地板辐射采暖，包括与分水器连接和配合地面浇注用工。

## 二、编制工程量清单应注意的问题

根据 K.10　相关问题说明(031010)，K.10.4 的规定：管道、设备及支架除锈、刷油、保温除注明者外，应按本规范附录 M 刷油、防腐蚀、绝热工程相关项目编码列项。

在附录 M 中，“铸铁管、暖气片刷油”可以单独列项目，项目编号为“031201004”。因此，铸铁散热器的“除锈、刷油”应单独列项目。

## 三、清单编制实例

以项目 2 中的散热器项目为例，说明散热器项目清单的编制方法和格式，见表 2-42。

表 2-42　分部分项工程量清单与计价表

工程名称：小区住宅采暖工程

| 序号 | 项目编码 | 项目名称 | 项目特征描述 | 计量单位 | 工程量 | 金额/元 | | |
|---|---|---|---|---|---|---|---|---|
| | | | | | | 综合单价 | 合价 | 其中：暂估价 |
| 1 | 031005001001 | 铸铁散热器 | 四柱 813，型钢托架 | 片 | 1190 | | | |

# 任务 4　散热器安装工程量清单综合单价的确定

## 一、确定综合单价应注意的问题

### 1. 铸铁散热器安装

铸铁散热器安装项目的工作内容包括：

（1）铸铁散热器组对、安装；

（2）水压试验；

（3）托架制作、安装；

（4）除锈、刷油。

### 2. 散热器项目综合单价的确定

1）铸铁散热器

“铸铁散热器安装”定额子目的工作内容中已包含了“铸铁散热器组对、安装”“水压试验”，也包括了“托钩的制作、安装”，即包括了托钩的材料费及安装费。所以“托钩的制作、安装”不需要另外单独套定额。因此，组价时只要套用“铸铁散热器安装”一个子目即可。

因为铸铁散热器的“除锈、刷油”单独列项目。所以，“铸铁散热器安装”项目组价时只能包括“铸铁散热器组对、安装”“水压试验”“托架的制作、安装”，而不应包括“除锈、刷油”。

柱型铸铁散热器一般是直接放置在地面上，所以一般不需要安装托钩；如果为挂装，可执行 M132 散热器安装项目。

柱型和 M132 型铸铁散热器安装用拉条时，拉条另行计算。

2）钢制散热器及其他成品散热器

钢制散热器安装项目的工程内容包括：

（1）散热器安装；

（2）托钩安装；

（3）托钩刷油。

钢制散热器及其他成品散热器一般作为成品，已经做过除锈、刷油，因此一般不需要再单独进行除锈、刷油处理。

板式、壁板式钢制散热器安装，定额子目的工作内容中已包含了"托钩的安装"人工和材料，因此，组价时只要套用"钢制散热器安装"一个子目即可。

闭式钢制散热器，主材价不包括托钩者，托钩价格另行计算。因此，组价时需要套用"闭式钢制散热器安装""托钩的安装"两种子目。

3）光排管散热器

光排管散热器安装项目的工程内容包括：

(1)光排管散热器制作、安装；

(2)水压试验；

(3)除锈、刷油。

"光排管散热器安装"定额子目的工作内容中已包含了"光排管散热器的安装""水压试验""托钩的安装"，但没有包括"光排管除锈、刷油"。因此，组价时只要套用"光排管散热器安装"及"光排管除锈、刷油"两种子目即可。其中"光排管除锈、刷油"按管道除锈、刷油的方法处理。

光排管散热器制作安装中已包括连箱管长度，不得另行计算。

## 二、综合单价计算实例

以表2-42的散热器为例，计算该清单项目的综合单价。该清单项目综合单价计算过程见表2-43。

**表2-43 工程量清单综合单价分析表**

工程名称：小区住宅采暖工程

| 项目编码 | 031005001001 | 项目名称 | | 铸铁散热器 | | | 计量单位 | | 片 | 工程量 | | 1190.00 | |
|---|---|---|---|---|---|---|---|---|---|---|---|---|---|
| 清单综合单价组成明细 | | | | | | | | | | | | | |
| 定额编号 | 定额名称 | 定额单位 | 数量 | 单价/元 | | | | | 合价/元 | | | | |
| | | | | 人工费 | 材料费 | 机械费 | 管理费 | 利润 | 人工费 | 材料费 | 机械费 | 管理费 | 利润 |
| 10-786 | 柱型铸铁散热器安装 | 10片 | 0.1 | 25.9 | 75.99 | | 10.36 | 3.63 | 2.59 | 7.6 | | 1.04 | 0.36 |
| 综合人工工日 | | 小计 | | | | | | | 2.59 | 7.6 | | 1.04 | 0.36 |
| 0.035工日 | | 未计价材料费 | | | | | | | 20.73 | | | | |

续表

| 清单项目综合单价 | | | | 32.32 | | | |
|---|---|---|---|---|---|---|---|
| 材料费明细 | 主要材料名称、规格、型号 | 单位 | 数量 | 单价/元 | 合价/元 | 暂估单价/元 | 暂估合价/元 |
| | 柱型铸铁散热器　柱型 | 片 | 0.691 | 30 | 20.73 | | |
| | | | | | | | |
| | 其他材料费 | | | — | 7.6 | — | |
| | 材料费小计 | | | — | 28.33 | — | |

# 子项目2.8　刷油、防腐工程量清单编制与计价

## 任务1　刷油、防腐工程量清单设置

采暖工程中需要刷油、防腐的部位有管道、管道支架及套管、铸铁散热器等，另外还有部分管道需要绝热保温。刷油、防腐、绝热工程量清单项目设置、项目特征描述的内容、计量单位、工程量计算规则，应按规范附录M中表M.1、表M.2和表M.8的规定执行。附录M有表M.1～表M.8八个附录表，部分表格见表2-44～表2-46。

**表2-44　刷油工程(031201)**

| 项目编码 | 项目名称 | 项目特征 | 计量单位 | 工程量计算规则 | 工作内容 |
|---|---|---|---|---|---|
| 031201001 | 管道刷油 | 1. 除锈级别<br>2. 油漆品种<br>3. 涂刷遍数、漆膜厚度<br>4. 标志色方式、品种 | 1. $m^2$<br>2. m | 1. 以平方米计量，按设计图示表面积尺寸以面积计算<br>2. 以米计量，按设计图示尺寸以长度计算 | 1. 除锈<br>2. 调配、涂刷 |
| 031201002 | 设备与矩形管道刷油 | | | | |
| 031201003 | 金属结构刷油 | 1. 除锈级别<br>2. 油漆品种<br>3. 结构类型<br>4. 涂刷遍数、漆膜厚度 | 1. $m^2$<br>2. kg | 1. 以平方米计量，按设计图示表面积尺寸以面积计算<br>2. 以千克计量，按金属结构的理论质量计算 | |
| 031201004 | 铸铁管、暖气片刷油 | 1. 除锈级别<br>2. 油漆品种<br>3. 涂刷遍数、漆膜厚度 | 1. $m^2$<br>2. m | 1. 以平方米计量，按设计图示表面积尺寸以面积计算<br>2. 以米计量，按设计图示尺寸以长度计算 | |

续表

<table>
<tr><th>项目编码</th><th>项目名称</th><th>项目特征</th><th>计量单位</th><th>工程量计算规则</th><th>工作内容</th></tr>
<tr><td>031201005</td><td>灰面刷油</td><td>1. 油漆品种<br>2. 涂刷遍数、漆膜厚度<br>3. 涂刷部位</td><td rowspan="5">$m^2$</td><td rowspan="5">按设计图示表面积计算</td><td rowspan="2">调配、涂刷</td></tr>
<tr><td>031201006</td><td>布面刷油</td><td>1. 布面品种<br>2. 油漆品种<br>3. 涂刷遍数、漆膜厚度<br>4. 涂刷部位</td></tr>
<tr><td>031201007</td><td>气柜刷油</td><td>1. 除锈级别<br>2. 油漆品种<br>3. 涂刷遍数、漆膜厚度<br>4. 涂刷部位</td><td>1. 除锈<br>2. 调配、涂刷</td></tr>
<tr><td>031201008</td><td>玛蹄脂面刷油</td><td>1. 除锈级别<br>2. 油漆品种<br>3. 涂刷遍数、漆膜厚度</td><td>调配、涂刷</td></tr>
<tr><td>031201009</td><td>喷漆</td><td>1. 除锈级别<br>2. 油漆品种<br>3. 涂刷遍数、漆膜厚度<br>4. 涂刷部位</td><td>1. 除锈<br>2. 调配、涂刷</td></tr>
</table>

**表 2-45 防腐蚀涂料工程(031202)**

<table>
<tr><th>项目编码</th><th>项目名称</th><th>项目特征</th><th>计量单位</th><th>工程量计算规则</th><th>工程内容</th></tr>
<tr><td>031202001</td><td>设备防腐蚀</td><td rowspan="4">1. 除锈级别<br>2. 涂刷(喷)品种<br>3. 分层内容<br>4. 涂刷(喷)遍数、漆膜厚度</td><td>$m^2$</td><td>按设计图示表面积计算</td><td rowspan="5">1. 除锈<br>2. 调配、涂刷(喷)</td></tr>
<tr><td>031202002</td><td>管道防腐蚀</td><td>1. $m^2$<br>2. m</td><td>1. 以平方米计量,按设计图示表面积尺寸以面积计算<br>2. 以米计量,按设计图示尺寸以长度计算</td></tr>
<tr><td>031202003</td><td>一般钢结构防腐蚀</td><td rowspan="2">kg</td><td>按一般钢结构的理论质量计算</td></tr>
<tr><td>031202004</td><td>管廊钢结构防腐蚀</td><td>按管廊钢结构的理论质量计算</td></tr>
<tr><td>031202005</td><td>防火涂料</td><td>1. 除锈级别<br>2. 涂刷(喷)品种<br>3. 涂刷(喷)遍数、漆膜厚度<br>4. 耐火极限(h)<br>5. 耐火厚度(mm)</td><td>$m^2$</td><td>按设计图示表面积计算</td></tr>
</table>

续表

| 项目编码 | 项目名称 | 项目特征 | 计量单位 | 工程量计算规则 | 工程内容 |
|---|---|---|---|---|---|
| 031202006 | H型钢结构防腐蚀 | 1.除锈级别<br>2.涂刷(喷)品种<br>3.分层内容<br>4.涂刷(喷)遍数、漆膜厚度 | $m^2$ | 按设计图示表面积计算 | 1.除锈<br>2.调配、涂刷(喷) |
| 031202007 | 金属油罐内壁防静电 | | | | |
| 031202008 | 埋地管道防腐蚀 | 1.除锈级别<br>2.刷缠品种<br>3.分层内容<br>4.刷缠遍数 | 1.$m^2$<br>2.m | 1.以平方米计量,按设计图示表面积尺寸以面积计算<br>2.以米计量,按设计图示尺寸以长度计算 | 1.除锈<br>2.刷油<br>3.防腐蚀<br>4.缠保护层 |
| 031202009 | 环氧煤沥青防腐蚀 | | | | 1.除锈<br>2.涂刷、缠玻璃布 |
| 031202010 | 涂料聚合一次 | 1.聚合类型<br>2.聚合部位 | $m^2$ | 按设计图示表面积计算 | 聚合 |

表 2-46　绝热工程(031208)

| 项目编码 | 项目名称 | 项目特征 | 计量单位 | 工程量计算规则 | 工程内容 |
|---|---|---|---|---|---|
| 031208001 | 设备绝热 | 1.绝热材料品种<br>2.绝热厚度<br>3.设备形式<br>4.软木品种 | $m^3$ | 按设计图示表面积加绝热层厚度及调整系数计算 | 1.安装<br>2.软木制品安装 |
| 031208002 | 管道绝热 | 1.绝热材料品种<br>2.绝热厚度<br>3.管道外径<br>4.软木品种 | | | |
| 031208003 | 通风管道绝热 | 1.绝热材料品种<br>2.绝热厚度<br>3.软木品种 | 1.$m^3$<br>2.$m^2$ | 1.以立方米计量,按设计图示表面积加绝热层厚度及调整系数计算<br>2.以平方米计量,按设计图示表面积及调整系数计算 | |
| 031208004 | 阀门绝热 | 1.绝热材料<br>2.绝热厚度<br>3.阀门规格 | $m^3$ | 按设计图示表面积加绝热层厚度及调整系数计算 | 安装 |
| 031208005 | 法兰绝热 | 1.绝热材料<br>2.绝热厚度<br>3.法兰规格 | | | |

续表

| 项目编码 | 项目名称 | 项目特征 | 计量单位 | 工程量计算规则 | 工程内容 |
| --- | --- | --- | --- | --- | --- |
| 031208006 | 喷涂、涂抹 | 1. 材料<br>2. 厚度<br>3. 对象 | $m^2$ | 按设计图示表面积计算 | 喷涂、涂抹安装 |
| 031208007 | 防潮层、保护层 | 1. 材料<br>2. 厚度<br>3. 层数<br>4. 对象<br>5. 结构形式 | 1. $m^2$<br>2. kg | 1. 以平方米计量，按设计图示表面积加绝热层厚度及调整系数计算<br>2. 以千克计量，按设计图示金属结构质量计算 | 安装 |
| 031208008 | 保温盒、保温托盘 | 名称 | | 1. 以平方米计量，按设计图示表面积计算<br>2. 以千克计量，按设计图示金属结构质量计算 | 制作、安装 |

# 任务 2 管道、设备刷油、保温相关清单工程量计算

## 一、管道刷油

对于焊接钢管，在管道安装完毕后要进行防腐处理，一般采用对管道外表面除锈、刷油的方法进行。而对于塑料管道，如 PPR、U-PVC、铝塑管、钢塑管等，则不需要对管道外表面进行除锈、刷油。

**1. 工程量计算规则**

管道刷油工程量是以“$m^2$”为计算单位，按管道设计图示表面积计算；或者以“m”为计算单位，按管道设计图示长度计算。

**2. 表面积工程量计算方法**

计算管道刷油表面积的方法有两种：一种是公式法；一种是查表法。

① 公式法。

$$S=\pi \times D_0 \times L$$

其中：$S$——管道表面积；

$D_0$——管道外径；

$L$——管道长度。

注意：该公式中管道的管径是指外径，而给排水、采暖、燃气工程中的管道通常是用公称直径表示的，所以要注意查表，找到公称直径所对应的外径。例如表 2-47 为铸铁排水管常用管径对照表。

表 2-47 铸铁排水管常用管径对照表

| 公称直径/mm | 外径/mm | 壁厚/mm | 外表面积/(m²/m) |
|---|---|---|---|
| DN50 | 60 | 3.5 | π×0.060×1=0.1884 |
| DN75 | 83 | 3.5 | π×0.083×1=0.2606 |
| DN100 | 110 | 3.5 | π×0.110×1=0.3454 |
| DN125 | 135 | 4 | π×0.135×1=0.4239 |
| DN150 | 160 | 4 | π×0.160×1=0.5024 |
| DN200 | 210 | 5 | π×0.210×1=0.6594 |

注:该铸铁排水管为中国标准 GB/T 12772-2016 中的 W1 型、W 型。

铸铁管刷油表面积的计算常用公式法。

② 查表法:查工程量快速计算表(焊接钢管)。

焊接钢管刷油表面积的计算,一般常用的是查表法。查工程量快速计算表,一般在预算员快速工程量计算手册中可以查到。

计算方法是查表 2-48 中保温厚度为零(即 $\delta=0$)的那一列的数据,单位:$m^2/m$。如:DN15 的管道,其展开面积为 0.0069 $m^2/m$;DN20 的管道,其展开面积为 0.0855 $m^2/m$。

表 2-48 焊接钢管刷油、绝热、保护层工程量计算表

| 公称直径 | 绝热层厚度 δ/mm | | | | | | | | |
|---|---|---|---|---|---|---|---|---|---|
| | δ=0 | δ=20 | δ=25 | δ=30 | δ=35 | δ=40 | δ=45 | δ=50 | δ=60 |
| DN15 | 0.0669 | 0.0027 | 0.0038 | 0.0051 | 0.0065 | 0.0082 | 0.0099 | 0.0119 | 0.0162 |
| | | 0.2246 | 0.2576 | 0.2906 | 0.3236 | 0.3566 | 0.3896 | 0.4225 | 0.4885 |
| DN20 | 0.0855 | 0.0031 | 0.0043 | 0.0057 | 0.0072 | 0.0089 | 0.0107 | 0.0128 | 0.0174 |
| | | 0.2432 | 0.2761 | 0.3091 | 0.3421 | 0.3751 | 0.4081 | 0.4411 | 0.5071 |
| DN25 | 0.1059 | 0.0035 | 0.0049 | 0.0063 | 0.0080 | 0.0097 | 0.0117 | 0.0138 | 0.0186 |
| | | 0.2636 | 0.2966 | 0.3296 | 0.3625 | 0.3955 | 0.4285 | 0.4615 | 0.5275 |
| DN32 | 0.1297 | 0.0040 | 0.0055 | 0.0070 | 0.0080 | 0.0107 | 0.0128 | 0.0151 | 0.0201 |
| | | 0.2875 | 0.3204 | 0.3534 | 0.3864 | 0.4194 | 0.4521 | 0.4854 | 0.5513 |
| DN40 | 0.1507 | 0.0044 | 0.0060 | 0.0076 | 0.0096 | 0.0116 | 0.0138 | 0.0160 | 0.0214 |
| | | 0.3083 | 0.3413 | 0.3743 | 0.4073 | 0.4402 | 0.4732 | 0.5062 | 0.5721 |
| DN50 | 0.1885 | 0.0053 | 0.0069 | 0.0089 | 0.0109 | 0.0131 | 0.0155 | 0.0181 | 0.0238 |
| | | 0.3460 | 0.3790 | 0.4120 | 0.4449 | 0.4779 | 0.5109 | 0.5438 | 0.6098 |
| DN65 | 0.2376 | 0.0063 | 0.0083 | 0.0104 | 0.0127 | 0.0152 | 0.0179 | 0.0207 | 0.0269 |
| | | 0.3963 | 0.4292 | 0.4622 | 0.4952 | 0.5281 | 0.5611 | 0.5941 | 0.6600 |

续表

| 公称直径 | 绝热层厚度 δ/mm | | | | | | | | |
|---|---|---|---|---|---|---|---|---|---|
| | δ=0 | δ=20 | δ=25 | δ=30 | δ=35 | δ=40 | δ=45 | δ=50 | δ=60 |
| DN80 | 0.2795 | 0.0071 | 0.0093 | 0.0117 | 0.0143 | 0.0169 | 0.0197 | 0.0228 | 0.0293 |
| | | 0.4371 | 0.4701 | 0.5030 | 0.5360 | 0.5690 | 0.6019 | 0.6349 | 0.7008 |
| DN100 | 0.3580 | 0.0088 | 0.0114 | 0.0142 | 0.0170 | 0.0201 | 0.0234 | 0.0269 | 0.0343 |
| | | 0.5156 | 0.5486 | 0.5825 | 0.6145 | 0.6475 | 0.6804 | 0.7134 | 0.7793 |
| DN125 | 0.4180 | 0.0100 | 0.0129 | 0.0159 | 0.0192 | 0.0226 | 0.0262 | 0.0300 | 0.0379 |
| | | 0.5752 | 0.6082 | 0.6412 | 0.6804 | 0.7071 | 0.7401 | 0.7731 | 0.8390 |
| DN150 | 0.5181 | 0.0121 | 0.0155 | 0.0191 | 0.0228 | 0.0268 | 0.0309 | 0.0351 | 0.0442 |
| | | 0.6757 | 0.7087 | 0.7417 | 0.7746 | 0.8076 | 0.8406 | 0.8735 | 0.9395 |
| DN200 | 0.6880 | 0.0156 | 0.0198 | 0.0243 | 0.0289 | 0.0338 | 0.0387 | 0.0439 | 0.0546 |
| | | 0.8453 | 0.8782 | 0.9112 | 0.9442 | 1.0101 | 1.0101 | 1.0431 | 1.1090 |

注：表中 δ=0 列对应刷油工程量（$m^2/m$），δ≠0 相关列每种规格钢管对应上下两行数据，上行数据对应保温层工程量（$m^3/m$），下行数据对应保温层外保护层工程量（$m^2/m$）。

## 二、金属结构、铸铁管及铸铁暖气片刷油工程量计算

### （一）金属结构刷油工程量计算

管道支架或设备支架，属于金属结构刷油。

**1. 工程量计算规则**

金属结构刷油，以“kg”为计算单位，按金属结构的理论质量计算。

**2. 工程量计算方法**

计算方法同前面所述“型钢支架制作安装工程量的计算”。

### （二）铸铁管、铸铁暖气片刷油工程量计算

散热器一般分三类：钢制散热器及其他成品散热器、光排管散热器、铸铁散热器。

(1) 钢制散热器一般为成品，一般在出厂时已经做了除锈、刷油的工作，不用计算工程量。

(2) 光排管散热器：除锈、刷油工程量按管道的计算方法进行。

(3) 铸铁散热器：按散热器表面积计算。

铸铁散热器工程量计算规则：其除锈、刷油工程量以“$m^2$”为计算单位，按散热器设计图示表面积计算。

常用散热器每片散热面积见表 2-49，如：四柱 813 型散热器 350 片，散热器除锈、刷油工程量=0.28 $m^2$/片× 350 片=98 $m^2$。

表 2-49　常用散热器每片散热面积表

| 散热器类型 | 型　　号 | 表面积/($m^2$/片) | 散热器类型 | 型　　号 | 表面积/($m^2$/片) |
|---|---|---|---|---|---|
| 长翼型 | 大 60(A 型) | 1.17 | 柱型 | 五柱 813 | 0.37 |
| | 小 60(B 型) | 0.8 | 圆翼型 | 50 | 1.30 |
| M132 型 | | 0.24 | | 75 | 1.8 |
| 柱型 | 四柱 813 | 0.28 | | | |

## 三、管道绝热

### 1. 工程量计算规则

管道绝热工程量是以“$m^3$”为计算单位，计算保温材料的体积。

### 2. 工程量计算方法

管道绝热包括管道保温和保冷。

计算管道保温(冷)体积的方法有两种，一种是公式法，一种是查表法。一般常用的是查表法，查工程量快速计算表。

① 公式法：管道保温层。

$$V=\pi\times(D+\delta+3.3\%\delta)\times(\delta+3.3\%\delta)\times L$$

其中：$V$——管道保温层体积；

$D$——管道外径；

$L$——管道长度；

$\delta$——保温层厚度；

3.3%为保温层厚度允许偏差系数。

② 查表法：查工程量快速计算表（焊接钢管）。

管道保温(冷)工程量是计算保温材料的体积，以“$m^3$”为计算单位，按不同管径查表计算后再求和。计算方法是查表 2-48 中绝热厚度 $\delta$ 对应的那列保温材料的体积，单位为 $m^3/m$。如：DN15，$\delta=40$ mm 时其保温材料体积为 0.0082 $m^3/m$，$\delta=50$ mm 时其保温材料体积为 0.0119 $m^3/m$；DN50，$\delta=40$ mm 时其保温材料体积为 0.0131 $m^3/m$，$\delta=50$ mm 时其保温材料体积为 0.0181 $m^3/m$；DN80，$\delta=40$ mm 时其保温材料体积为 0.0169 $m^3/m$，$\delta=50$ mm 时其保温材料体积为 0.0228 $m^3/m$。

## 四、工程量计算实例

以项目 2 中工程量计算为例，说明管道、管道支架及散热器工程量刷油、绝热保温等工程量的计算方法。计算过程见表 2-50。

表 2-50　工程量计算书

| 序　号 | 工程名称 | 单　位 | 数　量 | 计算公式 |
| --- | --- | --- | --- | --- |
| 六 | 刷油 | | | |
| 1 | 钢管刷油 | $m^2$ | 65.49 | |
| | 焊接钢管焊接 DN65 | $m^2$ | 9.19 | 0.2376×38.68 |
| | 焊接钢管焊接 DN50 | $m^2$ | 11.88 | 0.1885×63.02 |
| | 焊接钢管焊接 DN40 | $m^2$ | 3.43 | 0.1507×22.78 |
| | 焊接钢管丝接 DN32 | $m^2$ | 31.93 | 0.1297×246.17 |
| | 焊接钢管丝接 DN20 | $m^2$ | 9.06 | 0.0855×105.96 |
| | | | | |
| 2 | 支架刷油 | kg | 88.76 | （前面计算） |
| | | | | |
| 3 | 散热器刷油 | $m^2$ | 333.20 | 0.28×1190 |
| 七 | 保温绝热 | $m^3$ | 0.32 | 30.38×0.0104 |
| | 焊接钢管焊接 DN65 | m | 30.38 | |
| | 供水干管 水平(室外) | | 1.81 | 水平:1.5(室外地下)+0.24(墙厚)+0.07(管中心距墙) |
| | 垂直(室内) | m | 22.30 | 垂直:20.7+1.6 |
| | 回水干管　水平(室外) | m | 1.81 | 水平:1.5(室外地下)+0.24(墙厚)+0.07(管中心距墙) |
| | 垂直(室内) | m | 4.46 | 垂直:1.6+2.7+0.160=4.460 |

# 任务 3　刷油、防腐、绝热工程量清单编制

分部分项工程量清单中“刷油工程”部分的项目应进按表 2-44 的规定执行；“防腐蚀涂料工程”部分的项目应按表 2-45 的规定执行；绝热部分的项目应进按表 2-46 的规定执行。

刷油工程包括设备与矩形管道刷油、一般管道刷油、金属结构刷油、铸铁管及暖气片刷油等项目。

防腐蚀涂料工程包括设备防腐蚀、管道防腐蚀、一般钢结构防腐蚀、管廊钢结构防腐蚀等项目。

绝热工程包括设备绝热、管道绝热、阀门绝热、防潮层、保护层、保温盒、保温托盘等项目。

## 一、编制工程量清单相关规定

(1) 刷油清单项目的项目特征描述一般包括以下几个内容:

① 除锈级别;

② 油漆品种;

③ 涂刷遍数、漆膜厚度、结构类型;

④ 标志色方式、品种;

⑤ 涂刷部位。

其中,除锈级别一般分为轻锈、中锈、重锈三级。涂刷部位指涂刷表面的部位,如设备、管道等部位。结构类型指涂刷金属结构的类型,如一般钢结构、管廊钢结构、H 型钢结构等类型。管道支架属于一般钢结构。

(2) 绝热清单项目的项目特征描述一般包括以下几个内容:

① 绝热材料品种;

② 绝热厚度;

③ 管道外径(设备形式或阀门规格等);

④ 软木品种。

## 二、编制工程量清单应注意的问题

根据 K.10 相关问题说明(031010),K.10.4 的规定:管道、设备及支架除锈、刷油、保温除注明者外,应按本规范附录 M 刷油、防腐蚀、绝热工程相关项目编码列项。

而在附录 M 中,"铸铁管、暖气片刷油"可以单独列项目,项目编号为"031201004"。因此,铸铁散热器的"除锈、刷油"应单独列项目。

## 三、清单编制实例

项目 2 中需要刷油的项目有管道刷油、支架刷油、暖气片刷油三种;绝热项目有管道绝热一种。以项目 2 中的清单项目为例,说明刷油、防腐、绝热工程量清单的编制方法,见表 2-51。

**表 2-51 分部分项工程量清单与计价表**

工程名称:小区住宅采暖工程

| 序号 | 项目编码 | 项目名称 | 项目特征描述 | 计量单位 | 工程量 | 金额/元 | | |
|---|---|---|---|---|---|---|---|---|
| | | | | | | 综合单价 | 合价 | 其中:暂估价 |
| 1 | 031201001001 | 管道刷油 | 管道除轻锈,刷红丹防锈漆 2 遍,刷银粉漆 2 遍 | $m^2$ | 65.49 | | | |

续表

| 序号 | 项目编码 | 项目名称 | 项目特征描述 | 计量单位 | 工程量 | 金额/元 | | |
|---|---|---|---|---|---|---|---|---|
| | | | | | | 综合单价 | 合价 | 其中：暂估价 |
| 2 | 031201003001 | 金属结构刷油 | 管道支架(一般钢结构)除轻锈，刷红丹防锈漆 2 遍，刷银粉漆 2 遍 | kg | 88.76 | | | |
| 3 | 031201004001 | 暖气片刷油 | 散热器除轻锈，刷红丹防锈漆 2 遍，刷银粉漆 2 遍 | $m^2$ | 333.20 | | | |
| 4 | 031208002001 | 管道绝热 | 岩棉管壳，$\delta=30$ mm DN65 | $m^3$ | 0.32 | | | |

# 任务 4　刷油、防腐工程量清单综合单价的确定

## 一、确定综合单价应注意的问题

(1) 各种管件、阀门和设备上入孔、管口凹凸部分的刷油已综合考虑在定额内，不得另行计算。

(2) 金属面刷油不包括除锈工作内容。除锈工作需要单独套用定额。

(3) 各种“刷漆”定额子目中，未计价主材为各种漆，未计价主材的计量单位为“kg”，这与工程量的计量单位不一定一致。其中管道刷油工程量的计量单位为“$m^2$”；金属支架刷油工程量是指支架的质量，其计量单位为“kg”；散热器刷油工程量的计量单位为“$m^2$”。

## 二、综合单价计算实例

以表 2-51 的管道、支架、散热器为例，说明该类清单项目的综合单价的计算方法。计算过程见表 2-52～表 2-55。

注意：

“管道绝热”项目(项目编码为 031208002001)在计算综合单价套用定额时，定额子目是按管道外径划分的，所以应把管道的公称直径换算为外径，然后按外径大小选用定额子目。

如公称直径为 DN65 的管道，其管道外径为 75.50，应按外径 75.50 选用定额子目。

**表 2-52　工程量清单综合单价分析表一**

工程名称:小区住宅采暖工程

| 项目编码 | 031201001001 | 项目名称 | 管道刷油 | 计量单位 | $m^2$ | 工程量 | 65.49 |
|---|---|---|---|---|---|---|---|

清单综合单价组成明细

| 定额编号 | 定额名称 | 定额单位 | 数量 | 单价/元 | | | | | 合价/元 | | | | |
|---|---|---|---|---|---|---|---|---|---|---|---|---|---|
| | | | | 人工费 | 材料费 | 机械费 | 管理费 | 利润 | 人工费 | 材料费 | 机械费 | 管理费 | 利润 |
| 11-51 | 管道刷红丹防锈漆第一遍 | 10 $m^2$ | 0.1 | 17.02 | 3.37 | | 6.81 | 2.38 | 1.7 | 0.34 | | 0.68 | 0.24 |
| 11-52 | 管道刷红丹防锈漆第二遍 | 10 $m^2$ | 0.1 | 17.02 | 3.01 | | 6.81 | 2.38 | 1.7 | 0.3 | | 0.68 | 0.24 |
| 11-56 | 管道刷银粉漆第一遍 | 10 $m^2$ | 0.1 | 17.76 | 7.8 | | 7.1 | 2.49 | 1.78 | 0.78 | | 0.71 | 0.25 |
| 11-57 | 管道刷银粉漆第二遍 | 10 $m^2$ | 0.1 | 17.02 | 7.21 | | 6.81 | 2.38 | 1.7 | 0.72 | | 0.68 | 0.24 |
| 综合人工工日 | | 小　计 | | | | | | | 6.88 | 2.14 | | 2.75 | 0.97 |
| 0.093 工日 | | 未计价材料费 | | | | | | | 5.75 | | | | |
| 清单项目综合单价 | | | | | | | | | 18.49 | | | | |

| 材料费明细 | 主要材料名称、规格、型号 | 单位 | 数量 | 单价/元 | 合价/元 | 暂估单价/元 | 暂估合价/元 |
|---|---|---|---|---|---|---|---|
| | 醇酸防锈漆 C53-1 | kg | 0.147 | 18 | 2.65 | | |
| | 醇酸防锈漆 C53-1 | kg | 0.13 | 18 | 2.34 | | |
| | 酚醛清漆 | kg | 0.036 | 11 | 0.40 | | |
| | 酚醛清漆 | kg | 0.033 | 11 | 0.36 | | |
| | | | | | | | |
| | 其他材料费 | | | — | 2.15 | — | |
| | 材料费小计 | | | — | 7.90 | — | |

**表 2-53　工程量清单综合单价分析表二**

工程名称:小区住宅采暖工程

| 项目编码 | 031201003001 | 项目名称 | 金属结构刷油 | 计量单位 | kg | 工程量 | 88.76 |
|---|---|---|---|---|---|---|---|

清单综合单价组成明细

| 定额编号 | 定额名称 | 定额单位 | 数量 | 单价/元 | | | | | 合价/元 | | | | |
|---|---|---|---|---|---|---|---|---|---|---|---|---|---|
| | | | | 人工费 | 材料费 | 机械费 | 管理费 | 利润 | 人工费 | 材料费 | 机械费 | 管理费 | 利润 |
| 11-7 | 手工除锈 一般钢结构轻锈 | 100 kg | 0.01 | 21.46 | 2.07 | 7.38 | 8.58 | 3 | 0.21 | 0.02 | 0.07 | 0.09 | 0.03 |

续表

| 清单综合单价组成明细 | | | | | | | | | | | | | |
|---|---|---|---|---|---|---|---|---|---|---|---|---|---|
| 定额编号 | 定额名称 | 定额单位 | 数量 | 单价/元 | | | | | 合价/元 | | | | |
| | | | | 人工费 | 材料费 | 机械费 | 管理费 | 利润 | 人工费 | 材料费 | 机械费 | 管理费 | 利润 |
| 11-117 | 金属结构一般钢结构刷红丹防锈漆第一遍 | 100 kg | 0.01 | 14.8 | 2.75 | 7.38 | 5.91 | 2.07 | 0.15 | 0.03 | 0.07 | 0.06 | 0.02 |
| 11-118 | 金属结构一般钢结构刷红丹防锈漆第二遍 | 100 kg | 0.01 | 14.06 | 2.37 | 7.38 | 5.62 | 1.97 | 0.14 | 0.02 | 0.07 | 0.06 | 0.02 |
| 11-122 | 金属结构一般钢结构刷银粉漆第一遍 | 100 kg | 0.01 | 14.06 | 5.83 | 7.38 | 5.62 | 1.97 | 0.14 | 0.06 | 0.07 | 0.06 | 0.02 |
| 11-123 | 金属结构一般钢结构刷银粉漆第二遍 | 100 kg | 0.01 | 14.06 | 5.11 | 7.38 | 5.62 | 1.97 | 0.14 | 0.05 | 0.07 | 0.06 | 0.02 |
| 综合人工工日 | | 小　计 | | | | | | | 0.57 | 0.16 | 0.28 | 0.24 | 0.08 |
| 0.0106 工日 | | 未计价材料费 | | | | | | | 0.43 | | | | |
| 清单项目综合单价 | | | | | | | | | 1.76 | | | | |

| 材料费明细 | 主要材料名称、规格、型号 | 单位 | 数量 | 单价/元 | 合价/元 | 暂估单价/元 | 暂估合价/元 |
|---|---|---|---|---|---|---|---|
| | 醇酸防锈漆 C53-1 | kg | 0.0116 | 18 | 0.21 | | |
| | 醇酸防锈漆 C53-1 | kg | 0.0095 | 18 | 0.17 | | |
| | 酚醛清漆 | kg | 0.0025 | 11 | 0.03 | | |
| | 酚醛清漆 | kg | 0.0023 | 11 | 0.03 | | |
| | 其他材料费 | | | — | 0.18 | — | |
| | 材料费小计 | | | — | 0.62 | — | |

**表 2-54　工程量清单综合单价分析表三**

工程名称:小区住宅采暖工程

| 项目编码 | 031201004001 | 项目名称 | 暖气片刷油 | 计量单位 | $m^2$ | 工程量 | 333.20 |
|---|---|---|---|---|---|---|---|

| 清单综合单价组成明细 | | | | | | | | | | | | | |
|---|---|---|---|---|---|---|---|---|---|---|---|---|---|
| 定额编号 | 定额名称 | 定额单位 | 数量 | 单价/元 | | | | | 合价/元 | | | | |
| | | | | 人工费 | 材料费 | 机械费 | 管理费 | 利润 | 人工费 | 材料费 | 机械费 | 管理费 | 利润 |
| 11-4 | 手工除锈 设备 $\phi$>1000 mm 轻锈 | 10 $m^2$ | 0.1 | 22.94 | 2.8 | | 9.18 | 3.21 | 2.29 | 0.28 | | 0.92 | 0.32 |

续表

| 清单综合单价组成明细 | | | | | | | | | | | | | |
|---|---|---|---|---|---|---|---|---|---|---|---|---|---|
| 定额编号 | 定额名称 | 定额单位 | 数量 | 单价/元 | | | | | 合价/元 | | | | |
| | | | | 人工费 | 材料费 | 机械费 | 管理费 | 利润 | 人工费 | 材料费 | 机械费 | 管理费 | 利润 |
| 11-84 | 设备与矩形管道刷红丹防锈漆第一遍 | 10 $m^2$ | 0.1 | 15.54 | 3.37 | | 6.22 | 2.18 | 1.55 | 0.34 | | 0.62 | 0.22 |
| 11-85 | 设备与矩形管道刷红丹防锈漆第二遍 | 10 $m^2$ | 0.1 | 15.54 | 3.01 | | 6.22 | 2.18 | 1.55 | 0.3 | | 0.62 | 0.22 |
| 11-200 | 铸铁管暖气片刷银粉漆第一遍 | 10 $m^2$ | 0.1 | 21.46 | 9.44 | | 8.58 | 3 | 2.15 | 0.94 | | 0.86 | 0.3 |
| 11-201 | 铸铁管暖气片刷银粉漆第二遍 | 10 $m^2$ | 0.1 | 20.72 | 8.3 | | 8.29 | 2.9 | 2.07 | 0.83 | | 0.83 | 0.29 |
| 综合人工工日 | | 小计 | | | | | | | 7.32 | 2.41 | | 2.93 | 1.03 |
| 0.13 工日 | | 未计价材料费 | | | | | | | 5.88 | | | | |
| 清单项目综合单价 | | | | | | | | | 19.57 | | | | |

| 材料费明细 | 主要材料名称、规格、型号 | 单位 | 数量 | 单价/元 | 合价/元 | 暂估单价/元 | 暂估合价/元 |
|---|---|---|---|---|---|---|---|
| | 醇酸防锈漆 C53-1 | kg | 0.146 | 18 | 2.63 | | |
| | 醇酸防锈漆 C53-1 | kg | 0.128 | 18 | 2.30 | | |
| | 酚醛清漆 | kg | 0.045 | 11 | 0.50 | | |
| | 酚醛清漆 | kg | 0.041 | 11 | 0.45 | | |
| | 其他材料费 | | | — | 2.69 | — | |
| | 材料费小计 | | | — | 8.57 | — | |

**表 2-55 工程量清单综合单价分析表四**

工程名称：小区住宅采暖工程

| 项目编码 | 031208002001 | 项目名称 | 管道绝热 | 计量单位 | $m^3$ | 工程量 | 0.32 |
|---|---|---|---|---|---|---|---|

| 清单综合单价组成明细 | | | | | | | | | | | | | |
|---|---|---|---|---|---|---|---|---|---|---|---|---|---|
| 定额编号 | 定额名称 | 定额单位 | 数量 | 单价/元 | | | | | 合价/元 | | | | |
| | | | | 人工费 | 材料费 | 机械费 | 管理费 | 利润 | 人工费 | 材料费 | 机械费 | 管理费 | 利润 |
| 11-1837 | 纤维类制品(管壳)安装管道 $\phi$133 mm 厚度 30 mm | $m^3$ | 1 | 176.1 | 14.92 | 12.66 | 70.45 | 24.66 | 176.1 | 14.92 | 12.66 | 70.45 | 24.66 |
| 综合人工工日 | | 小计 | | | | | | | 176.1 | 14.92 | 12.66 | 70.45 | 24.66 |
| 2.3793 工日 | | 未计价材料费 | | | | | | | 324.18 | | | | |
| 清单项目综合单价 | | | | | | | | | 623 | | | | |

续表

<table>
<tr><td rowspan="6">材<br>料<br>费<br>明<br>细</td><td>主要材料名称、规格、型号</td><td>单位</td><td>数量</td><td>单价/元</td><td>合价/元</td><td>暂估单价/元</td><td>暂估合价/元</td></tr>
<tr><td>岩棉管壳</td><td>$m^3$</td><td>1.03</td><td>285</td><td>293.55</td><td></td><td></td></tr>
<tr><td>铝箔胶带</td><td>$m^2$</td><td>4.94</td><td>6.2</td><td>30.63</td><td></td><td></td></tr>
<tr><td></td><td></td><td></td><td></td><td></td><td></td><td></td></tr>
<tr><td colspan="3">其他材料费</td><td>—</td><td>14.92</td><td>—</td><td></td></tr>
<tr><td colspan="3">材料费小计</td><td>—</td><td>339.1</td><td>—</td><td></td></tr>
</table>

# 子项目 2.9 采暖系统调试工程量清单编制与计价

## 任务 1 采暖、空调水工程系统调试工程量清单设置

采暖、空调水工程系统调试是指：在采暖工程、空调水工程安装全部施工完毕后，待系统投入正式运行前的试运行期间，对安装好的系统进行调试。调试内容包括：在室外温度和热源（或冷源）进口温度达到设计规定的条件下，将室内温度调整到设计要求的温度的全部工作。

一般空调系统包括水系统和风系统两个系统。这里所说的空调水工程系统调试是指水系统的调试。空调水工程系统是由空调水管道、阀门及冷水机组组成的。采暖工程系统是由采暖管道、阀门及供暖器具组成的。

采暖、空调水工程系统调试清单项目属于分部分项工程量清单。

采暖、空调水工程系统调试工程量清单项目设置、项目特征描述的内容、计量单位、工程量计算规则，应按规范附录 K 中表 K.9 的规定执行，见表 2-56。

**表 2-56 采暖、空调水工程调试(031009)**

<table>
<tr><td>项目编码</td><td>项目名称</td><td>项目特征</td><td>计量单位</td><td>工程量计算规则</td><td>工作内容</td></tr>
<tr><td>031009001</td><td>采暖工程系统调试</td><td rowspan="2">1.系统形式<br>2.采暖（空调水）管道工程量</td><td rowspan="2">系统</td><td>按采暖工程系统计算</td><td rowspan="2">系统调试</td></tr>
<tr><td>031009002</td><td>空调水工程系统调试</td><td>按空调水工程系统计算</td></tr>
</table>

# 任务 2 采暖、空调水工程系统调试工程量清单编制

分部分项工程量清单中"采暖、空调水工程系统调试"部分的项目应进按表 2-56 的规定执行。

## 一、编制工程量清单相关规定

**1. 项目特征**

项目特征描述包括两部分内容：

(1) 系统形式；

(2) 采暖(空调水)管道工程量。

系统形式是指系统按循环动力、按所采用的供水、回水形式、按管道敷设方式等不同所采用的不同的水流形式。如热水供暖系统采用上供下回系统、下供上回系统等形式。

采暖(空调水)管道工程量是指整个工程中所有管道的总长度。

**2. 计量单位**

采暖、空调水工程系统调试的计量单位是"系统"。工程量就是"系统"的数量。

**3. 计算规则**

采暖工程是按采暖工程系统计算的；空调水工程是按空调水工程系统计算的。

当采暖工程系统、空调水工程系统中管道工程量发生变化时，系统调试费用应作相应调整。

## 二、清单编制实例

以项目 2 为例，项目 2 属于热水供暖系统，系统形式是上供下回系统。项目清单的编制方法和格式，见表 2-57。

**表 2-57 分部分项工程量清单与计价表**

工程名称：小区住宅采暖工程

| 序号 | 项目编码 | 项目名称 | 项目特征描述 | 计量单位 | 工程量 | 金额/元 | | |
|---|---|---|---|---|---|---|---|---|
| | | | | | | 综合单价 | 合价 | 其中：暂估价 |
| 1 | 031009001001 | 采暖工程系统调试 | 上供下回采暖系统，采暖管道工程量 476.57 m | 系统 | 1 | | | |

# 任务 3 采暖系统调试工程量清单综合单价的确定

## 一、确定综合单价应注意的问题

**1. 采暖、空调水工程系统调试费**

按 2014 版《江苏省安装工程计价定额》的规定：

采暖工程系统调试费按采暖工程人工费的 15%计算，其中人工工资占 20%；

空调水工程系统调试，按空调水系统（扣除空调冷凝水系统）人工费的 13%计算，其中人工工资占 25%。

这里的采暖工程人工费、空调水系统人工费是指整个工程的总人工费。以它为计算基数，来计算工程系统调试费。

**2. 采暖、空调水工程系统调试项目综合单价的计算方法和步骤**

采暖、空调水工程系统调试项目既然属于分部分项工程清单项目，那么这些项目也需要计算综合单价。以采暖工程系统调试项目为例，其综合单价计算过程如下。

(1) 确定采暖工程系统调试费计算基数：为整个工程的总人工费。

(2) 采暖工程系统调试费：采暖工程人工费×15%。

(3) 费用拆分：采暖系统调试费中人工费占 20%；材料费占 80%。

(4) 管理费、利润：以采暖工程系统调试费中人工费为基数，计算管理费、利润。

(5) 采暖工程系统调试费总价＝人工费＋机械费＋管理费＋利润。

空调水工程系统调试项目的计算过程同上。

## 二、综合单价计算实例

以项目 2 为例，说明采暖工程系统调试综合单价的计算方法，见表 2-58。

计算过程如下：

(1) 确定采暖工程系统调试费计算基数（见分部分项工程清单与计价表）：

整个工程的总人工费＝13388.87 元

(2) 采暖工程系统调试费＝(13388.87×15%)元＝2008.33 元

其中：　采暖工程系统调试费中人工费＝(2008.33×20%)元＝401.67 元

(3) 费用拆分：

采暖工程系统调试费中人工费＝(2008.33×20%)元＝401.67 元

其他费用为材料费＝(2008.33×80%)元＝1606.66 元

(4) 管理费、利润：以采暖工程系统调试费中人工费为基数，计算管理费、利润。

管理费＝(401.67×39% )元＝156.65 元

利润＝(401.67×14％)元＝56.23 元

(5) 采暖工程系统调试费总价＝人工费＋材料费＋管理费＋利润
＝(401.67＋1606.66＋156.65＋56.23)元
＝2221.21 元

**表 2-58　工程量清单综合单价分析表**

工程名称:小区住宅采暖工程

| 项目编码 | 031009001001 | 项目名称 | 采暖工程系统调试 | 计量单位 | 系统 | 工程量 | 1.00 |
|---|---|---|---|---|---|---|---|

| 清单综合单价组成明细 | | | | | | | | | | | | | |
|---|---|---|---|---|---|---|---|---|---|---|---|---|---|
| 定额编号 | 定额名称 | 定额单位 | 数量 | 单价/元 | | | | | 合价/元 | | | | |
| | | | | 人工费 | 材料费 | 机械费 | 管理费 | 利润 | 人工费 | 材料费 | 机械费 | 管理费 | 利润 |
| 10-1000 | 册采暖工程系统调试费按人工费 15％计,其中人工工资 20％、材料费 80％ | 项 | 1 | 401.67 | 1606.66 | | 156.65 | 56.23 | 401.67 | 1606.66 | | 156.65 | 56.23 |
| 综合人工工日 | | 小　计 | | | | | | | 401.67 | 1606.66 | | 156.65 | 56.23 |
| | | 未计价材料费 | | | | | | | | | | | |
| 清单项目综合单价 | | | | | | | | | 2221.21 | | | | |

| 材料费明细 | 主要材料名称、规格、型号 | 单位 | 数量 | 单价/元 | 合价/元 | 暂估单价/元 | 暂估合价/元 |
|---|---|---|---|---|---|---|---|
| | | | | | | | |
| | 其他材料费 | | | — | 1606.66 | — | |
| | 材料费小计 | | | — | 1606.66 | — | |

# 子项目 2.10　措施项目清单编制与计价

## 任务 1　措施项目内容介绍

给排水、采暖、燃气工程工程量清单由以下几个部分组成:分部分项工程量清单、措施项目清单、其他项目清单、规费和税金清单。

其中分部分项工程量清单的内容在前述章节中已介绍,措施项目清单在本节中介绍。

## 一、措施项目清单

根据 GB 50500—2013《建设工程工程量清单计价规范》,措施项目是指“为完成工程项目施工,发生于该工程施工准备和施工过程中的技术、生活、安全、环境保护等方面的项目”。

根据现行工程量清单计算规范,措施项目费分为单价措施项目与总价措施项目两种。

**1. 单价措施项目**

单价措施项目是指在现行工程量清单计算规范中有对应工程量计算规则,按人工费、材料费、施工机具使用费、管理费和利润形式组成综合单价的措施项目。单价措施项目根据专业不同,其内容也不相同。

安装工程的单价措施项目包括以下内容:

(1) 吊装加固;

(2) 金属抱杆安装、拆除、移位;

(3) 平台铺设、拆除,顶升、提升装置安装、拆除;

(4) 大型设备专用机具安装、拆除;

(5) 焊接工艺评定;

(6) 胎(模)具制作、安装、拆除;

(7) 防护棚制作安装拆除;

(8) 特殊地区施工增加;

(9) 工程系统检测、检验;

(10) 设备、管道施工的安全、防冻和焊接保护;

(11) 焦炉烘炉、热态工程;

(12) 管道安拆后的充气保护;

(13) 隧道内施工的通风、供水、供气、供电、照明及通信设施;

(14) 其他措施(工业炉烘炉、设备负荷试运转、联合试运转、生产准备试运转及安装工程设备场外运输);

(15) 大型机械设备进出场及安拆;

(16) 安装与生产同时进行施工增加;

(17) 在有害身体健康环境中施工增加;

(18) 脚手架搭拆;

(19) 高层施工增加。

**2. 总价措施项目**

总价措施项目是指在现行工程量清单计算规范中无工程量计算规则,以总价(或计算基础乘费率)计算的措施项目。

(1) 各专业都可能发生的通用的总价措施项目费如下。

①安全文明施工费:为满足施工安全、文明、绿色施工以及环境保护、职工健康生活所需要的各项费用。其范围包括以下四部分:环境保护包含范围;文明施工包含范围;安全施工包含范围;绿色施工包含范围。

根据 GB 50500—2013《建设工程工程量清单计价规范》的规定,此项措施项目为不可竞争费用,必须按国家或省级、行业建设主管部门的规定计算。

② 夜间施工费：规范、规程要求正常作业而产生的夜班补助、夜间施工降效、夜间照明设施的安拆、摊销、照明用电以及夜间施工现场交通标志、安全标牌、警示灯安拆等费用。

③ 二次或多次搬运费：由于施工场地限制而发生的材料、成品、半成品等一次运输不能到达堆放地点，必须进行的二次或多次搬运而产生的费用。

④ 冬雨季施工费：在冬雨季施工期间所增加的费用，包括冬季作业、临时取暖、建筑物门窗洞口封闭及防雨措施、排水、工效降低、防冻等费用，不包括设计要求混凝土内添加防冻剂的费用。

⑤ 地上、地下设施、建筑物的临时保护设施：在工程施工过程中，对已建成的地上、地下设施和建筑物采取遮盖、封闭、隔离等必要保护措施而产生的费用。在园林绿化工程中，还包括对已有植物的保护费用。

⑥ 已完工程及设备保护费：对已完工程及设备采取的覆盖、包裹、封闭、隔离等必要保护措施所发生的费用。

⑦ 临时设施费：施工企业为进行工程施工所必需的生活和生产用的临时建筑物、构筑物和其他临时设施的搭设、使用、拆除等费用。

⑧ 赶工措施费：施工合同工期比我省(江苏省)现行工期定额提前，施工企业为缩短工期所产生的费用。如施工过程中，发包人要求实际工期比合同工期提前时，由发承包双方另行约定。

⑨ 工程按质论价费：施工合同约定质量标准超过国家规定，施工企业完成工程质量达到经有权部门鉴定或评定为优质工程所必须增加的施工成本费。

⑩ 特殊条件下施工增加费：地下不明障碍物、铁路、航空、航运等交通干扰而发生的施工降效费用。

(2) 总价措施项目中，除通用措施项目外，各专业措施项目各不相同，安装工程的专业措施项目内容如下。

① 非夜间施工照明：为保证工程施工正常进行，在如地下(暗)室、设备及大口径管道内等特殊施工部位施工时所采用的照明设备的安拆、维护及照明用电、通风等；在地下(暗)室等施工引起的人工工效降低以及由于人工工效降低引起的机械降效。

② 住宅工程分户验收：按《住宅工程质量分户验收规程》的要求对住宅工程安装项目进行专门验收产生的费用。

# 任务2 措施项目工程量清单设置

措施项目工程量清单项目应进按附录N表N.1和表N.2的规定执行，见表2-59和表2-60。

**表2-59 专业措施项目(编码:031301)**

| 项目编码 | 项目名称 | 工作内容及包含范围 |
|---|---|---|
| 031301001 | 吊装加固 | 1.行车梁加固<br>2.桥式起重机加固及负荷试验<br>3.整体吊装临时加固件，加固设施拆除、清理 |
| 031301002 | 金属抱杆安装、拆除、移位 | 1.安装、拆除<br>2.位移<br>3. 吊耳制作安装<br>4.拖拉坑挖埋 |

续表

| 项目编码 | 项目名称 | 工作内容及包含范围 |
|---|---|---|
| 031301003 | 平台铺设、拆除 | 1.场地平整<br>2.基础及支墩砌筑<br>3.支架型钢搭设<br>4.铺设<br>5.拆除、清理 |
| 031301004 | 顶升、提升装置 | 安装、拆除 |
| 031301005 | 大型设备专用机具 | 安装、拆除 |
| 031301006 | 焊接工艺评定 | 焊接、试验及结果评价 |
| 031301007 | 胎(模)具制作、安装、拆除 | 制作、安装、拆除 |
| 031301008 | 防护棚制作安装、拆除 | 防护棚制作、安装、拆除 |
| 031301009 | 特殊地区施工增加 | 1.高原、高寒施工防护；<br>2.地震防护 |
| 031301010 | 安装与生产同时进行施工增加 | 1.火灾防护<br>2.噪声防护 |
| 031301011 | 在有害身体健康环境中施工增加 | 1.有害化合物防护<br>2.粉尘防护<br>3.有害气体防护<br>4.高浓度氧气防护 |
| 031301012 | 工程系统检测、检验 | 1.起重机、锅炉、高压容器等特征设备安装质量监督检验检测<br>2.由国家或地方检测部门进行的各类检测 |
| 031301013 | 设备、管道施工的安全、防冻和焊接保护 | 为保证工程施工正常进行的防冻和焊接保护 |
| 031301014 | 焦炉烘炉、热态工程 | 1.烘炉安装、拆除、外运<br>2.热态作业劳保消耗 |
| 031301015 | 管道安拆后的充气保护 | 充气管道安装、拆除 |
| 031301016 | 隧道内施工的通风、供水、供气、供电、照明及通信设施 | 通风、供水、供气、供电、照明及通信设施安装、拆除 |
| 031301017 | 脚手架搭拆 | 1.场内、场外材料搬运<br>2.搭、拆脚手架<br>3.拆除脚手架后材料的堆放 |
| 031301018 | 其他措施 | 为保证工程施工正常进行所产生的费用 |

注：1.由国家或地方检测部门进行的各类检测，指安装工程不包括的属经营服务型项目，如通电测试、防雷装置检测、安全与消防工程检测、室内空气质量检测等；

2.脚手架按各附录分别列项；

3.其他措施项目必须根据实际措施项目名称确定项目名称，明确描述工作内容及包含范围。

表 2-60 安全文明施工及其他措施项目(编码:031302)

| 项目编码 | 项 目 名 称 | 工作内容及包含范围 | 备 注 |
| --- | --- | --- | --- |
| 031302001 | 安全文明施工 | 1.环境保护包含范围:现场施工机械设备降低噪声费用、防扰民措施费用;水泥和其他易飞扬细颗粒建筑材料密闭存放或采取覆盖措施等费用;工程防扬尘洒水费用;土石方、建渣外运车辆冲洗、防洒漏等费用;现场污染源的控制、生活垃圾清理外运、场地排水排污措施的费用;其他环境保护措施费用<br>2.文明施工包含范围:“五牌一图”的费用;现场围挡的墙面美化(包括内外粉刷、刷白、标语等)、压顶装饰费用;现场厕所便槽刷白、贴面砖,水泥砂浆地面或地砖费用,建筑物内临时便溺设施费用;其他施工现场临时设施的装饰装修、美化措施费用;现场生活卫生设施费用;符合卫生要求的饮水、淋浴、消毒等设施费用;生活用洁净燃料费用;防煤气中毒、防蚊虫叮咬等措施费用;施工现场操作场地的硬化费用;现场绿化费用、治安综合治理费用;现场配备医药保健器材、物品费用和急救人员培训费用;用于现场工人的防暑降温费、电风扇和空调等设备及用电费用;其他文明施工措施费用<br>3.安全施工包含范围:安全资料、特殊作业专项方案的编制,安全施工标志的购置及安全宣传的费用;“三宝”(安全帽、安全带、安全网)、“四口”(楼梯口、电梯井口、通道口、预留洞口)、“五临边”(阳台围边、楼板围边、屋面围边、槽坑围边、卸料平台两侧)、水平防护架、垂直防护架、外架封闭等防护的费用;施工安全用电的费用,包括配电箱三级配电、两级保护装置要求、外电防护措施;起重机、塔吊等起重设备(含井架、门架)及外用电梯的安全防护措施(含警示标志)费用及卸料平台的临边防护、层间安全门、防护棚等设施费用;建筑工地起重机械的检验检测费用;施工机具防护棚及其围栏的安全保护设施费用;施工安全防护通道的费用;工人的安全防护用品、用具购置费用;消防设施与消防器材的配置费用;电气保护、安全照明设施费;其他安全防护措施费用<br>4.临时设施包含范围:施工现场采用彩色、定型钢板,砖、砼砌块等围挡的安砌、维修、拆除费或摊销费;施工现场临时建筑物、构筑物的搭设、维修、拆除或摊销的费用,如临时宿舍、办公室,食堂、厨房、厕所、诊疗所、文化福利用房、仓库、加工场、搅拌台、简易水塔、水池等。施工现场临时设施的搭设、维修、拆除或摊销的费用,如临时供水管道、临时供电管线、小型临时设施等;施工现场规定范围内临时简易道路铺设,临时排水沟、排水设施安砌、维修、拆除的费用;其他临时设施费搭设、维修、拆除或摊销的费用 | GB 50500—2013《建设工程工程量清单计价规范》 |

**续表**

<table>
<tr><th>项目编码</th><th>项 目 名 称</th><th>工作内容及包含范围</th><th>备 注</th></tr>
<tr><td rowspan="3">031302002</td><td rowspan="3">夜间施工增加</td><td>1.夜间固定照明灯具和临时可移动照明灯具的设置、拆除</td><td rowspan="16">“苏建价〔2014〕448号附件——措施项目清单调整和增加</td></tr>
<tr><td>2.夜间施工时,施工现场交通标志、安全标牌、警示灯等的设置、移动、拆除</td></tr>
<tr><td>3.包括夜间照明设备摊销及照明用电、施工人员夜班补助、夜间施工劳动效率降低等费用</td></tr>
<tr><td>031302003</td><td>非夜间施工照明</td><td>为保证工程施工正常进行,在如地下室等特殊施工部位施工时所采用的照明设备的安拆、维护、摊销及照明用电等费用</td></tr>
<tr><td>031302004</td><td>二次或多次搬运</td><td>包括由于施工场地条件限制而产生的材料、成品、半成品等一次运输不能到达堆放地点,必须进行二次或多次搬运的费用</td></tr>
<tr><td rowspan="4">03132005</td><td rowspan="4">冬雨季施工</td><td>1.冬雨(风)季施工时增加的临时设施(防寒保温、防雨、防风设施)的搭设、拆除</td></tr>
<tr><td>2.冬雨(风)季施工时,对砌体、混凝土等采用的特殊加温、保温和养护措施</td></tr>
<tr><td>3.冬雨(风)季施工时,施工现场的防滑处理、对影响施工的雨雪的清除</td></tr>
<tr><td>4.包括冬雨(风)季施工时增加的临时设施的摊销、施工人员的劳动保护用品、冬雨(风)季施工劳动效率降低等费用</td></tr>
<tr><td>031302006</td><td>已完工程及设备保护</td><td>对已完工程及设备采取的覆盖、包裹、封闭、隔离等必要保护措施所产生的费用</td></tr>
<tr><td rowspan="2">031302007</td><td rowspan="2">高层施工增加</td><td>1.高层施工引起的人工工效降低以及由于人工工效降低引起的机械降效</td></tr>
<tr><td>2.通信联络设备的使用及摊销</td></tr>
<tr><td>031302008</td><td>临时设施</td><td>临时设施费用包括施工所必须搭设的生活和生产用的临时建筑物、构筑物和其他临时设施的费用等。包括施工现场临时宿舍、文化福利用房及公用事业房屋与构筑物、仓库、办公室、加工厂、工地实验室以及规定范围内的道路、水、电、管线等临时设施和小型临时设施等的搭设、维修、拆除、周转或摊销等费用</td></tr>
<tr><td>031302009</td><td>赶工措施</td><td>施工合同约定工期比我省(江苏省)现行工期定额提前,施工企业为缩短工期所发生的费用。</td></tr>
<tr><td>0313020010</td><td>工程按质论价</td><td>施工合同约定质量标准超过国家规定,施工企业完成工程质量达到经有权部门鉴定或评定为优质工程(包括优质结构工程)所必须增加的施工成本费</td></tr>
<tr><td>0313020011</td><td>住宅分户验收</td><td>按《住宅工程质量分户验收规程》(DGJ32/TJ103—2010)的要求对住宅工程进行专门验收(包括蓄水、门窗淋水等)发生的费用。不包含室内空气污染测试费用</td></tr>
</table>

## 一、编制措施项目工程量清单相关规定

对于单项措施项目，其清单项目的格式与分部分项清单的格式相同，因此单项措施清单项目可与分部分项清单项目合并在同一张表中。

单项措施清单项目内容同分部分项清单项目一样，包括项目编码、项目名称、项目特征、计量单位、工程量五部分内容。

总价措施项目清单为单独编制的表格，格式与分部分项清单不同。

总价措施项目清单内容为项目编码、项目名称、计算基础、费率、金额等。

## 二、清单编制实例

以项目 2 为例，假设项目 2 的措施项目包括以下三种：脚手架搭拆、安全文明施工、住宅分户验收。

根据 GB 50500—2013《建设工程工程量清单计价规范》，其中“脚手架搭拆”属于单项措施项目；“安全文明施工”和“住宅分户验收”属于总价措施项目。两种措施项目清单见表 2-61 和表 2-62。

**表 2-61　单价措施项目清单与计价表**

工程名称：小区住宅采暖工程

| 序号 | 项目编码 | 项目名称 | 项目特征描述 | 计量单位 | 工程量 | 金额/元 | | |
|---|---|---|---|---|---|---|---|---|
| | | | | | | 综合单价 | 合价 | 其中：人工价 |
| 1 | 031301017001 | 脚手架搭拆 | 采暖工程 | 项 | 1 | | | |
| 2 | 031301017002 | 脚手架搭拆 | 刷油工程 | 项 | 1 | | | |
| 3 | 031301017003 | 脚手架搭拆 | 绝热工程 | 项 | 1 | | | |
| 4 | 031301017004 | 脚手架搭拆 | 仪表自动化工程 | 项 | 1 | | | |

**表 2-62　总价措施项目清单与计价表**

工程名称：小区住宅采暖工程

| 序号 | 项目编码 | 项目名称 | 计算基础 | 费率/(%) | 金额/元 | 备注 |
|---|---|---|---|---|---|---|
| 1 | 031302001001 | 安全文明施工 | | | | |
| (1) | | 基本费 | 分部分项工程费＋单价措施项目费－除税工程设备费 | 1.5 | | |
| (2) | | 增加费 | 分部分项工程费＋单价措施项目费－除税工程设备费 | 0.3 | | |
| 2 | 031302011001 | 住宅分户验收 | 分部分项工程费＋单价措施项目费－除税工程设备费 | 0.1 | | |

# 任务 3 单价措施项目工程量清单计价

## 一、单价措施项目清单计价

根据计价规范的规定，单价措施项目以清单工程量乘以综合单价计算，即单价措施项目清单计价同分部分项清单项目一样，采用综合单价计价。综合单价按照各专业计价定额中的规定，依据设计图纸和经建设方认可的施工方案进行组价。

单价措施项目综合单价的计算方法与采暖系统调试费的计算方法相同，具体如下：

(1) 确定单价措施项目计算基数：为整个工程的总人工费；

(2) 单价措施项目费用计算：整个工程的总人工费×费率；

(3) 费用拆分：将单价措施项目费中人工费和机械费按比例拆分；

(4) 管理费、利润：以单价措施项目费中人工费为基数，计算管理费、利润；

(5) 单价措施项目费用总价＝人工费＋材料费＋管理费＋利润。

## 二、综合单价计算实例

以项目 2 为例，说明单价措施项目综合单价的计算方法。

计算过程如下。

项目 2 中的单价措施项目为“脚手架搭拆费”，2014《江苏省安装工程计价定额》中有关“脚手架搭拆费”的规定，各册定额各不相同，以第十册、第十一册为例。

第十册定额说明中规定，脚手架搭拆费按人工费的 5%计算，其中人工工资占 25%。

第十一册定额说明中规定，刷油工程脚手架搭拆费按人工费的 8%计算，其中人工工资占 25%。

第十一册定额说明中规定，绝热工程脚手架搭拆费按人工费的 20%计算，其中人工工资占 25%。

第六册定额说明中规定，绝热工程脚手架搭拆费按人工费的 4%计算，其中人工工资占 25%。

因此，“脚手架搭拆费”需要列几个清单项目，分别计算综合单价。其计算基数分别为各册定额的人工费总和。以第十册定额为例，具体计算过程如下。

(1) 确定单价措施项目计算基数(见单价措施项目清单与计价表)：

第十册定额总人工费＝13790.40 元

(2) 脚手架搭拆费计算及费用拆分：

第十册脚手架搭拆费＝(13790.40 ×5%)元＝689.52 元

其中：人工费＝(689.52×25%)元＝172.38 元

材料费＝(689.52×75%)元＝517.14 元

(3) 管理费、利润：以脚手架搭拆费中人工费为基数，计算管理费、利润。

第十册脚手架搭拆费：

管理费＝(172.38×39%)元(三类工程)＝67.23 元

利润＝(172.38×14%)元(三类工程)＝24.13 元

(4) 第十册脚手架搭拆费总价=人工费+材料费+管理费+利润

=(172.38+517.14+67.23+24.13)元=780.88 元

单价措施项目清单的计算方法和过程,见表 2-63。

**表 2-63 单价措施项目综合单价分析表**

项目名称:小区住宅采暖工程

| 项目编码 | 031301017001 | 项目名称 | | 脚手架搭拆 | | | 计量单位 | | 项 | | 工程量 | | 1.00 |
|---|---|---|---|---|---|---|---|---|---|---|---|---|---|
| 清单综合单价组成明细 | | | | | | | | | | | | | |
| 定额编号 | 定额名称 | 定额单位 | 数量 | 单价/元 | | | | | 合价/元 | | | | |
| | | | | 人工费 | 材料费 | 机械费 | 管理费 | 利润 | 人工费 | 材料费 | 机械费 | 管理费 | 利润 |
| 10册定额说明 | 第十册脚手架搭拆费,按人工费5%计,其中人工工资25%,材料费75% | 项 | 1 | 172.38 | 517.14 | | 67.23 | 24.13 | 172.38 | 517.14 | | 67.23 | 24.13 |
| 11册定额说明 | 第十一册脚手架刷油搭拆费按人工费8%计,其中人工工资25%,材料费75% | 项 | 1 | 59.77 | 179.3 | | 23.31 | 8.37 | 59.77 | 179.3 | | 23.31 | 8.37 |
| 11册定额说明 | 第十一册脚手架绝热搭拆费按人工费20%计,其中人工工资25%,材料费75% | 项 | 1 | 3.48 | 10.46 | | 1.35 | 0.36 | 3.48 | 10.46 | | 1.35 | 0.36 |
| 6册定额说明 | 第六册脚手架搭拆费,按人工费4%计,其中人工工资25%,材料费75% | 项 | 1 | 0.55 | 1.64 | | 0.21 | 0.08 | 0.55 | 1.64 | | 0.21 | 0.08 |
| 综合人工工日 | | 小计 | | | | | | | 236.18 | 708.54 | | 92.10 | 32.94 |
| | | 未计价材料费 | | | | | | | | | | | |
| 清单项目综合单价 | | | | | | | | | 1069.76 | | | | |
| 材料费明细 | 主要材料名称、规格、型号 | | | | 单位 | | 数量 | | 单价/元 | 合价/元 | 暂估单价/元 | 暂估合价/元 | |
| | | | | | | | | | | | | | |
| | 其他材料费 | | | | | | | | — | 708.54 | — | | |
| | 材料费小计 | | | | | | | | — | 708.54 | — | | |

# 任务 4 总价措施项目工程量清单计价

## 一、总价措施项目清单计价

根据 GB 50500—2013《建设工程工程量清单计价规范》，总价措施项目有两种计算方法。

一种是总价措施项目按费率计算的。计费基础是“分部分项工程费＋单价措施清单合价－工程设备费”为计算基数，根据《江苏省建设工程费用定额》(2014 年)及《江苏省建设工程费用定额》(2014 年)营改增后调整内容，费率标准见表 2-64、表 2-65 和表 2-66。

**表 2-64 措施项目费取费标准表**

| 项目 | 计算基础 | 各专业工程费率/(%) | | | | | | | |
|---|---|---|---|---|---|---|---|---|---|
| | | 建筑工程 | 单独装饰 | 安装工程 | 市政工程 | 修缮土建(修缮安装) | 仿古(园林) | 城市轨道交通 | |
| | | | | | | | | 土建轨道 | 安装 |
| 夜间施工 | 分部分项工程费＋单价措施项目费－工程设备费 | 0～0.1 | 0～0.1 | 0～0.1 | 0.05～0.15 | 0～0.1 | 0～0.1 | 0～0.15 | |
| 非夜间施工照明 | | 0.2 | 0.2 | 0.3 | — | 0.2(0.3) | 0.3 | — | |
| 冬雨季施工 | | 0.05～0.2 | 0.05～0.1 | 0.05～0.1 | 0.1～0.3 | 0.05～0.2 | 0.05～0.2 | 0～0.1 | |
| 已完工程及设备保护 | | 0～0.05 | 0～0.1 | 0～0.05 | 0～0.02 | 0～0.05 | 0～0.1 | 0～0.02 | 0～0.05 |
| 临时设施 | | 1～2.2 | 0.3～1.2 | 0.6～1.5 | 1～2 | 1～2(0.5～1.5) | 1.5～2.5(0.3～0.7) | 0.5～1.5 | |
| 赶工措施 | | 0.5～2 | 0.5～2 | 0.5～2 | 0.5～2 | 0.5～2 | 0.5～2 | 0.4～1.2 | |
| 按质论价 | | 1～3 | 1～3 | 1～3 | 0.3～2.5 | 1～2 | 1～2.5 | 0.5～1.2 | |
| 住宅分户验收 | | 0.4 | 0.1 | 0.1 | — | — | — | — | |

**表 2-65 措施项目费取费标准表**

《江苏省建设工程费用定额》(2014 年)营改增后调整内容

| 项目 | 计算基础 | 各专业工程费率/(%) | | | | | | | |
|---|---|---|---|---|---|---|---|---|---|
| | | 建筑工程 | 单独装饰 | 安装工程 | 市政工程 | 修缮土建(修缮安装) | 仿古(园林) | 城市轨道交通 | |
| | | | | | | | | 土建轨道 | 安装 |
| 临时设施 | 分部分项工程费＋单价措施项目费－除税工程设备费 | 1～2.3 | 0.3～1.3 | 0.6～1.6 | 1.1～2.2 | 1.1～2.1(0.6～1.6) | 1.6～2.7(0.3～0.8) | 0.5～1.6 | |
| 赶工措施 | | 0.5～2.1 | 0.5～2.2 | 0.5～2.1 | 0.5～2.2 | 0.5～2.1 | 0.5～2.1 | 0.4～1.3 | |
| 按质论价 | | 1～3.1 | 1.1～3.2 | 1.1～3.2 | 0.9～2.7 | 1.1～2.1 | 1.1～2.7 | 0.5～1.3 | |

注：本表中除临时设施、赶工措施、按质论价费率有调整外，其他费率不变。

**表 2-66　安全文明施工措施费取费标准表**

《江苏省建设工程费用定额》(2014 年)营改增后调整内容

| 序　号 | 工 程 名 称 | | 计 费 基 础 | 基本费率/(%) | 省级标化增加费/(%) |
|---|---|---|---|---|---|
| 一 | 建筑工程 | 建筑工程 | 分部分项工程费＋单价措施项目费－除税工程设备费 | 3.1 | 0.7 |
| | | 单独构件吊装 | | 1.6 | — |
| | | 打预制桩/制作兼打桩 | | 1.5/1.8 | 0.3/0.4 |
| 二 | 单独装饰工程 | | | 1.7 | 0.4 |
| 三 | 安装工程 | | | 1.5 | 0.3 |
| 四 | 市政工程 | 通用项目、道路、排水工程 | | 1.5 | 0.4 |
| | | 桥涵、隧道、水工构筑物 | | 2.2 | 0.5 |
| | | 给水、燃气与集中供热 | | 1.2 | 0.3 |
| | | 路灯及交通设施工程 | | 1.2 | 0.3 |
| 五 | 仿古建筑工程 | | | 2.7 | 0.5 |
| 六 | 园林绿化工程 | | | 1.0 | — |
| 七 | 修缮工程 | | | 1.5 | — |
| 八 | 城市轨道交通工程 | 土建工程 | | 1.9 | 0.4 |
| | | 轨道工程 | | 1.3 | 0.2 |
| | | 安装工程 | | 1.4 | 0.3 |
| 九 | 大型土石方工程 | | | 1.5 | — |

另一种是总价措施项目按项计取，综合单价按实际或可能发生的费进行计算。

## 二、综合单价计算实例

以项目 2 为例，说明总价措施项目综合单价的计算方法，见表 2-67。

项目 2 中的总价措施项目共有“安全文明施工”和“住宅分户验收”两项。其计算过程如下。

### 1. 确定费率

查表“安全文明施工”和“住宅分户验收”两项总价措施项目取费费率分别如下。

安全文明施工：基本费率为 1.5%，省级标化增加费为 0.3%。

住宅分户验收：基本费率为 0.1%。

### 2. 确定计费基数

计费基数＝分部分项工程费＋单价措施清单合价－除税工程设备费

表 2-67　总价措施项目清单与计价表

| 序号 | 项目编码 | 项目名称 | 计算基础/元 | 计算基础/元 | 费率/(%) | 金额/元 | 备注 |
|---|---|---|---|---|---|---|---|
| 1 | 031302001001 | 安全文明施工 | 分部分项工程费+单价措施清单合价－除税工程设备费 | 81769.72 | 1.8 | 1471.85 | |
| (1) | | 基本费 | 分部分项工程费+单价措施清单合价－除税工程设备费 | 81769.72 | 1.5 | 1226.55 | |
| (2) | | 增加费 | 分部分项工程费+单价措施清单合价－工程设备费 | 81769.72 | 0.3 | 245.31 | |
| 2 | 031302011001 | 住宅分户验收 | 分部分项工程费+单价措施清单合价－除税工程设备费 | 5451.33 | 1.5 | 81.77 | |
| | 合计 | | | | | 1553.62 | |

# 子项目 2.11　工程造价的确定

## 任务 1　建筑安装工程造价费用的组成

建筑安装工程产品同其他产品一样，具有使用价值。建筑安装工程产品的使用价值表现在它所具有的使用功能和提供的使用条件，可以满足人们生产和生活的某些需求，具有存在的必要性和实用性。同时，建筑安装工程产品作为商品，为了适应流通和交换的需求，也必然具有价值。建筑安装工程产品价值的构成具有与其他商品相同的模式。

建筑安装工程造价是指工程建设中建筑安装工程的费用，是工程建设施工图设计阶段建筑安装工程价值的货币表现。

根据“建标〔2013〕44 号”文，我国现行规定的建筑安装工程费用有两种组成形式。

(1) 建筑安装工程费用项目按费用构成要素组成划分为人工费、材料费、施工机具使用费、企业管理费、利润、规费和税金。

(2) 为指导工程造价专业人员计算建筑安装工程造价，将建筑安装工程费用按工程造价形成顺序划分为分部分项工程费、措施项目费、其他项目费、规费和税金。

## 一、建筑安装工程费用项目组成(按费用构成要素组成划分)

建筑安装工程费按照费用构成要素组成划分为由人工费、材料(包含工程设备,下同)费、施工机具使用费、企业管理费、利润、规费和税金。其中人工费、材料费、施工机具使用费、企业管理费和利润包含在分部分项工程费、措施项目费、其他项目费中(见后面附表A)。

### (一)人工费

人工费是指按工资总额构成规定,支付给从事建筑安装工程施工的生产工人和附属生产单位工人的各项费用。内容包括以下几项。

**1. 计时工资或计件工资**

计时工资或计件工资是指按计时工资标准和工作时间或对已做工作按计件单价支付给个人的劳动报酬。

**2. 奖金**

奖金是指对超额劳动和增收节支支付给个人的劳动报酬,如节约奖奖金、劳动竞赛奖奖金等。

**3. 津贴补贴**

津贴补贴是指为了补偿职工特殊或额外的劳动消耗和因其他特殊原因支付给个人的津贴,以及为了保证职工工资水平不受物价影响支付给个人的物价补贴,如流动施工津贴、特殊地区施工津贴、高温(寒)作业临时津贴、高空津贴等。

**4. 加班加点工资**

加班加点工资是指按规定支付的在法定节假日工作的加班工资和在法定日工作时间外延时工作的加点工资。

**5. 特殊情况下支付的工资**

特殊情况下支付的工资是指根据国家法律、法规和政策规定,因病、工伤、产假、计划生育假、婚丧假、事假、探亲假、定期休假、停工学习、执行国家或社会义务等原因按计时工资标准或计时工资标准的一定比例支付的工资。

### (二)材料费

材料费是指施工过程中耗费的原材料、辅助材料、构配件、零件、半成品或成品、工程设备的费用。内容包括以下几项。

**1. 材料原价**

材料原价是指材料、工程设备的出厂价格或商家供应价格。

**2. 运杂费**

运杂费是指材料、工程设备自来源地运至工地仓库或指定堆放地点所产生的全部费用。

**3. 运输损耗费**

运输损耗费是指材料在运输装卸过程中不可避免的损耗费用。

**4. 采购及保管费**

采购及保管费是指为组织采购、供应和保管材料、工程设备的过程中所需要的各项费用，包括采购费、仓储费、工地保管费、仓储损耗费。

工程设备是指构成或计划构成永久工程一部分的机电设备、金属结构设备、仪器装置及其他类似的设备和装置。

（三）施工机具使用费

施工机具使用费是指施工作业所产生的施工机械、仪器仪表使用费或其租赁费。

**1. 施工机械使用费**

施工机械使用费以施工机械台班耗用量乘以施工机械台班单价表示，施工机械台班单价应由下列七项费用组成。

(1) 折旧费：指施工机械在规定的使用年限内，陆续收回其原值的费用。

(2) 大修理费：指施工机械按规定的大修理间隔台班进行必要的大修理，以恢复其正常功能所需的费用。

(3) 经常修理费：指施工机械除大修理以外的各级保养和临时故障排除所需的费用，包括为保障机械正常运转所需替换设备与随机配备工具附具的摊销和维护费用，机械运转中日常保养所需润滑与擦拭的材料费用及机械停滞期间的维护和保养费用等。

(4) 安拆费及场外运费：安拆费指施工机械（大型机械除外）在现场进行安装与拆卸所需的人工、材料、机械和试运转费用以及机械辅助设施的折旧、搭设、拆除等费用；场外运费指施工机械整体或分体自停放地点运至施工现场或从一施工地点运至另一施工地点的运输、装卸、辅助材料及架线等费用。

(5) 人工费：指机上司机（司炉）和其他操作人员的人工费。

(6) 燃料动力费：指施工机械在运转作业中所消耗的各种燃料及水、电等费用。

(7) 税费：指施工机械按照国家规定应缴纳的车船使用税、保险费及年检费等。

**2. 仪器仪表使用费**

仪器仪表使用费是指工程施工所需使用的仪器仪表的摊销及维修费用。

（四）企业管理费

企业管理费是指建筑安装企业组织施工生产和经营管理所需的费用。内容包括以下几项。

**1. 管理人员工资**

管理人员工资是指按规定支付给管理人员的计时工资、奖金、津贴补贴、加班加点工资及特殊情况下支付的工资等。

**2. 办公费**

办公费是指企业管理办公用的文具、纸张、账表、书报、办公软件及现场监控、会议、水电和集体取暖降温（包括现场临时宿舍取暖降温）等费用。

**3. 差旅交通费**

差旅交通费是指职工因公出差、调动工作的差旅费、住勤补助费，市内交通费和误餐补助费，职工探亲路费，劳动力招募费，职工退休、退职一次性路费，工伤人员就医路费，工地转移费以及管理部门使用的交通工具的油料、燃料等费用。

**4. 固定资产使用费**

固定资产使用费是指管理和试验部门及附属生产单位使用的属于固定资产的房屋、设备、仪器等的折旧、大修、维修或租赁费。

**5. 工具用具使用费**

工具用具使用费是指企业施工生产和管理使用的不属于固定资产的工具、器具、家具、交通工具及检验、试验、测绘、消防用具等的购置、维修和摊销费。

**6. 劳动保险和职工福利费**

劳动保险和职工福利费是指由企业支付的职工退职金、按规定支付给离休干部的经费、集体福利费、夏季防暑降温补贴、冬季取暖补贴、上下班交通补贴等。

**7. 劳动保护费**

劳动保护费是企业按规定发放的劳动保护用品的支出，如工作服、手套、防暑降温饮料以及在有碍身体健康的环境中施工的保健费用等。

**8. 检验试验费**

检验试验费是指施工企业按照有关标准规定，对建筑以及材料、构件和建筑安装物进行一般鉴定、检查所产生的费用，包括自设试验室进行试验所耗用的材料等费用。不包括新结构、新材料的试验费，不包括对构件做破坏性试验及其他特殊要求检验试验的费用和建设单位委托检测机构进行检测的费用，此类费用由建设单位在工程建设其他费用中列支。但对施工企业提供的具有合格证明的材料进行检测不合格的，该检测费用由施工企业支付。

**9. 工会经费**

工会经费是指企业按《中华人民共和国工会法》规定的全部职工工资总额比例计提的工会经费。

**10. 职工教育经费**

职工教育经费是指按职工工资总额的规定比例计提，企业为职工进行专业技术和职业技能培训，专业技术人员继续教育、职工职业技能鉴定、职业资格认定以及根据需要对职工进行各类文化教育所产生的费用。

**11. 财产保险费**

财产保险费是指施工管理用财产、车辆等的保险费用。

**12. 财务费**

财务费是指企业为施工生产筹集资金或提供预付款担保、履约担保、职工工资支付担保等所产生的各种费用。

**13. 税金**

税金是指企业按规定缴纳的房产税、车船使用税、土地使用税、印花税等。

**14. 其他**

包括技术转让费、技术开发费、投标费、业务招待费、绿化费、广告费、公证费、法律顾问费、审计费、咨询费、保险费等。

（五）利润

利润是指施工企业完成所承包工程获得的盈利。

（六）规费

规费是指按国家法律、法规规定，由省级政府和省级有关权力部门规定必须缴纳或计取的费用。具体包括以下几项。

**1. 社会保险费**

(1) 养老保险费：指企业按照规定标准为职工缴纳的基本养老保险费。

(2) 失业保险费：指企业按照规定标准为职工缴纳的失业保险费。

(3) 医疗保险费：指企业按照规定标准为职工缴纳的基本医疗保险费。

(4) 生育保险费：指企业按照规定标准为职工缴纳的生育保险费。

(5) 工伤保险费：指企业按照规定标准为职工缴纳的工伤保险费。

**2. 住房公积金**

住房公积金是指企业按规定标准为职工缴纳的住房公积金。

**3. 工程排污费**

工程排污费是指按规定缴纳的施工现场工程排污费，包括废气、污水、固体及危险废物和噪声排污费等内容。

其他应列而未列入的规费，按实际发生计取。

（七）税金

根据《江苏省建设工程费用定额》(2014 版)营改增后调整内容，对于一般计税方法和简易计税方法，不同的计税方法税金的定义是不同的。

**1. 一般计税方法**

税金定义及包含内容调整为：税金是指根据建筑服务销售价格，按规定税率计算的增值税销项税额。

**2. 简易计税方法**

税金定义及包含内容调整为：税金包含增值税应纳税额、城市建设维护税、教育费附加及地方教育附加。

## 二、建筑安装工程费用项目组成(按工程造价形成顺序划分)

建筑安装工程费用按照工程造价形成顺序由分部分项工程费、措施项目费、其他项目费、规费、税金组成，分部分项工程费、措施项目费、其他项目费包含人工费、材料费、施工机具使用费、企业管理费和利润(见后面附表 B)。

(一) 分部分项工程费

分部分项工程费是指各专业工程的分部分项工程应予列支的各项费用。

**1. 专业工程**

专业工程是指按现行国家计量规范划分的房屋建筑与装饰工程、仿古建筑工程、通用安装工程、市政工程、园林绿化工程、矿山工程、构筑物工程、城市轨道交通工程、爆破工程等各类工程。

**2. 分部分项工程**

分部分项工程指按现行国家计量规范对各专业工程划分的项目。如房屋建筑与装饰工程划分的土石方工程、地基处理与桩基工程、砌筑工程、钢筋及钢筋混凝土工程等。

各类专业工程的分部分项工程划分见现行国家或行业计量规范。

分部分项工程费用通常用分部分项工程量乘以综合单价进行计算。

$$\text{分部分项工程费} = \sum(\text{分项工程量} \times \text{综合单价})$$

综合单价包括人工费、材料费、施工机具使用费、企业管理费和利润，以及一定范围的风险费用。

(二) 措施项目费

措施项目费是指为完成建设工程施工，产生于该工程施工前和施工过程中的技术、生活、安全、环境保护等方面的费用。在上节中已重点介绍过。

措施项目及其包含的内容详见各类专业工程的现行国家或行业计量规范。

(三) 其他项目费

**1. 暂列金额**

暂列金额是指建设单位在工程量清单中暂定并包括在工程合同价款中的一笔款项。它是用于施工合同签订时尚未确定或者不可预见的所需材料、工程设备、服务的采购，施工中可能发生的工程变更、合同约定调整因素出现时的工程价款调整以及发生的索赔、现场签证确认等的费用。

**2. 计日工**

计日工是指在施工过程中，施工企业完成建设单位提出的施工图纸以外的零星项目或工作所需的费用。

**3. 总承包服务费**

总承包服务费是指总承包人为配合、协调建设单位进行的专业工程发包，对建设单位自行采购的材料、工程设备等进行保管以及施工现场管理、竣工资料汇总整理等服务所需的费用。

(四) 规费

定义同“建筑安装工程费用项目组成(按费用构成要素组成划分)”中规费的定义。

（五）税金

定义同“建筑安装工程费用项目组成（按费用构成要素组成划分）”中税金的定义。

# 任务 2　工程造价计价程序

## 一、工程造价各部分费用的确定

（一）分部分项工程费

$$分部分项工程费=\sum(分部分项工程量\times综合单价)$$

式中：综合单价包括人工费、材料费、施工机具使用费、企业管理费和利润以及一定范围的风险费用（下同）。

（二）措施项目费

**1. 单价措施项目**

国家计量规范规定应予计量的措施项目，其计算公式为

$$措施项目费=\sum(措施项目工程量\times综合单价)$$

**2. 总价措施项目**

国家计量规范规定不宜计量的措施项目计算方法如下：总价措施项目中部分措施项目是以费率计算的；其他总价措施项目，按项计取，综合单价按实际或可能发生的费用进行计算。

（三）其他项目费

(1) 暂列金额由建设单位根据工程特点，按有关计价规定估算，施工过程中由建设单位掌握使用、扣除合同价款调整后如有余额，归建设单位。

(2) 计日工由建设单位和施工企业按施工过程中的签证计价。

(3) 总承包服务费由建设单位在招标控制价中根据总包服务范围和有关计价规定编制，施工企业投标时自主报价，施工过程中按签约合同价执行。

（四）规费和税金

建设单位和施工企业均应按照省、自治区、直辖市或行业建设主管部门发布标准计算规费和税金，规费和税金不得作为竞争性费用。

## 二、安装工程造价计价程序

安装工程造价的计算过程按计价程序计算，根据《江苏省建设工程费用定额》(2014 年)营改增后调整内容，一般计税方法的计价程序参考表 2-68。

表 2-68　安装工程造价计价程序

<table>
<tr><th>序号</th><th colspan="2">费用名称</th><th>计算公式</th></tr>
<tr><td rowspan="6">一</td><td colspan="2">分部分项工程费</td><td>清单工程量×除税综合单价</td></tr>
<tr><td rowspan="5">其中</td><td>1.人工费</td><td>人工消耗量×人工单价</td></tr>
<tr><td>2.材料费</td><td>材料消耗量×除税材料单价</td></tr>
<tr><td>3.施工机具使用费</td><td>机械消耗量×除税机械单价</td></tr>
<tr><td>4.管理费</td><td>(1+3)×费率或(1)×费率</td></tr>
<tr><td>5.利润</td><td>(1+3)×费率或(1)×费率</td></tr>
<tr><td rowspan="3">二</td><td colspan="2">措施项目费</td><td></td></tr>
<tr><td rowspan="2">其中</td><td>单价措施项目费</td><td>清单工程量×除税综合单价</td></tr>
<tr><td>总价措施项目费</td><td>(分部分项工程费+单价措施项目费－除税工程设备费)×费率<br>或以项计费</td></tr>
<tr><td>三</td><td colspan="2">其他项目费</td><td></td></tr>
<tr><td rowspan="4">四</td><td colspan="2">规费</td><td rowspan="4">(一+二+三－除税工程设备费)×费率</td></tr>
<tr><td rowspan="3">其中</td><td>1.工程排污费</td></tr>
<tr><td>2.社会保险费</td></tr>
<tr><td>3.住房公积金</td></tr>
<tr><td>五</td><td colspan="2">税金</td><td>[一+二+三+四－(除税甲供材料费+除税甲供设备费)/1.01]×费率</td></tr>
<tr><td>六</td><td colspan="2">工程造价</td><td>一+二+三+四－(除税甲供材料费+除税甲供设备费)/1.01+五</td></tr>
</table>

# 子项目 2.12　项目 2 清单计价实例

## 任务　项目——小区住宅采暖工程清单编制

总结前面的内容，可以看出，工程量清单编制与计价的步骤与过程如下。

### 一、识读工程图纸

识读工程图纸的过程见子项目 2.2。

## 二、计算清单工程量

完整的清单工程量计算过程如表2-69所示。

表2-69　住宅采暖工程清单工程量计算书

| 序号 | 工程名称 | 单位 | 数量 | 计算及公式 |
|---|---|---|---|---|
| 一 | 管道工程 | | | |
| 1 | 供水干管 | | | |
| | 焊接钢管焊接DN65 | m | 28.705 | |
| | 水平 | m | 6.405 | |
| | 其中:室外 | m | 1.810 | 水平:1.5(室外地下)+0.24(墙厚)+0.07(管中心距墙) |
| | 室内 | m | 4.595 | 水平:0.3+4.295(8轴-10轴) |
| | 垂直 | m | 22.300 | 直:20.7+1.6 |
| | 焊接钢管焊接DN50 | m | 31.385 | 水平:(4.655+0.16)(10轴-13轴)+(8.79+0.16×2)(C轴-A轴)+(16.66+0.16×5)(13轴-3轴) |
| | 焊接钢管焊接DN40 | m | 11.367 | 水平:3.09(3轴-1轴)+(7.797+0.16×3)(1/B轴-A轴) |
| | 焊接钢管丝接DN32 | m | 6.311 | 水平:1.401(1/B轴-C轴)+(4.75+0.16)(1轴-4轴) |
| | | m | | 室内供水水平干管总长度:4.595+31.385+11.367+6.311=53.658 |
| | | m | | 水平管坡度高差:53.658×0.003=0.161 |
| | | m | | 供水干管最高处标高:20.7+0.161=20.861 |
| 2 | 回水干管 | | | |
| | 焊接钢管丝接DN32 | m | 6.363 | 水平:4.64(10轴-13轴)+1.563+0.16(C轴-1/B轴) |
| | 焊接钢管焊接DN40 | m | 11.417 | 水平:7.797+0.16×3(1/B轴-A轴)+3.14(13轴-11轴) |
| | 焊接钢管焊接DN50 | m | 31.635 | 水平:(16.45+0.16×4)(11轴-1轴)+9.11+0.16×4(A轴-C轴)+4.795(1轴-4轴) |
| | 焊接钢管焊接DN65 | m | 9.973 | |
| | 水平 | m | 5.514 | |
| | 其中:室内 | m | 3.704 | 水平:(3.404+0.3)(4轴-6轴) |
| | 室外 | m | 1.810 | 水平:1.5(室外地下)+0.24(墙厚)+0.07(管中心距墙) |
| | | m | | 室内回水干管水平总长度:6.363+11.417+31.635+3.704=53.119 |

续表

| 序号 | 工程名称 | 单位 | 数量 | 计算公式 |
| --- | --- | --- | --- | --- |
| | | | | 水平管坡度高差:53.119×0.003=0.159 |
| | | | | 回水干管最高处标高 :2.7+0.159=2.859 |
| | 垂直 | m | 4.459 | 垂直:1.6+2.859=4.459 |
| | | | | |
| 3 | 立管 | | | |
| | 供水干管平均标高 | m | 20.78 | (20.7+20.861)/2=20.78 |
| | 回水干管平均标高 | m | 2.78 | (2.7+2.859)/2=2.78 |
| | 1) 焊接钢管丝接 DN32 | m | 108.90 | |
| | L1、L4、L5、L6、L9 | | | |
| | 供水: | m | 95.70 | [20.78−0.5−0.3×4+0.06(乙字弯)]×5(5 个系统) |
| | 回水: | m | 13.20 | [2.78−0.2+0.06]×5(5 个系统) |
| | (回水立管也可在回水干管中计算) | | | |
| | 2) 焊接钢管丝接 DN20 | m | 92.80 | |
| | L3、L7 | | | |
| | 垂直:供水 | m | 38.28 | [20.78−0.5−0.3×4+0.06(乙字弯)]×2(2 个系统) |
| | 垂直:回水 | m | 5.28 | [2.78−0.2+0.06]×2(2 个系统) |
| | L2、L8 | | | |
| | 垂直:供水 | m | 38.16 | [20.78−0.5−0.3×4]×2(2 个系统) |
| | 垂直:回水 | m | 5.16 | [2.78−0.2]×2(2 个系统) |
| | 水平 | m | 5.92 | 1.480×2(供、回)×2(2 个系统) |
| | | | | |
| 4 | 支管 | | | |
| | 1) 焊接钢管丝接 DN32 | m | 124.60 | |
| | L1、L9 | | | |
| | 散热器平均长度: | m | 1.43 | (28+23+23+23+25+25+28)片/7×0.057 m/片=1.43 |
| | 支管长度 | m | 34.44 | [(4.2/2−0.12(半墙厚)−0.07(管距墙)−1.43/2+0.035(乙字弯)]×2(供、回)×7(层)×2(个系统) |
| | L4、L6 | | | |
| | 散热器平均长度: | m | 0.72 | (14+10+10+12+12+14+16)片/7×0.057 m/片=0.72 |

续表

| 序号 | 工程名称 | 单位 | 数量 | 计算公式 |
|---|---|---|---|---|
| | 支管长度 | m | 53.20 | [(3.6/2+0.12(半墙厚)+0.07(管距墙)−0.72/2+0.2(立管距左边散热器)+0.035(乙字弯)×2]×2(供、回 2 个)×7(层)×2(个系统) |
| | | | | |
| | L5 | | | |
| | 散热器平均长度： | m | 0.72 | (14+10+10+12+12+14+16)/7×0.057=0.72 |
| | 支管长度 | m | 37.10 | [(3.3+3.3)/2−0.72+0.035(乙字弯)×2(2 个散热器)]×2(供、回 2 个) ×7(层)×1(1 个系统) |
| | 2) 焊接钢管丝接 DN20 | m | 13.16 | |
| | L2、L8 | m | 6.58 | (0.2+0.035)×2×7×2 |
| | L3、L7 | m | 6.58 | [0.2+0.035)×2×7×2 |
| | | | | |
| | 汇总： | | | |
| | 焊接钢管焊接 DN65 | m | 38.68 | |
| | 供水干管 | m | 28.705 | |
| | 回水干管 | m | 9.973 | |
| | | | | |
| | 焊接钢管焊接 DN50 | m | 63.02 | |
| | 供水干管 | m | 31.385 | |
| | 回水干管 | m | 31.635 | |
| | 焊接钢管焊接 DN40 | m | 22.78 | |
| | 供水干管 | m | 11.367 | |
| | 回水干管 | m | 11.417 | |
| | 焊接钢管丝接 DN32 | m | 246.17 | |
| | 供水干管 | m | 6.311 | |
| | 回水干管 | m | 6.363 | |
| | 立管(L1、L4、L5、L6、L9) | m | 108.9 | |
| | 支管(L1、L4、L5、L6、L9) | m | 124.6 | |
| | 焊接钢管丝接 DN20 | m | 105.96 | |
| | 立管 | m | 92.8 | |
| | 支管 | m | 13.16 | |

续表

| 序号 | 工程名称 | 单位 | 数量 | 计算公式 |
|---|---|---|---|---|
| 二 | 支架 | | | |
| 1 | 供水干管 | | | |
| | 垂直:焊接钢管 DN65 保温管上 | 个 | 7.00 | 垂直:7 个 |
| | 水平 | | | |
| | 焊接钢管 DN65 非保温管上 | 个 | 2.00 | 水平:4.595/6+1=1.77 |
| | 焊接钢管 DN50 非保温管上 | 个 | 7.00 | 水平:31.385/5=6.3,其中有 3 个固定支架 |
| | 焊接钢管 DN40 非保温管上 | 个 | 3.00 | 11.367/4.5=2.53,其中有 1 个固定支架 |
| | 焊接钢管 DN32 非保温管上 | 个 | 2.00 | 6.311/4=1.58 |
| | | | | |
| 2 | 回水干管 | 个 | | |
| | 垂直:焊接钢管 DN65 保温管上 | 个 | 1.00 | 垂直:1 个 |
| | 水平 | 个 | | |
| | 焊接钢管 DN65 非保温管上 | 个 | 2.00 | 水平:3.704/6+1=1.62 |
| | 焊接钢管 DN50 非保温管上 | 个 | 7.00 | 水平:31.635/5=6.33,其中有 3 个固定支架 |
| | 焊接钢管 DN40 非保温管上 | 个 | 3.00 | 11.417/4.5=2.54,其中有 1 个固定支架 |
| | 焊接钢管 DN32 非保温管上 | 个 | 2.00 | 6.363/4=1.59 |
| | | | | |
| 3 | L2、L8 系统水平(焊接钢管 DN20) | 个 | 4.00 | 1 个×2(L2、L8 系统)×2(供、回) |
| | | | | |
| 4 | 立管 | | | |
| | 垂直 | | | |
| | 1) 焊接钢管丝接 DN32 | 个 | 40.00 | |
| | (L1、L4、L5、L6、L9) | | | |
| | 供水立管 | 个 | 35.00 | 7 个(每层 1 个)×5(5 个系统) |
| | 回水立管 | 个 | 5.00 | 1 个(底层)×5(5 个系统) |
| | 2) 焊接钢管丝接 DN20 | 个 | 32.00 | |
| | (L2、L8、L3、L7) | | | |
| | 供水立管 | 个 | 28.00 | 7 个(每层 1 个)×4(4 个系统) |
| | 回水立管 | 个 | 4.00 | 1 个(底层)×4(4 个系统) |

续表

| 序号 | 工程名称 | 单位 | 数量 | 计算公式 |
| --- | --- | --- | --- | --- |
| 5 | 支管(不需要支架) | | | 因为柱式散热器立在地上,所以支管上不需要支架 |
| | 支架总质量汇总: | kg | 88.76 | |
| | 水平: | kg | 65.00 | |
| | | kg | 5.16 | (2个+2个)×1.29 kg/个(DN65) |
| | | kg | 37.98 | 4个×2 ×1.14 kg/个(DN50)+3个×2×4.81 kg/个(DN50)(固定支架) |
| | | kg | 13.66 | 2个×2×1.1 kg/个(DN40)+1个×2×4.63 kg/个(DN40)(固定支架) |
| | | kg | 4.24 | 2个×2×1.06 kg/个(DN32) |
| | | kg | 3.96 | 4个×0.99 kg/个(DN20) |
| | | | | |
| | 垂直: | kg | 23.76 | (7个+1个)×1.11 kg/个(DN65保温管)+40个×0.22 kg/个(DN32)非保温管上+32个×0.19 kg/个(DN20)非保温管上 |
| | 其中:管径≤DN32支架汇总: | kg | 23.08 | |
| | 水平: | kg | 8.20 | 2个×2×1.06 kg/个(DN32)+4个×0.99 kg/个(DN20) |
| | 垂直: | kg | 14.88 | 40个×0.22 kg/个(DN32)+32个×0.19 kg/个(DN20) |
| | 管径>DN32支架汇总: | kg | 65.68 | 88.76−23.08 |
| 三 | 套管 | | | |
| 1 | 钢套管 | | | |
| | 1)供水干管 | | | |
| | 焊接钢管DN100(65) | 个 | 8.00 | 1(穿外墙基础)+6(穿楼板)+1(穿墙) |
| | 焊接钢管DN80(50) | 个 | 7.00 | 7(穿墙) |
| | 焊接钢管DN65(40) | 个 | 2.00 | 2(穿墙) |
| | 焊接钢管DN50(32) | 个 | 2.00 | 2(穿墙) |
| | 2)回水干管 | | | |
| | 焊接钢管DN100(65) | 个 | 1.00 | 1(穿外墙基础) |

续表

| 序号 | 工程名称 | 单位 | 数量 | 计算公式 |
|---|---|---|---|---|
| | 焊接钢管 DN80(50) | 个 | 7.00 | 7(穿墙) |
| | 焊接钢管 DN65(40) | 个 | 2.00 | 2(穿墙) |
| | 焊接钢管 DN50(32) | 个 | 2.00 | 2(穿墙) |
| | 3)立管 | | | |
| | 焊接钢管 DN50(32) | 个 | 30.00 | 6(穿楼板)×5(L1,L4,L5,L6,L9) |
| | 焊接钢管 DN32(20) | 个 | 28.00 | 6(穿楼板)×4(L2,L3,L7,L8)+2(供、回水)×2(L2,L8穿120厚墙) |
| | 4)支管 | | | |
| | 焊接钢管 DN50(32) | 个 | 42.00 | 2(穿墙)×7层×3(L4,L5,L6) |
| | 钢套管汇总: | | | |
| | 焊接钢管 DN100(65) | 个 | 9.00 | 2(穿外墙基础)+6(穿楼板)+1(穿墙) |
| | 焊接钢管 DN80(50) | 个 | 14.00 | 7×2(穿墙) |
| | 焊接钢管 DN65(40) | 个 | 4.00 | 2×2(穿墙) |
| | 焊接钢管 DN50(32) | 个 | 76.00 | 46(穿墙)+30(穿楼板) |
| | 焊接钢管 DN32(20) | 个 | 28.00 | 4(穿墙120)+24(穿楼板) |
| 2 | 刚性防水套管 | 个 | 2.00 | |
| | 刚性防水套管 DN100(65) | | 2.00 | 供、回水干管穿地面1+1 |
| | | | | |
| 3 | 钢套管刷油面积 | | | |
| | 焊接钢管 DN100(65) | $m^2$ | 0.72 | (2×0.5+6×0.12+1×0.28)m×0.3580 $m^2/m$ |
| | 焊接钢管 DN80(50) | $m^2$ | 1.10 | 14个×0.28 m/个×0.2795 $m^2/m$ |
| | 焊接钢管 DN65(40) | $m^2$ | 0.27 | 4个×0.28 m/个×0.2376 $m^2/m$ |
| | 焊接钢管 DN50(32) | $m^2$ | 3.11 | (46个×0.28 m/个+30个×0.12 m/个)×0.1885 $m^2/m$ |
| | 焊接钢管 DN32(20) | $m^2$ | 0.52 | (4个×0.28 m/个+24个×0.12 m/个)×0.1297 $m^2/m$ |
| 4 | 防水套管刷油面积 | | | |
| | 焊接钢管 DN100(65) | $m^2$ | 0.09 | 2×0.12 m×0.3580 $m^2/m$ |
| | | | | |
| 四 | 阀门 | | | |
| | DN65 法兰截止阀 J41T-16 | 个 | 2.00 | |

续表

| 序号 | 工程名称 | 单位 | 数量 | 计算公式 |
|---|---|---|---|---|
| | DN32 螺纹截止阀 J11T-16 | 个 | 20.00 | |
| | DN20 螺纹截止阀 J11T-16 | 个 | 16.00 | |
| | 手动放风阀 DN10 | 个 | 84.00 | 12×7 |
| | 自动排气阀 DN20 | 个 | 2.00 | |
| | | | | |
| 五 | 散热器 | 片 | 1190.00 | 28×4+25×4+23×6+16×6+14×16+12×24+10×20+8×4 |
| | 28 片 | 组 | 4.00 | 2×2 |
| | 25 片 | 组 | 4.00 | 2×2 |
| | 23 片 | 组 | 6.00 | 3×2 |
| | 16 片 | 组 | 6.00 | 2×2+2 |
| | 14 片 | 组 | 16.00 | 1×2+1×2+4×2+2×2 |
| | 12 片 | 组 | 24.00 | 3×2+3×2+4×2+2×2 |
| | 10 片 | 组 | 20.00 | 3×2+2×2+2×2+4×2+2 |
| | 8 片 | 组 | 4.00 | 1×2+1×2 |
| 六 | 刷油 | | | |
| 1 | 钢管刷油 | $m^2$ | 65.49 | |
| | 焊接钢管焊接 DN65 | $m^2$ | 9.19 | 0.2376×38.68 |
| | 焊接钢管焊接 DN50 | $m^2$ | 11.88 | 0.1885×63.02 |
| | 焊接钢管焊接 DN40 | $m^2$ | 3.43 | 0.1507×22.78 |
| | 焊接钢管丝接 DN32 | $m^2$ | 31.93 | 0.1297×246.17 |
| | 焊接钢管丝接 DN20 | $m^2$ | 9.06 | 0.0855×105.96 |
| | | | | |
| 2 | 支架刷油 | kg | 88.76 | |
| | | | | |
| 3 | 散热器刷油 | $m^2$ | 333.20 | 0.28×1190 |
| | | | | |
| 七 | 保温绝热 | $m^3$ | 0.32 | 30.38×0.0104 |
| | 焊接钢管焊接 DN65 | m | 30.38 | |
| | 1)供水干管水平(室外到室内) | m | 1.81 | 水平:1.5(室外地下)+0.24(墙厚)+0.07(管中心距墙) |

续表

| 序号 | 工程名称 | 单位 | 数量 | 计算公式 |
|---|---|---|---|---|
| | 垂直(室内) | m | 22.30 | 垂直:20.7+1.6 |
| | 2)回水干管水平(室外到室内) | m | 1.81 | 水平:1.5(室外地下)+0.24(墙厚)+0.07(管中心距墙) |
| | 垂直(室内) | m | 4.46 | 垂直:1.6+2.7+0.160=4.460 |
| 八 | 压力表 | 个 | 1.00 | |
| | 温度计 | 个 | 1.00 | |

## 三、编制工程量清单

工程量清单包括分部分项工程量清单、单价措施项目清单、总价措施项目清单、其他项目清单、规费和税金,具体见表2-70～表2-74。

**表2-70　分部分项工程量清单**

| 序号 | 项目编码 | 项目名称 | 项目特征描述 | 计量单位 | 工程量 |
|---|---|---|---|---|---|
| 1 | 031001002001 | 钢管 | 室内焊接钢管DN20螺纹连接,热媒体,低压,水压试验 | m | 105.92 |
| 2 | 031001002002 | 钢管 | 室内焊接钢管DN32螺纹连接,热媒体,低压,水压试验 | m | 246.17 |
| 3 | 031001002003 | 钢管 | 室内焊接钢管DN40焊接,热媒体,低压,水压试验 | m | 22.78 |
| 4 | 031001002004 | 钢管 | 室内焊接钢管DN50焊接,热媒体,低压,水压试验 | m | 63.02 |
| 5 | 031001002005 | 钢管 | 室内焊接钢管DN65焊接,热媒体,低压,水压试验 | m | 38.68 |
| 6 | 031002001001 | 管道支架 | 型钢支架,托架 | kg | 65.68 |
| 7 | 031002003001 | 套管 | 钢套管DN32,DN20管道上用,套管除锈、刷红丹防锈漆2遍、刷银粉漆2遍。 | 个 | 28.00 |
| 8 | 031002003003 | 套管 | 钢套管DN50,DN32上管道用,套管除锈、刷红丹防锈漆2遍、刷银粉漆2遍。 | 个 | 76.00 |
| 9 | 031002003004 | 套管 | 钢套管DN65,DN40管道上用,套管除锈、刷红丹防锈漆2遍、刷银粉漆2遍。 | 个 | 4.00 |

续表

| 序号 | 项目编码 | 项目名称 | 项目特征描述 | 计量单位 | 工程量 |
|---|---|---|---|---|---|
| 10 | 031002003005 | 套管 | 钢套管 DN80,DN50 管道上用,套管除锈、刷红丹防锈漆 2 遍、刷银粉漆 2 遍。 | 个 | 14.00 |
| 11 | 031002003005 | 套管 | 钢套管 DN100,DN65 管道上用,套管除锈、刷红丹防锈漆 2 遍、刷银粉漆 2 遍。 | 个 | 9.00 |
| 12 | 031002003006 | 套管 | 钢性防水套管 DN100,DN65 管道上用,套管除锈、刷红丹防锈漆 2 遍、刷银粉漆 2 遍。 | 个 | 2.00 |
| 13 | 031003003001 | 焊接法兰阀门 | 法兰截止阀 J41T-16,DN65,焊接 | 个 | 2.00 |
| 14 | 031003001001 | 螺纹阀门 | 螺纹截止阀 J11T-16,DN32,螺纹连接 | 个 | 20.00 |
| 15 | 031003001002 | 螺纹阀门 | 螺纹截止阀 J11T-16,DN20,螺纹连接 | 个 | 16.00 |
| 16 | 031003001003 | 螺纹阀门 | 手动放风阀,DN10,螺纹连接 | 个 | 84.00 |
| 17 | 031003001004 | 螺纹阀门 | 自动排气阀 ZP-Ⅱ,DN20,螺纹连接 | 个 | 2.00 |
| 18 | 031005001001 | 铸铁散热器 | 四柱 813 | 片 | 1190.00 |
| 19 | 031201001001 | 管道刷油 | 管道除轻锈,刷红丹防锈漆 2 遍,刷银粉漆 2 遍 | $m^2$ | 65.46 |
| 20 | 031201003001 | 金属结构刷油 | 管道支架刷除轻锈,刷红丹防锈漆 2 遍,刷银粉漆 2 遍 | kg | 88.76 |
| 21 | 031201004001 | 暖气片刷油 | 散热器除轻锈,刷红丹防锈漆 2 遍,刷银粉漆 2 遍 | $m^2$ | 333.20 |
| 22 | 031208002001 | 管道绝热 | 岩棉管壳,$\delta$=30 mm DN65 | $m^3$ | 0.32 |
| 23 | 030602001001 | 显示仪表 | 双金属温度计,WSS-471 安装在 DN65 供水干管底层立管上 | 支 | 1.00 |
| 24 | 030602001002 | 显示仪表 | 压力表 Y-1000-1.0 MPa,安装在 DN65 供水干管底层立管上 | 台 | 1.00 |

**表 2-71　单价措施项目清单**

工程名称:住宅采暖工程

| 序号 | 项目编码 | 项目名称 | 项目特征描述 | 计量单位 | 工程量 |
|---|---|---|---|---|---|
| 1 | 031301017001 | 脚手架搭拆 | 采暖工程 | 项 | 1.00 |
| | | | | | |

**表 2-72　总价措施项目清单**

| 序号 | 项目编码 | 项 目 名 称 | 计算基础 | 费率/(%) | 金额/元 | 备注 |
|---|---|---|---|---|---|---|
| 1 | 031302001001 | 安全文明施工 | | | | |
| 1.1 | 1.1 | 基本费 | 分部分项工程费+单价措施项目费-除税工程设备费 | 1.5 | | |

续表

| 序号 | 项目编码 | 项 目 名 称 | 计算基础 | 费率/(%) | 金额/元 | 备注 |
|---|---|---|---|---|---|---|
| 1.2 | 1.2 | 增加费 | 分部分项工程费+单价措施项目费−除税工程设备费 | 0.3 | | |
| 2 | 031302002001 | 夜间施工 | | | | |
| 3 | 031302003001 | 非夜间施工照明 | | | | |
| 4 | 031302005001 | 冬雨季施工 | | | | |
| 5 | 031302006001 | 已完工程及设备保护 | | | | |
| 6 | 031302008001 | 临时设施 | | | | |
| 7 | 031302009001 | 赶工措施 | | | | |
| 8 | 031302010001 | 工程按质论价 | | | | |
| 9 | 031302011001 | 住宅分户验收 | 分部分项工程费+单价措施项目费−除税工程设备费 | 0.1 | | |

**表 2-73　其他项目清单**

工程名称:小区住宅采暖工程

| 序号 | 项目名称 | 计量单位 | 金额/元 | 备注 |
|---|---|---|---|---|
| 1 | 暂列金额 | 元 | | |
| 2 | 暂估价 | 元 | | |
| 2.1 | 材料暂估价 | 元 | | |
| 2.2 | 专业工程暂估价 | 元 | | |
| 3 | 计日工 | 元 | | |
| 4 | 总承包服务费 | 元 | | |

**表 2-74　规费、税金项目清单**

工程名称:小区住宅采暖工程

| 序号 | 项 目 名 称 | 计算基础 | 计算基数/元 | 计算费率/(%) | 金额/元 |
|---|---|---|---|---|---|
| 1 | 规费 | 分部分项工程费+措施项目费+其他项目费−除税工程设备费 | | | |
| 1.1 | 社会保险费 | | | 2.4 | |
| 1.2 | 住房公积金 | | | 0.42 | |
| 1.3 | 工程排污费 | | | 0.1 | |
| 2 | 税金 | 分部分项工程费+措施项目费+其他项目费+规费−(除税甲供材料费+除税甲供设备费)/1.01 | | 11 | |
| 合计 | | | | | |

## 四、计算综合单价

分部分项和单项措施项目:通过工程量清单综合单价分析表来计算各清单项目的综合单价。见前面各章节。

## 五、工程量清单计价

根据 GB 50500—2013《建设工程工程量清单计价规范》,单位工程费用由分部分项工程费、措施项目费、其他项目费、规费、税金几部分组成。各部分费用内容和计算方法如下。

**1. 分部分项和单项措施项目费**

分部分项和单项措施项目费等于各清单项目工程量乘以各清单项目的综合单价,见表 2-75 所示分部分项工程量清单与计价表和表 2-76 所示单项措施项目工程量清单与计价表。

**2. 总价措施项目费**

计算见表 2-77 所示总价措施项目清单与计价表。

**3. 其他项目费**

其他项目清单包括以下 4 部分费用:

(1) 暂列金额;

(2) 暂估价;

(3) 计日工;

(4) 总承包服务费。

其他项目费按实际发生的费用计算。项目 2 中这些费用都没有发生,所以金额为零,见表 2-78 其他项目清单与计价表。

**4. 规费、税金**

规费、税金计算过程见表 2-79。

## 六、单位工程造价的确定

单位工程造价是由以上各项费用合计后确定的,具体计算过程见表 2-80 单位工程费用汇总表。

**表 2-75 分部分项工程量清单与计价表**

工程名称:小区住宅采暖工程

| 序号 | 项目编码 | 项目名称 | 项目特征描述 | 计量单位 | 工程量 | 金额/元 | | |
|---|---|---|---|---|---|---|---|---|
| | | | | | | 综合单价 | 合价 | 其中:暂估价 |
| 1 | 031001002001 | 钢管 | 室内焊接钢管 DN20 螺纹连接,热媒体,低压,水压试验,管道冲洗 | m | 105.96 | 34.51 | 3656.68 | |

续表

| 序号 | 项目编码 | 项目名称 | 项目特征描述 | 计量单位 | 工程量 | 金额/元 | | |
|---|---|---|---|---|---|---|---|---|
| | | | | | | 综合单价 | 合价 | 其中：暂估价 |
| 2 | 031001002002 | 钢管 | 室内焊接钢管 DN32 螺纹连接，热媒体，低压，水压试验，管道冲洗 | m | 246.17 | 45.74 | 11259.82 | |
| 3 | 031001002003 | 钢管 | 室内焊接钢管 DN40 焊接，热媒体，低压，水压试验，管道冲洗 | m | 22.78 | 41.34 | 941.73 | |
| 4 | 031001002004 | 钢管 | 室内焊接钢管 DN50 焊接，热媒体，低压，水压试验，管道冲洗 | m | 63.02 | 49.25 | 3103.74 | |
| 5 | 031001002005 | 钢管 | 室内焊接钢管 DN65 焊接，热媒体，低压，水压试验，管道冲洗 | m | 38.68 | 64.86 | 2508.78 | |
| 6 | 031002001001 | 管道支架 | 型钢支架，托架 | kg | 65.68 | 15.45 | 1014.76 | |
| 7 | 031002003001 | 套管 | 钢套管 DN32，DN20 管道上用，套管除锈、刷红丹防锈漆 2 遍、刷银粉漆 2 遍。 | 个 | 28.00 | 26.25 | 735.00 | |
| 8 | 031002003003 | 套管 | 钢套管 DN50，DN32 上管道用，套管除锈、刷红丹防锈漆 2 遍、刷银粉漆 2 遍。 | 个 | 76.00 | 28.96 | 2200.96 | |
| 9 | 031002003004 | 套管 | 钢套管 DN65，DN40 管道上用，套管除锈、刷红丹防锈漆 2 遍、刷银粉漆 2 遍。 | 个 | 4.00 | 36.02 | 144.08 | |
| 10 | 031002003005 | 套管 | 钢套管 DN80，DN50 管道上用，套管除锈、刷红丹防锈漆 2 遍、刷银粉漆 2 遍。 | 个 | 14.00 | 36.10 | 505.40 | |

续表

| 序号 | 项目编码 | 项目名称 | 项目特征描述 | 计量单位 | 工程量 | 金额/元 | | |
|---|---|---|---|---|---|---|---|---|
| | | | | | | 综合单价 | 合价 | 其中：暂估价 |
| 11 | 031002003006 | 套管 | 钢套管 DN100，DN65 管道上用，套管除锈、刷红丹防锈漆 2 遍、刷银粉漆 2 遍。 | 个 | 9.00 | 48.33 | 434.97 | |
| 12 | 031002003007 | 套管 | 刚性防水套管 DN100，DN65 管道上用，套管除锈、刷红丹防锈漆 2 遍、刷银粉漆 2 遍 | 个 | 2.00 | 74.14 | 148.28 | |
| 13 | 031003003001 | 焊接法兰阀门 | 法兰截止阀 J41T-16，DN65，焊接 | 个 | 2.00 | 323.15 | 646.30 | |
| 14 | 031003001001 | 螺纹阀门 | 螺纹截止阀 J11T-16，DN32，螺纹连接 | 个 | 20.00 | 60.34 | 1206.80 | |
| 15 | 031003001002 | 螺纹阀门 | 螺纹截止阀 J11T-16，DN20，螺纹连接 | 个 | 16.00 | 41.81 | 668.96 | |
| 16 | 031003001003 | 螺纹阀门 | 手动放风阀，DN10，螺纹连接 | 个 | 84.00 | 13.56 | 1139.04 | |
| 17 | 031003001004 | 螺纹阀门 | 自动排气阀 ZP-Ⅱ，DN20，螺纹连接 | 个 | 2.00 | 57.09 | 114.18 | |
| 18 | 031005001001 | 铸铁散热器 | 四柱 813 | 片 | 1190.00 | 32.32 | 38460.80 | |
| 19 | 031201001001 | 管道刷油 | 管道除轻锈，红丹防锈漆 2 遍，银粉 2 遍 | $m^2$ | 65.49 | 18.48 | 1210.26 | |
| 20 | 031201003001 | 金属结构刷油 | 管道支架刷除轻锈，防锈漆 2 遍 银粉漆 2 遍 | kg | 88.76 | 2.19 | 194.38 | |
| 21 | 031201004001 | 暖气片刷油 | 散热器除轻锈，刷红丹 2 遍，银粉 2 遍 | $m^2$ | 333.20 | 23.39 | 7793.55 | |
| 22 | 031208002001 | 管道绝热 | 岩棉管壳，$\delta=30$ mm DN65 | $m^3$ | 0.32 | 623.00 | 199.36 | |
| 23 | 030602001001 | 显示仪表 | 双金属温度计，WSS—471 安装在 DN65 供水干管底层立管上 | 支 | 1.00 | 96.05 | 96.05 | |

续表

| 序号 | 项目编码 | 项目名称 | 项目特征描述 | 计量单位 | 工程量 | 金额/元 | | |
|---|---|---|---|---|---|---|---|---|
| | | | | | | 综合单价 | 合价 | 其中：暂估价 |
| 24 | 030602001002 | 显示仪表 | 压力表 Y-1000-1.0 MPa，安装在 DN65 供水干管底层立管上 | 台 | 1.00 | 94.87 | 94.87 | |
| | | 小计 | | | | | 78478.75 | |
| 25 | 031009001001 | 采暖工程系统调试 | 上供下回采暖系统，采暖管道工程量 476.57 m | 系统 | 1.00 | 2221.21 | 2221.21 | |
| 合计 | | | | | | | 80699.96 | |

**表 2-76　单价措施项目清单与计价表**

工程名称：住宅采暖工程

| 序号 | 项目编码 | 项目名称 | 项目特征描述 | 计量单位 | 工程量 | 金额/元 | | |
|---|---|---|---|---|---|---|---|---|
| | | | | | | 综合单价 | 合价 | 其中：暂估价 |
| 1 | 031301017001 | 脚手架搭拆 | 采暖工程 | 项 | 1.00 | 1069.76 | 1069.76 | |
| | | 合计 | | | | | 1069.76 | |

**表 2-77　总价措施项目清单与计价表**

工程名称：小区住宅采暖工程

| 序号 | 项目编码 | 项 目 名 称 | 计 算 基 础 | 金额/元 | 费率/（%） | 备　注 |
|---|---|---|---|---|---|---|
| 1 | 031302001001 | 安全文明施工 | | | | 1471.86 |
| 1） | | 基本费 | 分部分项工程费＋单价措施清单合价－除税工程设备费 | 81769.72 | 1.5 | 1226.55 |
| 2） | | 增加费 | 分部分项工程费＋单价措施清单合价－除税工程设备费 | 81769.72 | 0.3 | 245.31 |
| 2 | 031302011001 | 住宅分户验收 | 分部分项工程费＋单价措施清单合价－除税工程设备费 | 81769.72 | 0.1 | 81.77 |
| | | | 合计 | | | 1553.63 |

**表 2-78　其他项目清单与计价表**

工程名称:小区住宅采暖工程

| 序　号 | 项目名称 | 计量单位 | 金额/元 | 备　注 |
|---|---|---|---|---|
| 1 | 暂列金额 | 元 | 0.00 | |
| 2 | 暂估价 | 元 | 0.00 | |
| 2.1 | 材料暂估价 | 元 | 0.00 | |
| 2.2 | 专业工程暂估价 | 元 | 0.00 | |
| 3 | 计日工 | 元 | 0.00 | |
| 4 | 总承包服务费 | 元 | 0.00 | |

**表 2-79　规费、税金项目清单与计价表**

工程名称:小区住宅采暖工程

| 序号 | 项目名称 | 计算基础 | 计算基数/元 | 计算费率(%) | 金额/元 |
|---|---|---|---|---|---|
| 1 | 规费 | 分部分项工程费+措施项目费+其他项目费-除税工程设备费 | | | 2433.04 |
| 1.1 | 社会保险费 | | 83323.34 | 2.4 | 1999.76 |
| 1.2 | 住房公积金 | | 83323.34 | 0.42 | 349.96 |
| 1.3 | 工程排污费 | | 83323.34 | 0.1 | 83.32 |
| 2 | 税金 | 分部分项工程费+措施项目费+其他项目费+规费-(除税甲供材料费+除税甲供设备费)/1.01 | 85756.39 | 11 | 9433.20 |
| 合计 | | | | | 11866.24 |

## 七、单位工程造价的确定

单位工程造价是由以上各项费用合计后确定的,具体计算过程见表 2-80 单位工程费用汇总表。

**表 2-80　单位工程费用汇总表**

工程名称:小区住宅采暖工程

| 序　号 | 内　容 | 计算方法 | 金额/元 |
|---|---|---|---|
| 1 | 分部分项工程 | | 80699.96 |
| | 其中:人工费 | 人工消耗量×人工单价 | |
| | 材料费 | 材料消耗量×除税材料单价 | |

续表

| 序号 | 内容 | 计算方法 | 金额/元 |
|---|---|---|---|
| | 机械费 | 机械消耗量×除税机械单价 | |
| 2 | 措施项目 | 2.1+2.2 | 2623.38 |
| 2.1 | 单价措施项目费 | (脚手架搭拆费) | 1069.76 |
| 2.2 | 总价措施项目费 | | 1553.63 |
| 2.2.1 | 其中:安全文明施工费 | | 1471.85 |
| 3 | 其他项目 | 该工程无此费用 | 0.00 |
| 4 | 规费 | (分部分项工程费+措施项目费+其他项目费－除税工程设备费)× 费率 | 2433.04 |
| 5 | 税金 | []分部分项工程费+措施项目费+其他项目费+规费－(除税甲供材料费+除税甲供设备费)/1.01]×11% | 9433.20 |
| 工程造价合计 | | 1+2+3+4+5 | 95189.59 |

## 八、编制说明

编制说明的内容一般包括工程概况、编制依据、经济指标等。如果有需要特别说明的事项，也可在编制说明中说明 。一般常见的格式如图 2-33 所示。

编制说明

1. 工程概况

住宅楼位于××市××小区,住宅楼为框架结构 7 层,建筑面积为×××,图纸中只有一个单元。

2. 编制依据

(1) 本工程招标控制价是依据图号为×××的工程图纸编制的;

(2) 本工程计价依据为:

《建设工程工程量清单计价规范》GB 50500—2013;

《通用安装工程工程量计算规范》(2013 版);

《江苏省安装工程计价定额》(2014 版);

《江苏省建设工程费用定额》(2014 版)。

(3) 主材价格是根据《江苏省建筑安装材料价格信息》最新价格确定的。

3. 其他

本工程图纸中只包含有一个单元,因此本工程造价也只反映一个单元的造价。

4. 经济指标

该工程的总造价为 95189.58 元。

**图 2-33　一般常见的格式**

## 九、招标控制价封面

标准的封面格式如图 2-34 所示。

小区住宅采暖 工程

招 标 控 制 价

招标控制价(小写)：95189.58

(大写)：

招 标 人：

(单位盖章)

造价咨询人：

(单位资质专用章)

法定代表人
或其授权人：

(签字或盖章)

法定代表人
或其授权人：

(签字或盖章)

编 制 人：

(造价人员签字盖专用章)

复 核 人：

(造价工程师签字盖专用章)

编制时间： 年 月 日

复核时间： 年 月 日

图 2-34 标准的封面格式

下面是一套完整的“办公楼采暖工程”图纸，见图 2-35～图 2-38。根据前面所学习的知识，编制该安装工程的工程量清单和招标控制价。

说明：

(1) 本设计采暖系统采用 95 ℃/70 ℃热水采暖，采暖热负荷为 62.9kW。

(2) 管道采用低压流体输送用焊接钢管，未注明管道及散热器支管管径为 DN20，散热器底部距地安装高度为 250 mm。

(3) 管路系统中的最高点和最不利点设自动排气阀，排气阀管径均为 DN20，最低处应设置丝堵。

(4) 管道活动支、吊、托架的具体形式及安装位置由安装单位根据现场情况而定，做法参见 05R417-1。

(5) 当管道≤DN32 时，采用丝扣连接；当管道＞DN32 时，采用焊接连接。

(6) 敷设在不采暖房间内的管道须保温，保温材料选用岩棉保温管壳，保温厚度见材料表，保护层采用复合铝箔。

(7) 轴流风机安装详见国标图集 94K101—1《轴流式通风机组安装》，采用甲型安装。

(8) 图中所有图例均请参照 GB/T 50114—2010《暖通空调制图标准》。

(9) 其他未尽事宜应遵照 GB50242—2002《建筑给水排水及采暖工程施工质量验收规范》及 GB50243—2002《通风与空调工程施工质量验收规范》的有关规定。

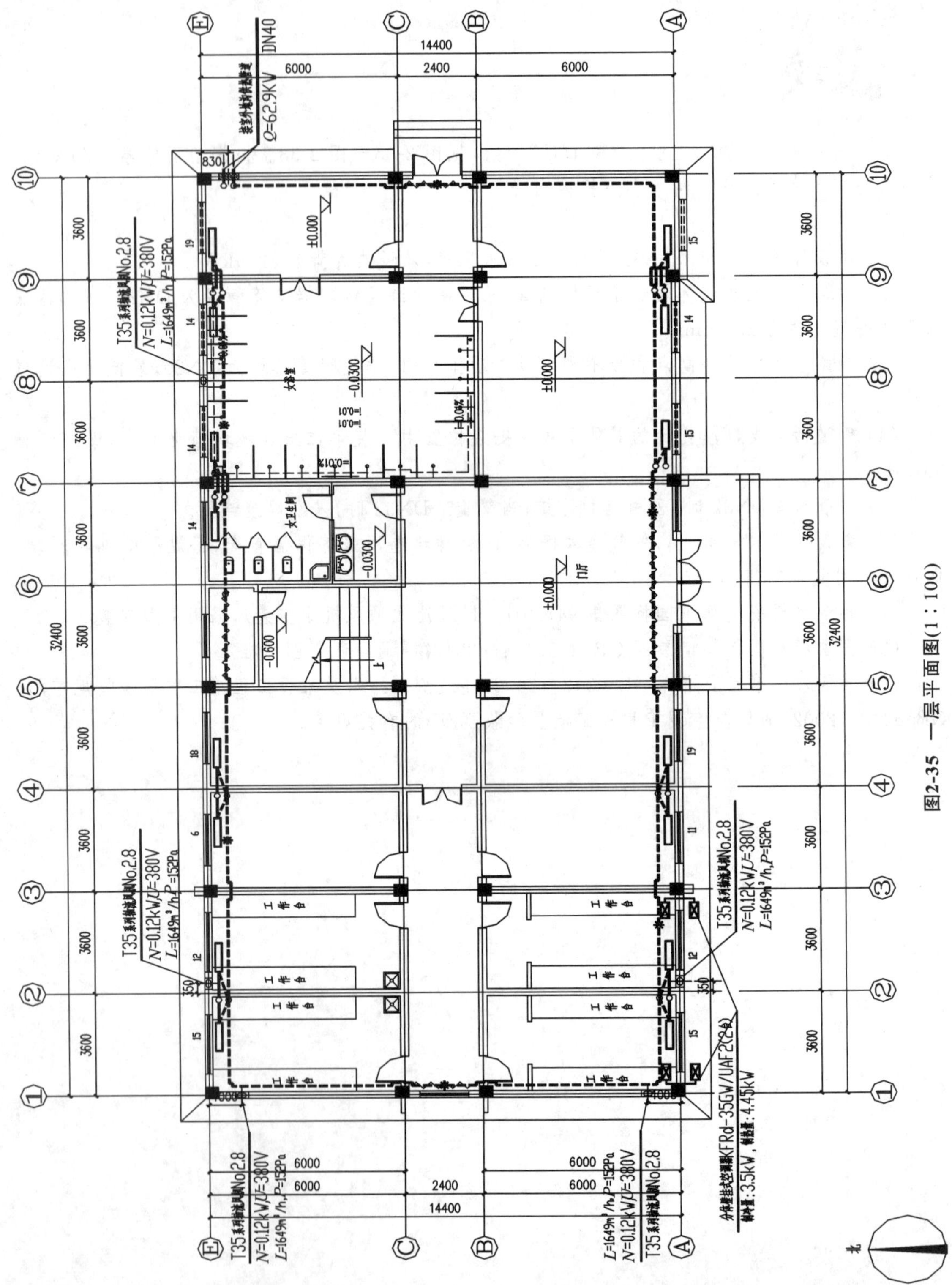


图2-35　一层平面图(1：100)

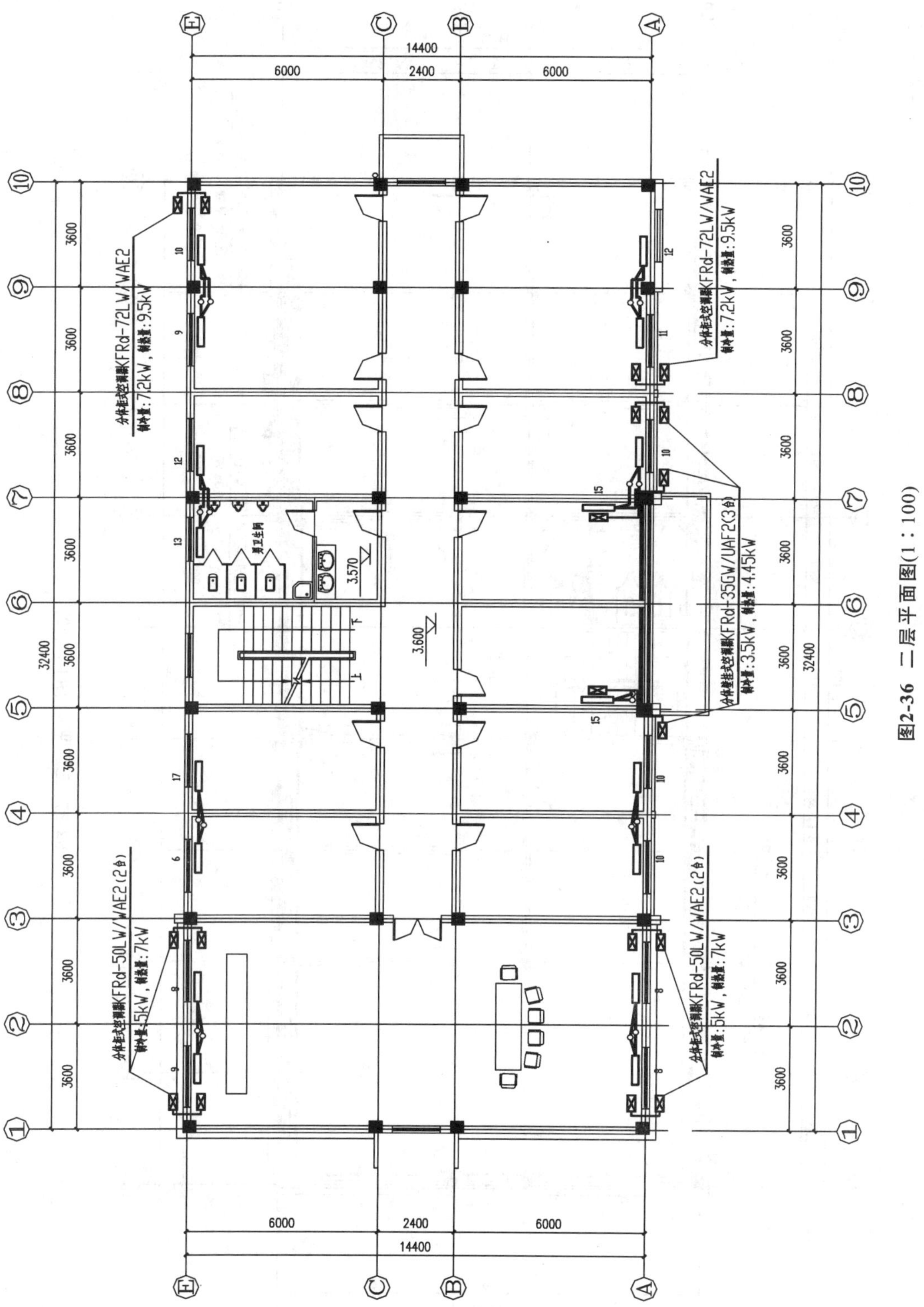


图2-36 二层平面图(1：100)

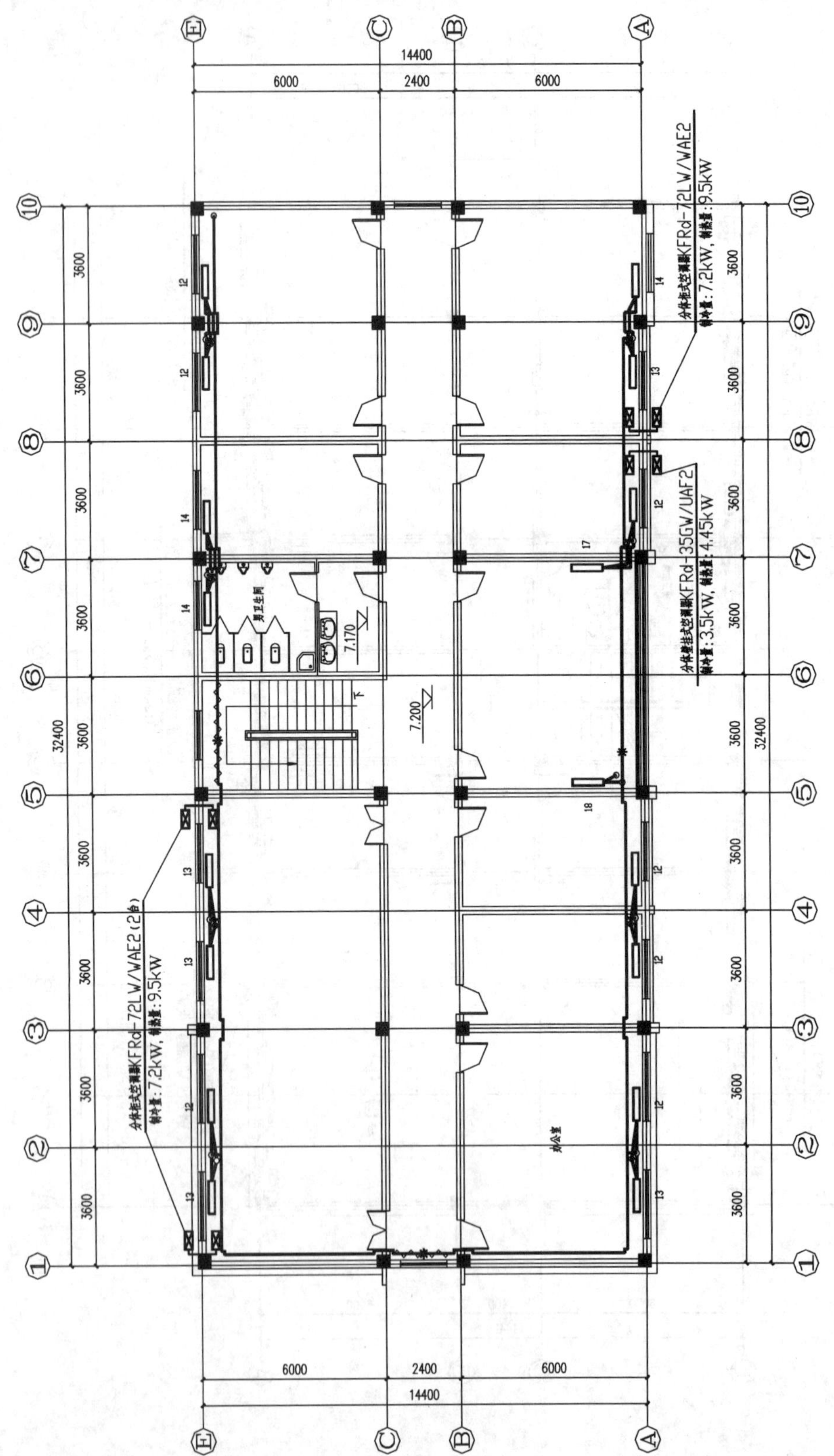


图2-37 三层平面图(1:100)

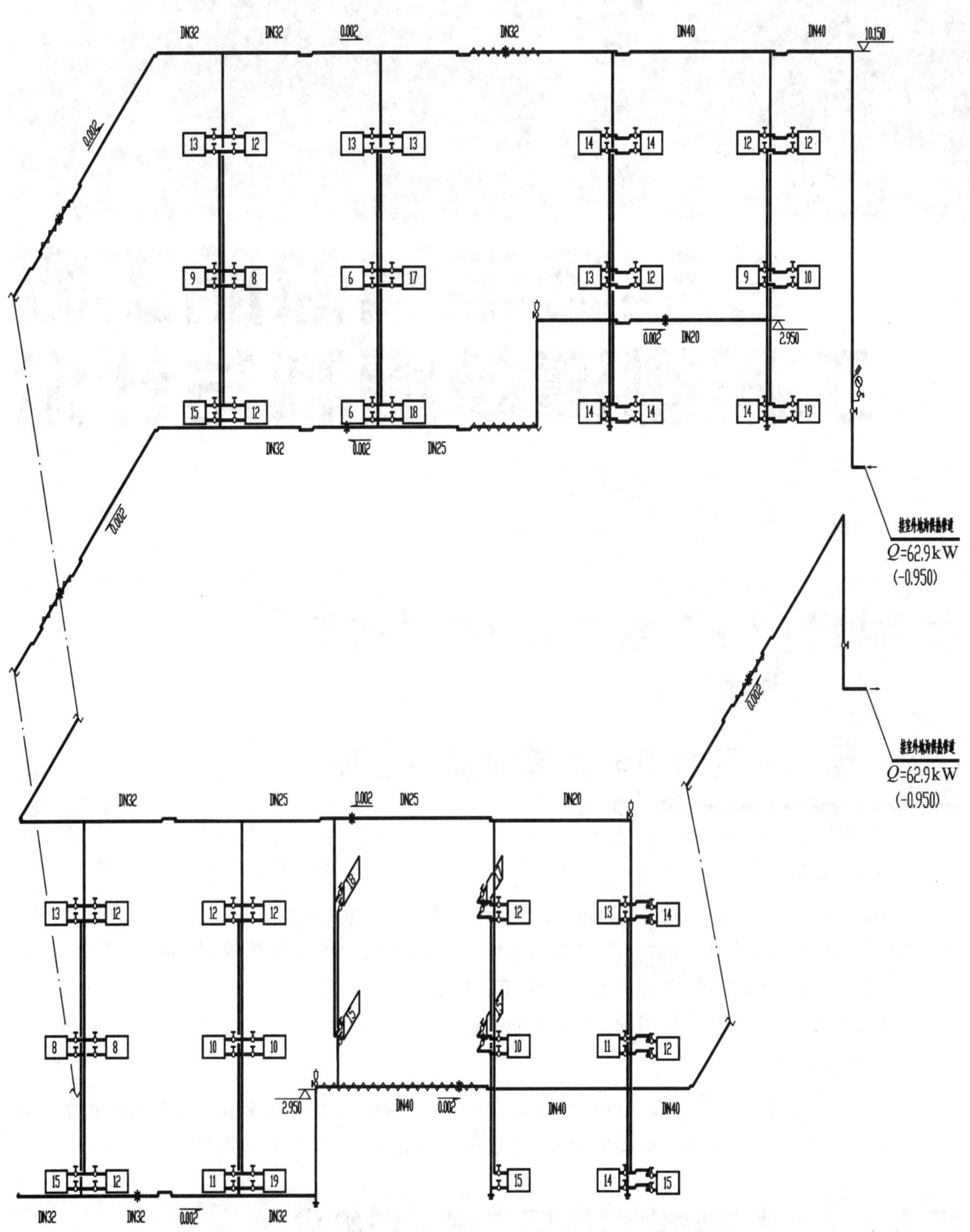


图2-38 系统图

图 2-38 系统图

# 项目3 住宅楼电气照明工程工程量清单编制与计价

## 子项目3.1 电气工程相关知识

### 任务1 常见的强电工程和弱电工程

**1. 强电工程**

一般的电气设备安装工程是以接受电能、经变换、分配电能，到使用电能所形成的工程系统，并按其主要功能不同分为电气配电照明系统、动力系统、变配电系统等，这种以电能的接收、传输、分配、使用为主的工程系统常称为强电工程。

一般建筑物中的电气照明工程，属于强电工程。

**2. 弱电工程**

另外还有一种以接收、传输、分配、转换电信号为主的电气设备安装工程，人们常称为弱电工程。常见的建筑弱电工程有有线电视系统、建筑电话系统、广播音响系统等。

### 任务2 建筑物电气照明工程系统组成

将电能转换为光能的电气装置构成电气照明系统。它包括工矿企业生产用照明和民用建筑照明等。

建筑物内部的照明供配电系统，对容量较大的负荷一般采用 380 V/220 V 三相四线制配电方式,如图 3-1 所示。

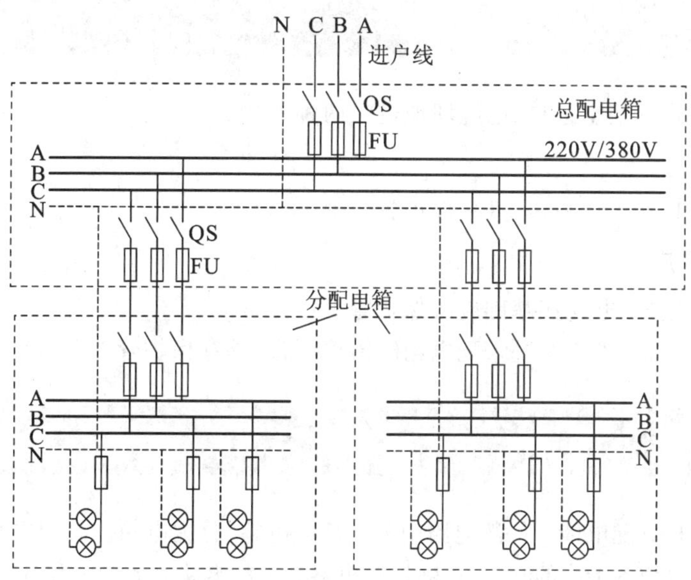


图 3-1 照明供配电系统

每根相线与中线之间均组成电压为 220 V 的单相二线制电路,将照明负荷尽可能均匀地分配到三相电路中,形成三相对称负荷。为保证安全用电,中线在进户前要进行接地。

电气照明系统组成一般包括电源引入、配电箱、配电线路(干线、支线)、照明灯具。

照明线路的基本形式如图 3-2。

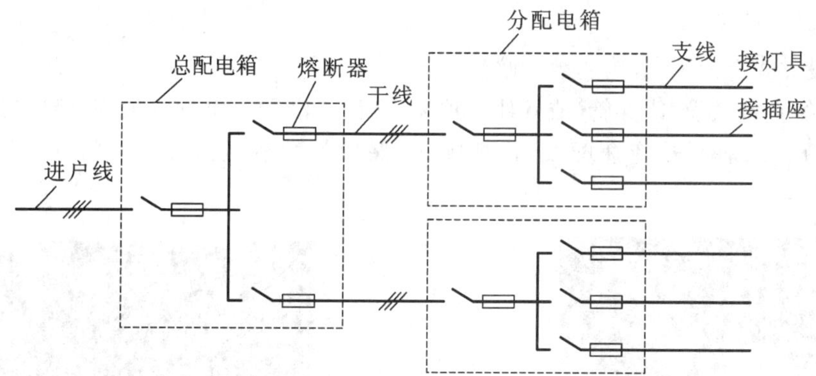


图 3-2 照明线路的基本形式

其中线路分为以下几种。

(1) 接户线:由室外架空线路的电线杆至建筑物外墙的支架,这段线路称为接户线。

(2) 进户线:从建筑物外墙的支架至照明配电箱,这段线路称为进户线。

(3) 干线:由总配电箱至分配电箱的线路称为干线。

(4) 支线:由分配电箱引出的线路称为支线。支线数目应尽可能为 3 的倍数,以便三相能平均分配支路负荷,减少事故的发生。

虚线部总分为照明总配电箱和分配电箱。

## 一、电源引入——电源进户线

电源进户线方式有架空进户、电缆埋地进户两种方式。

**1. 架空进户**

包括：进户横担、电源进户线、进户保护管三部分。

**2. 电缆埋地进户**

电缆直接埋地进户，电缆穿基础应有保护管。

无论哪种进线方式，进户线进入配电箱时沿墙明敷，外穿保护管。

## 二、配电箱

配电箱的作用是分配电能。一般电路中分为总配电箱、分配电箱。总配电箱内包括照明总开关、总熔断器、电能表和各干线的开关、熔断器等电器。分配电箱有分开关和各支线的熔断器。

配电箱分为照明和动力，安装方式有明装和暗装，形式有落地式和悬挂式。配电箱箱底距地面高度：一般暗装配电箱为 1.5 m，明装配电箱和配电板不应小于 1.8 m。

## 三、配电线路

**1. 线路敷设方式**

线路敷设方式有两种，分为明敷和暗敷。

明敷：导线直接敷设，或穿管（或其他保护体）敷设。沿着建筑物的顶棚、墙壁等敷设。常用的明敷种类有：夹板配线、瓷瓶配线、槽板配线、保护管配线、线槽配线等。如图 3-3～图 3-6 所示。

**图 3-3　保护管配线**

**图 3-4　线槽配线**

图 3-5　槽板

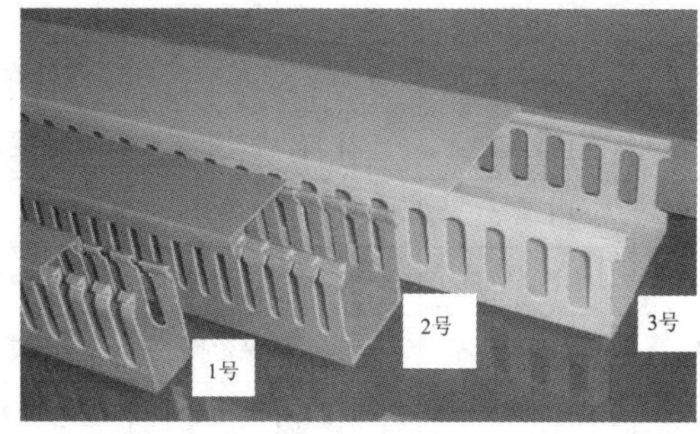


图 3-6　线槽

暗敷：导线穿管敷设在墙壁、顶板或地坪等处的内部，或在混凝土板孔内敷设。常用的暗敷种类有管内穿线。如图 3-7 所示。

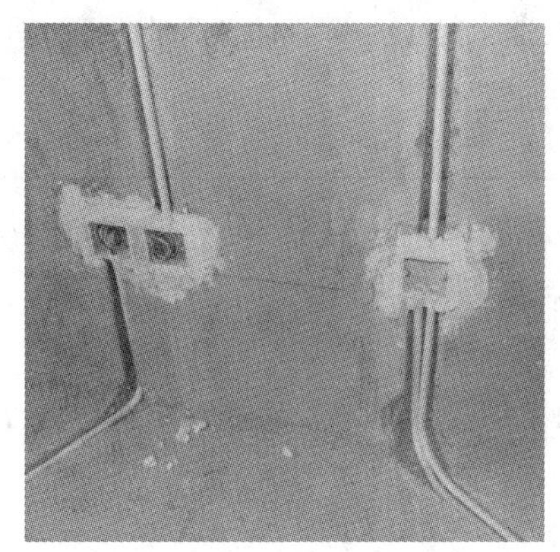

图 3-7　暗敷(管内穿线)

**2. 常用材料**

1) 电线

电线是电气工程中的主要材料，分为绝缘电线和非绝缘电线两大类。

(1) 绝缘电线。

电线种类导线可以按几种方式进行分类。按线芯材料分有：铝芯线、铜芯线；按线芯性能分有硬线、软线；按绝缘及保护层分有橡胶绝缘线、塑料绝缘线、氯丁橡胶绝缘线、聚氯乙烯绝缘聚氯乙烯护套线(以上统称电线)等。导线的上述分类特点都是通过型号表示的。常用绝缘导线的型号、名称和用途见表 3-1。

表 3-1　常用绝缘导线的型号、名称和用途

| 型号 | 名称 | 用途 |
|---|---|---|
| BX (BLX) | 铜(铝)芯橡胶绝缘线 | 适用于交流 500 V 及以下或直流 1000 V 及以下的电气设备及照明装置 |
| BXF (BLXF) | 铜(铝)芯氯丁橡胶绝缘线 | |
| BXR | 铜芯橡胶绝缘软线 | |

续表

| 型号 | 名称 | 用途 |
|---|---|---|
| BV (BLV) | 铜(铝)芯聚氯乙烯绝缘线 | 适用于各种交流、直流电器装置,电工仪表、仪器,电信设备,动力及照明线路固定敷设 |
| BVV (BLVV) | 铜(铝)芯聚氯乙烯绝缘聚氯乙烯护套圆形电线 | |
| BVVB(BLVVB) | 铜(铝)芯聚氯乙烯绝缘聚氯乙烯护套平行电线 | |
| BVR | 铜芯聚氯乙烯绝缘软电线 | |
| BV-I05 | 铜芯耐热 I05′t:聚氯乙烯绝缘电线 | |
| RV | 铜芯聚氯乙烯绝缘软线 | 适用于各种交、直流电器,电工仪器,家用电器,小型电动工具,动力及照明装置的连接 |
| RVB | 铜芯聚氯乙烯绝缘平行软线 | |
| RVS | 铜芯聚氯乙烯绝缘绞型软线 | |
| RV－105 | 铜芯耐热 I05′t:聚氯乙烯绝缘连接软电线 | |
| RXS | 铜芯橡胶绝缘电棉纱编织绞型软电线 | |
| RX | 铜芯橡胶绝缘电棉纱编织圆形软电线 | |

如表中所列橡皮绝缘电线:BX、BBX、BLX,聚氯乙烯绝缘电线:BV、BVV 等。截面较小的有 1.0、1.5、2.5、4 mm$^2$;截面较大的有 6、10、16、25 mm$^2$等。

(2) 裸导线。

裸导线是没有绝缘层保护的导线,常用的种类有 LJ 铝绞线、LGJ 钢芯铝绞线、LMY 铝母线、TMY 铜母线。

LJ 铝绞线常用于室外架空线路或厂房内。

2) 电缆

(1) 电力电缆:有绝缘层和保护层。

常用的高压电力电缆:YJ V(见图 3-)、YJLV。

YJ:交联聚氯乙烯绝缘;

V:聚氯乙烯护套;

L:铝芯;没有标注,则指铜芯。

常用的低压电力电缆:VV(见图 3-9),VLV。

图 3-8　YJV 电力电缆

图 3-9　VV 电力电缆

V:聚氯乙烯绝缘;
V:聚氯乙烯护套;
L:铝芯;没有标注,则指铜芯。
(2) 控制电缆。
常用:KVV、KLVV。
KVV——铜芯聚氯乙烯绝缘、聚氯乙烯护套控制电缆;
KLVV——铝芯聚氯乙烯绝缘、聚氯乙烯护套控制电缆。如图 3-10 所示。

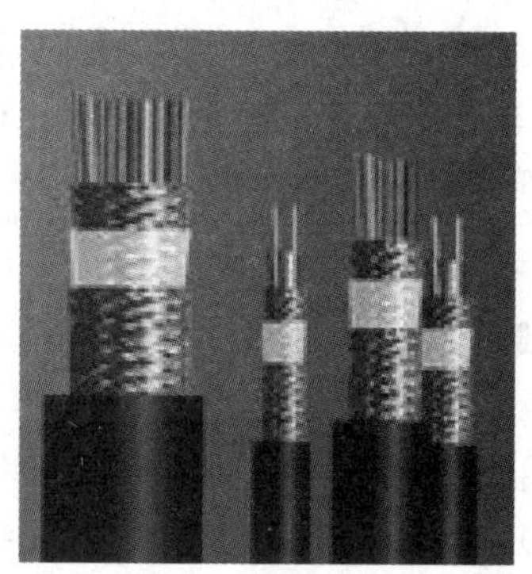

图 3-10　控制电缆

## 四、照明电气设备和照明器具

### 1. 低压开关

常用的低压开关有断路器、闸刀开关、灯具开关、其他开关。

断路器:一般都安装在配电箱内或配电板上。

闸刀开关:有胶盖、铁盖两种,并有单相、三相之分。如 3P-30 A 表示三相闸刀开关,额定电流 30 A。一般都安装在配电箱内或配电板上。

灯具开关:根据控制照明支路的不同,分为单联、双联、三联,根据其结构又有扳把开关、翘板开关、拉线开关。

单极(单联):一个板上一个开关;

多极(多联):一个板上多个开关;

其他开关:有限位开关、按钮等。

对开关的安装高度要求为:拉线开关安装一般距顶棚 0.2～0.3 m,其他各种开关一般距地面 1.3 m。

### 2. 照明灯具

照明灯具的安装,分室内和室外两种。室内灯具的安装方式,通常有吸顶灯式、嵌入式、吸壁式和悬吊式。悬吊式又可分为软线吊灯、链条吊灯和钢管吊灯。室外灯具一般安装在电杆上、墙上或悬挂在钢索上。

灯具的悬挂高度由设计决定,并在施工图中加以标注。

**3. 插座**

插座分为单相二孔、单相三孔、单相五孔和三相四孔等，安装方式为明装、安装两种。

单相：一根火线；

单相二孔：一个零线，一个相线(左零右相)；

单相三孔：一个零线，一个相线，一个接地线(左零右相，上接地)；

三相：三根火线；

三相四孔：一个零线，三个相线(左、右、下相，上零线)。

普通插座安装高度一般距地 0.3 m，这些插座的配管、配线施工一般沿地面暗敷(FC)；厨房、卫生间等插座的安装高度一般距地 1.5 m；空调插座安装高度一般距地 1.8 m，这些插座的配管、配线施工一般沿顶板暗敷设(CC)。同一场所的插座安装高度尽量一致。

**4. 接线盒**

在配管配线工程中，元论是明配还是暗配均存在线路接线盒(分线盒)、接线箱、开关盒、灯头盒以及插座盒的安装。

根据施工规范的规定，无论明敷还是暗敷的接线线路中，禁止有任何形式的接线，所有的接线必须在线路接线盒(分线盒)。线路接线盒(分线盒)产生在管线的分支处或管线的转弯处。接线盒一般安装在墙上，安装高度为顶棚下 0.2m 处。

暗装的开关、插座应有开关接线盒和插座接线盒，暗配管线到灯位处应有灯头接线盒。钢管配钢质接线盒，塑料管配塑料接线盒。

根据施工规范的要求，线路长度超过下列范围时，应按规范要求装设分线箱和接线盒：

管子全长超过 30 m 元弯曲；

管子全长超过 20 m 有一个弯曲；

管子全长超过 15 m 有二个弯曲；

管子全长超过 8 m 有三个弯曲。

**5. 电缆头制作**

电缆头分为电缆终端头和电缆中间头两种。如图 3-11 和图 3-12 所示。

图 3-11　电缆中间头

图 3-12　电缆终端头

# 子项目 3.2 “住宅楼电气照明工程”施工图识读

本单元首先展示项目二图纸，然后介绍电气动力及照明工程施工图的识读方法。

## 任务 1 项目二——“住宅楼电气照明工程”图纸展示

以下是项目二——“住宅楼电气照明工程”施工图图纸的内容。

### 一、图纸说明

(1) 电源进线引自小区变电所，3 N，50 Hz，380/220 V，TN-C-S 系统配电。进线处作重复接地，接地装置接地电阻≤10 Ω。接地母线为镀锌扁钢-40×4，接地极镀锌角钢 L50×50×5，长 2.5 m/根。

(2) 建筑物层高为 3.0 m，室内外标高差 0.35 m。楼板厚度按 200 mm 考虑。

(3) AW 总电表箱底边距地 1.4 m 暗装，AL 照明配电箱底边距地 1.8 m 暗装；照明开关距地 1.4 m 暗装；安全插座距地 0.3 m 暗装，卧室空调插座距地 2.0 m 暗装，客厅空调插座距地 0.3 m 暗装，厨房内插座距地 1.5 m 暗装；卫生间插座距地 1.8m 暗装。

(4) 室内照明线路沿墙、地板和顶板内穿塑料管暗敷。

(5) 每户用电负荷按 8 kW 考虑。

(6) 灯具型号由用户自选。所有灯具均为吸顶安装。

(7) 插座回路(卧室空调回路除外)设漏电保护，漏电动作电流 30 mA。

该图纸的图例见表 3-2。

表 3-2 图例

| 符号 | 意义 | 符号 | 意义 |
| --- | --- | --- | --- |
| n | 照明线路(斜线及数字表示根数，三根不注) | | 单相二三孔安全暗插座 |
| m | m 表示电缆回路编号 | | 单相二三孔密闭暗插座 |
| | 接地线 | k | 单相三孔安全暗插座(空调插座) |
| kWh | 电度表箱(配电箱) | | 双联单控开关 |
| | 用户配电箱 | | 单联单控开关 |

续表

| 符号 | 意义 | 符号 | 意义 |
|---|---|---|---|
| ⊗ | 照明灯具 | ●⁄t | 延时开关 |
| ◣◢ | 照明灯具 | ○ | 接地极 |

## 二、设备及材料一览表

设备及材料见表 3-3。

**表 3-3　设备及材料**

| 序号 | 设备及材料名称 | 设备及材料规格型号 |
|---|---|---|
| 1 | 总电表箱 AW | 嵌墙式配电箱 JLFX-9,900×900×200 |
| 2 | 户用配电箱 | 嵌墙式配电箱 XRM101,450×450×105 |
| 3 | 电缆保护管 | 焊接钢管 SC80 |
| 4 | 接地母线保护管 | 焊接钢管 SC70 |
| 5 | 电线保护管 | 塑料管 PC40 |
| 6 | 电线保护管 | 塑料管 PC20 |
| 7 | 电线保护管 | 塑料管 PC16 |
| 8 | 铜芯塑料线 | BV－450/750 V 16 $mm^2$ |
| 9 | 铜芯塑料线 | BV－450/750 V4 $mm^2$ |
| 10 | 铜芯塑料线 | BV－450/750 V 2.5 $mm^2$ |
| 11 | 单联单控暗开关 | L1E1K/1,220 V10 A |
| 12 | 暗装双联单控开关 | L1E2K/1,220 V10 A |
| 13 | 定时开关 | 220 V10 A,延时 3 min |
| 14 | 单相二三孔安全暗装插座(客厅、卧室) | L1E2SK/P ,220 V10 A |
| 15 | 单相三孔空调专用安全暗装插座 | L1E1S/16P,220 V16A |
| 16 | 单相二三孔密防(防水)暗装插座(厨房、卫生间) | L1E1SK/P,220 V10 A |
| 17 | 普通照明灯具(阳台、楼梯间、厨、卫) | 半圆球吸顶灯 JXD5-1,200 V,1×40 W |
| 18 | 普通照明灯具(卧室、厅等) | 组合方形吸顶灯 XD117,200 V,4×40 W |
| 19 | 接地极 | 接地极镀锌角钢 L50×50×5,长 2.5 m/根 |

## 三、平面图及系统图

平面图及系统图见图 3-11～图 3-15。

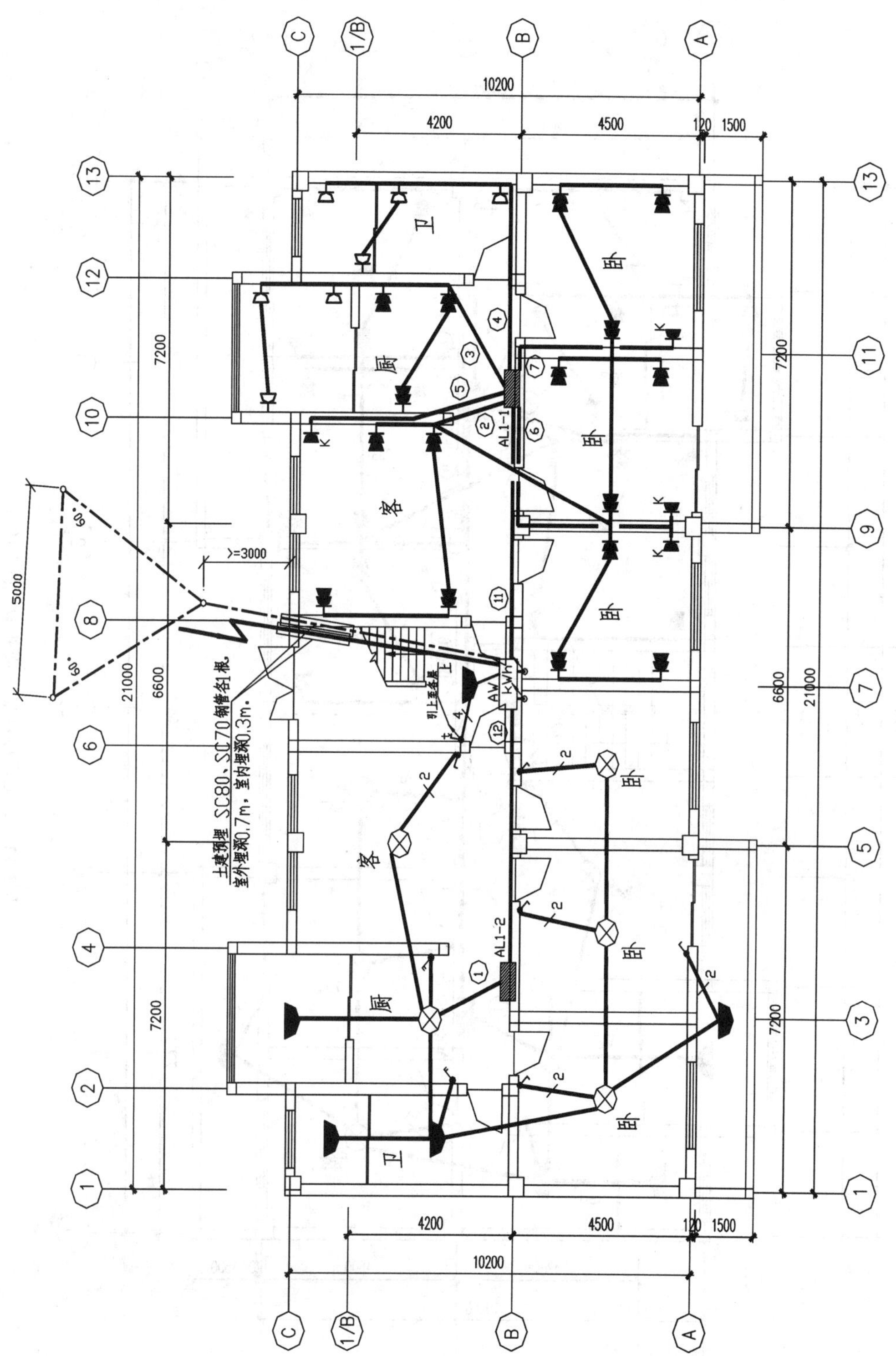


图3-11　一层平面布置图(1:100)

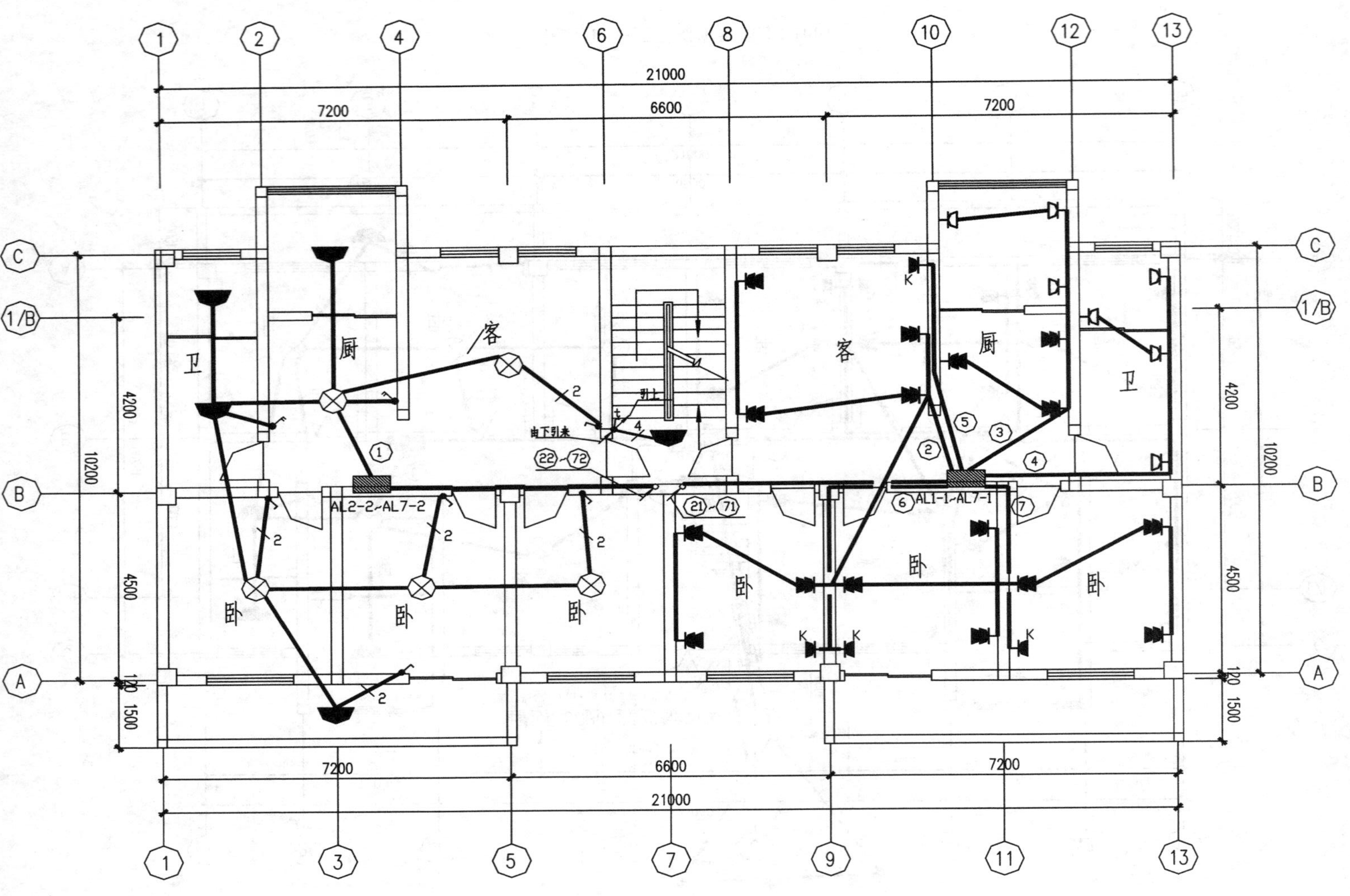


图3-12 二~七层标准层平面布置图(1：100)

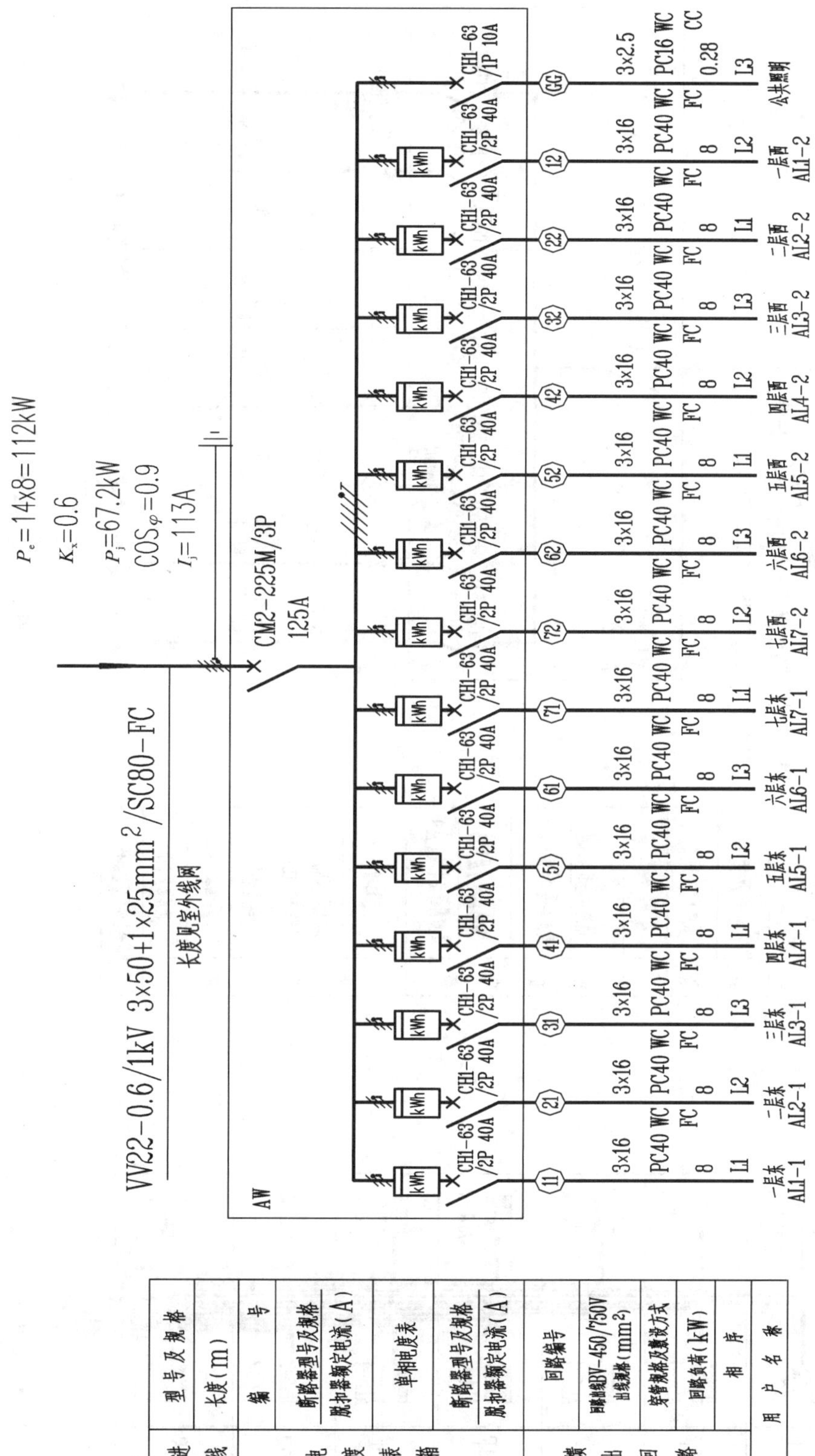


图3-13 AW总电表箱系统图

7F
AL7-1
AL7-2
6F
AL6-1
AL6-2
5F
AL5-1
AL5-2
4F
AL4-1
AL4-2
3F
AL3-1
AL3-2
2F
AL2-1
AL2-2
1F
AL1-1
AL1-2
kWh
AW
公共照明
进线

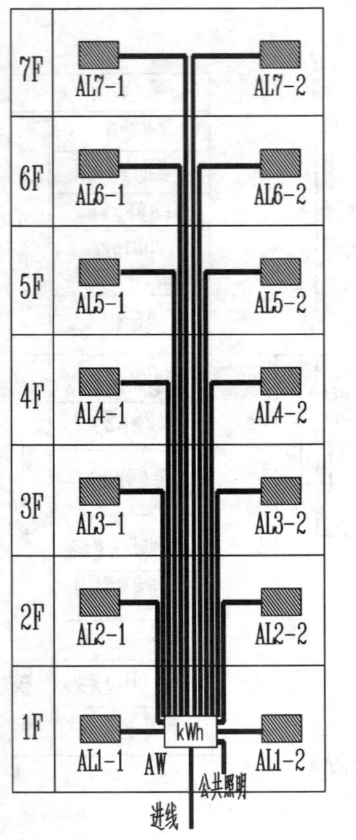

图3-14 配电干线示意图

进线
型号及规格
长度(m)
户内配电箱
编号
断路器型号及规格
脱扣器额定电流(A)
断路器型号及规格
脱扣器额定电流(A)
馈出回路
回路编号
回路出线BV-450/750V出线规格(mm²)
穿管规格及尺寸
装灯数量(盏)
插座数量(个)
用电设备安装地点及名称
BV-0.45/0.75kV 3×16mm²/PC40-WC
AL1-1~AL7-1
AL1-2~AL7-2
CH1-62/2P
40A
CH1-63
/1P 10A
CH1L-50
/2P 20A
30mA
CH1L-50
/2P 20A
30mA
CH1L-50
/2P 20A
30mA
CH1L-50
/2P 20A
30mA
CH1-63
/2P 20A
CH1-63
/2P 20A
CH1-63
/2P 20A
1
2
3
4
5
6
7
8
3×2.5
3×2.5
3×4
3×4
3×4
3×4
3×4
PC16
WC CC
PC16
WC FC
PC20
WC CC
PC20
WC CC
PC20
WC FC
PC20
WC CC
PC20
WC CC
照明
普通插座
厨房插座
卫生间插座
客厅空调
卧室空调
卧室空调
备用

图3-15 户用配电箱系统图

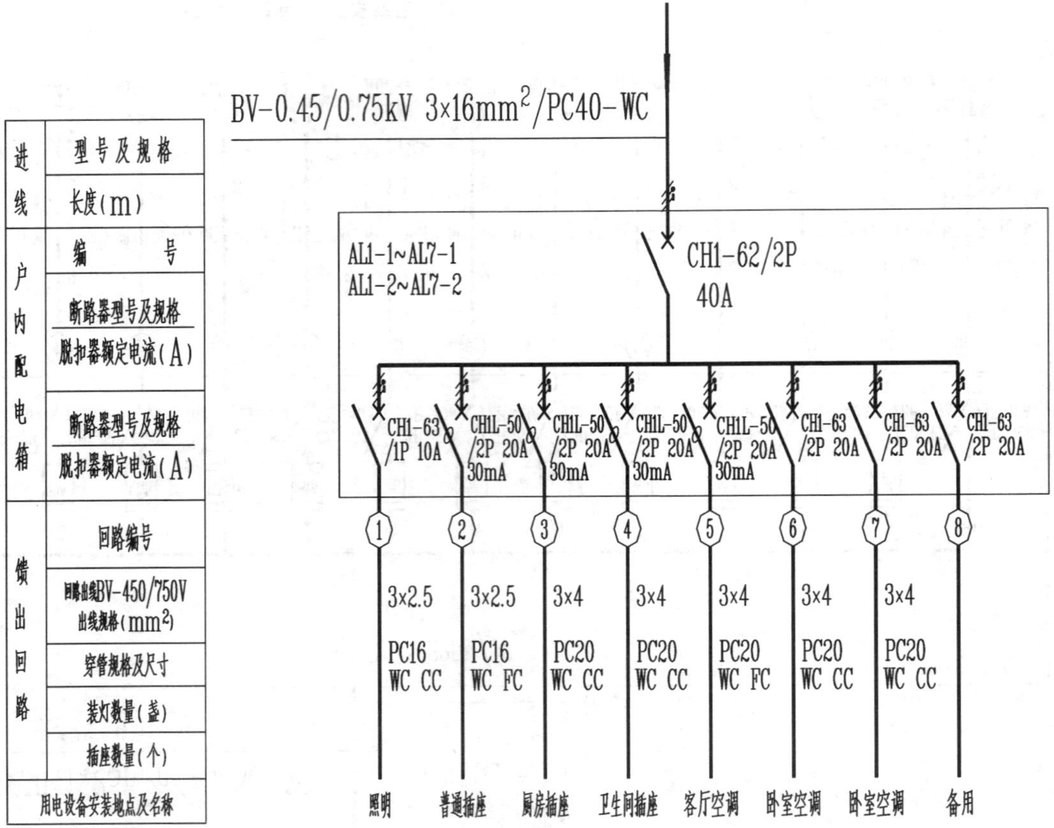

# 任务 2 电气动力及照明工程图纸简介

电气动力及照明工程图纸的主要表达形式为系统图、框图、平面布置图、安装接线图、电路原理图等，其中最主要的、最基本的是系统图和平面布置图。下面介绍这两种图纸的主要内容，及电气图纸的识读方法。

## 一、动力及照明系统图

动力及照明系统图是表示某一建筑物内外的动力（如电动机等）、照明、插座、电风扇及其他电器的供电与配电的基本情况的图。在系统图中，集中反映动力及照明的安装容量、计算容量、配线方式、电线电缆的型号规格、线路的敷设方式等的概况。表示电气系统各线路之间的供电与配电结构关系。

一般建筑物中的图纸，动力及照明系统通常是分开的，作为两个单位工程分别出两套图纸。而在一些小的建筑物中，动力及照明系统是合并出现在一套图纸中的，名称通称为照明系统。即照明系统中除了包含灯具、开关等照明器具外，也包含插座等动力器具。

## 二、动力及照明平面布置图

表示建筑物内动力及照明及其他用电设备、电气线路平面布置及电气安装情况的图。这些图是按照建筑物不同标高的楼层分别画出的，动力、照明分开布置。所以在图纸中一般会分别出现照明平面布置图、插座平面布置图。

动力和照明线路在平面图上采用图形符号及文字符号相结合的方式表示出线路的走向、导线的型号、规格、根数、长度、线路配电方式、线路用途等。

# 任务 3 电气动力及照明工程图纸识读方法

## 一、图形符号及文字符号

图形符号是我国制定的电气制图标准，见表 3-4。

表 3-4　电气图形符号

| 序号 | 图例 | 名称 | 序号 | 图例 | 名称 |
|---|---|---|---|---|---|
| 1 | ▭ | 照明或动力配电箱 | 6 | ⊙ | 接线盒、连接盒 |
| 2 | ⊗★ 根据需要"★"用字母标注在图形符号旁边区别不同类型灯具。例：⊗C 表示为吸顶灯 | C—吸顶灯 | 7 | | 单联单控扳把开关 |
| | | E—应急灯 | 8 | | 双联单控扳把开关 |
| | | G—圆球灯 | 9 | | 两控单极开关 |
| | | L—应急灯 | 10 | | 按钮 |
| | | P—应急灯 | 11 | | 门铃 |
| | | R—应急灯 | 12 | | 风扇，示出引线 |
| | | W—应急灯 | 13 | Wh | 电度表 |
| | | EN—应急灯 | 14 | | 访客对讲电控防盗门主机 |
| | | LL—应急灯 | 15 | | 可视对讲机 |
| 3 | | 单管荧光灯 | 16 | ● | 避雷针 |
| 4 | | 二管荧光灯 | 17 | | 电缆桥架线路 |
| 56 | ★ ★ 根据需要"★"用字母标注在图形符号旁边区别不同类型插座。 | 1P—单相(电源)插座 | 18 | | 向上配线 |
| | | 3P—三相(电源)插座 | 19 | | 向下配线 |
| | | 1C—单相暗敷(电源)插座 | 20 | | 中性线 |
| | | 3C—三相暗敷(电源)插座 | 21 | | 保护线 |
| | | 1EN—单相密闭(电源)插座 | 22 | E | 接地极 |
| | | 3EN—三相密闭(电源)插座 | 23 | PE | 保护接地线 |

## 二、导线根数的表示方法

导线根数一般用单线表示，一条图线代表一组导线，要表示出导线根数，可在线上加几条小短斜线或一条短斜线加数字表示。

## 三、线路配线方式的标注符号

线路配线方式的标注符号见表 3-5 和表 3-6。

**表 3-5　线路敷设方式代号**

| 中文名称 | 拼音代号(旧) | 英文代号(新) |
|---|---|---|
| (焊接)钢管敷设 | G | SC |
| 电线管敷设 | DG | T (TC) |
| 塑料管(PVC 管)敷设 | VG | PC (PVC) |
| 铝卡片敷设 | QD | AL |
| 金属线槽敷设 | GC | MR |
| 塑料线槽敷设 | XC | PR |
| 电缆桥架敷设 | | CT |
| 钢索敷设 | 5 | M |
| 明敷设 | M | E |
| 暗敷设 | A | C |

**表 3-6　线路敷设部位代号**

| 中文名称 | 拼音代号(旧) | 英文代号(新) | 备注 |
|---|---|---|---|
| 地面(板) | D | F | 各部位代号与 E 组合为明敷;与 C 组合为暗敷。例如,FC 为埋地敷设,WE 为沿墙明敷,CC 为顶板内暗敷,WC 为沿墙暗敷,BE 为沿梁明敷 |
| 墙 | Q | w | |
| 柱 | Z | CL | |
| 梁 | L | B | |
| 构架 | | R | |
| 顶棚(板) | P | C | |
| 吊顶 | P | AC | |

## 四、文字符号表示线路的标注方式

线路标注的基本格式在电气平面图中要求把照明线路的编号,导线型号、规格、根数、管径、敷设方式及敷设部位表示出来,并表示在图线的旁边。其标注的基本格式为:

a—b—c(d×e+j×g) —i—j —h

其中：a——线路编号或线路用途，如：WL、WP、Nl 等；

b——线缆型号，如：BV、BLV 等；

c——线缆根数；

d——电缆线芯数；

e——线芯截面（$mm^2$）；

j ——PE，N 线芯数；

g——线芯截面（$mm^2$）；

i ——线缆敷设方式；

j ——线缆敷设部位；

h——线缆敷设安装高度(m)。

线路标注中 a-h 所表示的项如果没有内容则可以省略。

例如：

(1) N1—BV—2 ×2.5+PE2.5— TC20 —WC

N1：线路编号，表示 N1 回路；

BV：导线型号，表示铜芯聚录乙烯绝缘导线；

2×2.5+PE2.5：导线根数 2 根，截面为 2.5 $mm^2$，PE 为一根接地保护线，截面为 2.5 $mm^2$。

TC20：导线敷设方式为穿电线管敷设，穿管管径为 20 mm；

WC：敷设部位为沿墙暗敷。

(2) WP201—YJV—0.6/1 kV－3×150＋1×70 —SC80—WE—3.5 可以解释为：

电缆编号为 WP201，电缆型号为 YJV，规格 0.6/1 kV－3×150＋1×70，0.6/1 kV 表示相间绝缘等级(相线和零线之间电压)为 0.6 kV，线间绝缘等级(相线和相线之间电压)为 1 kV；电缆中有 3 个截面为 150 $mm^2$ 的线芯和 1 个截面为 70 $mm^2$ 的线芯，敷设方式为穿管径为 80 mm 的焊接钢管，沿墙明敷，线缆敷设高度距地 3.5 m。

## 五、照明灯具的标注

a—b (c×d×L) f/e

其中：a——灯具个数；

b——灯具型号或编号；

c——每个灯具的灯泡(管)数；

d——灯泡(管)容量(W)；

f——灯具安装方式；

e——灯具安装高度；

L——光源种类(Ne 氖，Xe 氙，FL 荧光)。

举例：5—BYS80(2×40×FL) CS/3.5 可以解释为：

5 盏 BYS80 型号的灯具，每盏灯具有 2 根 40W 荧光灯管，灯具采用链吊安装，安装高度为距离地面 3.5 米的高度，光源的种类为荧光光源。

其中灯具安装方式和照明灯具种类符号见表 3-7 和表 3-8。

表 3-7　灯具安装方式符号

| 名称 | 符号 | 名称 | 符号 | 名称 | 符号 |
|---|---|---|---|---|---|
| 线吊式 | SW | 壁装式 | w | 顶棚内安装 | CR |
| 链吊式 | CS 或 Ch | 嵌入式 | R | 墙壁内安装 | WR |
| 管吊式 | DS 或 CP | 吸顶式 | C 或“—” | 座装 | HZ |

表 3-8　灯具种类符号

| 名称 | 符号 | 名称 | 符号 | 名称 | 符号 |
|---|---|---|---|---|---|
| 普通吊灯 | P | 柱灯 | Z | 荧光灯 | Y |
| 壁灯 | B | 投光灯 | T | 工厂一般灯具 | G |
| 吸顶灯 | D | 花灯 | H | 防水防尘 | F |

# 任务 4　项目二——住宅楼电气照明工程图纸识读

## 一、电气照明工程识图方法

如前所述，电气照明工程图纸主要有系统图和平面布置图。系统图表示电气系统各线路之间的结构关系；平面布置图表示系统各电器元件在平面上的布置位置。

**1. 电气照明平面布置图表示的主要内容**

平面布置图描述的主要对象是照明电气线路和照明设备，一般包括下列内容。

(1) 电源进线、电源总配电箱及各分配电箱的型号、安装方式。

(2) 照明线路中导线的型号、规格、根数，线路走向、配线方式、敷设方式、导线连接方式等。

(3) 照明灯具的类型、安装方式、安装位置等。

(4) 照明开关的类型、安装位置等。

(5) 插座等电器的类型、安装位置等。

要在一个平面图中表示上述如此多的内容，因而不可能按照实物的实际形状来描述，只能采用图形符号和文字符号来描述。因此电气照明平面布置图属于一种简图。

**2. 照明线路和照明设备垂直方向的位置的确定方法**

电气照明平面布置图不可能直观地表示出线路和照明设备在垂直方向敷设和安装的情况，所以箱、柜、盘、板、开关、插座等垂直方向的安装高度一般通过文字来描述。通常可画出垂直方向安装示意图，如图 3-13 所示。

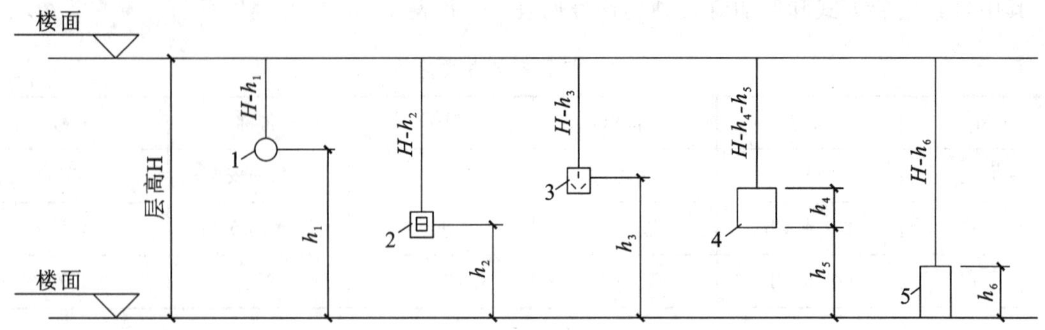


**图 3-16　线管垂直长度计算示意图**

1—拉线开关；2—翘板开关壁灯；3—普通插座；4—墙上配电箱；5—落地配电箱

# 子项目 2.3　电气设备安装工程工程量清单与计价概述

## 任务 1　工程工程量清单与计价简介

2013 版《通用安装工程工程量计算规范》附录 D 适用于采用工程量清单计价的新建、扩建电气设备安装工程的工程量清单的编制与计价。附录 D 主要包括如表 3-9 所示内容。

**表 3-9　附录 D 主要包括内容**

| 表标号 | 表名称 | 表编码 |
| --- | --- | --- |
| D.1 | 变压器安装 | 030401 |
| D.2 | 配电装置安装 | 030402 |
| D.3 | 母线安装 | 030403 |
| D.4 | 控制设备及低压电器安装 | 030404 |
| D.5 | 蓄电池安装 | 030405 |
| D.6 | 电机检查接线及调试 | 030406 |
| D.7 | 滑触线装置安装 | 030407 |
| D.8 | 电缆安装 | 030408 |
| D.9 | 防雷及接地装置 | 030409 |
| D.10 | 10KV 以下架空配电线路 | 030410 |

续表

| 表标号 | 表名称 | 表编码 |
|---|---|---|
| D. 11 | 配管、配线 | 030411 |
| D. 12 | 照明器具安装 | 03012 |
| D. 13 | 附属工程 | 030413 |
| D. 14 | 电气调整试验 | 030414 |
| D. 15 | 相关问题及说明 | 030415 |

在电气照明工程中，附录D中常用的几个章节为D. 4、D. 8、D. 9、D. 11、D. 12、D. 14、D. 15，本书后面重点介绍这几部分工程量清单的编制与计价。

D. 15部分的内容为“相关问题及说明”，其中的主要内容如下。

(1) 电气设备安装工程适用于10KV以下变配电设备及线路的安装工程、车间动力电气设备、防雷及接地装置安装、配管配线、电气调试等。

(2) 与土建、市政及其他安装工程的界限。

① 挖土、填土工程，应按现行国家标准《房屋建筑与装饰工程工程量计算规范》相关项目编码列项。

② 开挖路面，应按现行国家标准《市政工程工程量计算规范》相关项目编码列项。

③ 过梁、墙、楼板的钢(塑料)套管，应按规范附录K采暖、给排水、燃气工程相关项目编码列项。

④ 除锈、刷漆(补刷漆除外)、保护层安装，应按规范附录M刷油、防腐蚀、绝热工程相关项目编码列项。

⑤ 由国家及地方检测及验收部门进行的检测验收应按规范附录N措施项目编码列项。

# 任务2 计取有关费用的规定

2014版《江苏省安装工程计价定额》第四册的电气设备安装工程适用于工业与民用新建、扩建工程中10 kV以下变电设备及线路、车间动力电气设备及电气照明器具、防雷及接地装置安装、配管配线、电梯电气装置、电气调整试验等的安装工程。不包括以下内容：

(1) 10 kV以上及专业专用项目的电气设备安装；

(2) 电气设备(如电动机等)配合机械设备进行单体试运转和联合试运转工作。

2014版《江苏省安装工程计价定额》第四册中关于计取各项费用的规定如下：

(1) 脚手架搭拆费(10 kV以下架空线路除外)按人工费的4%计算，其中人工工资占25%；

(2) 工程超高增加费(已考虑了超高因素的定额项目除外)：操作物高度离楼地面5 m以上、20 m以下的电气安装工程，按超高部分人工费的33%计算；

(3) 高层建筑增加费(指高度在6层或20 m以上的工业与民用建筑)按表3-10计算。

表 3-10　高层建筑增加费表

| 层数 | 9 层以下(30 m) | 12 层以下(40 m) | 15 层以下(50 m) | 18 层以下(70 m) | 21 层以下(70 m) | 24 层以下(80 m) | 27 层以下(90 m) | 30 层以下(100 m) | 33 层以下(110 m) |
|---|---|---|---|---|---|---|---|---|---|
| 按人工费的(%) | 6 | 9 | 12 | 15 | 19 | 23 | 26 | 30 | 34 |
| 其中人工工资占(%) | 17 | 22 | 33 | 40 | 42 | 43 | 50 | 53 | 56 |
| 机械费占(%) | 83 | 78 | 67 | 60 | 58 | 57 | 50 | 47 | 44 |
| 层数 | 36 层以下(120 m) | 40 层以下(130 m) | 42 层以下(140 m) | 45 层以下(150 m) | 48 层以下(160 m) | 51 层以下(170 m) | 54 层以下(180 m) | 57 层以下(190 m) | 60 层以下(200 m) |
| 按人工费的(%) | 37 | 43 | 43 | 47 | 50 | 54 | 58 | 62 | 65 |
| 其中人工工资占(%) | 59 | 58 | 65 | 67 | 68 | 69 | 69 | 70 | 70 |
| 机械费占(%) | 41 | 42 | 35 | 33 | 32 | 31 | 31 | 30 | 30 |

(4) 安装与生产同时进行时，安装工程的总人工费增加 10%，全部为因降效而增加的人工费(不含其他费用)。

(5) 在有害人身健康的环境(包括高温、多尘、噪声超过标准和在有害气体等有害环境)中施工时，安装工程的总人工费增加 10%，全部为因降效而增加的人工费(不含其他费用)。

# 子项目 3.4　控制设备及低压电器安装工程量清单编制与计价

## 任务 1　控制设备及低压电器安装工程量清单设置

控制设备主要包括控制屏、模拟屏、低压开关柜、控制台、控制箱、成套配电箱等；

低压电气设备种类：额定电压低于 1000 V 的开关、控制和保护等电气设备为低压电气设备。常见的种类有闸刀开关、负荷开关、断路器、熔断器等。

在建筑照明工程中，最常用的控制设备是照明配电箱。最常用的低压电气设备为小电器、风扇、照明开关、插座等。

控制设备及低压电器安装工程量清单项目设置、项目特征描述的内容、计量单位、工程量计算规则，应按 2013 版《通用安装工程工程量计算规范》附录 D 中表 D.4 的规定执行，见表 3-11。

**表 3-11　控制设备及低压电器安装(编码 030404)**

| 项目编码 | 项目名称 | 项目特征 | 计量单位 | 工程量计算规则 | 工作内容 |
|---|---|---|---|---|---|
| 030404001 | 控制屏 | 1.名称<br>2.型号<br>3.规格<br>4.种类<br>5.基础型钢形式、规格<br>6.接线端子材质、规格<br>7.端子板外部接线材质、规格<br>8.小母线材质、规格<br>9.屏边规格 | 台 | 按设计图示数量计算 | 1.本体安装<br>2.基础型钢制作、安装<br>3.端子板安装<br>4.焊、压接线端子<br>5.盘柜配线、端子接线<br>6.小母线安装<br>7.屏边安装<br>8.补刷(喷)油漆<br>9.接地 |
| 030404002 | 继电、信号屏 | | | | |
| 030404003 | 模拟屏 | | | | |
| 030404004 | 低压开关、柜(屏) | | | | 1.本体安装<br>2.基础型钢制作、安装<br>3.端子板安装<br>4.焊、压接线端子<br>5.盘柜配线、端子接线<br>6. 屏边安装<br>7.补刷(喷)油漆<br>8.接地 |
| 030404005 | 弱电控制返回屏 | | | | 1.本体安装<br>2.基础型钢制作、安装<br>3.端子板安装<br>4.焊压接线端子<br>5.盘柜配线、端子接线<br>6.小母线安装<br>7.屏边安装<br>8.补刷(喷)油漆<br>9.接地 |
| 030404006 | 箱式配电室 | 1.名称<br>2.型号<br>3.规格<br>4.质量<br>5.基础规格、浇筑材质<br>6.基础型钢形式、规格 | 套 | | 1.本体安装<br>2.基础型钢制作、安装<br>3.基础浇筑<br>4.补刷(喷)油漆<br>5.接地 |
| 030404007 | 硅整流柜 | 1.名称<br>2.型号<br>3.规格<br>4.容量(A)<br>5.基础型钢形式、规格 | 台 | | 1.本体安装<br>2.基础型钢制作、安装<br>3.补刷(喷)油漆<br>4.接地 |
| 030404008 | 可控硅柜 | 1.名称<br>2.型号<br>3.规格<br>4.容量(kW)<br>5.基础型钢形式、规格 | | | |

续表

| 项目编码 | 项目名称 | 项目特征 | 计量单位 | 工程量计算规则 | 工作内容 |
|---|---|---|---|---|---|
| 030404009 | 低压电容器柜 | 1.名称<br>2.型号<br>3.规格<br>4.基础型钢形式、规格<br>5.接线端子材质、规格<br>6.端子板外部接线材质、规格<br>7.小母线材质、规格<br>8.屏边规格 | 台 | 按设计图示数量计算 | 1.本体安装<br>2.基础型钢制作、安装<br>3.端子板安装<br>4.焊、压接线端子<br>5.盘柜配线、端子接线<br>6.小母线安装<br>7.屏边安装<br>8.补刷(喷)油漆<br>9.接地 |
| 030404010 | 自动调节励磁屏 | | | | |
| 030404011 | 励磁灭磁屏 | | | | |
| 030404012 | 蓄电池(柜) | | | | |
| 030404013 | 直流馈电屏 | | | | |
| 030404014 | 事故照明切换屏 | | | | |
| 030404015 | 控制台 | 1.名称<br>2.型号<br>3.规格<br>4.基础型钢形式、规格<br>5.接线端子材质、规格<br>6.端子板外部接线材质、规格<br>7.小母线材质、规格 | | | 1.本体安装<br>2.基础型钢制作、安装<br>3.端子板安装<br>4.焊、压接线端子<br>5.盘柜配线、端子接线<br>6.小母线安装<br>7.补刷(喷)油漆<br>8.接地 |
| 030404016 | 控制箱 | 1.名称<br>2.型号;3.规格<br>4.基础型钢形式、规格<br>5.接线端子材质、规格<br>6.端子板外部接线材质、规格<br>7.安装方式 | | | 1.本体安装<br>2.基础型钢制作、安装<br>3.焊、压接线端子<br>4.补刷(喷)油漆<br>5.接地 |
| 030404017 | 配电箱 | | | | |
| 030404018 | 插座箱 | 1.名称<br>2.型号;<br>3.规格<br>4.安装方式 | | | 1.本体安装<br>2.接地 |
| 030404019 | 控制开关 | 1.名称<br>2.型号;3.规格<br>4 接线端子材质、规格<br>5.额定电流(A) | 个 | | 1.本体安装<br>2.焊、压接线端子<br>3.接线 |
| 030404020 | 低压熔断器 | 1.名称<br>2.型号;<br>3.规格<br>4 接线端子材质、规格 | 台 | | |
| 030404021 | 限位开关 | | | | |
| 030404022 | 控制器 | | | | |
| 030404023 | 接触器 | | | | |
| 030404024 | 磁力启动器 | | | | |
| 030404025 | Y-△自耦减压启动器 | | | | |
| 030404026 | 电磁铁(电磁制动器) | | | | |
| 030404027 | 快速自动开关 | | | | |
| 030404028 | 电阻器 | | 箱 | | |
| 030404029 | 油浸频敏变阻器 | | 台 | | |

续表

| 项目编码 | 项目名称 | 项目特征 | 计量单位 | 工程量计算规则 | 工作内容 |
|---|---|---|---|---|---|
| 030404030 | 分流器 | 1.名称<br>2.型号；3.规格<br>4.容量(A)<br>5.接线端子材质、规格 | 个 | 按设计图示数量计算 | 1.本体安装<br>2.焊、压接线端子<br>3.接线 |
| 030404031 | 小电器 | 1.名称<br>2.型号；<br>3.规格<br>4.接线端子材质、规格 | 个<br>(套、台) | | |
| 030404032 | 端子箱 | 1.名称<br>2.型号；<br>3.规格<br>4.安装部位 | 台 | | 1.本体安装<br>2.接线 |
| 030404033 | 风扇 | 1.名称<br>2.型号；<br>3.规格<br>4.安装方式 | | | 1.本体安装<br>2.调速开关安装 |
| 030404034 | 照明开关 | 1.名称<br>2.型号；<br>3.规格<br>4.安装方式 | 个 | | 1.本体安装<br>2.接线 |
| 030404035 | 插座 | | | | |
| 030404036 | 其他电器 | 1.名称<br>2.规格<br>3.安装方式 | | | 1.安装<br>2.接线 |

# 任务 2 控制设备及低压电气设备相关知识

## 一、控制设备及低压电气设备安装

控制设备主要包括控制屏、模拟屏、低压开关柜、控制台、控制箱、成套配电箱等，是集中安装开关、仪表等设备的成套装置。

在建筑照明工程中，最常用的控制设备是照明配电箱。它是用户用电设备的供电和配电点，是控制室内电源的设施。照明配电箱一般为定型生产的标准成套配电箱，但根据照明要求的不同也可以做成非成套(标准)配电箱。非标准配电箱可以用铁制或木制,配电箱内设有保护、控制、计量配电装置。根据配电箱安装形式的不同,可分为落地式配电箱、悬挂嵌入式配电箱等。落地式配电箱安装时一般需要型钢制作的基础;悬挂嵌入式配电箱一般是悬挂在墙体上或嵌入墙体内。

低压电气设备种类:额定电压低于 1000 V 的开关、控制和保护等电气设备为低压电气设备。常见的种类有闸刀开关、负荷开关、断路器、熔断器等。

## 二、端子板安装及端子板外部接线

端子板一般用于成套控制设备或现场组装配电箱时与外部线路的连接,如图 3-17 所示。

端子板外部接线是指外部线路与控制设备在端子板上的连接。

## 三、焊接或压接接线端子

端子是指用来连接导线的端头的金属导体,它可以使导线更好地与其他构件连接。多股线芯导线在同电机或设备连接时一般都需要有接线端子(见图 3-18 所示),以保证连接可靠。当导线截面积在 10 $mm^2$ 以上时,与设备连接时需要用接线端子(俗称线鼻子),依据导线的材质分为铜接线端子和压铝接线端子两种。

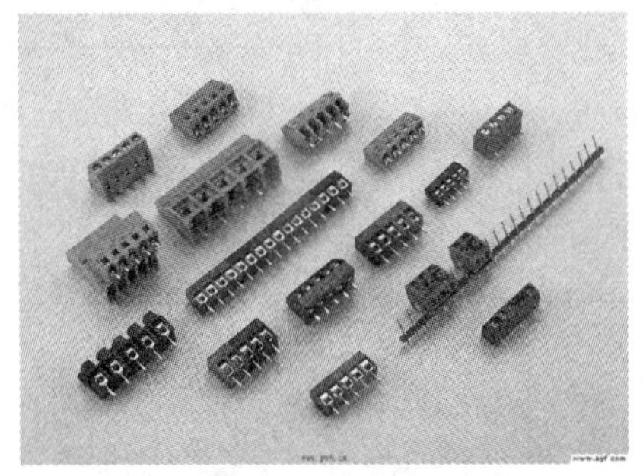

图 3-17　端子板

图 3-18　接线端子

铜线用铜端子,铝线用铝端子。铜芯导线采用焊接或机械压接铜接线端子,铝芯导线采用机械压接铝接线端子。

其工作内容包括削线头、套绝缘套管、焊接头、焊或压线头、包缠绝缘带。

## 四、低压电器

低压电气设备主要包括额定电压低于 1000 V 的开关、控制和保护等电气设备为低压电气设备。常见的种类有闸刀开关、负荷开关、断路器、熔断器等,也包括开关、插座、小电器、端子箱等。

# 任务3　控制设备及低压电气设备等安装工程量计算

## 一、控制设备安装工程量计算

清单工程量计算规则:控制设备及低压电器(包括成套配电箱),以“台”“套”为计算单位,计算数量。

## 二、焊接或压接接线端子工程量计算

### (一)定额计算规则

以“个”为计算单位,工程量按实际焊接、压接数量计算。

焊接或压接接线端子不属于清单项目,不能单独列清单项目。但是在计算“控制设备安装”清单项目的综合单价时,因为该清单项目的工作内容中一般都包括接线端子,组价时应包含接线端子的费用,所以,接线端子的工程量也需要计算。

### (二)焊接或压接接线端子计算方法

在每个配电箱中,与配电箱相连接的导线按不同截面分别计算接线端子数量,一根线一个端子,统计所有配电箱不同截面的进出线根数,就是端子总数。

也就是说,电气照明工程中,只有和配电箱相连接的部位才计算接线端子工程量。接线端子数量的计算必须与所连接的配电箱相匹配,便于后面“配电箱”综合单价分析表的组价计算。

另外,目前的成品配电箱大多采用C45N一类的开关,这种开关是压不上接线端子的,所以在实际计算中,6 $mm^2$ 以下的套用无端子外部接线,10 $mm^2$ 以上的套用焊接接线端子子目即可。

### (三)工程量计算应注意事项

(1) 接线端子定额只适用于导线,不适用于电缆。

一般的,截面<10 $mm^2$(即6 $mm^2$ 及以下的)的电线套用无端子外部接线;≥10 $mm^2$(即10 $mm^2$ 及以上)的大截面线路则需要套用焊接接线端子和压接接线端子子目。接线端子本身价格已包含在定额子目中。

(2) 在电气动力工程中,电机的电源线为导线时,计算电机的检查接线时,也要考虑接线端子的工程量。采用电缆取代导线敷设时,则要计算电缆终端头的制作、安装,接线端子的费用已计入电缆终端头的制作、安装定额中,不再单独列项。

## 三、端子板安装及端子板外部接线工程量计算

端子板安装及端子板外部接线不属于清单项目,不能单独列清单项目。

定额计算规则如下。

(1) 端子板安装:以“组”为计算单位,计算数量。端子板另行计价。端子板安装每10个头为一组。

(2) 端子板外部接线,按设备盘、箱、柜、台的外部接线图计算,以“10个”为计算单位,计算数量。

定额划分为无端子、有端子两个项目,按导线截面积区分为2.5 mm$^2$(以内)和6 mm$^2$(以内)两种规格。

## 四、低压电器安装工程量计算

常见的种类有闸刀开关、负荷开关、断路器、熔断器等,也包括开关、插座、小电器、端子箱等。下面主要介绍开关、插座、小电器安装工程量计算的计算。

### (一) 清单工程量计算规则

开关、插座均以“个”为计量单位,计算数量。

小电器均以“个”、“套”或“台”为计量单位,计算数量。

端子箱以“台”为计量单位,计算台数。

### (二) 工程量计算相关说明

(1) 控制开关包括:自动空气开关、刀型开关、铁壳开关、胶盖刀闸开关、组合控制开关、万能转换开关、风机盘管三速开关、漏电保护开关等。

(2) 小电器包括:按钮、电笛、电铃、水位电器信号装置、测量表计、继电器、电磁锁、屏上辅助设备、辅助电压互感器、小型安全变压器等。

(3) 其他电器安装指:本节未列的电器项目。

(4) 其他电器必须根据电器实际名称确定项目名称,明确描述工作内容、项目特征、计量单位、计算规则。

(5) 盘、箱、柜的外部进出电线预留长度见表3-12。

**表3-12 盘、柜、箱的外部进出线预留长度**　　单位:m/根

| 序号 | 项目 | 预留长度 | 说明 |
| --- | --- | --- | --- |
| 1 | 各种箱、柜、盘、板、盒 | 高+宽 | 盘面尺寸 |
| 2 | 单独安装的铁壳开关、自动开关、刀开关、启动器、箱式电阻器、变阻器 | 0.3 | 从安装对象中心算起 |
| 3 | 继电器、控制开关、信号灯、按钮、熔断器等小电器 | 0.3 | 从安装对象中心算起 |
| 4 | 分支接头 | 0.2 | 分支线预留 |

## 五、工程量计算实例

以项目二中的部分项目工程量计算为例，说明以上各部分工程量的计算方法。计算过程和格式见表 3-13。

**表 3-13 工程量计算书**

| 编号 | 项目 | 单位 | 数量 | 计算式 |
|---|---|---|---|---|
| 一 | 控制设备 | | | |
| 1 | 电度表箱 | 台 | 1 | |
| | 焊铜接线端子 16 $mm^2$ | 个 | 42 | 3 个/回路×14 回路 |
| | 无端子接线 2.5 $mm^2$ | 个 | 3 | 3 个/回路×1 回路 |
| 2 | 户用配电箱 | 台 | 14 | |
| | 焊铜接线端子 16 $mm^2$ | 个 | 42 | 3 个/回路×1 回路/户×14 户 |
| | 无端子接线 4 $mm^2$ | 个 | 210 | 3 个/回路×5 回路/户×14 户 |
| | 无端子接线 2.5 $mm^2$ | 个 | 84 | 3 个/回路×2 回路/户×14 户 |
| 二 | 开关、插座 | 个 | 483 | |
| | 定时开关 | | 7 | |
| | 单联单控暗开关 | | 70 | 5 个/户×2 户/层×7 层 |
| | 双联单控暗开关 | | 28 | 2 个/户×2 户/层×7 层 |
| | 单相二三孔双联安全暗插座 | | 224 | 16 个/户×2 户/层×7 层 |
| | 单相三孔安全暗插座(空调) | | 56 | 4 个/户×2 户/层×7 层 |
| | 单相二三孔密闭暗插座(厨房卫生间) | | 98 | 7 个/户×2 户/层×7 层 |

# 任务 4 控制设备及低压电器安装工程量清单编制

电气照明工程分部分项工程量清单中“控制设备及低压电器安装”部分的项目应进按表 3-11 的规定执行。

## 一、编制工程量清单相关规定

### 1. 项目特征

对控制设备及低压电器安装项目而言，绝大多数项目特征必须描述以下主要内容：(1)设备型号规格；(2)设备基础型钢形式、规格；(3)接线端子材质、规格；(4)端子板外部接线材质、规格;(5)设备安装方式等。

对开关、插座、小电器等低压电器安装项目而言,绝大多数项目特征必须描述以下主要内容:(1)名称;(2)型号;(3)规格;(4)安装方式

**2. 计量单位**

控制设备及低压电器安装项目的计量单位多为"台""套""个"等。

开关、插座等安装项目的计量单位多为"个"等。

**3. 焊接或压接接线端子、端子板**

控制设备及低压电器项目特征中必须描述导线的接线方式。

## 二、编制清单应注意的问题

(1) 成套配电箱根据安装方式的不同分为落地式和悬挂嵌入式两种,需在项目特征描述中加以描述。

(2) 悬挂嵌入式安装的配电箱不需要型钢基础,只有落地式配电箱才需要型钢基础。

(3) 小电器包括:按钮、电笛、电铃、水位电器信号装置、测量表计、继电器、电磁锁、屏上辅助设备、辅助电压互感器、小型安全变压器等。

## 三、控制设备及低压电器安装工程量清单编制实例

以项目二中的配电箱及插座、开关等项目为例,说明控制设备及低压电器安装项目清单的编制方法和格式,见3-14:

**表 3-14 分部分项工程量清单与计价表**

工程名称:住宅楼电气照明工程

| 序号 | 项目编码 | 项目名称 | 项目特征描述 | 计量单位 | 工程量 | 金额/元 | | |
|---|---|---|---|---|---|---|---|---|
| | | | | | | 综合单价 | 合价 | 其中:人工费 |
| 1 | 030404017001 | 配电箱 | 嵌墙式配电箱 JLFX-9900×900×200;焊铜接线端子 16 mm²,42 个;无端子接线 2.5 mm²,3 个 | 台 | 1 | | | |
| 2 | 030404017002 | 配电箱 | 嵌墙式配电箱 XRM101,450×450×105;焊铜接线端子 16 mm²,42 个;无端子接线:2.5 mm²,84 个;4 mm²,210 个 | 台 | 14 | | | |
| 3 | 030404034001 | 照明开关 | 暗装单联单控开关 L1E1K/1 | 个 | 70 | | | |

续表

| 序号 | 项目编码 | 项目名称 | 项目特征描述 | 计量单位 | 工程量 | 金额/元 | | |
|---|---|---|---|---|---|---|---|---|
| | | | | | | 综合单价 | 合价 | 其中：人工费 |
| 4 | 030404034002 | 照明开关 | 暗装双联单控开关 L1E2K/1 | 个 | 28 | | | |
| 5 | 030404034003 | 照明开关 | 暗装定时开关 | 个 | 7 | | | |
| 6 | 030404035001 | 插座 | 暗装单相二、三孔 10 A 安全暗插座 L1E2SK/P（客厅，卧室） | 个 | 224 | | | |
| 7 | 030404035002 | 插座 | 暗装单相三孔 10 A 空调专用插座 L1E1S/16P | 个 | 56 | | | |
| 8 | 030404035003 | 插座 | 暗装单相二、三孔 10 A 防水插座 L1E1SK/P（厨房、卫生间） | 个 | 98 | | | |

# 任务 5 控制设备及低压电器安装工程量清单综合单价的确定

## 一、确定综合单价应注意的问题

按《江苏省建设工程费用定额》(2014 年)营改增后调整内容，定额子目中材料费、机械费单价皆为除税后单价；取费程序中所有费率按调整后新费率执行。

（一）在计算清单项目的综合单价时，组价内容应主要考虑清单项目的工作内容

(1) 对控制设备安装项目而言，绝大多数项目工作内容包含以下主要内容：①本体安装；②基础型钢制作、安装；③焊、压接线端子。

即控制设备安装项目的工程内容除了设备本体安装外，还包括其基础型钢的制作、安装，及与设备相连接的焊(或压)接线端子。所以在计算控制设备安装项目的综合单价时，组价内容除了设备本体安装外，还应包括其基础型钢的制作、安装及焊(或压)接线端子这两项费用。

(2) 对小电器等低压电器安装项目而言，绝大多数项目工作内容包含以下主要内容：①本体安装；②焊、压接线端子；③接线。

即小电器等低压电器的安装项目的工程内容除了本体安装外，还包括与电器相连接的焊

(或压)接线端子及接线。这些费用应计入小电器项目的综合单价中。

(二) 在计算清单项目的综合单价时,应依据项目特征选套合适的定额子目

(1) 控制设备中,成套配电箱根据安装方式的不同分为落地式和悬挂嵌入式两种。

落地式配电箱的基础槽钢或角钢制作,以"kg"为计算单位,执行铁构件制作定额;基础型钢安装,以"m"为计算单位,根据型钢布置形式,其长度计算为 $L=2A+nB$($A$、$B$ 分别为配电箱的长和宽),执行基础型钢安装定额。

(2) 调速开关、节能延时开关、呼叫按钮开关、红外线感应开关套用相应的单联开关定额。

(3) 开关安装,包括拉线开关、扳把开关明装、暗装,一般按钮明装、暗装和密闭开关安装。扳把开关暗装区分单联、双联、三联、四联分别计算。瓷质防水拉线开关与胶木拉线开关安装套用一个项目,开关本身价格应分别计算。

(4) 插座,包括普通插座和防爆插座两类。普通插座分明装和暗装两项,每项又分单相、单相三孔、三相四孔,均以插座的电流 15 A 以下、30 A 以下区分规格套用单价。插座盒安装应执行开关盒安装定额项目。

(5) 电铃安装应区分电铃直径、电铃号码牌箱应区分规格(号),以"套"为计算单位,计算数量。分为两大项目六个子项,一大项目是按电铃直径分为三个子项,另一大项目按电铃箱号牌数分为三个子项。电铃的价格另计。

(6) 风扇安装分为吊扇、壁扇和排气扇,应区分以风扇种类,"台"为计算单位,计算数量。定额已包括吊扇调速开关安装。风扇的价格另计。

## 二、工程量清单综合单价计算实例

以表 3-14 中的一个配电箱的清单项目为例(项目编码 030404017001)(见表 3-15),说明清单项目的综合单价的计算方法。

**表 3-15 表 3-14 中的一个配电箱的清单项目**

| 序号 | 项目编码 | 项目名称 | 项目特征描述 | 计量单位 | 工程量 | 金额/元 | | |
|---|---|---|---|---|---|---|---|---|
| | | | | | | 综合单价 | 合价 | 其中:暂估价 |
| 1 | 030404017001 | 配电箱 | 嵌墙式配电箱 JLFX-9900×900×200;焊铜接线端子 16 $mm^2$,42 个;无端子接线 2.5 $mm^2$,3 个 | 台 | 1 | | | |

该清单项目的综合单价的计算过程如 3-16 所示。

**表 3-16 工程量清单综合单价分析表**

工程名称:住宅楼电气照明工程

| 项目编码 | 030404017001 | 项目名称 | | 配电箱 | | | | 计量单位 | | 台 | | 工程量 | 1 |
|---|---|---|---|---|---|---|---|---|---|---|---|---|---|
| 清单综合单价组成明细 | | | | | | | | | | | | | |
| 定额编号 | 定额名称 | 定额单位 | 数量 | 单价/元 | | | | | 合价/元 | | | | |
| | | | | 人工费 | 材料费 | 机械费 | 管理费 | 利润 | 人工费 | 材料费 | 机械费 | 管理费 | 利润 |
| 4-270 | 悬挂嵌入式配电箱安装,半周长 2.5 m | 台 | 1 | 158.36 | 30.87 | 4.34 | 63.34 | 22.17 | 158.36 | 30.87 | 4.34 | 63.34 | 22.17 |
| 主材 | 嵌墙式配电箱 JLFX-9 900×900×200 | 台 | 1 | | | | | | | | | | |
| 4-418 | 焊铜接线端子导线截面 16 $mm^2$ | 10 个 | 4.2 | 17.02 | 70.81 | | 6.81 | 2.38 | 71.48 | 297.4 | | 28.6 | 10 |
| 4-412 | 无端子外部接线 2.5 $mm^2$ | 10 个 | 0.3 | 12.57 | 14.43 | | 5.03 | 1.77 | 3.77 | 4.33 | | 1.51 | 0.53 |
| 综合人工工日 | | 小计 | | | | | | | 233.61 | 332.6 | 4.34 | 93.45 | 32.7 |
| 3.157 工日 | | 未计价材料费 | | | | | | | 1100 | | | | |
| 清单项目综合单价 | | | | | | | | | 1796.7 | | | | |

| 材料费明细 | 主要材料名称、规格、型号 | 单位 | 数量 | 单价/元 | 合价/元 | 暂估单价/元 | 暂估合价/元 |
|---|---|---|---|---|---|---|---|
| | 嵌墙式配电箱 JLFX-9900×900×200 | 台 | 1 | 1100 | 1100 | | |
| | | | | | | | |
| | | | | | | | |
| | 其他材料费 | | | — | 332.6 | — | |
| | 材料费小计 | | | — | 1432.6 | — | |

表 3-14 中的一个的照明开关清单项目(项目编码 030404034001)(见表 3-17)综合单价的计算过程如表 3-18 所示(该工程类别属于三类)。

**表 3-17 表 3-14 中的一个照明开关清单项目**

| 序号 | 项目编码 | 项目名称 | 项目特征描述 | 计量单位 | 工程量 | 金额/元 | | |
|---|---|---|---|---|---|---|---|---|
| | | | | | | 综合单价 | 合价 | 其中:暂估价 |
| 4 | 030404034001 | 照明开关 | 暗装单联单控开关 L1E1K/1 | 个 | 70 | | | |

表 3-18　工程量清单综合单价分析表

工程名称:住宅楼电气照明工程

| 项目编码 | 030404034001 | 项目名称 | 照明开关 | 计量单位 | 个 | 工程量 | 70 |
|---|---|---|---|---|---|---|---|

<table>
<tr><td colspan="13">清单综合单价组成明细</td></tr>
<tr><td rowspan="2">定额编号</td><td rowspan="2">定额名称</td><td rowspan="2">定额单位</td><td rowspan="2">数量</td><td colspan="5">单价/元</td><td colspan="5">合价/元</td></tr>
<tr><td>人工费</td><td>材料费</td><td>机械费</td><td>管理费</td><td>利润</td><td>人工费</td><td>材料费</td><td>机械费</td><td>管理费</td><td>利润</td></tr>
<tr><td>4-339</td><td>单联扳式暗开关安装(单控)</td><td>10 套</td><td>0.1</td><td>48.1</td><td>4.08</td><td></td><td>19.24</td><td>6.73</td><td>4.81</td><td>0.41</td><td></td><td>1.92</td><td>0.67</td></tr>
<tr><td colspan="2">综合人工工日</td><td colspan="7">小计</td><td>4.81</td><td>0.41</td><td></td><td>1.92</td><td>0.67</td></tr>
<tr><td colspan="2">0.065 工日</td><td colspan="7">未计价材料费</td><td colspan="5">21.42</td></tr>
<tr><td colspan="9">清单项目综合单价</td><td colspan="5">29.24</td></tr>
</table>

<table>
<tr><td rowspan="4">材料费明细</td><td>主要材料名称、规格、型号</td><td>单位</td><td>数量</td><td>单价/元</td><td>合价/元</td><td>暂估单价/元</td><td>暂估合价/元</td></tr>
<tr><td>单联板式暗开关(单控)L1E1K/1</td><td>只</td><td>1.02</td><td>21</td><td>21.42</td><td></td><td></td></tr>
<tr><td colspan="3">其他材料费</td><td>—</td><td>0.41</td><td>—</td><td></td></tr>
<tr><td colspan="3">材料费小计</td><td>—</td><td>21.83</td><td>—</td><td></td></tr>
</table>

上面配电箱清单项目中的配电箱为嵌墙式,下面例子中的配电箱为落地式配电箱。

**例 3-1**　某工程需安装 4 台落地式配电箱,型号为 XL-21,尺寸为 900×900×200,该配电箱为成品,安装时需要制作和安装型钢基础。基础为 10＃基础槽钢,共 10M;另需 2.5 $mm^2$ 无端子外部接线 60 个,焊 16 $mm^2$ 铜接线端子 25 个,压 70 $mm^2$ 铜接线端子 30 个。

编制该配电箱安装的工程量清单,并计算该清单项目的综合单价。

**解**　编制的该配电箱安装的工程量清单见表 3-19(假设材料都为除税价格)。

表 3-19　分部分项工程量清单与计价表

<table>
<tr><td rowspan="2">序号</td><td rowspan="2">项目编码</td><td rowspan="2">项目名称</td><td rowspan="2">项目特征描述</td><td rowspan="2">计量单位</td><td rowspan="2">工程量</td><td colspan="3">金额/元</td></tr>
<tr><td>综合单价</td><td>合价</td><td>其中:暂估价</td></tr>
<tr><td>1</td><td>030404017001</td><td>配电箱</td><td>1. 落地式配电箱 XL-21,900×900×200; 2. 10＃槽钢基础; 3. 焊接铜接线端子 25 个 16 mm²,压接铜接线端子 30 个 70 mm²,60 个无端子接线 2.5 mm²</td><td>台</td><td>4</td><td></td><td></td><td></td></tr>
</table>

该清单项目因为是落地式配电箱,在安装时需要安装型钢基础,其综合单价组价时应包含型钢基础的制作安装,综合单价计算过程见表 3-20(工程类别按三类考虑)。

表 3-20　工程量清单综合单价计算表

工程名称：

| 项目编码 | 030404017001 | 项目名称 | 配电箱 | 计量单位 | 台 | 工程数量 | 4 |
|---|---|---|---|---|---|---|---|

清单综合单价组成明细

| 定额编号 | 定额名称 | 定额单位 | 数量 | 单价/元 | | | | | 合价/元 | | | | |
|---|---|---|---|---|---|---|---|---|---|---|---|---|---|
| | | | | 人工费 | 材料费 | 机械费 | 管理费 | 利润 | 人工费 | 材料费 | 机械费 | 管理费 | 利润 |
| 4-262 | 落地式配电箱安装 XL-21 | 台 | 4 | 305.62 | 48.66 | 57.15 | 119.19 | 42.79 | 1222.48 | 194.64 | 228.60 | 476.76 | 171.16 |
| | 配电箱 | 台 | 4 | | 850.00 | | | | | 3400.00 | | | |
| 4-456 | 10＃基础槽钢制作 | 10 m | 1 | 116.92 | 38.48 | 12.94 | 45.60 | 16.37 | 116.92 | 38.48 | 12.94 | 45.60 | 16.37 |
| | 10＃基础槽钢主材费 | m | 10.5 | | 10.00 | | | | | 105.00 | | | |
| 4-457 | 10＃基础槽钢安装 | 10 m | 1 | 88.06 | 35.44 | 11.96 | 34.34 | 12.33 | 88.06 | 35.44 | 11.96 | 34.34 | 12.33 |
| 4-412 | 无端子外部接线 2.5 $mm^2$ | 10个 | 6 | 12.58 | 16.84 | 0.00 | 4.91 | 1.76 | 75.48 | 101.04 | 0.00 | 29.46 | 10.56 |
| 4-418 | 焊铜接线端子 16 $mm^2$ | 10个 | 2.5 | 17.02 | 82.52 | 0.00 | 6.64 | 2.38 | 42.55 | 206.30 | 0.00 | 16.60 | 5.95 |
| 4-420 | 压铜接线端子 70 $mm^2$ | 10个 | 3 | 28.12 | 179.45 | 0.00 | 10.97 | 3.94 | 84.36 | 538.35 | 0.00 | 32.91 | 11.82 |
| 小计 | | | | | | | | | 1629.85 | 4619.25 | 253.50 | 635.67 | 228.19 |
| 合计 | | | | | | | | | 7366.46 | | | | |

综合单价　1841.62

# 子项目 3.5 电缆安装工程量清单编制与计价

## 任务 1 电缆安装工程量清单设置

“电缆安装”一节的内容包括电力电缆、控制电缆、电缆头、电缆保护管、电缆槽盒、铺砂盖砖等内容。

电缆安装工程量清单项目设置、项目特征描述的内容、计量单位、工程量计算规则，应按2013版《通用安装工程工程量计算规范》附录D中表D.8的规定执行，见表3-21。

**表3-21　电缆安装（编码030408）**

<table>
<tr><th>项目编码</th><th>项目名称</th><th>项目特征</th><th>计量单位</th><th>工程量计算规则</th><th>工作内容</th></tr>
<tr><td>030408001</td><td>电力电缆</td><td rowspan="2">1.名称<br>2.型号<br>3.规格<br>4.材质<br>5.敷设方式、部位<br>6.电压等级<br>7.地形</td><td rowspan="5">m</td><td rowspan="2">按设计图示尺寸以长度计算（含预留长度及附加长度）</td><td rowspan="2">1. 电缆敷设<br>2. 揭(盖)盖板</td></tr>
<tr><td>030408002</td><td>控制电缆</td></tr>
<tr><td>030408003</td><td>电缆保护管</td><td>1.名称<br>2.材质<br>3.规格<br>4.敷设方式</td><td rowspan="3">按设计图示尺寸以长度计算</td><td>保护管敷设</td></tr>
<tr><td>030408004</td><td>电缆槽盒</td><td>1.名称<br>2.材质<br>3.规格<br>4.型号</td><td>槽盒安装</td></tr>
<tr><td>030408005</td><td>铺砂、盖保护板(砖)</td><td>1.种类<br>2.规格</td><td>1.铺砂<br>2.盖板(砖)</td></tr>
<tr><td>030408006</td><td>电力电缆头</td><td>1.名称<br>2.型号<br>3.规格<br>4.材质、类型<br>5.安装部位<br>6.电压等级(KV)</td><td rowspan="2">个</td><td rowspan="3">按设计图示数量计算</td><td rowspan="2">1.电力电缆头制作<br>2.电力电缆头安装<br>3.接地</td></tr>
<tr><td>030408007</td><td>控制电缆头</td><td>1.名称<br>2.型号<br>3.规格<br>4.材质、类型<br>5.安装方式</td></tr>
<tr><td>030408008</td><td>防火堵洞</td><td rowspan="3">1.名称<br>2.材质<br>3.方式<br>4.部位</td><td>处</td><td rowspan="3">安装</td></tr>
<tr><td>030408009</td><td>防火隔板</td><td>$m^2$</td><td>按设计图示尺寸以面积计算</td></tr>
<tr><td>030408010</td><td>防火涂料</td><td>kg</td><td>按设计图示尺寸以质量计算</td></tr>
<tr><td>030408011</td><td>电缆分支箱</td><td>1.名称<br>2.型号<br>3.规格<br>4.基础形式、材质、规格</td><td>台</td><td>按设计图示数量计算</td><td>1.本体安装<br>2.基础制作、安装</td></tr>
</table>

# 任务 2 常见电缆敷设方式

电缆有多种敷设方式，常见电缆敷设有以下几种方式：电缆埋地敷设(简称“直埋”)；电缆沿电缆沟敷设；电缆穿保护管敷设；电缆桥架敷设；电缆沿钢索敷设；电缆沿墙支架敷设。

无论哪种敷设方式，都有电缆保护设施(相当于电缆支持体)，因此电缆敷设工程量计算就涉及到电缆本身的敷设和电缆支持体的安装两部分内容。下面详细介绍几种主要的电缆敷设方式。

## 一、电缆埋地敷设(简称“直埋”)

直埋电缆是按照规范的要求，挖完直埋电缆沟后，在沟底铺砂垫层，并清除沟内杂物，再敷设电缆，电缆敷设完毕后，要马上再填砂，还要在电缆上面盖一层砖或者混凝土板来保护电缆，然后回填的一种电缆敷设方式。电缆直埋示意图见图 3-18。

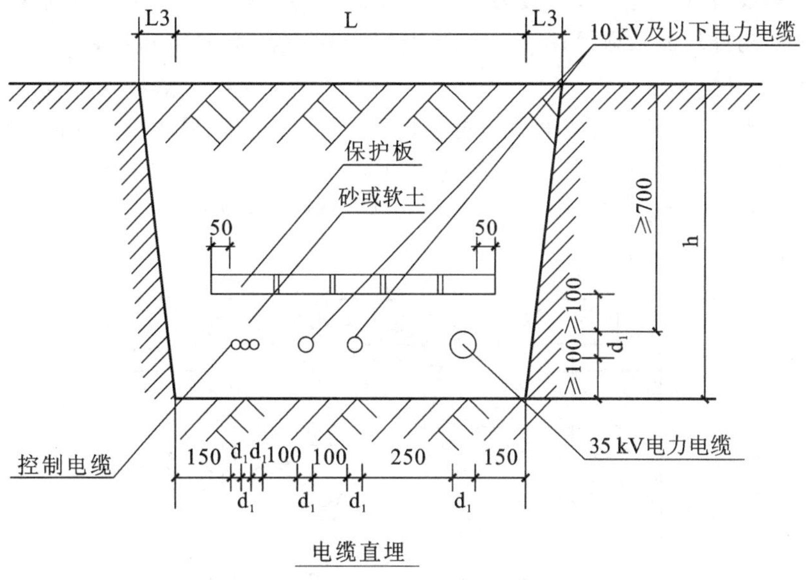


图 3-18 电缆直埋示意图

## 二、电缆沟内沿电缆支架敷设

封闭式不通行、盖板与地面齐平或稍有上下、盖板可开启的电缆构筑物为电缆沟，将电缆敷设在先建设好的电缆沟中的安装方法，称为电缆沟敷设。

电缆沟一般由砖砌成或由混凝土浇筑而成，沟顶部和地面齐平的地方可用钢筋混凝土盖板(或钢板)盖住，电缆可直接放在沟底，或沿沟壁预先埋设支架，将电缆安装在支架上。常见电缆沟种类见图 3-19。

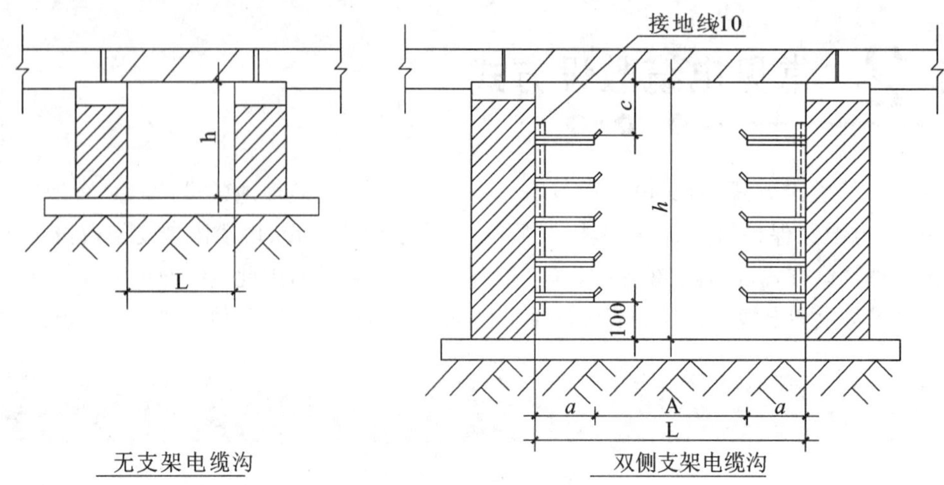


图 3-19　常见电缆沟种类

在电缆沟底设不小于0.3%的排水坡度，并在沟内设置适当数量的积水坑。沟内全长应装设有连续的接地线装置。沟内金属支架、裸铠装电缆的金属护套和铠装层应全部和接地装置连接。沟内的金属构件均需采取镀锌或涂防锈漆的防腐措施。沟内的电缆，应采用裸铠装或阻燃性外护套的电缆。

电缆固定于支架上，各支撑点间距应符合相应的规定。应用尼龙绳或绑带扎牢。

电力电缆和控制电缆应分别安装在沟的两边支架上。否则，应将电力电缆安置在控制电缆之下的支架上。高电压等级的电缆宜敷设在低电压等级电缆的下面。

电缆沟断面示意图见图 3-20。

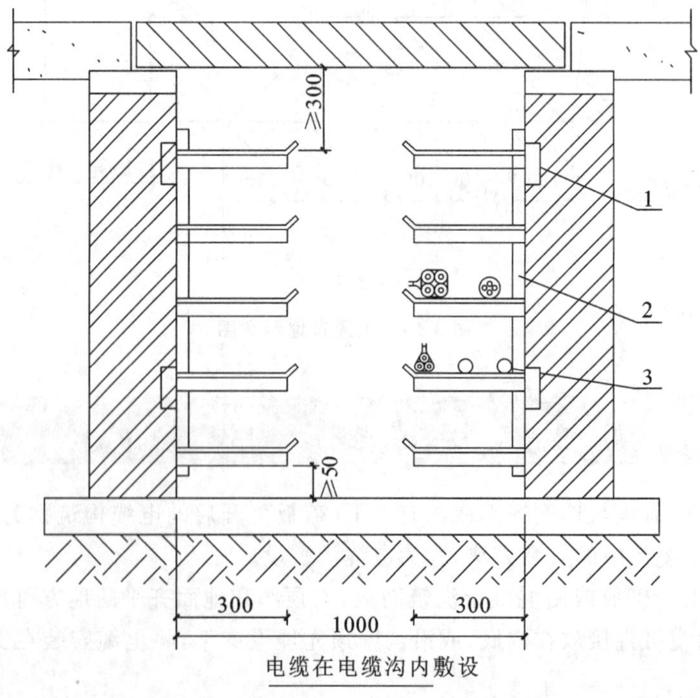


图 3-20　电缆沟断面示意图 1—预埋件；2—角钢支架；3—电缆

## 三、电缆穿保护管敷设

在有些地点，电缆应有一定机械强度的保护，敷设时电缆外面需穿保护管(见图 3-21)，具体如下：

(1) 电缆进入建筑物、隧道、人井、穿过楼板及墙壁处；

(2) 从地下或沟道引至电杆、设备、墙外表面或房屋内行人容易接近处的电缆，距地面高度 2 m 以下的一段；

(3) 电缆通过道路和铁塔；

(4) 电缆与各种管道、沟道交叉处；

(5) 其他可能受到机械损伤的地方。

保护管种类很多，如钢管、塑料管、电线管、混凝土管等。

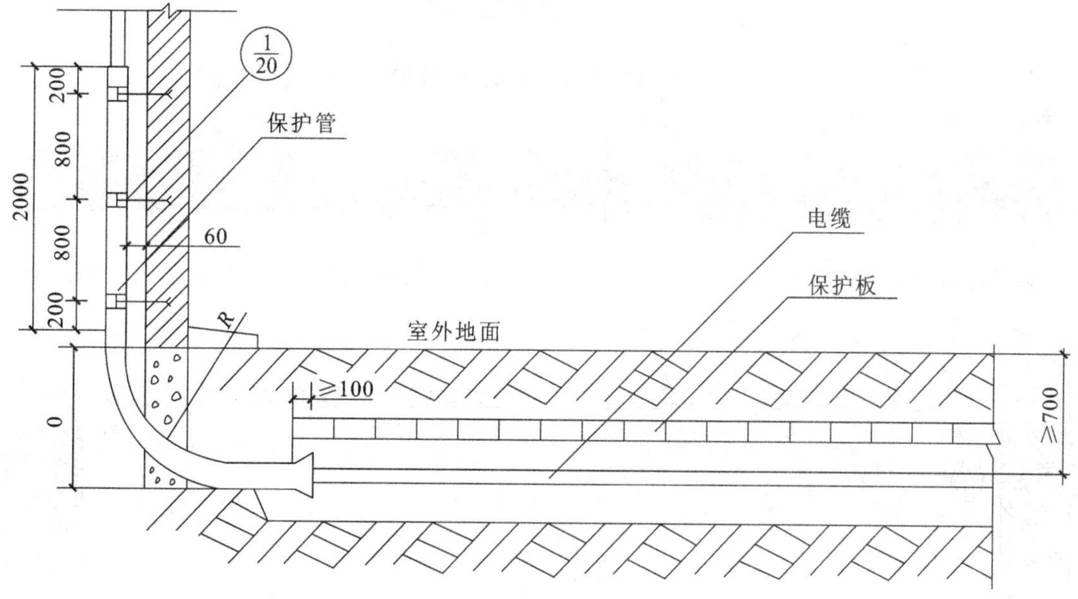


图 3-21　电缆穿保护管敷设进入建筑物内

## 四、电缆桥架敷设

电缆桥架由槽式、托盘式或梯级式的直线段、弯通、三通、四通组件以及托臂(臂式支架)、吊架等构成具有密接支撑电缆的刚性结构系统之全称(见图 3-22)。

电缆沿桥架进行敷设的方式称为电缆桥架敷设(见图 3-22)。

图 3-22　电缆桥架

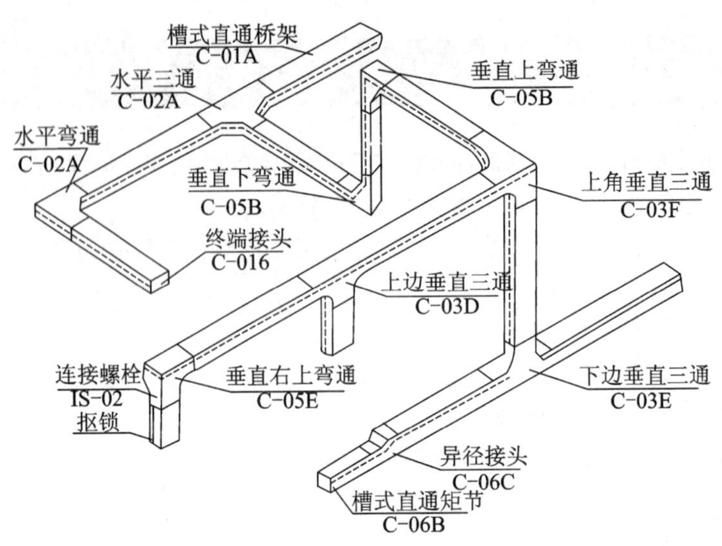


图 3-23　电缆桥架敷设示意图

# 五、电缆沿钢索架设

在没有可以附着的物体时，线路可以采用钢悬索的形式来布置，即钢索架设（见图 3-24 和 3-25）。

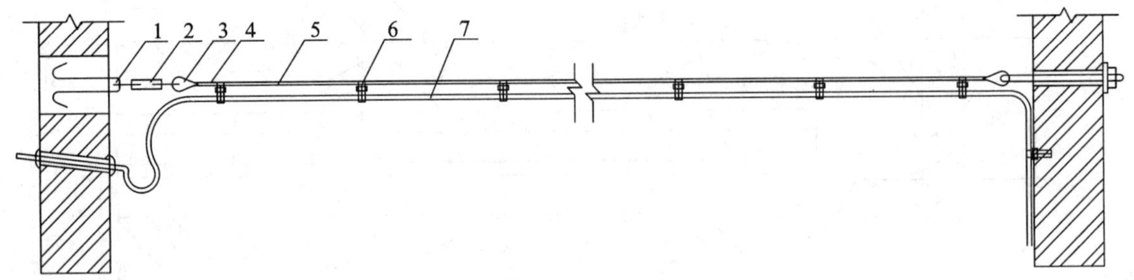


图 3-24　电缆沿钢索架设示意图

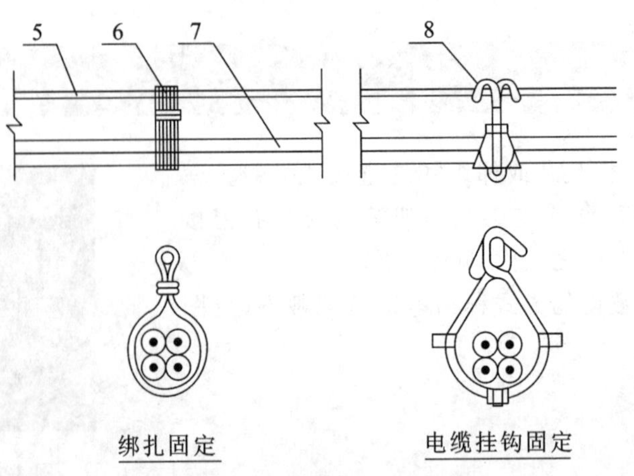


图 3-25　钢索架设用挂钩

## 六、电缆沿墙支架敷设

预先将角钢支架安装在墙上，然后将电缆直接架设在支架上的敷设方式(见图 3-26)。

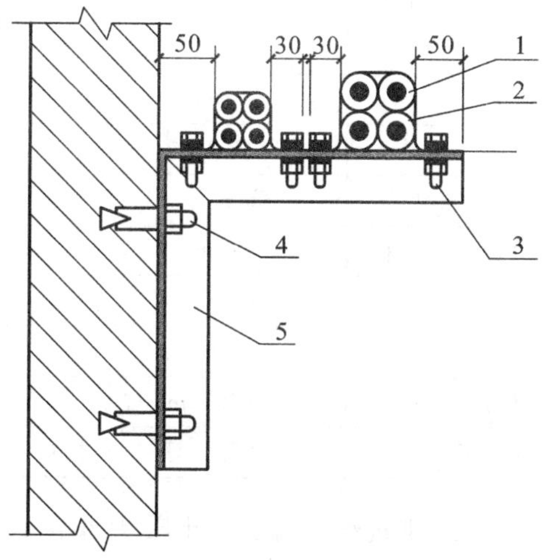


**图 3-26　电缆沿墙支架敷设示意图**

1—电缆卡子；2—电缆；3—螺栓；4—预埋螺栓；5—角钢支架

# 任务 3　电缆安装清单工程量计算

下面介绍电缆敷设工程量计算及几种常用电缆支持体的安装工程量计算。

## 一、电缆敷设

**1. 清单工程量计算规则**

电缆敷设以“米”为计量单位，按设计图示尺寸以长度计算(含预留长度及附加长度)。

电缆敷设系综合定额，已将裸包电缆、铠装电缆、屏蔽电缆等各种电缆考虑在内。因此，凡 10 kV 以下电力电缆和控制电缆，均不分结构和型号，无论采用什么方式敷设，一律按电缆线芯材料、单芯截面分类，即以铝芯和铜芯分类，按电缆线芯截面积分档。

电缆敷设包括水平、垂直敷设长度，及按规定增加的附加长度。

电缆敷设定额未考虑因波形敷设增加长度、弛度增加长度、电缆绕梁(柱)增加长度以及电缆与设备连接、电缆接头等必要的预留长度，该增加长度应计入工程量之内，并按表 3-22 规定增加附加长度。

表 3-22　电缆敷设各部分预留长度

| 序号 | 预留长度名称 | 预留长度(附加) | 说明 |
|---|---|---|---|
| 1 | 电缆敷设驰度、波形弯叉、交叉等 | 2.5% | 按电缆全长计算 |
| 2 | 电缆进入建筑物 | 2.0 m | 规范规定的最小值 |
| 3 | 电缆进入沟内或吊架时引上(下)预留 | 1.5 m | 规范规定的最小值 |
| 4 | 变电所进线、出线 | 1.5 m | 规范规定的最小值 |
| 5 | 电力电缆终端头 | 1.5 m | 规范规定的最小值 |
| 6 | 电缆中间接头盒 | 两端各 2.0 m | 检修余量最小值 |
| 7 | 电缆进控制盒、保护屏及模拟盘等 | 高＋宽 | 检修余量最小值 |
| 8 | 高压开关柜及低压动力配电盘、箱 | 2.0 m | 盘下进出线 |
| 9 | 电缆至电动机 | 0.5 m | 从电动机接线盒起算 |
| 10 | 厂用变压器 | 3.0m | 从地坪算起 |
| 11 | 电梯电缆及电缆架固定点 | 每处 0.5m | 规范规定的最小值 |
| 12 | 电缆绕过梁、柱等增加长度 | 按实际计算 | 按被绕过物的断面情况计算增加长度 |

如果设计图纸中给出预留长度，则按给出的长度计算，如果没有给出，则按表 3-22 计算。

**2. 计算方法**

单根电缆长度计算公式如下：

单根电缆长度＝(水平长度＋垂直长度＋各部预留长度)×(1＋2.5%)

下面以图 3-27 为例，说明电缆敷设工程量计算方法。图中的电缆出变电所，进入建筑物。图中的电缆长度计算过程如下：

水平长度为：$L_0$(一般在平面图中用比例尺量取)；

垂直长度为：$H_0$；

各部分预留：$H_1$、$H_2$为电缆终端头预留长度；

$L_1$为电缆出变电所预留长度；

$SL_2$ 为电缆进入建筑物预留长度；

所以，单根电缆长度 $L$＝(水平长度＋垂直长度＋预留长度)×(1＋2.5%)

＝($L0$＋$H0$＋$H1$＋$H2$＋$L1$＋$L2$)×(1＋2.5%)

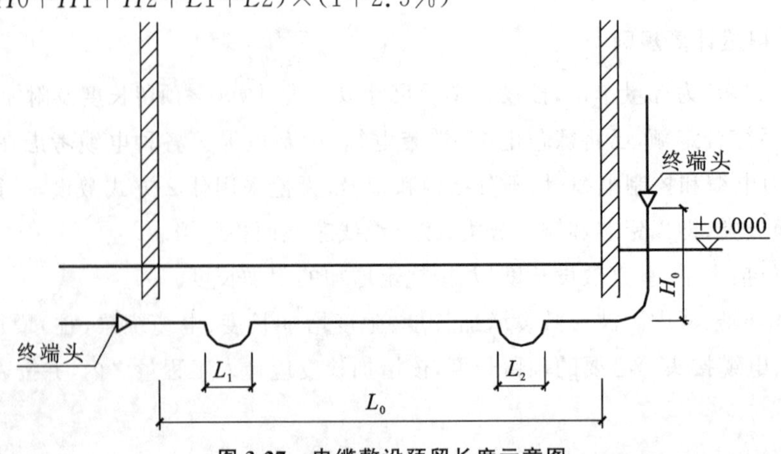


图 3-27　电缆敷设预留长度示意图

## 二、几种常用电缆支持体

几种电缆支持体工程量计算规则分别介绍如下。

### (一) 电缆埋地敷设

#### 1. 直埋电缆沟挖、填土(石)方工程量计算

清单工程量计算规则:依据建筑与装饰清单计价规范中的有关规定。

以“$m^3$”为计算单位,计算土(石)方工程量。

电缆沟设计有要求时,应按设计图计算土(石)方量;电缆沟设计无要求时,可按下表计算土(石)方量,但应区分不同的土质。

表 3-23 直埋电缆沟挖、填土(石)方工程量

| 项目 | 电缆根数 | |
|---|---|---|
| | 1—2 | 每增加一根 |
| 每米沟长挖方量(立方米) | 0.45 | 0.153 |

注:(1) 两根以内的电缆沟,是按上口宽度 600 mm、下口宽度 400 mm、深度 900 mm 计算的常规土方量(深度按规范的最低标准),即 $v=(0.6+0.4)\times0.9\times0.5=0.45\ m^3/m$;

(2) 每增加一根电缆,其宽度增加 170 mm,即每米沟长增加 0.153 $m^3$;

(3) 表中土(石)方量按埋深从自然地坪起算,如设计埋深超过 900 mm,多挖的土(石)方量应另行计算。

#### 2. 电缆沟铺砂、盖砖及移动盖板工程量计算

清单工程量计算规则:计量单位为“米”,工程量按图 3-28 所示“延长米”计算。

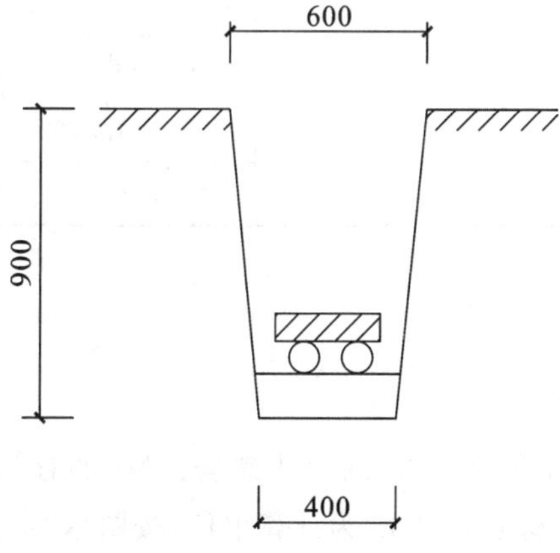


图 3-28 电缆沟铺砂、盖砖

其工程量与沟的长度相同,分为敷设 1～2 根电缆和每增 1 根电缆两项定额子目。

**例 3-2** 某车间厂房电源为三相四线 380/220 V,引自室外变电所,采用 VV22-3×25+1

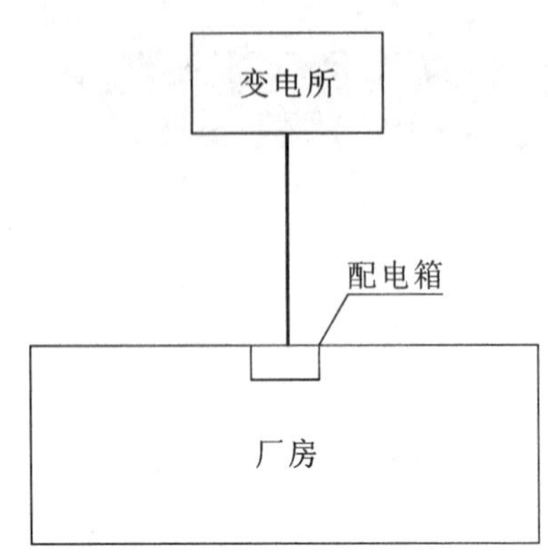


**图 3-29　电缆敷设平面布置图**

×16 电缆直埋引入厂房建筑物，该厂房外墙至变电所水平长度为 25 m。该电缆进入车间后穿 DN50 钢管保护管沿墙暗敷至落地式动力配电箱。(假设变该电缆在电所内的总长度为 3 m)。电缆敷设平面布置图见图 3-29。

动力配电箱尺寸为 1200 mm×1800 mm ×400 mm (宽×高×厚)，落地式安装，基础为 20 号槽钢，基础高度为 300 mm。建筑物外墙厚 240 mm，室内外高差 350 mm。计算此段室外电缆支持体相关工程量。

**解**　因为此段电缆是采用直接埋地的敷设方式，因此相关工程量有以下几项：直埋电缆沟挖、填土方；电缆沟铺砂、盖砖；电缆终端头制作；电缆敷设。

详细计算过程见表 3-24。

**表 3-24　工程量计算书**

| 序号 | 工程名称 | 单位 | 数量 | 计算公式 |
|---|---|---|---|---|
| 1、 | 直埋电缆沟挖、填土方 | $m^3$ | 11.25 | 25(电缆直埋沟长)×0.45(每米沟长土石方) |
| 2、 | 电缆沟铺砂、盖砖 | 米 | 25.00 | 25(电缆直埋沟长) |
| 3 | 电缆终端头制作(25 $mm^2$ 终端头) | 个 | 2 | |
| 4、 | 电缆敷设 | m | 37.40 | |
| | 变电所以内总长： | | | 3 |
| | 水平长度 $L_0$： | | | 25＋0.24(外墙)＋0.4/2(箱厚一半)＝25.44 |
| | 垂直长度 $H_0$： | | | 0.9(沟深)＋0.35(室内外高差) |
| | | | | ＋0.3(槽钢基础)＝1.55 |
| | 预留长度： | | | 1.5(出变电所)＋2.0(进入车间)＋2.0(进入配电箱) |
| | | | | ＋1.5×2(电力电缆终端头 2 个)＝8.5 |
| | 总长： | | | (3＋25.44＋1.55＋8.5)×1.025＝39.45 |

## (二) 电缆保护管

### 1. 电缆保护管工程量计算

清单工程量计算规则：依据附录 D 中 D.8“电缆安装”中的有关规定。

电缆保护管可根据不同的材质，以“m”为计算单位，按图示“延长米”计算长度。

### 2. 注意事项

(1) 电缆保护管长度，除按设计规定长度计算外，遇有下列情况，应按规定增加保护管长度。

横穿道路时，按路基宽度两端各增加 2 m。

垂直敷设时，管口距地面增加 2 m。

穿过建筑物外墙时，按外墙外缘以外增加 1.5 m。

穿过排水沟时，按沟壁外缘以外增加 1 m。

(2) 保护管管径大小

设计未加说明，可按电缆外径的 1.5 倍考虑，管端需要封闭时，其工料应另行计算。

### (三) 电缆桥架工程量

**1. 电缆桥架安装工程量计算**

清单工程量计算规则：按桥架设计图示中心线长度以“m”为计算单位，计算长度。

**2. 桥架支撑及电缆支架、吊架安装工程量计算**

清单工程量计算规则：依据附录 D 中 D.13“附属工程”中的有关规定。

桥架支撑以“kg”为计量单位，计算桥架支撑质量。

当电缆在地沟内或沿墙支架敷设时，其支架、吊架、托架的制作安装以“kg”为计量单位，计算支架质量。

### (四) 电缆头工程量

清单工程量计算规则：依据附录 D 中 D.8“电缆安装”中的有关规定。

电缆终端头及中间接头的制作安装，均按设计图示数量以“个”为计算单位分别计算个数。

无论采用哪种材质的电缆和哪种敷设方式，电缆敷设后，其两端要剥出一定长度的线芯，以便分相与设备接线端子连接。每根电缆均有始末两端，所以，1 根电缆有 2 个电缆终端头。另外，当电缆长度不够时，需要将两根电缆连接起来，这个连接的地方，就是电缆中间接头。

电力电缆和控制电缆均按一根电缆有两个终端头考虑。中间电缆头设计有图示的，按设计确定，设计没有规定的，按实际情况计算(或按平均 250 m 一个中间头考虑)。

## 三、工程量计算应注意问题

(1) 对于电缆：按一根电缆两个头计算。截面大小按单芯截面计。如 VV22-3×25+1×16，截面大小按 25 $mm^2$ 来确定。

(2) 16 $mm^2$ 以下截面电缆头执行压接线端子或端子板外部接线。

(3) 如果电气动力工程线路敷设中使用的是电线，则当导线截面≥10 $mm^2$ 时，与设备连接时需要接线端子。一般的，与设备连接时：

10 $mm^2$ 以下的电线采用无端子外部接线，10 $mm^2$ 及以上大截面线路则需要采用焊接接线端子和压接接线端子。接线端子本身价格已包含在定额子目中。

如：BV-3×10+1×6：

焊接接线端子个数，10 $mm^2$：3×2=6 个；

无端子外部接线，6 $mm^2$：1×2=2 个。

一根电线按 2 个端子计算，一端连接设备，一端连接配电箱。

## 四、清单工程量计算实例

以项目二中的电缆及保护管部分工程量计算为例，项目二中的入户进线电缆采用的是保护管埋地敷设，穿外墙由室外进入室内。此处入户电缆线工程量计算应在计算室外线网时统一考虑，此处暂不考虑。这里只计算保护管的工程量，保护管的室外长度暂按 1 m 考虑。保护管在室外的埋深为 0.7 m，进入室内后按一定的坡度铺设，至配电箱下方时，埋深变为 0.3 m。计算过程见表 3-25。

**表 3-25　工程量计算书**

| 编号 | 项目 | 单位 | 数量 | 计算式 |
|---|---|---|---|---|
| | 电缆及电缆保护管 | | | |
| 1 | 电缆保护管 SG80 | m | 8.75 | |
| | 水平 | | 7.05 | $(6^2+0.75^2)^{1/2}+1.0$(室外) |
| | | | | 6:配电箱至外墙，0.75:室内外埋深差 |
| | 垂直 | | 1.70 | 0.3(室内埋深)+1.4(AW 距离地面高度) |
| | | | | |
| 2 | 电缆 | m | | 此处入户电缆线暂不考虑， |
| | | | | 在计算室外线网时统一考虑。 |
| | | | | |

# 任务 4　电缆安装工程量清单编制

电气工程分部分项工程量清单中“电缆安装”部分的项目应进按表 D.8 的规定执行。

## 一、编制工程量清单相关规定

### 1. 项目特征

电力电缆、控制电缆、电缆头制作安装项目，项目特征应描述以下内容。

(1) 电缆名称、型号、规格、材质、电压等级。

(2) 电缆敷设方式、部位、地形等。电缆敷设应描述敷设地形类型，如厂区内、平原地区、山地、丘陵等。

电缆保护管、电缆槽盒安装项目，项目特征应描述以下内容：

(1) 名称、型号、规格。

(2) 电缆槽盒还应描述槽盒的敷设方式。

铺砂、盖保护板(砖)项目，项目特征应描述盖保护板(砖)的种类和规格。

**2. 计量单位**

电力电缆、控制电缆、电缆保护管、电缆槽盒、铺砂、盖保护板(砖)清单项目的计量单位都为“m”。电力电缆头、控制电缆头制作安装清单项目的计量单位都为“个”。

**3. 工作内容**

电力电缆、控制电缆安装项目的工作内容主要是电缆敷设。

对于采用电缆沟敷设方式的电缆而言，除了电缆本身的敷设之外，还包括电缆沟的“揭(盖)盖板”工作。

铺砂、盖保护板(砖)项目，是电缆直接埋地敷设时需设置的清单项目，工作内容主要是铺砂、盖板(砖)。

## 二、编制清单应注意的问题

(1) 电缆穿刺线夹按电缆头编码列项。

(2) 电缆井、电缆排管、顶管应按现行国家标准《市政工程工程量计算规范》相关项目编码列项。

(3) 对于采用电缆沟敷设方式的电缆而言，与建造电缆沟相关的挖土、填土、砖(或混凝土)砌体、抹灰等工程内容，应按现行国家标准《房屋建筑与装饰工程工程量计算规范》相关项目编码列项。而电缆沟中型钢支架的制作安装应按表D.13“附属工程”中“铁构件”项目单独列项目。

(4) 计算电缆敷设工程量时应考虑电缆预留长度及附加长度。预留长度及附加长度见表3-26。

**表3-26　预留长度及附加长度**

| 序号 | 项目 | 预留(附加)长度 | 说明 |
|---|---|---|---|
| 1 | 电缆敷设弛度、波形弯度、交叉 | 2.5% | 按电缆全长计算 |
| 2 | 电缆进入建筑物 | 2.0 m | 规范规定最小值 |
| 3 | 电缆进入沟内或吊架时引上(下)预留 | 1.5 | 规范规定最小值 |
| 4 | 变电所进线、出线 | 1.5 m | 规范规定最小值 |
| 5 | 电力电缆终端头 | 1.5 m | 规范规定最小值 |
| 6 | 电缆中间接头 | 两端各留2.0 m | 规范规定最小值 |
| 7 | 电缆进控制、保护屏及模拟盘、配电箱等 | 高+宽 | 按盘面尺寸 |
| 8 | 高压开关柜及低压配电盘、箱 | 2.0 | 盘下进出线 |
| 9 | 电缆至电动机 | 0.5 | 从电动机接线盒算起 |
| 10 | 厂用变压器 | 3.0 | 从地坪算起 |
| 11 | 电缆绕过梁柱等增加长度 | 按实计算 | 按被绕物的断面情况计算地加长度 |
| 12 | 电梯电缆与电缆架固定点 | 每处0.5 m | 规范规定最小值 |

## 三、电缆安装工程量清单编制实例

**例 3-3** 以项目二中的电缆安装项目为例，说明电缆安装项目清单的编制方法和格。项目二电缆敷设方式为穿电缆保护管敷设，根据规范附录 D. 8，应编制 3 种清单项目：电力电缆、电缆保护管、电力电缆头。因为此项目中不考虑入户电缆的工程量，所以只列电缆保护管一种项目。具体内容见表 3-27。

**表 3-27 分部分项工程量清单与计价表**

| 序号 | 项目编码 | 项目名称 | 项目特征描述 | 计量单位 | 工程量 | 金额/元 | | |
|---|---|---|---|---|---|---|---|---|
| | | | | | | 综合单价 | 合价 | 其中：暂估价 |
| 1 | 030408003001 | 电缆保护管 | 电缆保护管，钢管 SC80 埋深 0.7 m | m | 8.75 | | | |
| 2 | 030408003002 | 电缆保护管 | 接地母线保护管，钢管 SC70 埋深 0.7 m | m | 7.75 | | | |

**例 3-4** 以例题 3-2 中电缆敷设为例，编制清单。

**解** 因为此段电缆是采用直接埋地的敷设方式，根据规范附录 D. 8，应编制以下几个清单项目：

(1) 电缆沟挖、填土方（执行房屋建筑与装饰工程计量规范的规定）；

(2) 电缆沟铺砂、盖砖；

(3) 电缆终端头制作；

(4) 电缆敷设。

具体如表 3-28 所示。

**表 3-28 分部分项工程量清单与计价表**

| 序号 | 项目编码 | 项目名称 | 项目特征描述 | 计量单位 | 工程量 | 金额/元 | | |
|---|---|---|---|---|---|---|---|---|
| | | | | | | 综合单价 | 合价 | 其中：暂估价 |
| 1 | 010102002001 | 挖沟槽土方 | 三类土，沟深 0.9 m | $m^3$ | 11.25 | | | |
| 2 | 030408005001 | 铺砂、盖砖 | 铺砂、盖砖 | m | 25 | | | |
| 3 | 030408006001 | 电力电缆头 | 电缆终端头 VV22-3×25＋1×16，380/220 V，与配电箱连接 | 个 | 2 | | | |
| 4 | 030408001001 | 电力电缆 | VV22-3×25＋1×16，380/220 V，室外直接埋地敷设 | m | 37.40 | | | |

# 任务 5 电缆安装工程量清单综合单价的确定

确定综合单价应注意的问题，具体如下。

**1. 电缆敷设定额套用**

(1) 电力电缆敷设定额按三芯(包括三芯连地)考虑的，线芯多会增加工作难度，故五芯电力电缆敷设按同截面电缆定额乘以系数1.3；六芯电力电缆敷设按四芯截面电缆定额乘以系数1.6；每增加一芯定额增加30，依此类推。

截面400～800 $mm^2$ 的单芯电力电缆敷设按400 $mm^2$ 电力电缆项目执；

截面800～1000 $m^2$ 的单芯电力电缆敷设按400 $mm^2$ 电力电缆(四芯)定额乘以系数1.25。

(2) 电缆敷设定额适用于10 kV以下的电力电缆和控制电缆敷设。定额系按平原地区和厂内电缆工程的施工条件编制的，未考虑在积水区、水底、井下等特殊条件下的电缆敷设。厂外电缆敷设工程按本册第十章有关定额另计工地运输。

(3) 电缆在一般山地、丘陵地区敷设时，其定额人工乘以系数1.3。该地段所需的施工材料如固定桩、夹具等按实际情况另计。

**2. 电缆敷设定额及其相配套的定额**

电缆敷设定额及其相配套的定额中均未包括主材(又称装置性材料)，另按设计和工程量计算规则加上定额规定的损耗率计算主材费用。即计算电缆主材时，定额内无定额含量时，应查损耗系数表，计算确定。

**3. 电缆头制作安装**

(1) 电缆终端头及中间接头分制作安装分别套用定额，按制作方法(挠注式、干包式)、电压等级及电缆单芯截面规格的不同划分定额子目。

(2) 电力电缆头定额均按铝芯电缆考虑，铜芯电力电缆头按同截面电缆头定额乘以系数1.2。双屏蔽电缆头制作、安装，按同截面电缆头定额人工乘以系数1.05。

(3) 电缆头制作安装的定额中已包括了焊接(压接)接线端子的工作内容，不应重复计算。

(4) 240 $mm^2$以上的电缆头的接线端子为异形端子，需要单独加工，应按实际加工价格计算。单芯电缆头制安按同电压同截面电缆头制安定额乘以系数0.5，五芯以上电缆头制安按每增加1芯，定额增加系数0.25。

**4. 电缆保护管**

电缆保护管区分不同的材质套用定额，当电缆保护管为DN100以下的钢管时，执行配管配线有关项目。

## 一、工程量清单综合单价计算实例

**例 3-5** 以表3-27中的清单项目为例，说明电缆保护管清单项目的综合单价的计算方法。具体计算见表3-29。

计算过程中应注意以下几点。

（1）本工程中电缆保护管为钢管 SC80，直径＜DN100，埋地敷设，然后沿砖墙暗配，所以在组价套用定额时，应执行配管配线有关项目。但是编制清单项目时，仍然按规范附录 D 中表 D.8 的规定执行。项目名称为“电缆保护管”。

（2）电线管工程量为：8.75 m。

电线管主材计算长度：　　8.75 m×(1+3%)＝9.013 m

式中，3%为主材损耗系数。

**例 3-6**　以表 3-28 中的电缆及电缆头清单项目为例，说明电缆及电缆头清单项目的综合单价的计算方法。具体计算见表 3-30 和表 3-31(假设材料都为除税价格)。

（1）此工程中电力电缆为铜芯的，定额中电力电缆头制作安装均按铝芯电缆考虑，铜芯电力电缆头按同截面电缆头定额乘以系数 1.2，进行定额调整。

（2）计算表中，电线管工程量为：37.40 m

电缆主材计算长度：　　37.40 ×(1+1%)＝37.77 m

**表 3-29　工程量清单综合单价分析表**

工程名称：住宅楼电气照明工程

| 项目编码 | 030408003001 | 项目名称 | | 电缆保护管 | | | | 计量单位 | | m | | 工程数量 | 8.75 |
|---|---|---|---|---|---|---|---|---|---|---|---|---|---|
| 清单综合单价组成明细 | | | | | | | | | | | | | |
| 定额编号 | 定额名称 | 定额单位 | 数量 | 单价/元 | | | | | 合价/元 | | | | |
| | | | | 人工费 | 材料费 | 机械费 | 管理费 | 利润 | 人工费 | 材料费 | 机械费 | 管理费 | 利润 |
| 4-1147 | 钢管暗配 SC80 | 100 m | 0.088 | 2288.08 | 402.50 | 53.91 | 892.35 | 320.33 | 200.21 | 35.22 | 4.72 | 78.08 | 28.03 |
| 主材 | 钢管 SC80 | m | 9.013 | | 42.30 | | | | | 381.23 | | | |
| 小计 | | | | | | | | | 200.21 | 416.45 | 4.72 | 78.08 | 28.03 |
| 合计 | | | | | | | | | 727.49 | | | | |

综合单价＝759.92/8.75＝86.85

**表 3-30　工程量清单综合单价分析表**

| 项目编码 | 030408001001 | 项目名称 | | 电力电缆 | | | | 计量单位 | | m | | 工程数量 | 37.40 |
|---|---|---|---|---|---|---|---|---|---|---|---|---|---|
| 清单综合单价组成明细 | | | | | | | | | | | | | |
| 定额编号 | 定额名称 | 定额单位 | 数量 | 单价/元 | | | | | 合价/元 | | | | |
| | | | | 人工费 | 材料费 | 机械费 | 管理费 | 利润 | 人工费 | 材料费 | 机械费 | 管理费 | 利润 |
| 4-727 | 电力电缆敷设 VV22-3×25＋1×16，380/220 V， | 100 m | 0.374 | 398.12 | 187.76 | 8.13 | 155.27 | 55.74 | 148.90 | 70.22 | 3.04 | 58.07 | 20.85 |
| 主材 | 电力电缆 VV22-3×25＋1×16 | m | 37.77 | | 78.92 | | | | | 2981.12 | | | |
| 小计 | | | | | | | | | 148.90 | 3051.34 | 3.04 | 58.07 | 20.85 |
| 合计 | | | | | | | | | 3282.20 | | | | |

综合单价：　87.76

表 3-31　工程量清单综合单价分析表

| 项目编码 | 030408006001 | 项目名称 | 电力电缆头 | | | 计量单位 | 个 | 工程数量 | 2.00 |
|---|---|---|---|---|---|---|---|---|---|
| 清单综合单价组成明细 | | | | | | | | | | | | | |

| 定额编号 | 定额名称 | 定额单位 | 数量 | 单价/元 | | | | | 合价/元 | | | | |
|---|---|---|---|---|---|---|---|---|---|---|---|---|---|
| | | | | 人工费 | 材料费 | 机械费 | 管理费 | 利润 | 人工费 | 材料费 | 机械费 | 管理费 | 利润 |
| 1.2×4-828 | 电力电缆头制作安装 | 个 | 2.00 | 37.30 | 88.87 | | 14.54 | 6.09 | 74.59 | 177.74 | 0.00 | 29.09 | 12.18 |
| 小计 | | | | | | | | | 74.59 | 177.74 | 0.00 | 29.09 | 12.18 |
| 合计 | | | | | | | | | 293.60 | | | | |

综合单价　　146.80

# 子项目 3.6 配管、配线工程量清单编制与计价

## 任务 1　配管、配线工程量清单设置

“配管、配线”一节的内容包括配管、配线、线槽、桥架、接线盒、接线箱等内容。

工程量清单项目设置、项目特征描述的内容、计量单位、工程量计算规则，应按规范附录 D 中表 D.11 的规定执行，见表 3-32。

表 3-32　配管、配线（编码 030411）

| 项目编码 | 项目名称 | 项目特征 | 计量单位 | 工程量计算规则 | 工作内容 |
|---|---|---|---|---|---|
| 030411001 | 配管 | 1. 名称<br>2. 材质<br>3. 规格<br>4. 配置形式<br>5. 接地要求<br>6. 钢索材质、规格 | m | 按设计图示尺寸以长度计算 | 1. 电线管路敷设<br>2. 钢索架设（拉紧装置安装）<br>3. 预留沟槽<br>4. 接地 |
| 030411002 | 线槽 | 1. 名称<br>2. 材质<br>3. 规格 | | | 1. 本体安装<br>2. 补刷（喷）油漆 |
| 030411003 | 桥架 | 1. 名称<br>2. 型号<br>3. 规格<br>4. 材质<br>5. 类型<br>6. 接地方式 | | | 1. 本体安装<br>2. 接地 |

续表

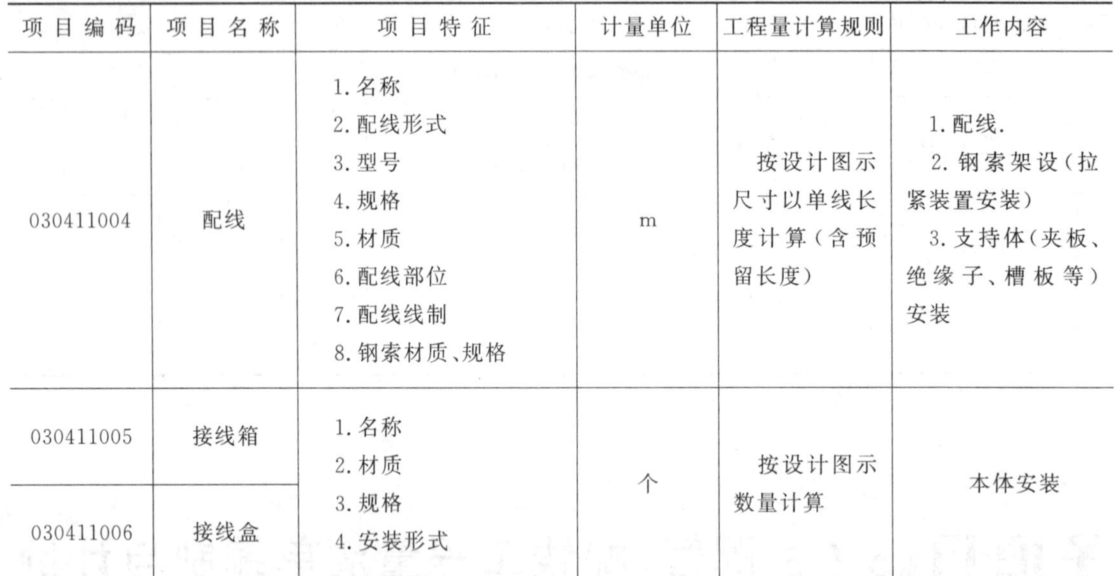

| 项目编码 | 项目名称 | 项目特征 | 计量单位 | 工程量计算规则 | 工作内容 |
|---|---|---|---|---|---|
| 030411004 | 配线 | 1. 名称<br>2. 配线形式<br>3. 型号<br>4. 规格<br>5. 材质<br>6. 配线部位<br>7. 配线线制<br>8. 钢索材质、规格 | m | 按设计图示尺寸以单线长度计算(含预留长度) | 1. 配线.<br>2. 钢索架设(拉紧装置安装)<br>3. 支持体(夹板、绝缘子、槽板等)安装 |
| 030411005 | 接线箱 | 1. 名称<br>2. 材质<br>3. 规格<br>4. 安装形式 | 个 | 按设计图示数量计算 | 本体安装 |
| 030411006 | 接线盒 | | | | |

# 任务 2 配管、配线相关知识

## 一、配管安装简介

配管按敷设方式分为沿砖、混凝土结构明配管，沿砖、混凝土结构暗配管，钢结构支架配管，钢索配管。

按管材可分为电线管、钢管、防爆钢管、硬质塑料管、金属软管。

**1. 沿砖、混凝土结构明配管**

一般用于民用和工业建筑物内架设照明导线从电源引至照明配电箱，或从配电箱到照明灯具、开关或插座。明配管的工程量计算应区分不同材质，以管径大小分规格以“m”为计算单位。用于明配管的管材常用的有电线管、钢管、硬质塑料管。

**2. 沿砖、混凝土结构暗配管**

暗配管是将保护管同土建一起预先敷设在墙壁、楼板或天棚内。暗配管的工程量计算应区分不同材质，以管径大小分规格以“m”为计算单位。用于暗配管的管材常用的有电线管、钢管、硬质塑料管。

**3. 钢结构支架配管**

将管子固定在支架上，称为钢结构支架配管，其管材常用的有电线管、钢管、硬质塑料管。

**4. 钢索配管**

先将钢索架设好，然后将管子固定在钢索上，称为钢索配管，其管材常用的有电线管、钢管、塑料管。

**5. 金属软管**

一般敷设在较小型电动机的接线盒与钢管管口的连接处，用来保护导线和电缆不受机械损伤，工程量计算应以管径大小分规格以“m”为计算单位。

## 二、配线安装简介

常用的配线的方式主要有管内穿线、线夹配线、槽板配线、塑料护套线敷设、绝缘子配线、槽板配线等几种。

无论管线是明配还是暗配，保护管敷设好后，要进行管内穿线，穿线必须遵循一些布置原则。熟悉穿线布置原则，正确理解施工图中穿线根数的变化，是准确进行穿线工程量计算的前提条件。

(1) 相线(火线)——从配电箱先接到同一回路的各开关，根据控制要求再从开关接到被控制的灯具。

(2) 零线(N 线)——从配电箱接到同一回路的各灯具。

(3) 保护线(PE 线)——从配电箱接到同一回路的各灯具的金属外壳。一般照明回路不设此线。

穿线布置原则：对于穿在管内的导线，在任何情况下，都不允许有接头。在必要时，应将接头放在接线盒内或灯头盒内。

# 任务 3 配管、配线、接线盒清单工程量计算

## 一、配管清单工程量的计算规则及计算方法

**1. 清单工程量计算规则**

配管以“延长米”为计量单位，按设计图示尺寸计算。不扣中间的接线箱(盒)、灯头盒、开关盒、插座盒所占长度。

配管工程均未包括接线箱、盒、支架的制作安装。

**2. 计算方法**

首先要确定工程有哪几种管材，明确每一种管材的敷设方式并分别列出。计算顺序可以按管线的走向，从进户管开始计算，再选择照明干管，然后计算支管。合计时分层、分单元或分段逐级统计，以防止漏算重算。

配管工程量＝各段的平面长度＋各段的垂直长度

1) 平面长度计算

用比例尺量取各段的平面长度，量时以两个符号中心为一段或以符号中心至线路转角的顶

端为一段逐段量取。

2）垂直长度计算

统计各部分的垂直长度，可以根据施工设计说明中给出的设备和照明器具的安装高度来计算，如图 3-40 所示。

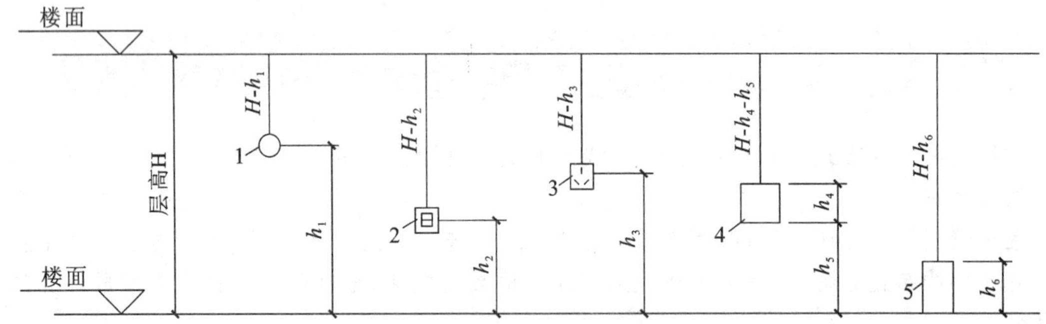


**图 3-40　线管垂直长度计算示意图**

1—拉线开关；2—翘板开关壁灯；3—普通插座；4—墙上配电箱；5—落地配电箱

配管工程均未包括接线箱、各种盒、支架的制作安装。这些工程量需另计。

图 3-40 中与配电箱、开关、插座、接线盒相连接的配管垂直长度的计算分别列示如下。

（1）配电箱。

上返至顶棚垂直长度＝楼层高－（配电箱底距地高度＋配电箱高＋1/2 楼板厚）

下返至地面垂直长度＝配电箱底距地高度＋1/2 楼板厚。

（2）开关、插座。

插座从上返下来时，垂直长度＝楼层高－（开关、插座安装高度＋1/2 楼板厚）

插座从下返上来时，垂直长度＝安装高度（距地高度）＋1/2 楼板厚

（3）线路中的接线盒。

接线盒安装在墙上，一般高度为顶棚下 0.2 m 处，每处需要计算进、出接线盒的次数，考虑楼板的厚度：

每一处的垂直长度＝（0.2 m＋1/2 楼板的厚度）×（$n$－1）

其中：$n$ 代表进、出接线盒的次数，1 是其中一路已计算入电气器具的垂直长度中。

注：1/2 楼板厚在实际工作中一般不考虑。

## 二、配线清单工程量计算

### （一）配线清单工程量计算规则

以“m”为计量单位，按设计图示尺寸以单线长度计算（含预留长度）。

### （二）配线清单工程量计算方法

#### 1. 管内穿线工程量的计算方法

管内穿线工程量同配管工程量一起计算，注意每段管内所穿的导线根数。

管内穿线工程量=(该段配管工程量+导线预留长度)×导线的根数

**2. 其他方式配线工程量的计算**

其他常用的配线的方式主要有线夹配线、槽板配线、塑料护套线敷设、绝缘子配线、槽板配线等几种。其他方式配线与管内穿线工程量的计算方法相同。

配线单线长度=(线路长度+导线预留长度)× 线制

式中线路长度即该段支持体的长度。线制是指线夹、槽板、线槽等配线形式,每段支持体上所配电线的根数,如两线、三线。

(1) 线夹配线:应区别线夹材质(塑料、瓷质)、线式(两线、三线)、敷设位置(在木、砖、混凝土)以及导线规格,以线路"延长米"计算单线长度;

(2) 绝缘子配线:应区别绝缘子形式(针式、鼓式、蝶式)、绝缘子配线位置(沿屋架、梁、跨屋架、柱、木结构、顶棚内、砖、混凝土结构,沿钢支架及钢索)、导线截面积,以线路"延长米"计算单线长度;

绝缘子暗配,引下线按线路支持点至天棚下缘距离的长度计算。

(3) 槽板配线:应区别槽板材质(木质、塑料)、配线位置(木结构、砖、混凝土)、导线截面、线式(二线、三线),以线路"延长米"计算单线长度;

(4) 塑料护套线敷设:塑料护套线明敷,应区别导线截面、导线芯数(二芯、三芯)、敷设位置(木结构、砖、混凝土结构、铅钢索),以线路"延长米"计算单线长度;

(5) 线槽配线:应区别导线截面以线路"延长米"计算单线长度。

**3. 导线预留长度的相应规定**

(1) 灯具、开关、插座、按钮、接线盒等处导线预留长度已经分别综合在有关的定额内,不再另计预留;线路分支接头线的长度已综合考虑在定额中,不得另行计算。

(2) 照明和动力线路穿线定额中已综合考虑了接线头的长度,不再另计预留。

(3) 导线进入配电箱、配电板和设备及单独安装的铁壳开关、闸刀开关、启动器、线槽进出线盒时应计算相应预留长度,导线预留长度按表 3-23 取用。

**表 3-23 连接设备导线的预留长度**

| 序号 | 项目 | 预留长度 | 说明 |
|---|---|---|---|
| 1 | 各种配电箱(柜、板)、开关箱 | 箱宽+箱高 | 盘面尺寸 |
| 2 | 单独安装(无箱、盘)的铁壳开关、闸刀开器、母线槽进出线盒等关、启动 | 0.3 m | 从安装对象中心算起 |
| 3 | 由地面管出口引至动力接线箱(设备) | 1.0 m | 从管口算起 |
| 4 | 电源与管内导线连接(管内穿线与软、硬母线接点) | 1.5 m | 从管口算起 |
| 5 | 进户、出户线 | 1.5 m | 从管口算起 |

**4. 配线工程量的计算应注意的问题**

电气配线工程量计算是以"单线"长度计算的,它与线路"延长米"是不同的。

## 三、接线盒工程量的计算

**1. 清单工程量计算规则**

以"个"为计量单位，按设计图示数量计算。

**2. 接线盒数量的确定**

无论明装还是暗装的配管、配线，线路中均会存在接线箱、接线盒、开关盒、灯头盒、插座盒等。一般来说，暗装的开关、插座应有开关盒、插座盒，暗装管线到灯头处应有灯头盒。这些部位除了用来安装暗装的开关、插座、灯头外，也可以起到接线的作用。

另外，在线管的分支处或转弯处，也要用到专门用来接线的接线盒。根据施工规范，配线保护管遇到下列情况之一时，应增设管路接线盒和拉线盒。

(1) 管长度每超过 30 m，无弯曲。

(2) 管长度每超过 20 m，有 1 个弯曲。

(3) 管长度每超过 15 m，有 2 个弯曲。

(4) 管长度每超过 8 m，有 3 个弯曲。

垂直敷设的电线保护管遇到下列情况之一时，应增设固定导线用的拉线盒：

(1) 管内导线截面为 50 $mm^2$ 及以下，长度每超过 30 m。

(2) 管内导线截面为 70～95 $mm^2$，长度每超过 20。

(3) 管内导线截面为 120～240 $mm^2$，长度每超过 18 m。在配管项目清单计量时，设计无要求时，上述规定可以作为计量接线盒、拉线盒的依据。

关于接线盒的材质，一般来说，钢管配钢质接线盒，塑料管配塑料接线盒。

## 四、计算实例

下面以项目二中的部分工程量计算为例计算配管、配线清单工程量，见表 2-7。

**表 3-34　工程量计算书**

| 编号 | 项目 | 单位 | 数量 | 计算式 |
|---|---|---|---|---|
| 一 | 配管、配线 | | | |
| 1 | 电表箱系统图 | | | |
| | AW 箱-AL1-1，AL1-2 配管 PC40 | m | 18.50 | |
| | 水平 | | 11.70 | 5.85×2 |
| | 垂直 | | 3.00 | 出 AW 箱：(1.4+0.1)×2 |
| | | | 3.80 | 入 AL 箱：(1.8+0.1)×2 |
| | 配线 BV-16 | m | 71.70 | [18.50/2+0.9+0.9+0.45+0.45]×3×2 |

续表

| 编号 | 项目 | 单位 | 数量 | 计算式 |
|---|---|---|---|---|
| | AW 箱-AL2-1,AL2-2 配管 PC40 | m | 16.70 | |
| | 水平 | | 11.70 | 5.85×2 |
| | 垂直 | | 1.20 | 出 AW 箱:(3.0−1.4−0.9−0.1)×2 |
| | | | 3.80 | 入 AL 箱:(1.8+0.1)×2 |
| | 配线 BV-16 | m | 66.30 | [16.7/2+0.9+0.9+0.45+0.45]×3×2 |
| | AW 箱-AL3-1,AL3-2 配管 PC40 | m | 22.70 | |
| | 水平 | | 11.70 | 5.85×2 |
| | 垂直 | | 7.20 | 出 AW 箱:(3.0−1.4−0.9−0.1+3.0)×2 |
| | | | 3.80 | 入 AL 箱:(1.8+0.1)×2 |
| | 配线 BV-16 | m | 84.30 | [22.7/2+0.9+0.9+0.45+0.45]×3×2 |
| | AW 箱-AL4-1,AL4-2 配管 PC40 | m | 28.70 | |
| | 水平 | | 11.70 | 5.85×2 |
| | 垂直 | | 13.20 | 出 AW 箱:(3.0−1.4−0.9−0.1+3.0×2)×2 |
| | | | 3.80 | 入 AL 箱:(1.8+0.1)×2 |
| | 配线 BV-16 | m | 102.30 | [28.7/2+0.9+0.9+0.45+0.45]×3×2 |
| | AW 箱-AL5-1,AL5-2 配管 PC40 | m | 34.70 | |
| | 水平 | | 11.70 | 5.85×2 |
| | 垂直 | | 19.20 | 出 AW 箱:(3.0−1.4−0.9−0.1+3.0×3)×2 |
| | | | 3.80 | 入 AL 箱:(1.8+0.1)×2 |
| | 配线 BV-16 | m | 120.30 | [34.7/2+0.9+0.9+0.45+0.45]×3×2 |
| | AW 箱-AL6-1,AL6-2 配管 PC40 | m | 40.70 | |
| | 水平 | | 11.70 | 5.85×2 |
| | 垂直 | | 25.20 | 出 AW 箱:(3.0−1.4−0.9−0.1+3.0×4)×2 |
| | | | 3.80 | 入 AL 箱:(1.8+0.1)×2 |
| | 配线 BV-16 | m | 138.30 | [40.7/2+0.9+0.9+0.45+0.45]×3×2 |
| | AW 箱-AL7-1,AL7-2 配管 PC40 | m | 46.70 | |
| | 水平 | | 11.70 | 5.85×2 |
| | 垂直 | | 31.20 | 出 AW 箱:(3.0−1.4−0.9−0.1+3.0×5)×2 |
| | | | 3.80 | 入 AL 箱:(1.8+0.1)×2 |

续表

| 编号 | 项目 | 单位 | 数量 | 计算式 |
|---|---|---|---|---|
| | 配线 BV-16 | m | 156.30 | [46.7/2+0.9+0.9+0.45+0.45]×3×2 |
| | AW 箱-公共照明配管 PC16 | m | 38.23 | |
| | 穿 3 根线 | m | 19.54 | |
| | 水平 | | 0.94 | 0.94 |
| | 垂直 | | 0.60 | 出 AW 箱:(3.0−1.4−0.9−0.1) |
| | | | 18.00 | 开关-开关:3.0×6 |
| | 配线 BV-2.5 | | 64.02 | [19.54+0.9+0.9]×3 |
| | 穿 4 根线 | m | 18.69 | |
| | 水平 | | 8.19 | 灯-开关:1.17×7 |
| | 垂直 | | 10.50 | 开关-天棚:(3.0−1.4−0.1)×7 |
| | 配线 BV-2.5 | | 74.76 | 18.69×4 |
| | 配管汇总: | | | |
| | PC40 | | 208.7 | |
| | PC16 | | 38.23 | |
| | 配线汇总: | | | |
| | BV-16 | m | 739.5 | |
| | BV-2.5 | m | 138.78 | |
| 2 | 户内配电箱系统图 | | | |
| 1) | 照明 1 回路 WC CC | | | |
| | 配管 PC16 (1 户) | | | |
| | 水平穿 2 根线 | m | 10.42 | 2.3+2.14+2.25+2.18+1.55 |
| | 穿 3 根线 | m | 31.64 | |
| | 客厅 | | 3.74 | 3.74 |
| | 厨房 | | 8.08 | 3.40+2.20+2.48 |
| | 卫生间 | | 9.61 | 2.70+4.33+1.29+1.29 |
| | 左卧 | | 6.74 | 3.3+3.44 |
| | 中卧 | | 3.47 | 3.47 |
| | | | | |
| | 垂直穿 2 根线 | m | 7.50 | 入开关:(3.0−1.4−0.1)×5 |

续表

| 编号 | 项目 | 单位 | 数量 | 计算式 |
|---|---|---|---|---|
| | 穿 3 根线(1 户) | m | 3.65 | 出 AL 箱 3.0－1.8－0.45－0.1 |
| | | | | 入开关:(3.0－1.4－0.1)×2 |
| | 配管 PC16 (1 户)汇总: | | | |
| | PC16 穿 2 根线 | m | 17.92 | |
| | PC16 穿 3 根线 | m | 35.29 | |
| | 配线 B-2.5 | m | 144.41 | 17.92×2+[35.29+0.45+0.45]×3 |
| | | | | |
| | 配管汇总:(14 户) | | | |
| | PC16 | m | 766.64 | 23.5×14+31.26×14 |
| | 配线 BV-2.5 | m | 2021.74 | 143.48×14 |
| 2) | 插座 | | | |
| | 普通插座 2 回路 FC WC | | | |
| | 配管 PC16 | m | 43.24 | |
| | 水平 | m | 32.14 | |
| | 客厅 | | 15.75 | 2.19+4.94+3.98+1.46+3.18 |
| | 左卧 | | 5.88 | 2.58+3.30 |
| | 中卧 | | 3.84 | 3.84 |
| | 右卧 | | 6.67 | 3.61+2.58+0.24+0.24 |
| | 垂直 | m | 11.10 | |
| | | | 1.90 | 出 AL 箱:1.8+0.1 |
| | | | 9.20 | 入插座:(0.3+0.1)×23 |
| | 配线 BV-2.5 | m | 132.42 | [42.76+0.45+0.45]×3 |
| | 厨房插座 3 回路 CC WC | | | |
| | 配管 PC2O | m | 29.13 | |
| | 水平 | m | 13.08 | 2.76+2.89+4.76+2.67 |
| | 垂直 | m | 16.05 | |
| | | | 0.65 | 出 AL 箱:3.0－1.8－0.45－0.1 |
| | | | 15.40 | 入插座:(3.0－1.5－0.1)×11 |
| | 配线 BV-4 | m | 90.09 | [29.13+0.45+0.45]×3 |

续表

| 编号 | 项目 | 单位 | 数量 | 计算式 |
|---|---|---|---|---|
| | 卫生间插座 4 回路 CC WC | | | |
| | 配管 PC20 | m | 14.85 | |
| | 水平 | m | 6.50 | 2.58+2.07+1.85 |
| | 垂直 | m | 8.35 | |
| | | | 0.65 | 出 AL 箱:3.0−1.8−0.45−0.1 |
| | | | 7.70 | 入插座:(3.0−1.8−0.1)×7 |
| | 配线 BV-4 | m | 47.25 | [14.85+0.45+0.45]×3 |
| | 客厅空调插座 5 回路 FC WC | | | |
| | 配管 PC20 | m | 15.38 | |
| | 水平 | m | 13.08 | 2.39+2.59 |
| | 垂直 | m | 2.30 | |
| | | | 1.90 | 出 AL 箱:1.8+0.1 |
| | | | 0.40 | 入插座:0.3+0.1 |
| | 配线 BV-4 | m | 48.84 | [16.38+0.45+0.45]×3 |
| | 卧室空调插座 6 回路 CC WC | | | |
| | 配管 PC20 | m | 8.37 | |
| | 水平 | m | 6.82 | 2.82+3.88+0.12(墙厚一半) |
| | 垂直 | m | 1.55 | |
| | | | 0.65 | 出 AL 箱:3.0−1.8−0.45−0.1 |
| | | | 0.90 | 入插座:(3.0−2.0−0.1)×1 |
| | 配线 BV-4 | m | 27.81 | [8.37+0.45+0.45]×3 |
| | 卧室空调插座 7 回路 CC WC | | | |
| | 配管 PC20 | m | 6.32 | |
| | 水平 | m | 4.77 | 0.9+3.87 |
| | 垂直 | m | 1.55 | |
| | | | 0.65 | 出 AL 箱:3.0−1.8−0.45−0.1 |
| | | | 0.90 | 入插座:(3.0−2.0−0.1)×1 |
| | 配线 BV-4 | m | 21.66 | [6.32+0.45+0.45]×3 |
| | | | | |

续表

| 编号 | 项目 | 单位 | 数量 | 计算式 |
|---|---|---|---|---|
| | 配管汇总(1户) | | | |
| | PC16 | m | 43.24 | |
| | PC20 | m | 74.05 | |
| | 配线汇总(1户) | | | |
| | BV-2.5 | m | 132.42 | |
| | BV-4 | m | 235.65 | |
| | | | | |
| | 配管汇总(14户) | | | |
| | PC16 | m | 605.36 | |
| | PC20 | m | 1036.70 | |
| | 配线汇总(14户) | | | |
| | BV-2.5 | m | 1853.88 | |
| | BV-4 | m | 3299.10 | |
| | | | | |
| 3 | 所有管线汇总: | | | |
| | PC40 | m | 208.70 | |
| | PC20 | m | 1036.70 | |
| | PC16 | m | 1410.23 | 38.23+766.64+598.64 |
| | BV-16 | m | 739.50 | |
| | BV-4 | m | 3299.10 | |
| | BV-2.5 | m | 4014.40 | 138.78+2008.72+1833.72 |
| 二 | 开关、插座盒、灯头盒 | 个 | 623.00 | 483+140 |
| 1 | 开关、插座盒 | 个 | 483.00 | 483(同开关、插座个数) |
| 2 | 灯头盒 | 个 | 140.00 | 140(同灯头个数) |

# 任务4 配管、配线安装工程量清单编制

电气工程分部分项工程量清单中“配管、配线”部分的项目应进按表 D.11 的规定执行。

## 一、编制工程量清单相关规定

**1. 项目特征**

配管、桥架项目,项目特征应描述以下内容:

(1) 配管名称、材质、规格;

(2) 配管配置形式、接地要求等。如果配管是钢索架设的,还需描述钢索的材质、规格。

配线项目,项目特征应描述以下内容:

(1) 电线的名称、型号、规格、材质;

(2) 配线形式、配线部位、配线线制 。如果是钢索架设的,还需描述钢索的材质、规格。

线槽项目特征应描述以下内容:名称、材质、规格。

接线箱、接线盒项目特征应描述以下内容:

(1) 名称、材质、规格;

(2) 安装形式

**2. 计量单位**

除了接线箱、接线盒清单项目的计量单位是“个”外,配管、配线、线槽、桥架清单项目的计量单位都为“米”。

**3. 工作内容**

配管项目的工作内容主要是电线管路的敷设、接地,如果配管是钢索架设的,工作内容还包括钢索架设(拉紧装置安装)。

配线项目的工作内容主要是电线敷设和夹板、绝缘子、槽板等支持体安装,如果配管是钢索架设的,工作内容还包括钢索架设(拉紧装置安装)。

桥架项目的工作内容主要是桥架的安装和接地。

接线箱、接线盒项目的工作内容主要是接线箱、接线盒本体的安装。

## 二、编制清单应注意的问题

(1) 配管、线槽安装不扣除管路中间的接线箱(盒)、灯头盒、开关盒所占的长度。即计算的是延长米的长度。

(2) 电气配线工程量计算是以“单线”长度计算的,它与线路“延长米”是不同的。

配线单线长度=(线路长度+导线预留长度)× 线制

式中线路长度即该段支持体的长度。线制是指线夹、槽板、线槽等配线形式,每段支持体上所配电线的根数,如两线、三线。

(3) 配管名称指电线管、钢管、防爆管、塑料管、软管、波纹管等。

(4) 配管配置形指明配、暗配、吊顶内、钢结构支架、钢索配管、埋地敷设、水下敷设、砌筑沟内敷设等。

(5) 配线名称指管内穿线、瓷夹板配线、塑料夹板配线、绝绝缘子配线、槽板配线、塑料护套配线、线槽配线、车间带形母线等。

(6) 配线形式指照明线路、动力线路、木结构、顶棚内，砖、混凝土结构，沿支架、钢索、屋架、梁、柱、墙，以及跨屋架、梁、柱。

(7) 配管安装中不包括凿槽、刨沟，应按本附录 D.13 相关项目的计算规则另行计算。

(8) 各种明装、暗装的配管、配线方式中，只有配管、线槽、桥架三种支持体可以单独列清单项目，其他的支持体都不能单独列项目。

## 三、配管、配线工程量清单编制实例

**例 3-7** 某电气工程，有以下两种配线形式：

(1) DN32 钢管在砖、混凝土上暗敷，配管设计图示尺寸为 800 m，管内穿 2 根线，电线规格为 BV2.5 $mm^2$；

(2) 在砖、混凝土上进行塑料槽板配线，三线制，电线规格为 BV2.5 $mm^2$。塑料槽板设计图示尺寸为 240 m。该工程安装高度为 6 m。编制上述两项工程量清单。(该工程按三类工程考虑)

**解** 1. 确定工程量

(1) 第一种配线形式：根据规范附录 D 中表 D.11 的规定，配管、配线都可以列清单项目。所以第一种配线形式可以列 2 个清单项目。

配管清单项目：配管；工程量为 800 m；

配线清单项目：配线；管内穿线工程量为

$$800\times2=1600\ \text{m}$$

(2) 第二种配线形式：

根据附录 D 中表 D.11 的规定，塑料槽板不能单独列清单项目，而槽板配线可以列清单项目。所以第二种配线形式只能列 1 个清单项目。

配线清单项目：配线；槽板配线工程量为

$$240\times3=720\ \text{m}$$

2. 列工程量清单

上述两项工程量清单见表 3-35。

**表 3-35　分部分项工程量清单与计价表**

| 序号 | 项目编码 | 项目名称 | 项目特征描述 | 计量单位 | 工程量 | 金额/元 | | |
|---|---|---|---|---|---|---|---|---|
| | | | | | | 综合单价 | 合价 | 其中：暂估价 |
| 1 | 030411001001 | 配管 | 钢管，DN32，砖、混凝土结构暗敷 | m | 800.00 | | | |
| 2 | 030411001001 | 配线 | BV2.5 $mm^2$ 管内穿线，砖、混凝土结构暗敷 | m | 1600.00 | | | |
| 3 | 030411001002 | 配线 | 在砖、混凝土结构上塑料槽板配线，三线制，BV2.5 $mm^2$ | m | 720.00 | | | |

**例 3-8** 项目二配管、配线工程量清单编制实例。

以项目二中为例，编制配管配线项目工程量清单。项目二中配管是沿砖、混凝土结构暗敷的。工程量清单见表 3-36。

**表 3-2 分部分项工程量清单与计价表**

工程名称：住宅楼电气照明工程

| 序号 | 项目编码 | 项目名称 | 项目特征描述 | 计量单位 | 工程量 | 金额/元 | | |
|---|---|---|---|---|---|---|---|---|
| | | | | | | 综合单价 | 合价 | 其中：暂估价 |
| 1 | 030411001001 | 配管 | 塑料管 PC40 沿楼板砖墙暗配 | m | 208.70 | | | |
| 2 | 030411001002 | 配管 | 塑料管 PC20 沿楼板砖墙暗配 | m | 1036.70 | | | |
| 3 | 030411001003 | 配管 | 塑料管 PC16 沿楼板砖墙暗配 | m | 1410.23 | | | |
| 4 | 030411004001 | 配线 | 管内穿线 BV-16 | m | 739.50 | | | |
| 5 | 030411004002 | 配线 | 管内穿线 BV-4 | m | 3299.10 | | | |
| 6 | 030411004003 | 配线 | 管内穿线 BV-2.5 | m | 4014.40 | | | |
| 7 | 030411006001 | 接线盒 | 开关盒、插座盒、灯头盒 | 个 | 623 | | | |

# 任务 5 配管、配线工程量清单综合单价的确定

确定综合单价应注意的问题具体如下。

(1) 配线种类有多种，如管内穿线、瓷夹板配线、塑料夹板配线、绝缘子配线、槽板配线、塑料护套配线、线槽配线、车间带形母线等。根据计价规范，只有配管、线槽、桥架三种支持体可以单独列清单项目，其他的支持体都不能单独列项目。因此，这些支持体的安装费用在组价时需计入配线项目的综合单价中。具体计算见例 3-9。

(2) 配管及线槽配线线路中的接线盒需单独列项目计算，而其他种类的配线线路中所需要的接线盒的安装和材料费用已包括在线路配线定额子目中，不需要另行单独计算。如塑料槽板配线、塑料护套配线，其定额子目中均已包括了接线盒的安装和材料费用。不需要再另行单独计算接线盒的安装和材料费用。

(3) 关于开关盒、接线盒定额子目的套用。

定额中有两个相应的子目，一个是接线盒、一个是开关盒。接线盒是指线路中专门用来接线的接线盒，而开关盒是指暗装的开关在安装时所用的开关盒。在开关盒处，也可进行接线，开关盒也可起到接线盒的作用。同样，插座、灯头处的插座盒、灯头盒，也可进行接线，也可起到接

线盒的作用。因此,插座盒、灯头盒安装执行开关盒定额子目。

## 一、工程量清单综合单价计算实例

**例 3-9** 以例 2.6.1 中的一个项目为例(编码为 030411001002),假设该槽板的安装高度距离楼面 5.8 米。塑料槽板材料单价为 6.80 元/m,BV2.5 $mm^2$ 的电线单价为 1.95 元/m。计算该项目的综合单价。

**解** 该电气工程采用槽板配线形式。根据计价规范,塑料槽板不能单独列项目,因此该支持体的安装费用和材料费用在组价时需计入配线项目的综合单价中。

1. 综合单价组价内容及方法

套用 2014 版《江苏省安装工程计价定额》第四册定额 4-1482 子目,该子目为塑料槽板配线(三线 BV2.5)在砖、混凝土结构上。该子目中包括了塑料槽板的安装费用、电线的安装费用。

该配线项目清单工程量为 720 m,但是在套用定额时,子目 4-1482 是按塑料槽板的长度作来套用计算的,因此需要先根据配线的工程量换算出塑料槽板的工程量,塑料槽板长度为 720 m/3=240 m。

根据 4-1482 子目,未计价主材为塑料槽板和 BV2.5 $mm^2$ 的电线;根据定额消耗量分别计算这两种主材的消耗量。

塑料槽板的消耗量: 240×1.05 m=252.00 m

BV2.5 $mm^2$ 的电线的消耗量:240×3.3594 m=806.26 m

组价时,需同时计算这两种主材的费用。

2. 综合单价的计算过程

计算过程详见表 3-37。

注意:综合单价为总费用除以清单工程量,该配线项目清单工程量为 720 m。

3. 超高增加费的计算

2014 版《江苏省安装工程计价定额》第四册中关于计取工程超高增加费的规定:操作物高度离楼地面 5m 以上、20m 以下的电气安装工程,工程超高增加费(已考虑了超高因素的定额项目除外)按超高部分人工费的 33%计算。

表中,超高增加费的计算如下:

超高增加费中的人工费=(2376.29×33%)元=784.18 元

管理费=(784.18×39%)元=358.83 元

利润=(784.18×14%)元=109.78 元

该工程按三类工程考虑,因此管理费和利润分别按人工费的 39%和 14%计算(根据 2014 版《江苏省安装工程费用定额》规定)。

**例 3-10** 分别以表 3-36 中的一个配管清单项目、一个配线管清单项目和接线盒清单项目为例,说明配管、配线及接线盒清单项目的综合单价的计算方法。具体计算见表 3-36—表 3-40。

表 3-37 工程量清单综合单价分析表

| 项目编码 | 030411001001 | 项目名称 | 配线 | | | | 计量单位 | m | | 工程数量 | | 720 |
|---|---|---|---|---|---|---|---|---|---|---|---|---|
| 清单综合单价组成明细 | | | | | | | | | | | | |
| 定额编号 | 定额名称 | 定额单位 | 数量 | 单价/元 | | | | | 合价/元 | | | |
| | | | | 人工费 | 材料费 | 机械费 | 管理费 | 利润 | 人工费 | 材料费 | 机械费 | 管理费 | 利润 |
| 4-1482 | 塑料槽板配线(三线 BV2.5)在砖、混凝土结构上 | 100 米 | 2.40 | 990.12 | 87.29 | 0.00 | 386.15 | 138.62 | 2376.29 | 209.50 | 0.00 | 926.76 | 332.69 |
| 未计价主材 | 塑料槽板 | m | 252.00 | | 6.80 | | | | | 1713.60 | | | |
| 未计价主材 | 三线电线 BV2.5 | m | 806.26 | | 1.95 | | | | | 1572.20 | | | |
| | 小计 | | | | | | | | 2376.29 | 3495.30 | 0.00 | 926.76 | 332.69 |
| | 超高增加费 | | | | | | | | 784.18 | | 0.00 | 305.83 | 109.78 |
| 小计 | | | | | | | | | 3160.46 | 3495.30 | 0.00 | 1232.59 | 442.47 |
| 合计 | | | | | | | | | 8330.82 | | | | |

综合单价＝8330.82/720＝11.57 元/m。

表 3-38 工程量清单综合单价分析表

工程名称:住宅楼电气照明工程

| 项目编码 | 030411001001 | 项目名称 | 配管 | | | | 计量单位 | m | | 工程数量 | | 208.70 |
|---|---|---|---|---|---|---|---|---|---|---|---|---|
| 清单综合单价组成明细 | | | | | | | | | | | | |
| 定额编号 | 定额名称 | 定额单位 | 数量 | 单价/元 | | | | | 合价/元 | | | |
| | | | | 人工费 | 材料费 | 机械费 | 管理费 | 利润 | 人工费 | 材料费 | 机械费 | 管理费 | 利润 |
| 4-1233 | 塑料管暗配PC40 | 100 m | 2.087 | 584.60 | 142.66 | 79.80 | 227.99 | 81.84 | 1220.06 | 297.73 | 166.54 | 475.82 | 170.80 |
| 主材 | 塑料管PC40 | m | 224.060 | | 9.53 | | | | | 2135.29 | | | |
| 小计 | | | | | | | | | 1220.06 | 2433.02 | 166.54 | 475.82 | 170.80 |
| 合计 | | | | | | | | | 4466.24 | | | | |

综合单价＝4466.24/208.70＝21.40 元。

**表 3-39　工程量清单综合单价分析表**

工程名称:住宅楼电气照明工程

| 项目编码 | 030411004001 | 项目名称 | 配线 | 计量单位 | m | 工程数量 | 739.50 |
|---|---|---|---|---|---|---|---|

清单综合单价组成明细

| 定额编号 | 定额名称 | 定额单位 | 数量 | 单价/元 | | | | | 合价/元 | | | | |
|---|---|---|---|---|---|---|---|---|---|---|---|---|---|
| | | | | 人工费 | 材料费 | 机械费 | 管理费 | 利润 | 人工费 | 材料费 | 机械费 | 管理费 | 利润 |
| 4-1389 | 管内穿线 Bv-16 | 100m | 7.395 | 62.16 | 20.81 | | 24.24 | 8.70 | 459.67 | 153.89 | 0.00 | 179.25 | 64.34 |
| 主材 | 绝缘导线 | m | 716.940 | | 13.18 | | | | | 10233.94 | | | |
| 小计 | | | | | | | | | 459.67 | 10387.83 | 0.00 | 179.25 | 64.34 |
| 合计 | | | | | | | | | 11091.09 | | | | |

综合单价 :15.00 元。

**表 3-40　工程量清单综合单价分析表**

工程名称:住宅楼电气照明工程

| 项目编码 | 030411006001 | 项目名称 | 接线盒 | 计量单位 | 个 | 工程数量 | 623 |
|---|---|---|---|---|---|---|---|

清单综合单价组成明细

| 定额编号 | 定额名称 | 定额单位 | 数量 | 单价/元 | | | | | 合价/元 | | | | |
|---|---|---|---|---|---|---|---|---|---|---|---|---|---|
| | | | | 人工费 | 材料费 | 机械费 | 管理费 | 利润 | 人工费 | 材料费 | 机械费 | 管理费 | 利润 |
| 4-1546 | 开关盒安装 | 10 个 | 62.30 | 27.38 | 2.97 | | 10.68 | 3.83 | 1705.77 | 185.03 | 0.00 | 665.36 | 238.61 |
| 主材 | 开关盒、插座盒、灯头盒 | 个 | 635.46 | | 3.20 | | | | | 2033.47 | | | |
| 小计 | | | | | | | | | 1705.77 | 2218.50 | 0.00 | 665.36 | 238.61 |
| 合计 | | | | | | | | | 4828.24 | | | | |

综合单价:7.75 元。

# 子项目 3.7　防雷和接地装置工程量清单编制与计价

## 任务 1　防雷和接地装置工程量清单设置

防雷装置和接地装置工程量清单项目,包括接地极、接地母线、避雷引下线、避雷网、避雷针、均压环等清单项目,项目的设置、项目特征描述的内容、计量单位、工程量计算规则,应按规范附录 D 中表 D.9 的规定执行,见表 3-41。

**表 3-41　防雷和接地装置(编码 030409)**

| 项目编码 | 项目名称 | 项目特征 | 计量单位 | 工程量计算规则 | 工作内容 |
|---|---|---|---|---|---|
| 030409001 | 接地极 | 1. 名称<br>2. 材质<br>3. 规格<br>4. 土质<br>5. 基础接地形式 | 根(块) | 按设计图示数量计算 | 1. 接地极(板、桩)制作、安装<br>2. 基础接地网安装<br>3. 补刷(喷)油漆 |
| 030409002 | 接地母线 | 1. 名称;<br>2. 材质<br>3. 规格;<br>4. 安装部位<br>5. 安装形式 | m | 按设计图示尺寸以长度计算(含附加长度) | 1. 接地母线线制作、安装<br>2. 补刷(喷)油漆 |
| 030409003 | 避雷引下线 | 1. 名称;<br>2. 材质<br>3. 规格<br>4. 安装部位<br>5. 安装形式<br>6. 断接卡子(箱)材质、规格 | | | 1. 避雷引下线制作、安装<br>2. 断接卡子(箱)制作、安装<br>3. 利用主钢筋焊接<br>4. 补刷(喷)油漆 |
| 030409004 | 均压环 | 1. 名称<br>2. 材质<br>3. 规格<br>4. 安装形式 | | | 1. 均压环敷设<br>2. 钢铝窗接地<br>3. 柱主筋与圈梁焊接<br>4. 利用圈梁钢筋焊接<br>5. 补刷(喷)油漆 |
| 030409005 | 避雷网 | 1. 名称;<br>2. 材质<br>3. 规格<br>4. 安装形式<br>5. 混凝土标号 | | | 1. 避雷网制作、安装<br>2. 跨接<br>3. 混凝土块制作<br>4. 补刷(喷)油漆 |
| 030409006 | 避雷针 | 1. 名称;<br>2. 材质<br>3. 规格<br>4. 安装形式、高度 | 根 | 按设计图示数量计算 | 1. 避雷针制作、安装<br>2. 跨接<br>3. 补刷(喷)油漆 |
| 030409007 | 半导体少长针消雷装置 | 1. 型号<br>2. 高度 | 套 | | 本体安装 |
| 030409008 | 等电位端子、测试板 | 1. 名称<br>2. 材质<br>3. 规格 | 台(块) | | |
| 030409009 | 绝缘垫 | | $M^2$ | 按设计图示尺寸以展开面积计算 | 1. 制作<br>2. 安装 |

续表

| 项目编码 | 项目名称 | 项目特征 | 计量单位 | 工程量计算规则 | 工作内容 |
|---|---|---|---|---|---|
| 030409010 | 浪涌保护器 | 1. 名称；<br>2. 材质<br>3. 安装形式<br>4. 防雷等级 | 个 | 按设计图示数量计算 | 1. 本体安装<br>2. 接线<br>3. 接地 |
| 030409011 | 降阻剂 | 1. 名称<br>2. 类型 | kg | 按设计图示以质量计算 | 1. 挖土；<br>2. 施放降阻剂<br>3. 回填土；<br>4. 运输 |

# 任务 2 防雷和接地装置相关知识

防雷和接地装置一般分为两类：一类是建构筑物防雷装置；另一类为单独的接地装置。

## 一、建构筑物防雷装置

为把雷电流迅速导入大地以防止雷害为目的的接地装置叫防雷装置。防雷装置由接闪器或避雷器、避雷引下线、接地装置三部分组成，如图 3-41 所示。此外，还有均压环等其他辅助部分。

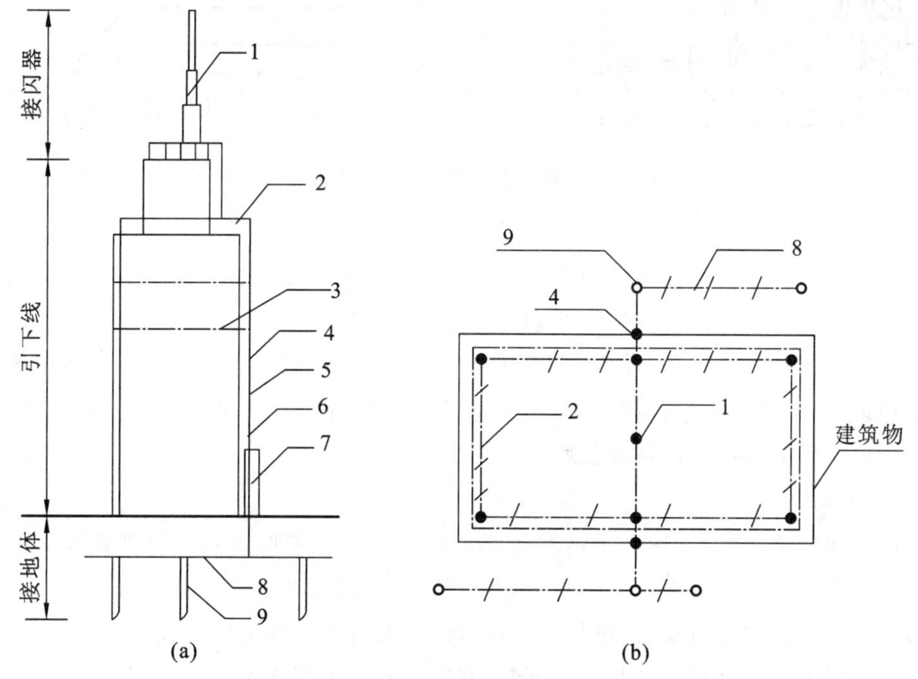


**图 3-41 建筑物防雷接地装置组成示意图**

1—避雷针；2—避雷网；3—均压环；4—引下线；5—引下线卡子；6—断接卡子；7—引下线保护管；8—接地母线；9—接地极

**1. 接闪器**

接闪器是专门用于接受直击雷闪的金属导体。有避雷针、避雷带或避雷网、避雷线等。

1）避雷针

接闪的金属杆，称为避雷针。一般用镀锌圆钢或镀锌焊接钢管制成。

对于高大和主要的建筑物，有时避雷针需要直接安装在建筑物、支柱等的顶上。避雷针在平屋顶上的安装做法如图 3-42 所示。

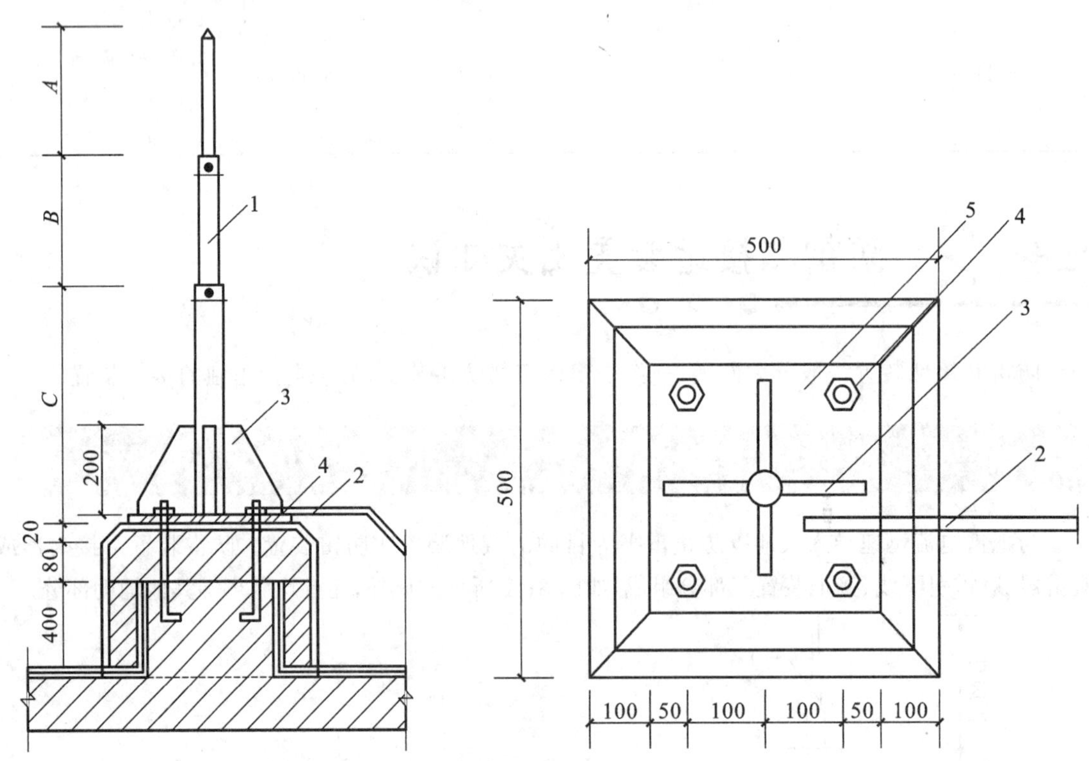


**图 3-42　避雷针在平屋顶上的安装做法**

1—避雷针；2—引下线；3—筋板；4—地脚螺栓；5—底板

独立避雷针是指不借助其他建筑物、构筑物等，组装架设专门的杆塔（如铁塔），并在其上部安装接闪器而形成的避雷装置。如图 3-43 所示。

安装独立避雷针的原因是为防止（或降低）避雷针遭雷击时对被保护物反击放电的概率，也因为这个原因一般建议独立避雷针采用与被保护物相分离的独立接地装置。如在空旷田野中的大型变配电站四周架设的避雷针就属于独立避雷针。

2）避雷带或避雷网

接闪的金属网或金属网，称为避雷网或避雷带。当避雷带形成网状时就称为避雷网，避雷网用于保护建筑物屋顶水平面不受雷击。避雷网（带）在拐弯处做法如图 3-44 所示。

一般安装在较高的建筑物、构筑物上。避雷带一般沿着屋顶周围装设，如果屋面面积较大，必要时纵横联成网状，成为避雷网。避雷网或避雷带一般采用镀锌圆钢或扁钢制成。圆钢直径 $\geqslant \phi 8$ mm，扁钢截面积 $\geqslant 48$ mm$^2$，厚度 $\geqslant 4$ mm。避雷网（带）由避雷线和支持卡子组成，支持卡

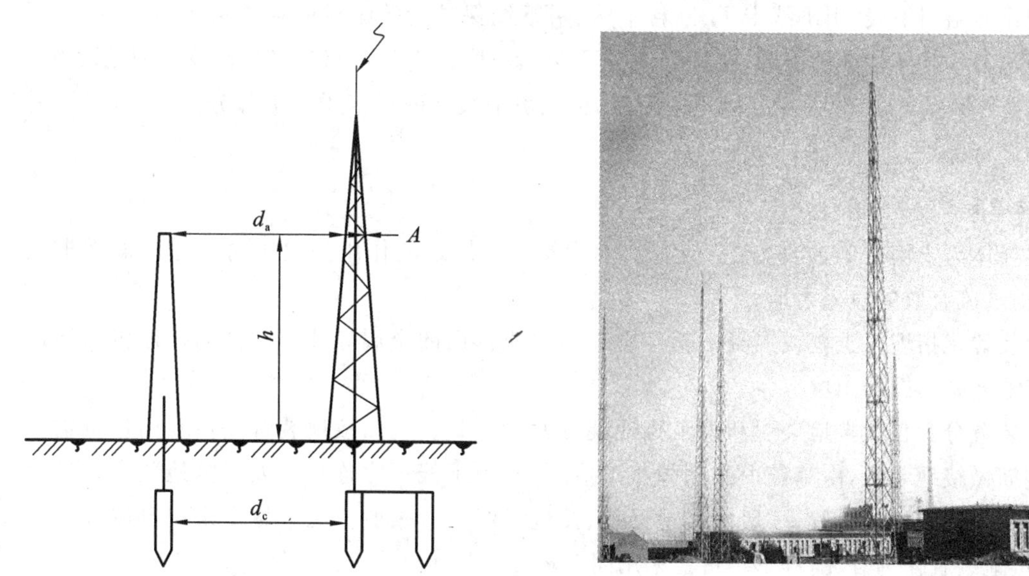


图 3-43 图独立避雷针示意图及实物图

子常埋设于女儿墙上或混凝土支座上，避雷网（带）水平敷设时，支持卡子间距为 1.0～1.5 m，转弯处为 0.5 m。

3）避雷线

避雷线一般架设在架空线路的顶部，用以保护线路免遭雷击。

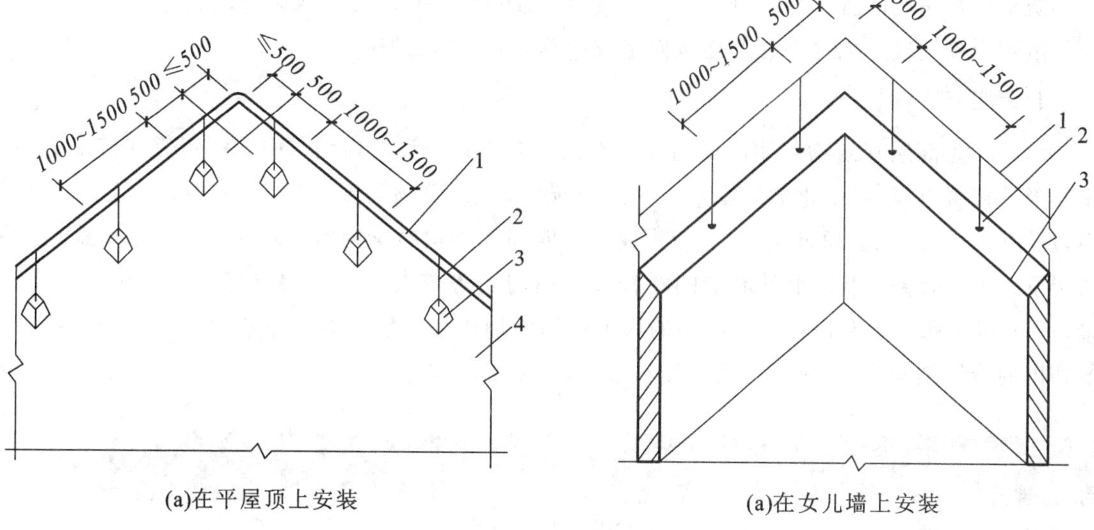


图 3-44 避雷网（带）在拐弯处做法

1—避雷带；2—支架；3—支座；4—平屋面；5—女儿墙

**2. 避雷引下线**

避雷引下线是连接接闪器与接地装置的金属导体，用于向下传送闪电电流。一般采用圆钢或扁钢制作。由引下线、引下线卡子、断接卡子、引下线保护管等组成的独立引下线，也可以利用建(构)筑物本体结构中的配筋、扶梯等作引下线。引下线在2根及以上时，需要在距地面0.3～1.8 m处作断接卡子，供测量接地电阻使用，独立引下线从断接卡子往下部分为接地母线，需要用套管进行保护。

**3. 接地装置**

金属导体与土壤之间的良好电气连接，称为接地。接地的作用是用于向大地传输雷击电流，把雷击电流有效的泄入大地。

接地装置是指埋入土壤或混凝土基础中起到散流作用的金属导体。广义的接地包括接地装置和接地装置周围的土壤。

接地装置分为自然接地装置和人工接地装置两种形式。自然接地装置是指利用建筑物基础内的钢筋做接地装置，由基础内主筋焊接形成，并与引下线可靠连接。人工接地装置是指专门为接地而单独装设的装置，一般由接地母线、接地极组成。一般情况下尽量采用自然接地装置，人工接地装置作为补充，外形尽可能采用闭合环形。

(1) 接地极：与土壤直接接触的金属导体，称为接地极。接地极一般是将型钢或钢管打入地下形成有效接地。接地极一般采用钢管、角钢、圆钢、铜板、钢板制作，一般多使用角钢。接地极长度一般为2.5 m，埋设深度一般不小于0.7 m(不得小于当地冻土层深度)。接地极应镀锌。

(2) 接地母线：引下线与接地极的连接，接地极与接地极之间的连接，使用的是接地母线。接地母线一般采用镀锌或涂防腐漆的扁钢、圆钢。接地极与接地母线的连接处应涂防腐漆。

防雷接地系统的各部分应进行可靠连接，形成闭合回路，以有效地保护建筑物。

由若干接地极在大地中相互连接而组成的总体，称为接地网。

**4. 均压环**

均压环是高层建筑物利用圈梁内的水平钢筋或单独敷设的扁钢与引下线可靠连接形成的，用作降低接触电压，以防止侧向雷击。一般情况下，当建筑物高度超过30 m时，在建筑物的侧面，从30 m高度算起，每向上三层，应沿建筑物四周在结构圈梁内敷设均压环(－25x4扁钢)并与引下线连接，30 m及以上外墙上的栏杆及金属门窗等较大的金属物应与均压环或引下线连接，30 m以下每三层利用结构圈梁中的水平钢筋为均压环与引下线可靠焊接。所有引下线、建筑物内的金属结构、金属物体等与均压环连接，形成等电位。

## 二、单独的接地装置

为保证电气设备的安全运行，防止漏电，电气设备及相关金属部分均应接地，这种接地装置就属于单独的接地装置，该装置一般由接地母线、接地极组成。如对变配电站、工矿企业车间内的电气设备进行接地。

# 任务3 防雷及接地装置清单工程量计算

## 一、接闪器

**1. 避雷针**

清单工程量计算规则：以“根”为计算单位，计算根数。

**2. 避雷网(带)**

清单工程量计算规则：以“m”为计算单位，按设计图示尺寸以长度计算(含附加长度)。计算式为：

避雷网(带)长度(m)＝按图示尺寸计算的长度(m)×(1＋3.9)

其中：3.9 指避雷网(带)转弯、上下波动、避绕障碍物、搭接头等所占的长度，常称为附加长度。

## 二、避雷引下线

清单工程量计算规则：以“m”为计算单位，按设计图示尺寸以长度计算(含附加长度)。计算式为：

避雷引下线长度(m)＝按图示尺寸计算的长度×(1＋3.9)

## 三、接地极制作、安装工程量计算

清单工程量计算规则如下。

(1) 单独接地极制作、安装，钢管、角钢、圆钢接地极制作安装工程量以“根”或(块)为计量单位，按设计图示数量计算。

(2) 利用基础钢筋作接地极，可借鉴“均压环”项目，以“m”为计量单位，按设计图示尺寸以长度计算(含附加长度)。

单独接地极制作、安装其长度按设计长度计算，设计无规定时，每根长度按 2.5 m 计算。

利用基础钢筋或其他金属结构物作接地极时，注意应从引下线某高度或断接卡子处预留户外接地母线，材料为圆钢或扁钢，若测试电阻达不到设计要求时，即从预留的接地母线末端补打人工接地极，接地母线埋设深度根据设计要求，其长度一般引出建筑物水外 1.0 m 或采用标准图集。

## 四、接地母线敷设工程量计算

清单工程量计算规则：

以“m”为计量单位，按设计图示尺寸以长度计算(含附加长度)。

其工程量计算式如下：

接地母线长度(m)＝按图示尺寸计算的长度×(1＋3.9%)

接地母线一般从断接卡子所在高度为计算起点,算至接地极处,另计3.9%的附加长度。

## 五、计算实例

项目二中的接地装置属于单独的接地装置,该装置一般由接地母线、接地极组成,需要计算的工程量为接地极、接地母线及局部接地母线保护管。下面以此部分为例,介绍工程量计算方法,计算过程详见表3-42。

**表3-42 工程量计算书**

| 编号 | 项目 | 单位 | 数量 | 计算式 |
| --- | --- | --- | --- | --- |
| | 接地装置 | | | |
| 1 | SC70接地母线保护管 | m | 7.75 | |
| | 水平 | | 6.05 | $(6^2+0.75^2)^{1/2}$ |
| | | | | 6:配电箱至外墙,0.75:室内外埋深差 |
| | 垂直 | | 1.70 | 0.3(室外埋深)＋1.4(AW距离地面高度) |
| | | | | |
| 2 | 室内接地母线 | m | 8.05 | 7.75×(1＋3.9%) |
| 3 | 室外接地母线 | m | 18.70 | [3.0(室外)＋5.0×3]×(1＋3.9%) |
| 4 | 接地极 | 根 | 3.00 | |
| | | | | |

注:室内外接地母线应分开计算,因在计算综合单价套用定额时,室内外接地母线套用不同的定额子目。

# 任务4 防雷和接地装置工程量清单编制

电气工程分部分项工程量清单中"防雷和接地装置"部分的项目应进按表D.9的规定执行。

## 一、编制工程量清单相关规定

### 1. 项目特征

项目特征描述一般包括以下内容:名称、材质、规格安装形式、安装部位等。

单独设置的引下线,项目特征还应描述断接卡子的材质和规格。

### 2. 计量单位

接地极、避雷针等清单项目的计量单位是"根"或"个"。

接地母线、避雷引下线、避雷网、避雷针、均压环清单项目的计量单位都为"米"。

## 二、编制清单应注意的问题

(1) 利用桩基础作接地极，应描述桩台下桩的根数，每桩台下需焊接柱筋根数，其工程量接柱引下线计算，利用基础钢筋作接地极按均压环项目编码。

(2) 利用柱筋作引下线的，需描述柱筋焊接根数。

(3) 利用圈梁作均压环的，需描述圈梁筋焊接根数。

(4) 使用电缆、电线作接地线，应按计价规范附录 D.8、D.12 相关项目编码列项。

(5) 接地母线、引下线、避雷网工程量应包括附加长度，附加长度以按设计图示长度为基数，乘以 3.9%的附加长度系数计算。

## 三、防雷和接地装置清单编制实例

以项目二中的接地装置项目为例，说明接地装置项目清单的编制方法。

项目二中的接地装置不是防雷装置，而是单独的接地装置，用于生活设施的安全接地、保护接地，目的是防止电气工程中的漏电造成的危害。

根据规范附录 D.9 的规定，应编制 2 种清单项目：接地极、接地母线。具体内容见表 3-43。

**表 3-43　分部分项工程量清单与计价表**

工程名称：住宅楼电气照明工程

| 序号 | 项目编码 | 项目名称 | 项目特征描述 | 计量单位 | 工程量 | 金额/元 | | |
|---|---|---|---|---|---|---|---|---|
| | | | | | | 综合单价 | 合价 | 其中：暂估价 |
| 1 | 030409001001 | 接地极 | 接地极镀锌角钢 L50×50×5，长 2.5 m/根，3 根 | 根 | 3 | | | |
| 2 | 030409002001 | 接地母线 | 户内接地母线镀锌扁钢－40×4 | m | 8.05 | | | |
| 3 | 030409002002 | 接地母线 | 户外接地母线镀锌扁钢－40×4 | m | 18.70 | | | |

注：室内外接地母线应分列两个不同的清单项目，因在计算综合单价套用定额时，室内外接地母线套用不同的定额子目，其综合单价也不同。

# 任务 5　防雷和接地装置工程量清单综合单价的确定

## 一、确定综合单价应注意的问题

(1) 户外接地母线敷设定额系按自然地坪和一般土质综合考虑的，包括地沟的挖填土和夯实工作，执行本定额时不应再计算土方量。如遇有石方、矿渣、积水、障碍物等情况时可另行计算。

(2) 避雷针的安装、半导体少长针消雷装置的安装均已考虑了高空作业的因素。

(3) 独立避雷针的中加工制作执行第四册定额中“一般铁构件”制作定额子目。

(4) 防雷均压环安装定额是按利用建筑物圈梁内主筋作为防雷接地连接线考虑的。如果采用单独扁钢或圆钢明敷作均压环时，可执行“户内接地母线敷设”定额。

(5) 利用铜绞线作接地引下线时，配管、穿铜铰线执行第四册定额“配管、配线”一章中同规格的相应项目。

(6) 利用基础底板主筋作接地极，可套用“利用圈梁钢筋”(即“均压环敷设”)子目。

(7) 室外接地母线定额子目中，已包括接地沟的挖填土方工作量。

## 二、工程量清单综合单价计算实例

以项目二中的接地装置项目为例，说明接地装置项目综合单价的计算。见表 3-44～表 3-45。

注意表中主材的换算。

**1. 接地极**

假设镀锌角钢的单价为 3500 元/t；查表得 L50×50×5 镀锌角钢的理论质量为 3.77 kg/m。

接地极为镀锌角钢，型号为 L50×50×5，长 2.5 m/根，定额单位为“根”，工程量为 3，而主材计算单位为“kg”，两者不一致，因此，需将“根”数换算成“kg”数。换算如下：

主材用量 2.5 m/根×3 根×[1+0.05(损耗系数)]×3.77 kg/m=29.708 kg

**2. 户内接地母线**

假设镀锌扁钢的单价为 3500 元/t；查表得－40×4 镀锌扁钢的理论质量为 1.26 kg/m。

户内接地母线为镀锌扁钢，定额单位为“m”，工程量为 3.4m，而主材计算单位为“kg”，两者不一致，因此，需将“m”数换算成“kg”数。换算如下：

主材用量： 8.05 m×[1+0.05(损耗系数)]× 1.26 kg/m=10.65 kg

**表 3-44 工程量清单综合单价分析表**

工程名称：住宅楼电气照明工程

| 项目编码 | 030409001001 | 项目名称 | 接地极 | | | 计量单位 | 根 | | 工程量 | | 3.00 | | |
|---|---|---|---|---|---|---|---|---|---|---|---|---|---|
| 清单综合单价组成明细 | | | | | | | | | | | | | |
| 定额编号 | 定额名称 | 定额单位 | 数量 | 单价/元 | | | | | 合价/元 | | | | |
| | | | | 人工费 | 材料费 | 机械费 | 管理费 | 利润 | 人工费 | 材料费 | 机械费 | 管理费 | 利润 |
| 4-899 | 角钢接地极制安 普通土 | 根 | 1 | 39.96 | 2.08 | 7.77 | 15.98 | 5.59 | 39.96 | 2.08 | 7.77 | 15.98 | 5.59 |
| 综合人工工日 | | 小计 | | | | | | | 39.96 | 2.08 | 7.77 | 15.98 | 5.59 |
| 0.54 工日 | | 未计价材料费 | | | | | | | 34.66 | | | | |
| 清单项目综合单价 | | | | | | | | | 106.45 | | | | |

续表

| | 主要材料名称、规格、型号 | 单位 | 数量 | 单价/元 | 合价/元 | 暂估单价/元 | 暂估合价/元 |
|---|---|---|---|---|---|---|---|
| 材料费明细 | 接地极镀锌角钢 L50×50×5，长 2.5 m/根，3 根 | kg | 9.902 | 3.5 | 34.66 | | |
| | 其他材料费 | | | — | 2.08 | — | |
| | 材料费小计 | | | — | 36.74 | — | |

**表 3-45　工程量清单综合单价分析表**

工程名称：住宅楼电气照明工

| 项目编码 | 030409002001 | 项目名称 | 接地母线 | | | 计量单位 | m | | 工程量 | 8.05 | | | |
|---|---|---|---|---|---|---|---|---|---|---|---|---|---|
| 清单综合单价组成明细 | | | | | | | | | | | | | |
| 定额编号 | 定额名称 | 定额单位 | 数量 | 单价/元 | | | | | 合价/元 | | | | |
| | | | | 人工费 | 材料费 | 机械费 | 管理费 | 利润 | 人工费 | 材料费 | 机械费 | 管理费 | 利润 |
| 4-905 | 户内接地母线敷设 | 10m | 0.1 | 85.84 | 17.06 | 4.8 | 34.34 | 12.02 | 8.58 | 1.71 | 0.48 | 3.43 | 1.2 |
| A50 | 镀锌扁钢-40×4 | kg | 1.32 | | | | | | | | | | |
| 综合人工工日 | | 小计 | | | | | | | 8.58 | 1.71 | 0.48 | 3.43 | 1.2 |
| 0.116 工日 | | 未计价材料费 | | | | | | | 4.63 | | | | |
| 清单项目综合单价 | | | | | | | | | 20.04 | | | | |

| | 主要材料名称、规格、型号 | 单位 | 数量 | 单价/元 | 合价/元 | 暂估单价/元 | 暂估合价/元 |
|---|---|---|---|---|---|---|---|
| 材料费明细 | 镀锌扁钢-40×4 | kg | 1.323 | 3.5 | 4.63 | | |
| | 其他材料费 | | | — | 1.71 | — | |
| | 材料费小计 | | | — | 6.34 | — | |

# 子项目 3.8　照明器具安装工程量清单编制与计价

## 任务 1　照明器具安装工程量清单设置

照明器具安装工程量清单项目，包括普通灯具、工厂灯、高度标志（障碍）灯、装饰灯、荧光灯、医疗专用灯、一般路灯、中杆灯、高杆灯等。各种灯具清单项目的设置、项目特征描述的内容、计量单位、工程量计算规则，应按规范附录 D 中表 D.12 的规定执行，见表 3-46。

表 3-46　照明器具安装(编码 030412)

| 项目编码 | 项目名称 | 项 目 特 征 | 计量单位 | 工程量计算规则 | 工 作 内 容 |
|---|---|---|---|---|---|
| 030412001 | 普通灯 | 1. 名称<br>2. 型号<br>3. 规格<br>4. 类型 | 套 | 按设计图示数量计算 | 本体安装 |
| 030412002 | 工厂灯 | 1. 名称<br>2. 型号<br>3. 规格<br>4. 安装形式 | | | |
| 030412003 | 高度标志(障碍)灯 | 1. 名称<br>2. 型号<br>3. 规格<br>4. 安装部位<br>5. 安装形式 | | | |
| 030412004 | 装饰灯 | 1. 名称<br>2. 型号<br>3. 规格<br>4. 安装形式 | | | |
| 030412005 | 荧光灯 | | | | |
| 030412006 | 医疗专用灯 | 1. 名称<br>2. 型号<br>3. 规格 | | | |
| 030412007 | 一般路灯 | 1. 名称<br>2. 型号<br>3. 规格<br>4. 灯杆材质、规格<br>5. 灯架形式及臂长<br>6. 附件配置要求<br>7. 灯杆形式(单、双)<br>8. 基础形式、砂浆配合比<br>9. 杆座材质、规格<br>10. 接线端子材质、要求<br>11. 编号<br>12. 接地要求 | | | 1. 基础制作、安装<br>2. 立灯杆<br>3. 杆座安装<br>4. 灯架及灯具附件安装<br>5. 焊、压接线端子<br>6. 补刷(喷)油漆<br>7. 灯杆编号<br>8. 接地 |
| 030412008 | 中杆灯 | 1. 名称<br>2. 灯杆的材质及高度<br>3. 灯架的型号、规格<br>4. 附件配置<br>5. 光源数量<br>6. 基础形式、浇筑材质<br>7. 杆座材质、规格<br>8. 接线端子材质、规格<br>9. 铁构件规格<br>10. 编号<br>11. 灌浆配合比<br>12. 接地要求 | | | 1. 基础浇筑<br>2. 立灯杆<br>3. 杆座安装<br>4. 灯架及灯具附件安装<br>5. 焊、压接线端子<br>6. 铁构件安装<br>7. 补刷(喷)油漆<br>8. 灯杆编号<br>9. 接地 |

续表

| 项目编码 | 项目名称 | 项目特征 | 计量单位 | 工程量计算规则 | 工作内容 |
| --- | --- | --- | --- | --- | --- |
| 030412009 | 高杆灯 | 1.名称<br>2.灯杆高度<br>3.灯架形式(成套或组装、固定或升降)<br>4.附件配置<br>5.光源数量<br>6.基础形式、浇筑材质<br>7.杆座材质、规格<br>8.接线端子材质、规格<br>9.铁构件规格<br>10.编号<br>11.灌浆配合比<br>12.接地要求 | 套 | 按设计图示数量计算 | 1.基础浇筑<br>2.立灯杆<br>3.杆座安装<br>4.灯架及灯具附件安装<br>5.焊、压接线端子<br>6.铁构件安装<br>7.补刷(喷)油漆<br>8.灯杆编号<br>9.升降机构接线调试<br>10.接地 |
| 030412010 | 桥栏杆灯 | 1.名称<br>2.型号<br>3.规格<br>4.安装形式 | | | 1.灯具安装<br>2.补刷(喷)油漆 |
| 030412011 | 地道涵洞灯 | | | | |

# 任务 2 照明灯具安装清单工程量计算

## 一、照明灯具种类

照明灯具包括普通灯具、装饰灯具、荧光灯具、工厂灯、高度标志(障碍)灯、医疗专用灯、一般路灯、中杆灯、高杆灯等。各种灯具具体内容如下。

(1) 普通灯具包括圆球吸顶灯、半圆球吸顶灯、方形吸顶灯、软线吊灯、座灯头、吊链灯、防水吊灯、壁灯等。

(2) 工厂灯包括工厂罩灯、防水灯、防尘灯、碘钨灯、投光灯、泛光灯、混光灯、密闭灯等。

(3) 高度标志(障碍)灯包括烟囱指示灯、高塔指示灯、高层建筑屋顶障碍指示灯等。

(4) 装饰灯包括吊式艺术装饰灯、吸顶艺术装饰灯、荧光艺术装饰灯、几何型组合艺术装饰灯、标志灯、诱导装饰灯、水下(上)艺术装饰灯、点光源艺术灯、歌舞厅灯具、草坪灯具等。

(5) 医疗专及灯包括病房指示灯、病房暗脚灯、紫外线杀菌灯、无影灯等。

(6) 中杆灯指安装高度小于等于 19 m 的灯杆上的照明器具。

(7) 高杆灯是指安装在高度大于 19 m 的灯杆上的照明器具。

## 二、清单工程量计算规则

灯具安装工程量应区别灯具的种类、型号、规格按设计图示数量以“套”为计算单位，计算数量。

三、计算实例

以项目二中的灯具相关内容为例，计算灯具的工程量，计算过程见表 3-47。

**表 3-47　工程量计算书**

| 编号 | 项目 | 单位 | 数量 | 计算式 |
|---|---|---|---|---|
| 1 | 组合方形吸顶灯(卧室.厅等) | 只 | 70.00 | 5 只/户×2 户/层×7 层 |
| 2 | 半圆形吸顶灯(阳台.厨卫) | 只 | 56.00 | 4 只/户×2 户/层×7 层 |
| 3 | 半圆形吸顶灯(楼梯间) | 只 | 7 | 1 只/层×7 层 |

注意：对于吊链式荧光灯具：吊链式荧光灯灯具至天棚灯头盒这段电线的长度，属于灯具引线，已综合考虑在灯具安装的定额子目中，不应计入“配线”的工程量中。

# 任务 3　照明灯具安装工程量清单编制

电气工程分部分项工程量清单中“照明灯具安装”部分的项目应进按表 3-46 的规定执行。

## 一、编制工程量清单相关规定

**1. 项目特征**

项目特征描述一般包括以下内容：名称、型号、规格类型、安装形式、安装部位等。

**2. 计量单位**

照明灯具安装清单项目的计量单位是“套”。

## 二、编制清单应注意的问题

(1) 普通灯具包括圆球吸顶灯、半圆球吸顶灯、方形吸顶灯、软线吊灯、座灯头、吊链灯、防水吊灯、壁灯等。

(2) 工厂灯包括工厂罩灯、防水灯、防尘灯、碘钨灯、投光灯、泛光灯、混光灯、密闭灯等。

(3) 高度标志(障碍)灯包括烟囱指示灯、高塔指示灯、高层建筑屋顶障碍指示灯等。

(4) 装饰灯包括吊式艺术装饰灯、吸顶艺术装饰灯、荧光艺术装饰灯、几何型组合艺术装饰灯、标志灯、诱导装饰灯、水下(上)艺术装饰灯、点光源艺术灯、歌舞厅灯具、草坪灯具等。

(5) 医疗专及灯包括病房指示灯、病房暗脚灯、紫外线杀菌灯、无影灯等。

(6) 中杆灯指安装高度小于等于 19 m 的灯杆上的照明器具。

(7) 高杆灯是指安装在高度大于 19 m 的灯杆上的照明灯具。

## 三、照明灯具安装清单编制实例

以项目二中的照明灯具安装项目为例,说明照明灯具安装清单项目的编制方法。具体内容见表 3-48。

**表 3-48　分部分项工程量清单与计价表**

| 序号 | 项目编码 | 项目名称 | 项目特征描述 | 计量单位 | 工程量 | 金额/元 | | |
|---|---|---|---|---|---|---|---|---|
| | | | | | | 综合单价 | 合价 | 其中:暂估价 |
| 1 | 030412001001 | 普通灯具 | 组合方形吸顶灯 XD117,4×40 W | 套 | 70 | | | |
| 2 | 030412001002 | 普通灯具 | 半圆球吸顶灯 JXD5-1,1×40 W | 套 | 63 | | | |

# 任务 4　照明灯具工程量清单综合单价的确定

确定综合单价应注意的问题具体如下。

(1) 各型灯具的引线,除注明者外,均已综合考虑在定额内,执行时不得换算。

(2) 路灯、投光灯、碘钨灯、氙气灯、烟囱或水塔指示灯,均已考虑了一般工程的高空作业因素,其他器具安装高度如超过 5 m,则应按册说明中规定的超高系数另行计算。

(3) 定额中装饰灯具项目均已考虑了一般工程的超高作业因素,不包括脚手架搭拆费用。

(4) 定额内已包括利用摇表测量绝缘及一般灯具的试亮工作(但不包括调试工作)。

## 一、工程量清单综合单价计算实例

以项目二中的一个照明灯具安装项目为例,说明照明灯具安装综合单价的计算。见表 3-49。

表 3-49 工程量清单综合单价分析表

工程名称:住宅楼电气照明工程

| 项目编码 | 030412001002 | 项目名称 | | 普通灯具 | | | 计量单位 | | 套 | | 工程量 | | 70 |
|---|---|---|---|---|---|---|---|---|---|---|---|---|---|
| 清单综合单价组成明细 | | | | | | | | | | | | | |
| 定额编号 | 定额名称 | 定额单位 | 数量 | 单价/元 | | | | | 合价/元 | | | | |
| | | | | 人工费 | 材料费 | 机械费 | 管理费 | 利润 | 人工费 | 材料费 | 机械费 | 管理费 | 利润 |
| 4-1558 | 半圆球吸顶灯安装 Φ300 mm | 10 套 | 0.1 | 122.1 | 19.33 | | 48.84 | 17.09 | 12.21 | 1.93 | | 4.88 | 1.71 |
| 综合人工工日 | | 小计 | | | | | | | 12.21 | 1.93 | | 4.88 | 1.71 |
| 0.165 工日 | | 未计价材料费 | | | | | | | 65.85 | | | | |
| 清单项目综合单价 | | | | | | | | | 86.59 | | | | |
| 材料费明细 | 主要材料名称、规格、型号 | | | | | 单位 | 数量 | | 单价/元 | 合价/元 | 暂估单价/元 | 暂估合价/元 | |
| | 半圆球吸顶灯 JXD5-1 | | | | | 套 | 1.01 | | 60 | 60.6 | | | |
| | 圆木台 275～350 | | | | | 块 | 1.05 | | 5 | 5.25 | | | |
| | 其他材料费 | | | | | | | | — | 1.93 | — | | |
| | 材料费小计 | | | | | | | | — | 67.78 | — | | |

# 子项目 3.9 电气调整试验工程量清单编制与计价

## 任务 1 电气调整试验工程量清单设置

电气设备的调试分为 3 个阶段:设备本体试验、主要设备的分系统调试、成套设备的整套启动调试。其中成套设备的整套启动调试按专业定额另行计算。不在本节的讨论范围内。

本节所述电气调整试验主要是指设备本体试验和主要设备的分系统调试。

主要设备的分系统内所含的电气设备元件的本体试验已包括在该分系统调试定额之内。如:变压器的系统调试中已包括该系统中的变压器、互感器、开关、仪表和继电器等一、二次设备的本体调试和回路试验。

绝缘子和电缆等单体试验,只在单独试验时使用,不得重复计算。

电气调整试验工程量清单项目,包括电力变压器系统、送配电装置系统、特殊保护装置、自动投入装置、母线、接地装置、电缆试验等各种试验。电气调整试验清单项目的设置、项目特征描述的内容、计量单位、工程量计算规则，应按规范附录D中表3-50的规定执行。

**表3-50 电气调整试验（编码030414）**

| 项目编码 | 项目名称 | 项目特征 | 计量单位 | 工程量计算规则 | 工作内容 |
|---|---|---|---|---|---|
| 030414001 | 电力变压器系统 | 1.名称<br>2.型号<br>3.容量(kV·A) | 系统 | 按设计图示系统计算 | 系统调试 |
| 030414002 | 送配电装置系统 | 1.名称<br>2.型号<br>3.电压等级(KV)<br>4.类型 | | | |
| 030414003 | 特殊保护装置 | 1.名称<br>2.类型 | 台(套) | 按设计图示数量计算 | 调试 |
| 030414004 | 自动投入装置 | | 系统(台)(套) | | |
| 030414005 | 中央信号装置 | 1.名称<br>2.类型 | 系统(台) | | |
| 030414006 | 事故照明切换装置 | | 系统 | 按设计图示系统计算 | |
| 030414007 | 不间断电源 | 1.名称<br>2.类型<br>3.容量 | | | |
| 030414008 | 母线 | 1.名称<br>2.电压等级(kV) | 段 | 按设计图示数量计算 | |
| 030414009 | 避雷器 | | 组 | | |
| 030414010 | 电容器 | | | | |
| 030414011 | 接地装置 | 1.名称<br>2.类别 | 1.系统<br>2.组 | 1.以系统计量，按设计图示系统计算<br>2.以组计量，按设计图示数量计算 | 接电阻测试 |
| 030414012 | 电抗器、消弧线圈 | 1.名称<br>2.型号<br>3.规格 | 台 | 按设计图示数量计算 | 调试 |
| 030414013 | 电除尘器 | | 组 | | |
| 030414014 | 硅整流设备、可控硅整流装置 | 1.名称<br>2.类别<br>3.电压(V)<br>4.电流(A) | 系统 | 按设计图示系统算 | |
| 030414015 | 电缆试验 | 1.名称<br>2.电压等级(kV) | 次 | 按设计图示数量计算 | 试验 |

# 任务 2 电气调整试验工程量计算

电气调整试验的内容包括电力变压器系统、送配电装置系统、接地装置、特殊保护装置、避雷器、电缆试验等系统的调整试验。本节内容主要介绍一般电气照明工程中常用的几种电气调整试验:送配电装置系统调整试验、接地装置调整试验。

## 一、送配电装置系统调整试验

照明系统、动力系统都需要送配电系统调试。

送配电系统调试的工作内容:自动开关或断路器、隔离开关、常规保护装置、电测量仪表、电力电缆等一次、二次回路系统的调试。即线路内开关等电气元件的系统调试。

**1. 清单工程量计算规则**

以“系统”为计量单位计算数量。

**2. 系统的划分**

系统的划分是以施工图设计的电气原理系统图为计算依据。

凡是回路中有需要进行调试的元件可划分为一个系统。需作调试的元件指:仪表(PA、PV、PJ 等)、继电器(KV、KA、KH、KM、KS、KT 等)和电磁开关(KM、QF 等)。

1 kV 以下的总送配电装置,如电源屏至分配电箱的供电回路,有几个回路,就算几个“系统”调试,其中三相四线只算一个回路。

一般:一个单位工程至少一个送配电系统调试。

## 二、接地装置调整试验

**1. 清单工程量计算规则**

工程量是以“组”或以“系统”为计量单位,按施工图图示数量计算。

工程量计算分为独立接地装置调试和接地网调试两种项目。独立接地装置调试以“组”为计算单位,接地网调试以“系统”为计算单位。

(1) 接地装置调试,按施工图设计接地极组数计算,连成一体的接地极以 6 根以内为一组计算。接地电阻未达到要求时,增加接地极后需再作试验,可另计一次调试费。

(2) 接地网是由多根接地极连接而成的,有时是由若干组构成大接地网,一般分网可由 10～20 根接地极构成。实际工作中,如果按分网计算有困难时,可按网长每 50 m 为一个试验单位,不足 50 m 也可按一个网计算工程量。设计有规定的可按设计数量计算。

## 三、计算实例

以项目二中的电气调整试验内容为例,计算该部分的工程量,见表 3-51。

表 3-51 工程量计算书

| 编号 | 项目 | 单位 | 数量 | 计算式 |
| --- | --- | --- | --- | --- |
| | 电气调整试验 | | | |
| 1 | 1 kV 以下送配电系统调试 | 系统 | 1.00 | |
| 2 | 独立接地装置调试 | 组 | 1.00 | |

# 任务 3 电气调整试验工程量清单编制

电气工程分部分项工程量清单中"电气调整试验"部分的项目应进按表 D.14 的规定执行。

电气调试系统的划分以电气原理系统图为依据。电气设备元件的本体试验均包括在相应定额的系统调试之内,不得重复计算。

## 一、编制工程量清单相关规定

**1. 项目名称**

清单项目基本上是以系统名称或保护装置及设备本体名称来设置的。避雷器调试、接地装置调试等。

**2. 项目特征**

项目特征描述一般包括以下内容:

名称、型号、类型、电压等级(KV)、容量(KV.A)等。

**2. 计量单位**

清单项目的计量单位一般是"系统""组""台""套"等。

## 二、编制清单应注意的问题

(1) 功率大于 10 kW 电动机及发电机的启动调试用的蒸汽、电力和其他动力能源消耗及变压器空载试运转的电力消耗及设备需烘干处理应说明。

(2) 配合机械设备及其他工艺的单体试车,应按本规范附录 N 措施项目相关项目编码列项。

(3) 计算机系统调试应按本规范附录 F 自动化控制仪表安装工程相关项目编码列项。

(4) 送配电设备调试。

① 送配电设备系统调试,适用于各种供电回路(包括照明供电回路)的系统调试。

凡供电回路中带有仪表、继电器、电磁开关等调试元件的(不包括闸刀开关、保险器),均按调试系统计算。移动式电器和以插座连接的家电设备业经厂家调试合格、不需要用户自调的设备，均不应计算调试费用。

② 送配电设备系统调试，是按一侧有一台断路器考虑的，若两侧均有断路器时，则应按两个系统计算。

③ 送配电设备调试中的 1 kV 以下定额适用于所有低压供电回路，如从低压配电装置至分配电箱的供电回路；但从配电箱直接至电动机的供电回路已包括在电动机的系统调试定额内。

送配电设备系统调试包括系统内的电缆试验、瓷瓶耐压等全套调试工作。供电桥回路中的断路器、母线分段断路器皆作为独立的供电系统计算。定额皆按一个系统一侧配一台断路器考虑的。若两侧皆有断路器时，则按两个系统计算。如果分配电箱内只有刀开关、熔断器等不含调试元件的供电回路，则不再作为调试系统计算。

(5) 接地装置调整试验。

① 接地网调试：其工作内容主要是接地网接地电阻的测定。接地网调试以“系统”为计量单位。

一般的发电厂或变电站连为一体的母网，按一个系统计算；自成母网不与厂区母网相连的独立接地网，另按一个系统计算。大型建筑群各有自己的接地网(接地电阻值设计有要求)，虽然在最后也将各接地网联在一起，但应按各自的接地网计算，不能作为一个网，具体应按接地网的试验情况而定。

② 独立的接地装置按组计算。独立接地装置调试以“组”为计量单位。按施工图设计接地极组数计算，连成一体的接地极以 6 根以内为一组计算。

如一台柱上变压器有一个独立的接地装置，即按一组计算。

③ 避雷针接地电阻的测定。每一避雷针均有单独接地网(包括独立的避雷针、烟囱避雷针等)时，均按一组计算。

## 三、清单编制实例

以项目二中的电气调整试验项目为例，说明电气调整试验项目清单的编制方法。

一般电气照明工程中常用的几种电气调整试验：1 kV 以下送配电装置系统调整试验、接地装置调整试验。项目二中的电气调整试验主要包括。具体内容见表 3-52。

**表 3-52　分部分项工程量清单与计价表**

| 序号 | 项目编码 | 项目名称 | 项目特征描述 | 计量单位 | 工程量 | 金额/元 | | |
|---|---|---|---|---|---|---|---|---|
| | | | | | | 综合单价 | 合价 | 其中：暂估价 |
| 1 | 030414002001 | 送配电装置系统 | 1 kV 以下送配电系统调试 | 系统 | 1 | | | |
| 2 | 030414011001 | 接地装置 | 独立接地装置调试 | 组 | 1 | | | |

根据施工图图纸，项目二中连成一体的接地极为3根一组，一个住宅单元有1组。因此属于“独立接地装置调”。

# 任务4 电气调整试验工程量清单综合单价的确定

确定综合单价应注意的问题具体如下。

(1) 一般的住宅、学校、办公楼、旅馆、商店等民用电气工程的供电调试应按下列规定：

① 配电室内带有调试元件的盘、箱、柜和带有调试元件的照明主配电箱，应按供电方式执行相应的“配电设备系统调试”定额。

② 每个用户房间的配电箱(板)上虽装有电磁开关等调试元件，但如果生产厂家已按固定的常规参数调整好，不需要安装单位进行调试就可直接投入使用的，不得计取调试费用。

③ 民用电能表的调整检验属于供电部门的专业管理，一般皆由用户向供电局订购调试完毕的电能表，不得另外计算调试费用。

(2) 高标准的高层建筑、高级宾馆、大会堂、体育馆等具有较高控制技术的电气工程(包括照明工程中由程控调光控制的装饰灯具)，应按控制方式执行相应的电气调试定额。

以项目二中的电气调整试验项目为例，说明电气调整试验综合单价的计算。见表3-53和表3-54。

**表3-53 工程量清单综合单价分析表**

工程名称：住宅楼电气照明工程

| 项目编码 | 030414002001 | 项目名称 | 送配电装置系统 | | | | 计量单位 | 系统 | 工程量 | | 1 | | |
|---|---|---|---|---|---|---|---|---|---|---|---|---|---|
| 清单综合单价组成明细 | | | | | | | | | | | | | |
| 定额编号 | 定额名称 | 定额单位 | 数量 | 单价/元 | | | | | 合价/元 | | | | |
| | | | | 人工费 | 材料费 | 机械费 | 管理费 | 利润 | 人工费 | 材料费 | 机械费 | 管理费 | 利润 |
| 4-1821 | 1 kV以下交流供电系统调试(综合) | 系统 | 1 | 369.6 | 3.99 | 51.69 | 147.84 | 51.74 | 369.6 | 3.99 | 51.69 | 147.84 | 51.74 |
| 综合人工工日 | | 小计 | | | | | | | 369.6 | 3.99 | 51.69 | 147.84 | 51.74 |
| 4.8工日 | | 未计价材料费 | | | | | | | | | | | |
| 清单项目综合单价 | | | | | | | | | 624.86 | | | | |

| 材料费明细 | 主要材料名称、规格、型号 | 单位 | 数量 | 单价/元 | 合价/元 | 暂估单价/元 | 暂估合价/元 |
|---|---|---|---|---|---|---|---|
| | | | | | | | |
| | 其他材料费 | — | 3.99 | — | | | |
| | 材料费小计 | — | 3.99 | — | | | |

表 3-54　工程量清单综合单价分析表

工程名称:住宅楼电气照明工程

| 项目编码 | 030414011001 | 项目名称 | | 接地装置 | | | 计量单位 | | 组 | 工程量 | | 1 |
|---|---|---|---|---|---|---|---|---|---|---|---|---|
| 清单综合单价组成明细 | | | | | | | | | | | | |
| 定额编号 | 定额名称 | 定额单位 | 数量 | 单价/元 | | | | | 合价/元 | | | |
| | | | | 人工费 | 材料费 | 机械费 | 管理费 | 利润 | 人工费 | 材料费 | 机械费 | 管理费 | 利润 |
| 4-1857 | 独立接地装置调试 6 根接地极 | 组 | 1 | 147.84 | 1.6 | 46.17 | 59.14 | 20.7 | 147.84 | 1.6 | 46.17 | 59.14 | 20.7 |
| 综合人工工日 | | 小计 | | | | | | | 147.84 | 1.6 | 46.17 | 59.14 | 20.7 |
| 1.92 工日 | | 未计价材料费 | | | | | | | | | | | |
| 清单项目综合单价 | | | | | | | | | 275.45 | | | | |

| 材料费明细 | 主要材料名称、规格、型号 | 单位 | 数量 | 单价/元 | 合价/元 | 暂估单价/元 | 暂估合价/元 |
|---|---|---|---|---|---|---|---|
| | | | | | | | |
| | 其他材料费 | | | — | 1.6 | — | |
| | 材料费小计 | | | — | 1.6 | — | |

# 子项目 3.10　项目二清单计价实例

## 任务　项目二——住宅楼电气照明工程清单编制

### 一、计算清单工程量

完整的清单工程量计算过程如表 3-55 所示。

表 3-55　工程量计算书

| 编号 | 项目 | 单位 | 数量 | 计算式 |
|---|---|---|---|---|
| 一 | 控制设备 | | | |
| 1 | 电度表箱 | 台 | 1 | |

续表

| 编号 | 项目 | 单位 | 数量 | 计算式 |
|---|---|---|---|---|
| | 焊铜接线端子 16 $mm^2$ | 个 | 42 | 3×14 |
| | 无端子接线 2.5 $mm^2$ | 个 | 3 | 3 |
| 2 | 户用配电箱 | 台 | 14 | |
| | 焊铜接线端子 16 $mm^2$ | 个 | 42 | 3 个/回路×1 回路/户×14 户 |
| | 无端子接线 4 $mm^2$ | 个 | 210 | 3 个/回路×5 回路/户×14 户 |
| | 无端子接线 2.5 $mm^2$ | 个 | 84 | 3 个/回路×2 回路/户×14 户 |
| 二 | 电缆及电缆保护管 | | | |
| 1 | 电缆保护管 SG80 | m | 8.75 | |
| | 水平 | | 7.05 | $(6^2+0.75^2)^{1/2}$+1.0(室外) |
| | | | | 6:配电箱至外墙,0.75:室内外埋深差 |
| | 垂直 | | 1.70 | 0.3(室内埋深)+1.4(AW 距离地面高度) |
| | | | | |
| 2 | 电缆 | m | | 此处入户电缆线暂不考虑, |
| | | | | 在计算室外线网时统一考虑。 |
| | | | | |
| 三 | 配管、配线 | | | |
| 1 | 电表箱系统图 | | | |
| | AW 箱-AL1-1,AL1-2 配管 PC40 | m | 18.50 | |
| | 水平 | | 11.70 | 5.85×2 |
| | 垂直 | | 3.00 | 出 AW 箱:(1.4+0.1)×2 |
| | | | 3.80 | 入 AL 箱:(1.8+0.1)×2 |
| | 配线 BV-16 | m | 71.70 | [18.50/2+0.9+0.9+0.45+0.45]×3×2 |
| | AW 箱-AL2-1,AL2-2 配管 PC40 | m | 16.70 | |
| | 水平 | | 11.70 | 5.85×2 |
| | 垂直 | | 1.20 | 出 AW 箱:(3.0−1.4−0.9−0.1)×2 |
| | | | 3.80 | 入 AL 箱:(1.8+0.1)×2 |
| | 配线 BV-16 | m | 66.30 | [16.7/2+0.9+0.9+0.45+0.45]×3×2 |
| | AW 箱-AL3-1,AL3-2 配管 PC40 | m | 22.70 | |
| | 水平 | | 11.70 | 5.85×2 |
| | 垂直 | | 7.20 | 出 AW 箱:(3.0−1.4−0.9−0.1+3.0)×2 |
| | | | 3.80 | 入 AL 箱:(1.8+0.1)×2 |

续表

| 编号 | 项目 | 单位 | 数量 | 计算式 |
|---|---|---|---|---|
| | 配线 BV-16 | m | 84.30 | [22.7/2+0.9+0.9+0.45+0.45]×3×2 |
| | AW 箱-AL4-1,AL4-2 配管 PC40 | m | 28.70 | |
| | 水平 | | 11.70 | 5.85×2 |
| | 垂直 | | 13.20 | 出 AW 箱:(3.0−1.4−0.9−0.1+3.0×2)×2 |
| | | | 3.80 | 入 AL 箱:(1.8+0.1)×2 |
| | 配线 BV-16 | m | 102.30 | [28.7/2+0.9+0.9+0.45+0.45]×3×2 |
| | AW 箱-AL5-1,AL5-2 配管 PC40 | m | 34.70 | |
| | 水平 | | 11.70 | 5.85×2 |
| | 垂直 | | 19.20 | 出 AW 箱:(3.0−1.4−0.9−0.1+3.0×3)×2 |
| | | | 3.80 | 入 AL 箱:(1.8+0.1)×2 |
| | 配线 BV-16 | m | 120.30 | [34.7/2+0.9+0.9+0.45+0.45]×3×2 |
| | AW 箱-AL6-1,AL6-2 配管 PC40 | m | 40.70 | |
| | 水平 | | 11.70 | 5.85×2 |
| | 垂直 | | 25.20 | 出 AW 箱:(3.0−1.4−0.9−0.1+3.0×4)×2 |
| | | | 3.80 | 入 AL 箱:(1.8+0.1)×2 |
| | 配线 BV-16 | m | 138.30 | [40.7/2+0.9+0.9+0.45+0.45]×3×2 |
| | AW 箱-AL7-1,AL7-2 配管 PC40 | m | 46.70 | |
| | 水平 | | 11.70 | 5.85×2 |
| | 垂直 | | 31.20 | 出 AW 箱:(3.0−1.4−0.9−0.1+3.0×5)×2 |
| | | | 3.80 | 入 AL 箱:(1.8+0.1)×2 |
| | 配线 BV-16 | m | 156.30 | [46.7/2+0.9+0.9+0.45+0.45]×3×2 |
| | AW 箱-公共照明配管 PC16 | m | 38.23 | |
| | 穿 3 根线 | m | 19.54 | |
| | 水平 | | 0.94 | 0.94 |
| | 垂直 | | 0.60 | 出 AW 箱:(3.0−1.4−0.9−0.1) |
| | | | 18.00 | 开关-开关:3.0×6 |
| | 配线 BV-2.5 | | 64.02 | [19.54+0.9+0.9]×3 |
| | 穿 4 根线 | m | 18.69 | |
| | 水平 | | 8.19 | 灯-开关:1.17×7 |
| | 垂直 | | 10.50 | 开关-天棚:(3.0−1.4−0.1)×7 |
| | 配线 BV-2.5 | | 74.76 | 18.69×4 |

续表

| 编号 | 项目 | 单位 | 数量 | 计算式 |
| --- | --- | --- | --- | --- |
| | 配管汇总： | | | |
| | PC40 | | 208.7 | |
| | PC16 | | 38.23 | |
| | 配线汇总： | | | |
| | BV-16 | m | 739.5 | |
| | BV-2.5 | m | 138.78 | |
| 2 | 户内配电箱系统图 | | | |
| 1) | 照明 1 回路 WC CC | | | |
| | 配管 PC16（1 户） | | | |
| | 水平穿 2 根线 | m | 10.42 | 2.3+2.14+2.25+2.18+1.55 |
| | 穿 3 根线 | m | 31.64 | |
| | 客厅 | | 3.74 | 3.74 |
| | 厨房 | | 8.08 | 3.40+2.20+2.48 |
| | 卫生间 | | 9.61 | 2.70+4.33+1.29+1.29 |
| | 左卧 | | 6.74 | 3.3+3.44 |
| | 中卧 | | 3.47 | 3.47 |
| | | | | |
| | 垂直穿 2 根线 | m | 7.50 | 入开关：(3.0−1.4−0.1)×5 |
| | 穿 3 根线(1 户) | m | 3.65 | 出 AL 箱 3.0−1.8−0.45−0.1 |
| | | | | 入开关：(3.0−1.4−0.1)×2 |
| | 配管 PC16（1 户）汇总： | | | |
| | PC16 穿 2 根线 | m | 17.92 | |
| | PC16 穿 3 根线 | m | 35.29 | |
| | 配线 BV-2.5 | m | 144.41 | 17.92×2+[35.29+0.45+0.45]×3 |
| | | | | |
| | 配管汇总：(14 户) | | | |
| | PC16 | m | 766.64 | 23.5×14+31.26×14 |
| | 配线 BV-2.5 | m | 2021.74 | 143.48×14 |
| 2) | 插座 | | | |
| | 普通插座 2 回路 FC WC | | | |
| | 配管 PC16 | m | 43.24 | |

续表

| 编号 | 项目 | 单位 | 数量 | 计算式 |
|---|---|---|---|---|
| | 水平 | m | 32.14 | |
| | 客厅 | | 15.75 | 2.19+4.94+3.98+1.46+3.18 |
| | 左卧 | | 5.88 | 2.58+3.30 |
| | 中卧 | | 3.84 | 3.84 |
| | 右卧 | | 6.67 | 3.61+2.58+0.24+0.24 |
| | 垂直 | m | 11.10 | |
| | | | 1.90 | 出 AL 箱:1.8+0.1 |
| | | | 9.20 | 入插座:(0.3+0.1)×23 |
| | 配线 BV-2.5 | m | 132.42 | [42.76+0.45+0.45]×3 |
| | 厨房插座 3 回路 CC WC | | | |
| | 配管 PC2O | m | 29.13 | |
| | 水平 | m | 13.08 | 2.76+2.89+4.76+2.67 |
| | 垂直 | m | 16.05 | |
| | | | 0.65 | 出 AL 箱:3.0−1.8−0.45−0.1 |
| | | | 15.40 | 入插座:(3.0−1.5−0.1)×11 |
| | 配线 BV-4 | m | 90.09 | [29.13+0.45+0.45]×3 |
| | 卫生间插座 4 回路 CC WC | | | |
| | 配管 PC2O | m | 14.85 | |
| | 水平 | m | 6.50 | 2.58+2.07+1.85 |
| | 垂直 | m | 8.35 | |
| | | | 0.65 | 出 AL 箱:3.0−1.8−0.45−0.1 |
| | | | 7.70 | 入插座:(3.0−1.8−0.1)×7 |
| | 配线 BV-4 | m | 47.25 | [14.85+0.45+0.45]×3 |
| | 客厅空调插座 5 回路 FC WC | | | |
| | 配管 PC2O | m | 15.38 | |
| | 水平 | m | 13.08 | 2.39+2.59 |
| | 垂直 | m | 2.30 | |
| | | | 1.90 | 出 AL 箱:1.8+0.1 |
| | | | 0.40 | 入插座:0.3+0.1 |
| | 配线 BV-4 | m | 48.84 | [16.38+0.45+0.45]×3 |
| | 卧室空调插座 6 回路 CC WC | | | |

续表

| 编号 | 项目 | 单位 | 数量 | 计算式 |
|---|---|---|---|---|
| | 配管 PC20 | m | 8.37 | |
| | 水平 | m | 6.82 | 2.82+3.88+0.12(墙厚一半) |
| | 垂直 | m | 1.55 | |
| | | | 0.65 | 出 AL 箱:3.0-1.8-0.45-0.1 |
| | | | 0.90 | 入插座:(3.0-2.0-0.1)×1 |
| | 配线 BV-4 | m | 27.81 | [8.37+0.45+0.45]×3 |
| | 卧室空调插座 7 回路 CC WC | | | |
| | 配管 PC20 | m | 6.32 | |
| | 水平 | m | 4.77 | 0.9+3.87 |
| | 垂直 | m | 1.55 | |
| | | | 0.65 | 出 AL 箱:3.0-1.8-0.45-0.1 |
| | | | 0.90 | 入插座:(3.0-2.0-0.1)×1 |
| | 配线 BV-4 | m | 21.66 | [6.32+0.45+0.45]×3 |
| | | | | |
| | | | | |
| | 配管汇总(1 户) | | | |
| | PC16 | m | 43.24 | |
| | PC20 | m | 74.05 | |
| | 配线汇总(1 户) | | | |
| | BV-2.5 | m | 132.42 | |
| | BV-4 | m | 235.65 | |
| | | | | |
| | 配管汇总(14 户) | | | |
| | PC16 | m | 605.36 | |
| | PC20 | m | 1036.70 | |
| | 配线汇总(14 户) | | | |
| | BV-2.5 | m | 1853.88 | |
| | BV-4 | m | 3299.10 | |
| | | | | |
| 3 | 所有管线汇总: | | | |
| | PC40 | m | 208.70 | |

续表

| 编号 | 项目 | 单位 | 数量 | 计算式 |
|---|---|---|---|---|
| | PC20 | m | 1036.70 | |
| | PC16 | m | 1410.23 | 38.23+766.64+598.64 |
| | BV-16 | m | 739.50 | |
| | BV-4 | m | 3299.10 | |
| | BV-2.5 | m | 4014.40 | 138.78+2008.72+1833.72 |
| | | | | |
| 四 | 开关、插座 | 个 | 483.00 | |
| | 定时开关 | | 7.00 | |
| | 单联单控暗开关 | | 70.00 | 5个/户×2户/层×7层 |
| | 双联单控暗开关 | | 28.00 | 2个/户×2户/层×7层 |
| | 单相二三孔双联安全暗插座 | | 224.00 | 16个/户×2户/层×7层 |
| | 单相三孔安全暗插座(空调) | | 56.00 | 4个/户×2户/层×7层 |
| | 单相二三孔密闭暗插座(厨房卫生间) | | 98.00 | 7个/户×2户/层×7层 |
| 五 | 灯具 | | | |
| | 组合方形吸顶灯(卧室、厅等) | 只 | 70.00 | 5只/户×2户/层×7层 |
| | 半圆球吸顶灯(阳台.厨卫) | 只 | 56.00 | 4只/户×2户/层×7层 |
| | 半圆球吸顶灯(楼梯间) | 只 | 7.00 | 1只/层×7层 |
| 六 | 开关、插座盒 | 个 | 483.00 | 483 |
| | 灯头盒 | 个 | 140.00 | 140 |
| 七 | 接地装置 | | | |
| 1 | SC70接地母线保护管 | m | 7.75 | |
| | 水平 | | 6.05 | $(6^2+0.75^2)^{1/2}$ |
| | | | | 6:配电箱至外墙,0.75:室内外埋深差 |
| | 垂直 | | 1.70 | 0.3(室外埋深)+1.4(AW距离地面高度) |
| | | | | |
| 2 | 室内接地母线 | m | 8.05 | 7.75×(1+3.9%) |
| 3 | 室外接地母线 | m | 18.70 | [3.0(室外)+5.0×3]×(1+3.9%) |
| | | | | |
| 4 | 接地极 | 根 | 3.00 | |
| | | | | |
| 八 | 电气调整试验 | | | |
| 1 | 1KV以下送配电系统调试 | 系统 | 1.00 | |
| 2 | 独立接地装置调试 | 组 | 1.00 | |

## 二、编制工程量清单

工程量清单包括分部分项工程量清单、措施项目清单、其他项目清单、规费和税金，各表格格式同项目一。此处不再详列。

## 三、计算综合单价

通过工程量清单综合单价分析表来计算各清单项目的综合单价。见前面各单元。

## 四、工程量清单计价

各部分费用内容和计算见表 3-56～表 3-60。

**表 3-56　分部分项工程量清单与计价表**

工程名称：住宅楼电气照明工程

| 序号 | 项目编码 | 项目名称 | 项目特征描述 | 计量单位 | 工程量 | 金额/元 | | |
|---|---|---|---|---|---|---|---|---|
| | | | | | | 综合单价 | 合价 | 其中：人工费 |
| 1 | 030404017001 | 配电箱 | 嵌墙式配电箱 JLFX-9 900×900×200；焊铜接线端子 16 $mm^2$，42 个；无端子接线 2.5 $mm^2$，3 个 | 台 | 1 | 1796.70 | 1796.70 | |
| 2 | 030404017002 | 配电箱 | 嵌墙式配电箱 XRM101，450×450×105；无端子接线 2.5 $mm^2$，84 个；4$mm^2$，210 个；焊接接线端子 16 $mm^2$，42 个 | 台 | 14 | 862.05 | 12068.70 | |
| 3 | 030408003001 | 电缆保护管 | 电缆保护管，钢管 SC80 埋深 0.7 m | m | 8.75 | 82.83 | 724.76 | |
| 4 | 030408003002 | 电缆保护管 | 接地母线保护管，钢管 SC70 埋深 0.7 m | m | 7.75 | 71.09 | 550.95 | |
| 5 | 030411001001 | 配管 | 塑料管 PC40 沿楼板砖墙暗配 | m | 208.70 | 21.32 | 4449.48 | |
| 6 | 030411001002 | 配管 | 塑料管 PC20 沿楼板砖墙暗配 | m | 1036.70 | 9.27 | 9610.21 | |

续表

| 序号 | 项目编码 | 项目名称 | 项目特征描述 | 计量单位 | 工程量 | 金额/元 | | |
|---|---|---|---|---|---|---|---|---|
| | | | | | | 综合单价 | 合价 | 其中：人工费 |
| 7 | 030411001003 | 配管 | 塑料管 PC16 沿楼板砖墙暗配 | m | 1410.23 | 7.99 | 11267.74 | |
| 8 | 030411004001 | 配线 | 管内穿线 BV-16 | m | 739.50 | 14.98 | 11077.71 | |
| 9 | 030411004002 | 配线 | 管内穿线 BV-4 | m | 3299.10 | 4.32 | 14252.11 | |
| 10 | 030411004003 | 配线 | 管内穿线 BV-2.5 | m | 4014.40 | 3.29 | 13207.38 | |
| 11 | 030404034001 | 照明开关 | 暗装单联单控开关 L1E1K/1 | 个 | 70 | 29.24 | 2046.80 | |
| 12 | 030404034002 | 照明开关 | 暗装双联单控开关 L1E2K/1 | 个 | 28 | 37.38 | 1046.64 | |
| 13 | 030404034003 | 照明开关 | 暗装定时开关 | 个 | 7 | 40.46 | 283.22 | |
| 14 | 030404035001 | 插座 | 暗装单相二、三孔 10A 安全暗插座 L1E2SK/P（客厅，卧室、厨房局部） | 个 | 224 | 32.32 | 7239.68 | |
| 15 | 030404035002 | 插座 | 暗装单相三孔 16A 空调专用插座 L1E1S/16P | 个 | 56 | 43.37 | 2428.72 | |
| 16 | 030404035003 | 插座 | 暗装单相二、三孔 10A 防水插座 L1E1SK/P（厨房、卫生间） | 个 | 98 | 40.07 | 3926.86 | |
| 17 | 030411006001 | 接线盒 | 开关盒、插座盒、灯头盒 | 个 | 623 | 7.74 | 4822.02 | |
| 18 | 030412001002 | 普通灯具 | 半圆球吸顶灯 JXD5-1，1*40 W 照明灯具（阳台、楼梯间、厨、卫） | 套 | 63 | 86.59 | 5455.17 | |
| 19 | 030412001001 | 普通灯具 | 组合方形吸顶灯 XD117，4*40 W（卧室、厅等） | 套 | 70 | 132.92 | 9304.40 | |
| 20 | 030409001001 | 接地极 | 接地极镀锌角钢 L50×50×5，长 2.5 m/根，3 根 | 根 | 3.00 | 106.04 | 318.12 | |
| 21 | 030409002001 | 接地母线 | 户内接地母线镀锌扁钢-40×4 | m | 8.05 | 20.04 | 161.32 | |
| 22 | 030409002002 | 接地母线 | 户外接地母线镀锌扁钢-40×4 | m | 18.70 | 31.92 | 596.90 | |
| 23 | 030414002001 | 送配电装置系统 | 1 kV 以下送配电系统调试 | 系统 | 1 | 624.86 | 624.86 | |
| 24 | 030414011001 | 接地装置 | 独立接地装置调试 | 组 | 1 | 275.45 | 275.45 | |
| 合计 | | | | | | | 117573.90 | |

表 3-57　单价措施项目清单与计价表

工程名称：住宅楼电气照明工程

| 序号 | 项目编码 | 项目名称 | 项目特征描述 | 计量单位 | 工程量 | 金额/元 | | |
|---|---|---|---|---|---|---|---|---|
| | | | | | | 综合单价 | 合价 | 其中：人工费 |
| 1 | 031301017001 | 脚手架搭拆 | 电气照明工程 | 项 | 1.00 | 1025.04 | 1025.04 | |
| | | 合计 | | | | | 1025.04 | |

表 3-58　总价措施项目清单与计价表

工程名称：住宅楼电气照明工程

| 序号 | 项目编码 | 项目名称 | 计算基础 | 计算基础 | 费率/(%) | 金额/元 | 备注 |
|---|---|---|---|---|---|---|---|
| 1 | 031302001001 | 安全文明施工 | | | | 2134.10 | |
| 1) | | 基本费 | 分部分项工程费＋单价措施清单合价－除税工程设备费 | 118560.94 | 1.5 | 1778.41 | |
| 2) | | 增加费 | 分部分项工程费＋单价措施清单合价－除税工程设备费 | 118560.94 | 0.3 | 355.68 | |
| 2 | 031302011001 | 住宅分户验收 | 分部分项工程费＋单价措施清单合价－除税工程设备费 | 118560.94 | 0.1 | 118.56 | |
| | | | 合计 | | | 2252.66 | |

表 3-59　其他项目清单与计价表

工程名称：住宅楼电气照明工程

| 序号 | 项目名称 | 计量单位 | 金额/元 | 备注 |
|---|---|---|---|---|
| 1 | 暂列金额 | 元 | 0.00 | |
| 2 | 暂估价 | 元 | 0.00 | |
| 2.1 | 材料暂估价 | 元 | 0.00 | |
| 2.2 | 专业工程暂估价 | 元 | 0.00 | |
| 3 | 计日工 | 元 | 0.00 | |
| 4 | 总承包服务费 | 元 | 0.00 | |

**表 3-60　规费、税金项目清单与计价表**

工程名称:住宅楼电气照明工程

| 序号 | 项 目 名 称 | 计算基础 | 计算基数/元 | 计算费率(%) | 金额/元 |
|---|---|---|---|---|---|
| 1 | 规费 | 分部分项工程费+措施项目费+其他项目费-除税工程设备费 | 3545.79 | | 3527.76 |
| 1.1 | 社会保险费 | | 120813.60 | 2.4 | 2899.53 |
| 1.2 | 住房公积金 | | 120813.60 | 0.42 | 507.42 |
| 1.3 | 工程排污费 | | 120813.60 | 0.1 | 120.81 |
| 2 | 税金 | 分部分项工程费+措施项目费+其他项目费+规费-(甲供材料费+甲供设备费)/1.01 | 124341.35 | 11 | 13677.55 |
| 合计 | | | | | 17205.31 |

## 五、单位工程造价的确定

单位工程造价是由以上各项费用合计后确定的,具体计算过程见表 3-61。

**表 3-61　单位工程费用汇总表**

工程名称:住宅楼电气照明工程

| 序号 | 内容 | 计算方法 | 金额/元 |
|---|---|---|---|
| 1 | 分部分项工程 | | 117535.90 |
| | 其中:人工费 | 人工消耗量×人工单价 | |
| | 材料费 | 材料消耗量×除税材料单价 | |
| | 机械费 | 机械消耗量×除税机械单价 | |
| 2 | 措施项目 | 2.1+2.2 | 3277.70 |
| 2.1 | 单价措施项目费 | (脚手架搭拆费) | 1025.04 |
| 2.2 | 总价措施项目费 | | 2252.66 |
| 2.2.1 | 其中:安全文明施工费 | | 2134.10 |
| 3 | 其他项目 | 该工程无此费用 | 0.00 |
| 4 | 规费 | (分部分项工程费+措施项目费+其他项目费-除税工程设备费)×费率 | 3527.76 |
| 5 | 税金 | 【分部分项工程费+措施项目费+其他项目费+规费-(除税甲供材料费+除税甲供设备费)/1.01】×税率 | 13677.55 |
| 工程造价合计 | | (1+2+3+4+5) | 138018.91 |

## 六、编制说明

略

## 七、封面

略

下面是一套完整的“办公楼配电照明工程”图纸，见图 3-45～图 3-56。根据前面所学习的知识，编制该安装工程的工程量清单和招标控制价。

强电说明：

一、工程概况

本建筑层数：地上三层，总建筑面积 1437.4 m$^2$；

采用放射式配电，380/220 V 供电电源引自主厂房配电室，电源电缆采用直埋方式引入本建筑配电箱，电缆埋深距室外地面 0.7 m，穿墙采用 SC 焊接钢管保护；保护管伸出散水坡 0.3 m，应急照明灯具内的蓄电池提供备用电源。

二、线路敷设

(1) 吊顶内的配电线沿电缆桥架敷设，桥架至电气设备的支线均穿钢管暗敷；

(2) 消防线路：如果明敷，需穿钢管或防火电缆桥架保护，钢管上需涂防火涂料，如果暗敷，则应穿钢管，并应敷设在不燃烧结构内，且保护层厚度不应小于 30 mm；

(3) 照明电路：均穿管暗敷每根管内导线根数不应超过 8 根，插座回路与照明回路需分管敷设。所有导线之间的连接头均应在配电箱或接线盒内做接头处理。

(4) 桥架需设盖板，盖板距顶棚或其他障碍物不应小于 0.3 m，沿桥架敷设的线路，应在首端、尾端、转弯及每隔 50 m 处，设编号、型号及起、止点等标记；

(5) 所有穿越墙及楼板的电气线路孔洞待管线敷设完毕后，需将孔洞、缝隙用防火材料封堵，其等级相当于原构件的防火等级。电缆自室外引进室内时，应预埋防火套管，做好防水处理。电缆线经过伸缩缝时应按照规范采取相应措施。

三、设备安装

动力配电箱需固定在高 100 mm 的槽钢底座上，其余配电箱、开关、插座等均嵌装，其安装高度见材料表。开关距门边 0.15 m。

四、接地

电源引入处 PEN 线需重复接地；插座、Ⅰ类灯具及高度在 2.4 m 以下的灯具，需专设一根保护线；所有电力装置的外需不带电可导电部分，均需与 N 线绝缘，与 PE 线可靠电气连接。

所有桥架、支架等必须用铜编织带或扁钢连接成电气通路并在两端与接地装置可靠焊接。建筑物内应作总等电位联结，其接地装置与防雷接地装置共用，接地电阻≤1 Ω，详见防雷、接地设计图。

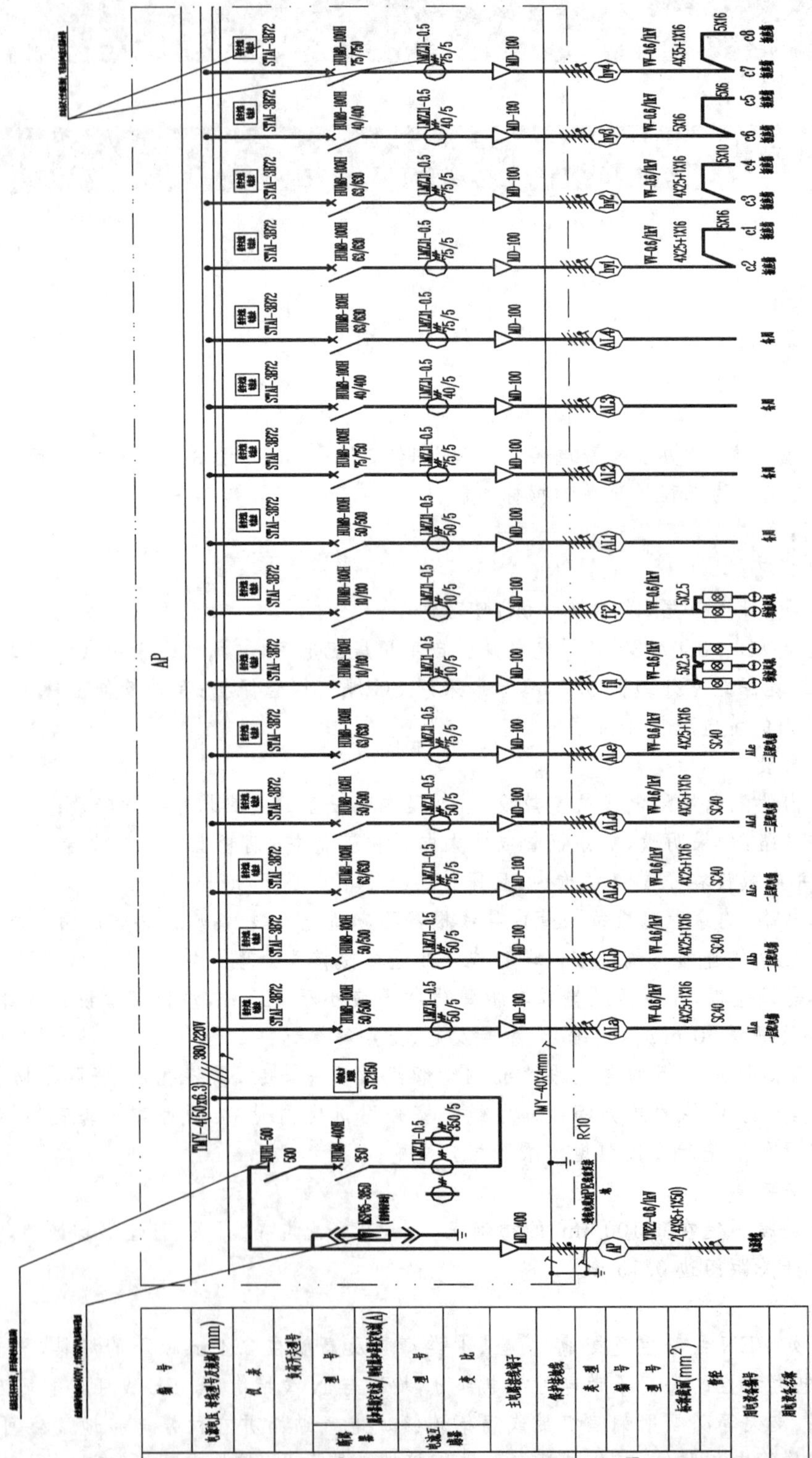

图3-45 380V配电系统图

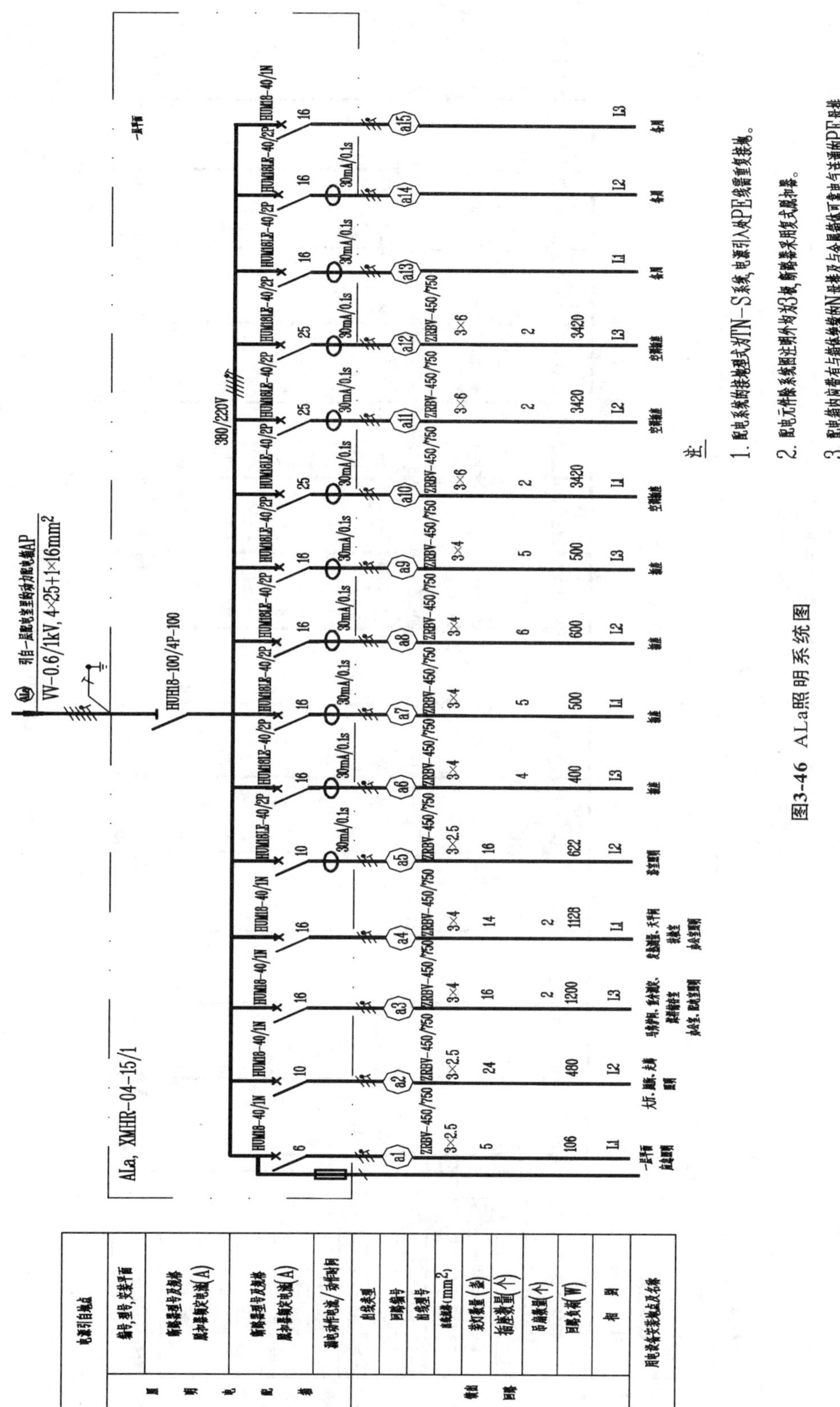


图3-46 ALa照明系统图

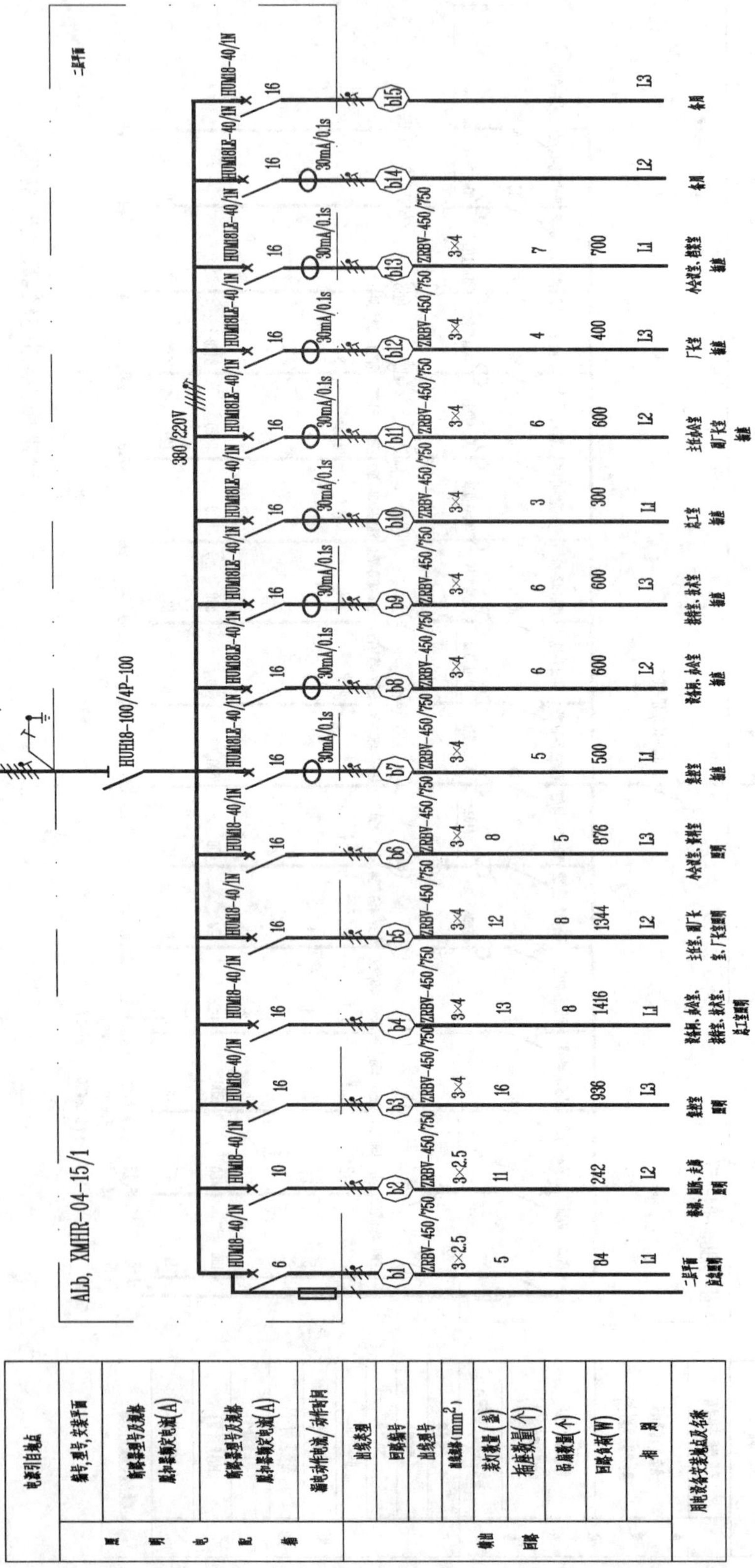

图3-47 ALb照明系统图

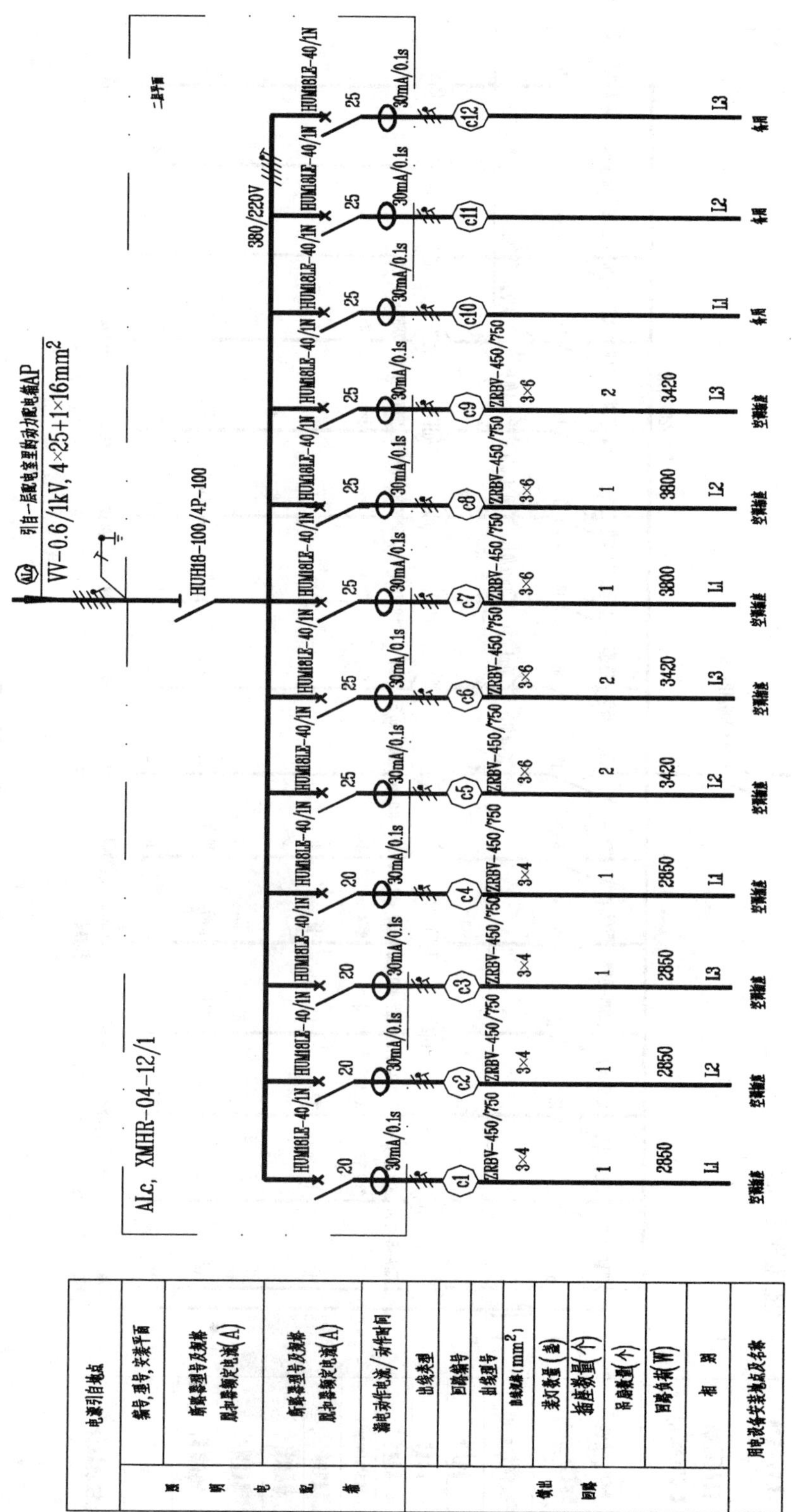


图3-48 ALc空调插座系统图

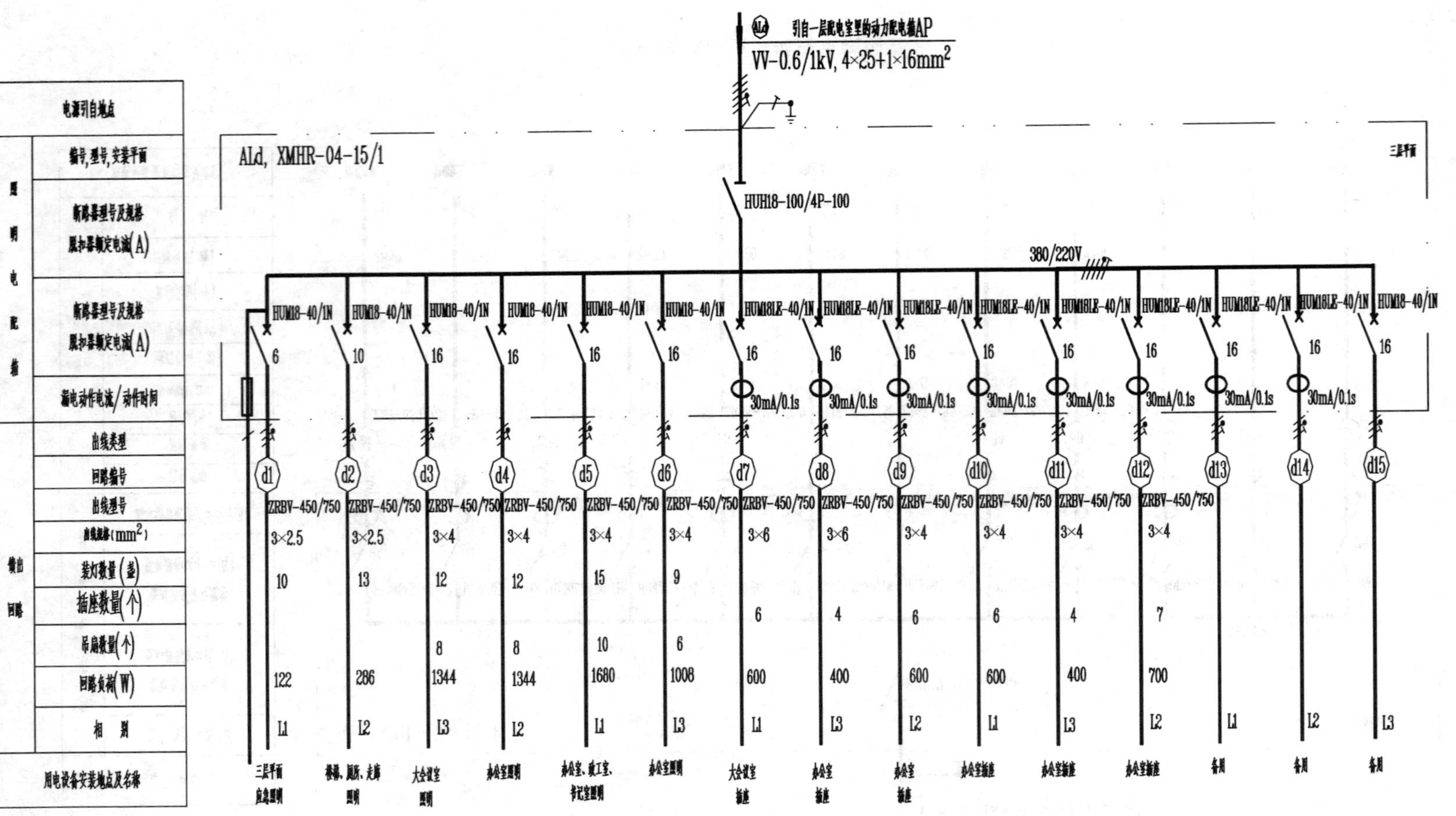


图3-49 ALd照明系统图

引自一层配电室里的动力配电箱AP

VV-0.6/1kV, 4×25+1×16mm²

ALe, XMHR-04-9/1

三层平面

HUH18-100/4P-100

380/220V

| 电源引自地点 | 引自一层配电室里的动力配电箱AP | | | | | | | | |
|---|---|---|---|---|---|---|---|---|---|
| 照明配电箱：编号,型号,安装平面 | ALe, XMHR-04-9/1 | | | | | | | | |
| 照明配电箱：断路器型号及规格 脱扣器额定电流(A) | HUH18-100/4P-100 | | | | | | | | |
| 照明配电箱：断路器型号及规格 脱扣器额定电流(A) | HUM18LE-40/1N 25 | HUM18LE-40/1N 25 | HUM18LE-40/1N 25 | HUM18LE-40/1N 25 | HUM18LE-40/1N 25 | HUM18LE-40/1N 25 | HUM18LE-40/1N 25 | HUM18LE-40/1N 16 | HUM18LE-40/1N 16 |
| 照明配电箱：漏电动作电流/动作时间 | 30mA/0.1s | 30mA/0.1s | 30mA/0.1s | 30mA/0.1s | 30mA/0.1s | 30mA/0.1s | 30mA/0.1s | 30mA/0.1s | 30mA/0.1s |
| 馈出回路：出线类型 | | | | | | | | | |
| 馈出回路：回路编号 | e1 | e2 | e3 | e4 | e5 | e6 | e7 | e8 | e9 |
| 馈出回路：出线型号 | ZRBV-450/750 | ZRBV-450/750 | ZRBV-450/750 | ZRBV-450/750 | ZRBV-450/750 | ZRBV-450/750 | ZRBV-450/750 | ZRBV-450/750 | ZRBV-450/750 |
| 馈出回路：出线规格(mm²) | 3×6 | 3×6 | 3×6 | 3×6 | 3×6 | 3×6 | 3×6 | 3×4 | 3×4 |
| 馈出回路：装灯数量(盏) | | | | | | | | | |
| 馈出回路：插座数量(个) | 1 | 1 | 2 | 2 | 1 | 2 | 2 | 1 | 1 |
| 馈出回路：吊扇数量(个) | | | | | | | | | |
| 馈出回路：回路负荷(W) | 3800 | 3800 | 3420 | 3420 | 3800 | 3420 | 3420 | 1710 | 1710 |
| 馈出回路：相别 | L1 | L2 | L1 | L2 | L3 | L3 | L1 | L2 | L3 |
| 用电设备安装地点及名称 | 办公室空调插座 | 办公室空调插座 | 办公室空调插座 | 办公室空调插座 | 办公室空调插座 | 办公室空调插座 | 办公室空调插座 | 办公室空调插座 | 办公室空调插座 |

图3-50 ALe空调插座系统图

注

1. 本系统按三级用电负荷设计，其接地型式为TN-S系统。

2. 漏电保护器应带有与箱体绝缘的N母排及与金属箱体可靠电气连通的PE母排。

3. 配电箱内应带有与箱体绝缘的N母排及与金属箱体可靠电气连通的PE母排。

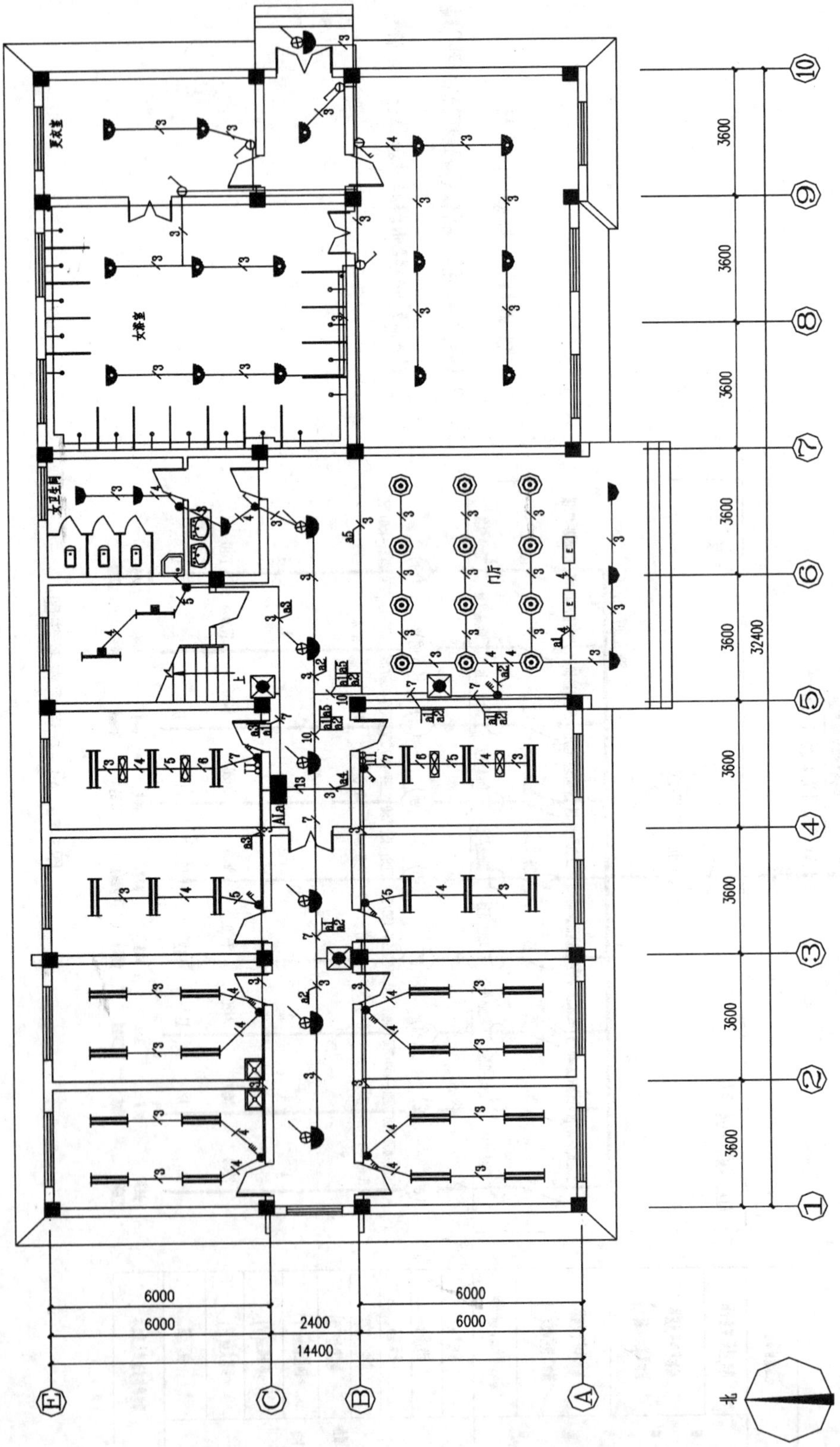

图3-51 一层平面照明布置图

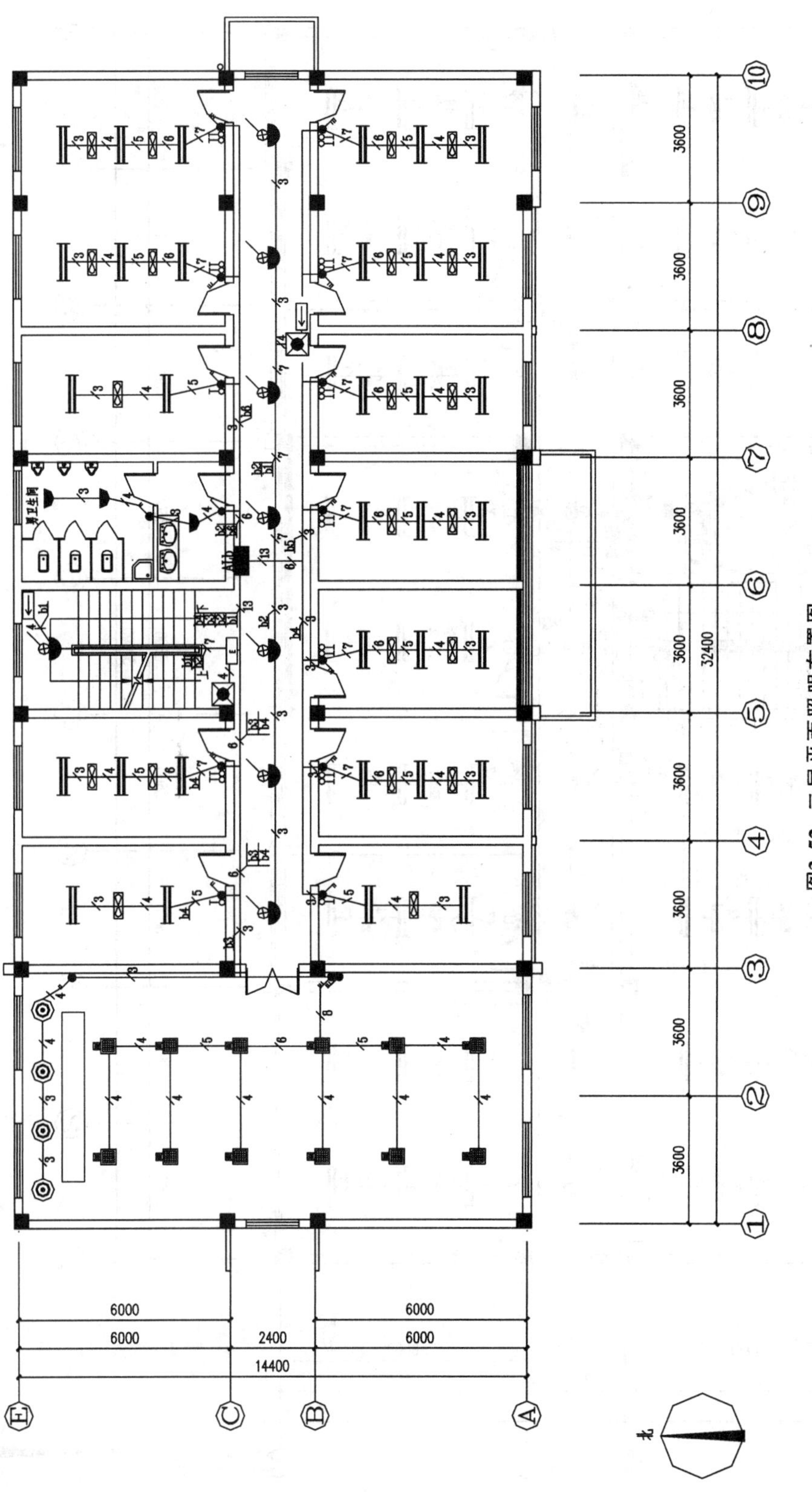


图3-52 二层平面照明布置图

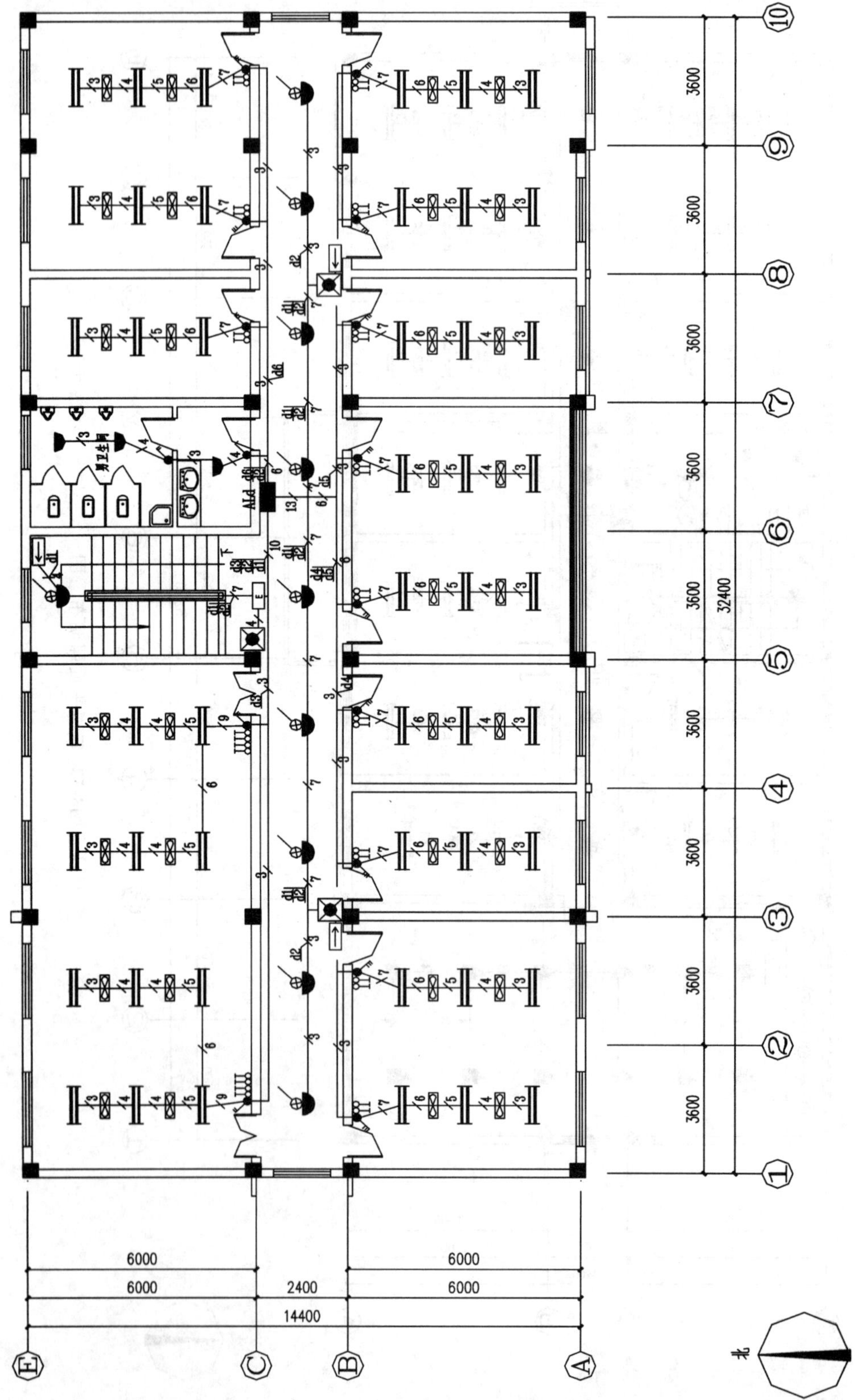


图3-53 三层平面照明布置图

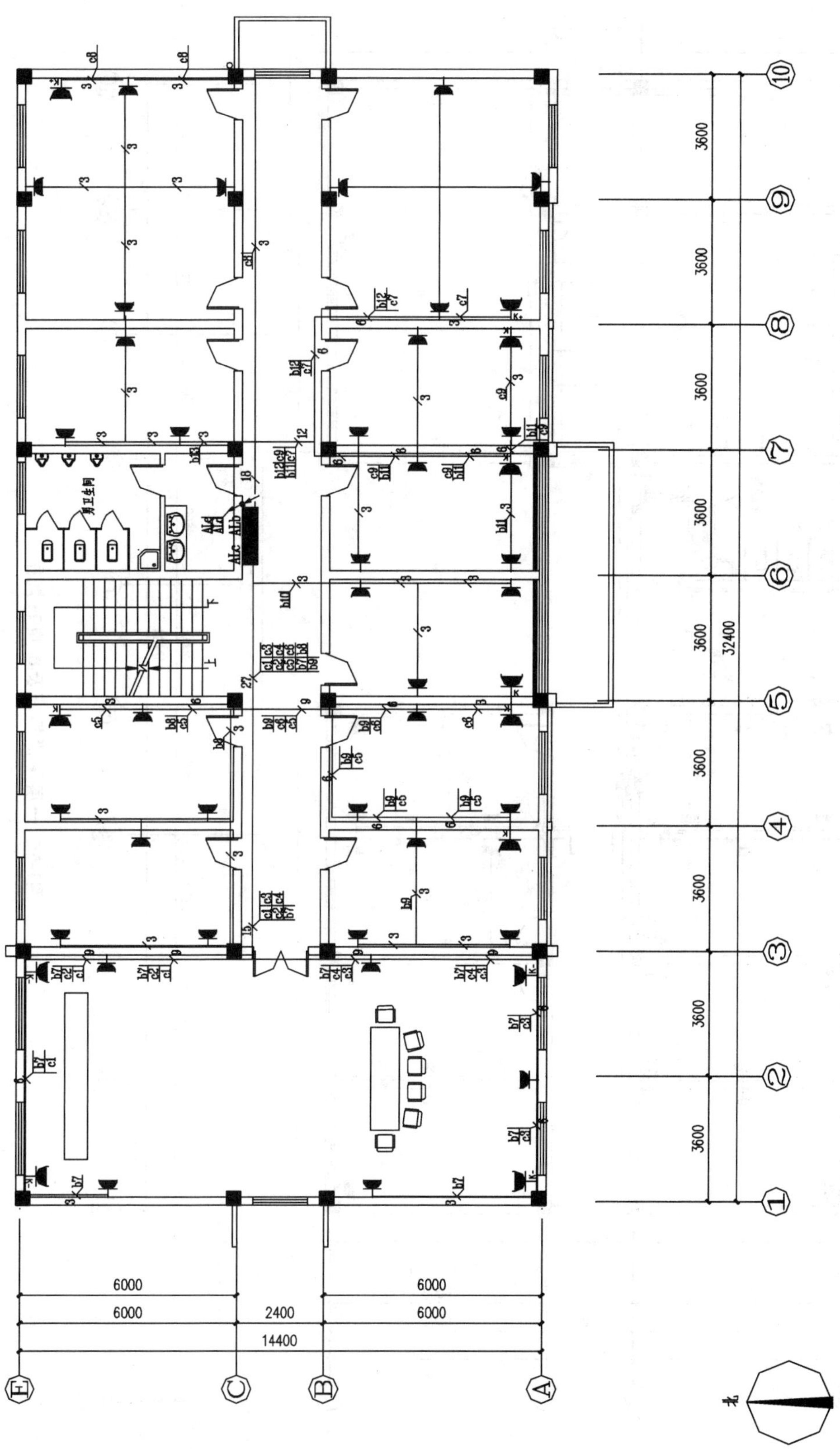


图3-54 二层平面插座及配电布置图

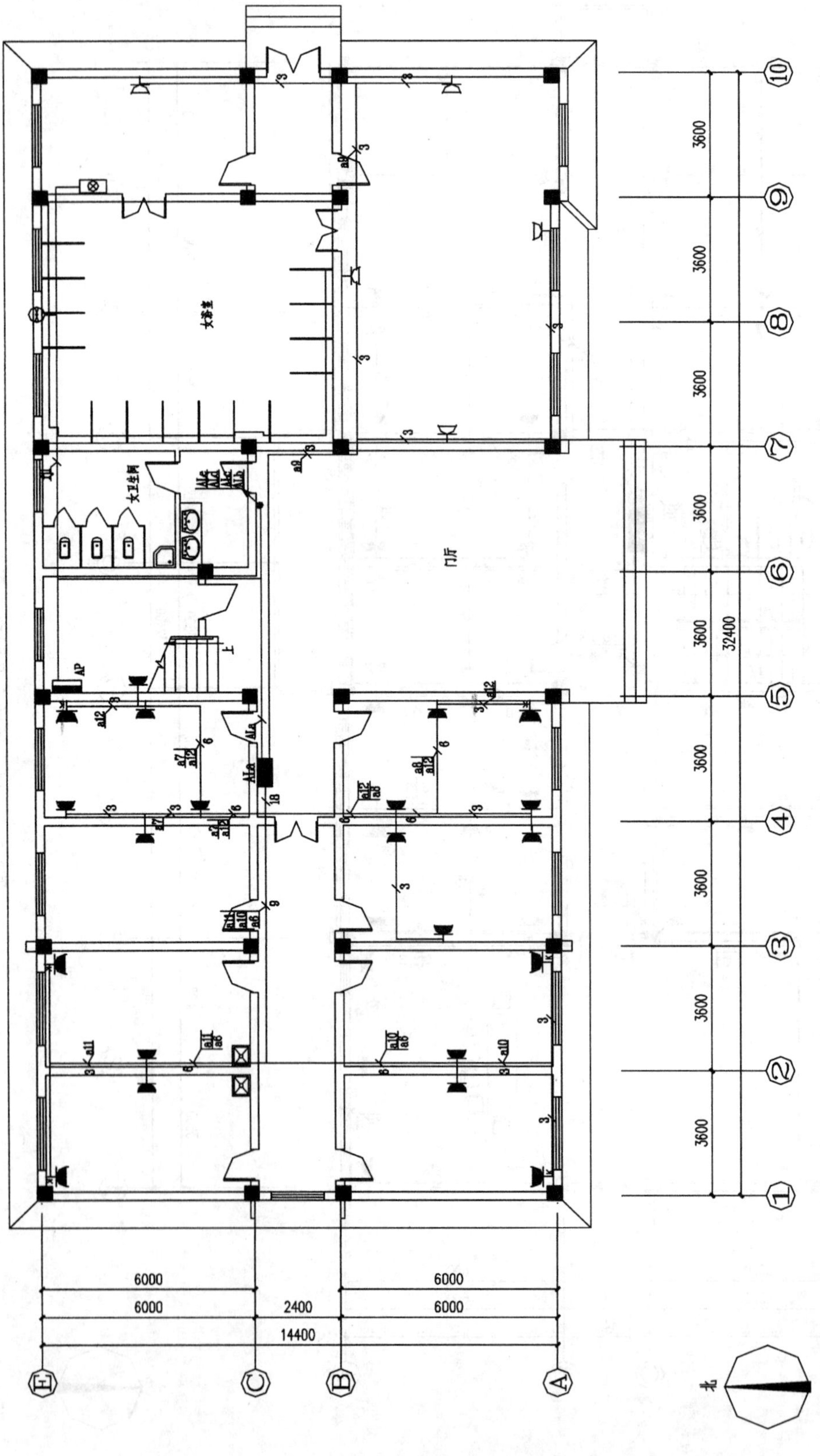

图3-55 一层平面插座及配电布置图

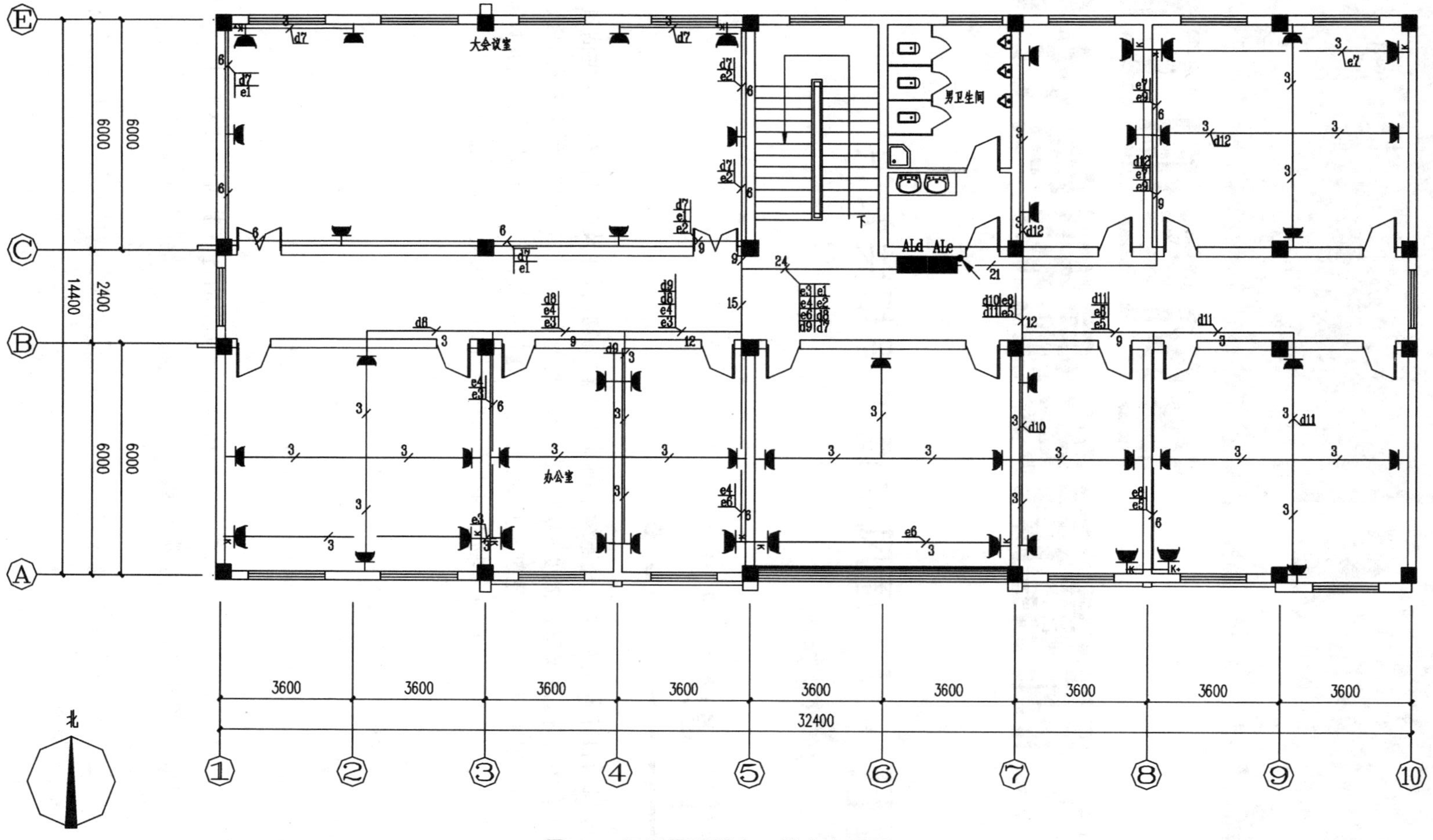


图3-56 三层平面插座及配电布置图

# 项目4 通风空调工程工程量清单编制与计价

## 子项目4.1 通风空调工程相关知识

### 任务1 通风工程

建筑通风的目任务是新鲜空气连续不断地进入建筑物内，并及时排出生产和生活过程中产生的废气和有害气体，改善室内温度、湿度、洁净度，改善人们的生产和生活环境，保证人们的身体健康。一般情况下，可以利用建筑本身的门窗进行通风换气，而在不能满足建筑通风要求时，可采用人工的方法有组织地向建筑物室内送入新鲜空气，并将污染的空气排出。

（一）通风系统的组成

通风系统分为两类：送风系统和排风系统。

**1. 送风系统**

送风系统的基本功能是将新鲜空气送入室内。其组成如下。

1）采风口（新风吸入口）

采风口是从室外采集洁净空气，供给室内送风系统使用的进气装置。采风口上一般装有百叶风格，防止雨、雪、树叶、纸片等杂物进入。

2）空气处理装置

空气处理装置就是把从室外吸入的空气处理到设计送风参数的装置。其中包括空气过滤器、加热器或冷却器等。

3）送风机

送风机的作用是在通风设备中为空气流动提供动力，达到室内通风的目的。

4)送风管道

送风管道的作用是用来输送空气。用金属板材、非金属板材及玻璃钢灯材料制成的用于输送空气的管道称为风管;用砖、混凝土、矿渣石膏、石棉水泥、木板等制成的用于输送空气的管道称为风道。通风管道是风管和风道的总称。

5)空气分配装置(送风口)

空气分配装置的作用是把送风管道输送来的空气,按一定的气流组织送到工作区,在风量一定的情况下,能造成所需要的温度场和速度场,且作用范围可以调整。并要求空气通过空气分配装置时,局部阻力要小,产生的再生噪声要小,以减小动力的消耗和室内噪声。

6) 阀门

通风设备中阀门的主要作用是启动风机、调节流量、平衡系统、防止空气倒流及防止火灾蔓延等。

**2. 排风系统**

排风系统指为防止在生产和生活过程中产生的有害物对建筑物室内空气产生污染,通过排气罩或吸风口就地将有害物加以捕集,并用管道输送到净化设备进行处理,达到排放标准后,再回用或排入大气。排风系统的基本功能是将室内的污浊空气排出室外。其组成如下。

1) 局部排风罩(或排风口)

局部排风罩是用来捕集有害物的,就地将有害物加以捕集。

2) 风管

通风系统中输送气体的管道称为风管,它把系统中的各种设备或部件连成了一个整体。为了提高系统的经济性,应合理选定风管中的气体流速,管路应力求短、直。风管通常用表面光滑的材料制作,如:薄钢板、聚氯乙烯板,有时也用混凝土、砖等材料。

3) 除尘、净化设备

为了防止大气污染,当排出空气中有害物量超过排放标准时,必须用净化设备处理,达到排放标准后,排人大气。净化设备分除尘器和有害气体净化装置两类。

4) 风机

风机向机械排风系统捉供空气流动的动力。为了防止风机的磨损和腐蚀,通常把它放在净化设备的后面。

5) 风帽

排风管的末端应设置风帽,防止雨雪、树叶、纸片、飞鸟等杂物进入风道。

送风系统的基本功能是将清洁的空气送入室内,如图 4-1 所示;排风系统的基本功能是排出室内的污染空气,如图 4-2 所示。

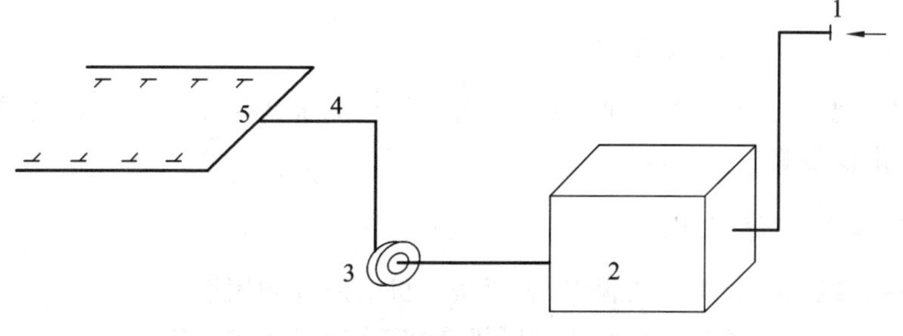


**图 4-1 送风系统**

1—新风口;2—进气处理设备;3—风机;4—风管;5—送风口

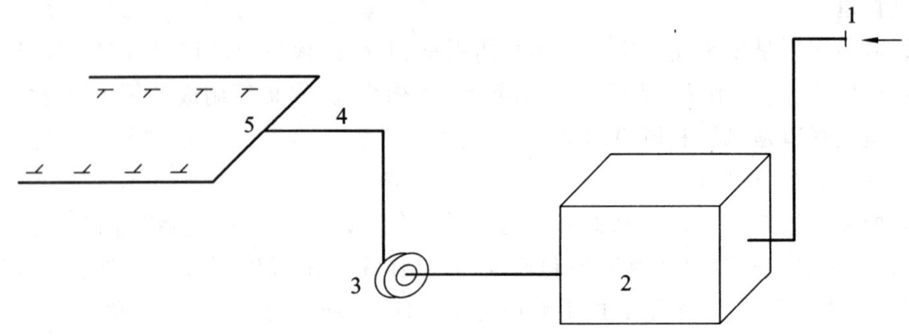


**图 4-2　排风系统**

1—排风罩；2—风管；3—净化设备；4—风机；5—风帽

在实际生活中的应用如图 4-3 所示的厨房排风系统。

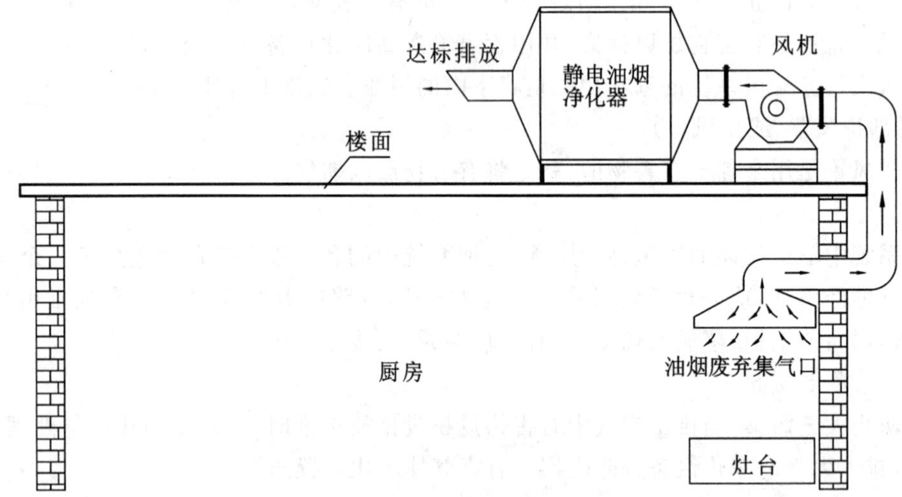


**图 4-3　厨房排风系统**

（二）通风系统的分类

（1）按动力可分为自然通风、机械通风。

（2）按作用范围可分为全面通风、局部通风、联合通风。

（3）按通风系统作用功能可分为除尘、净化、事故通风、人防通风等。

（三）通风（空调）主要设备及附件

通风工程中主要设备及附件有通风机、风阀、风口、局部排风罩、风帽、除尘器、消声器、空气幕设备、空气净化设备等。

（四）通风工程中通风机的分类方法

通风工程中通风机的分类方法很多，主要按风机的原理和用途分类。

1）按风机的原理主要可分为离心式通风机、轴流式通风机和贯流式通风机三种。

2）按风机的用途可分为一般用途通风机、排尘通风机、高温通风机、防腐通风机等。

常见的通风机种类有 离心风机、轴流风机、混流风机等。

混流风机介于轴流风机和离心风机之间的风机，混流风机的叶轮让空气既做离心运动又做轴向运动，壳内空气的运动混合了轴流与离心两种运动形式，所以叫“混流”。

混流式风机结合了轴流式和离心式风机的特征，外形看起来更像传统的轴流式风机。机壳可具有敞开的入口，但更常见的情况是，它具有直角弯曲形状，使电机可以放在管道外部。排泄壳缓慢膨胀，以放慢空气或气体流的速度，并将动能转换为有用的静态压力。

混流（斜流）风机，风压系数比轴流风机高，流量系数比离心风机大，用在风压和流量都“不大不小”的场合。它填补了轴流风机和离心风机之间的空白。同时具备安装简单方便的特点。

SWF(B)系列低噪节能混流通风机是介于轴流式和离心式通风机之间的一种新型风机，具有离心式风机的高压力，轴流风机的大流量，效率高，节能好，噪声低，安装方便等特点。风机设计新颖，结构紧凑，体积小，重量轻，易安装，转速小于 2000r/min，噪声低于 75dB(A)，风机联接管道和安装在空调箱内时，噪声小于 70dB(A)。低压离心风机，广泛用于工业，民用建筑通风除尘等。

# 任务 2 空调工程

空气调节比通风更高一级，空调工程是通风工程的高级形式，其作用是通过采用人工的方法，使建筑物内创造和保持一定的空气温度、湿度、气流速度、洁净度等，满足人体的舒适度要求和生产工艺的要求。

## 一、空调系统的组成

**1. 热源和冷源**

(1) 热源：热源是用来提供“热能”以加热送风空气的。热源主要是指人工热源，常见的人工热源有锅炉、电加热器、换热器等提供的热水或蒸汽。

(2) 冷源：冷源是用来提供“冷能”以冷却送风空气的。冷源主要是制冷装置，主要有电制冷装置、吸收式制冷装置、热泵机组。

其中电制冷装置即蒸汽压缩式制冷机组，广泛用于家用冰箱、汽车空调及大多数的住宅、商业用空调。根据其中放热介质的不同，又分为冷水机组和冷风机组。

**2. 空气处理设备**

空气处理设备的作用是利用冷(热)源或其他辅助方法对空气进行加热、冷却、加湿、干燥等处理，将空气处理到所要求的状态。这些设备有加热器、加湿器、表面式冷却器、喷水室、过滤器等。

**3. 空调风系统**

空调风系统由风机和风管系统组成。风系统的作用是将经过空气处理设备处理后的空气输送到空调房间中并进行合理分配，同时为了保持空调房间的恒压，从室内排走空气。

风机提供空气在风管中的流动动力，包括送、回、排风机；风管系统是指输送空气的管道、管道上的各种阀门、各种附属装置，以及为使气流分布合理、均匀而设置的各种风口（送风口、回风口、新风口、排风口）。

**4. 空调水系统**

空调水系统由水泵和水系统组成。水系统按其功能分为以下三个系统。

1）冷冻水（热水）系统。

该系统是从冷（热）源设备输送到空气处理设备的冷冻水（或热水）管道，用来输送冷量或输送热量，即建筑物空气调节所需的冷负荷或热负荷。

2）冷却水系统

该系统是制冷设备的冷凝器和压缩机的冷却用水。按供水方式可分为直流冷却水系统、循环冷却水系统。

3）冷凝水系统

各种空调设备在运行过程中产生的冷凝水必须及时通过管道排走，该管道即为冷凝水系统。

**5. 控制、调节装置**

控制、调节装置的作用是调节空调系统的冷量、热量和风量等，使空调系统的工作随时适应空调工况的变化，从而将室内空气状态控制在要求的范围内。

空调系统的组成示意图见图 4-4。

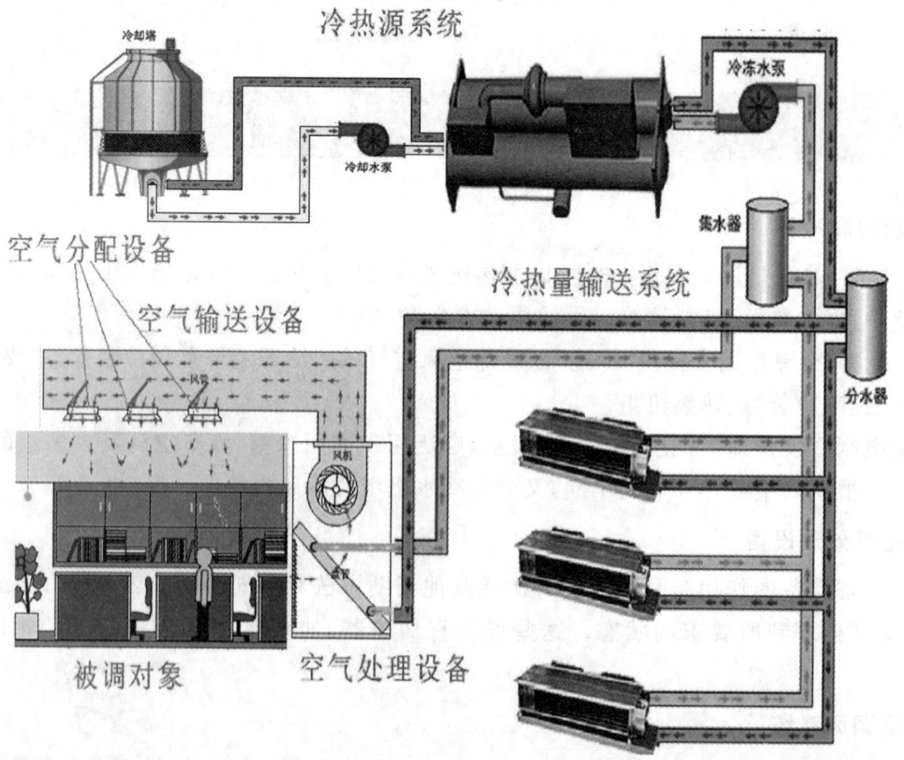


**图 4-4　空调系统组成示意图见**

## 二、空调系统的分类

空调系统有多种分类方式，常见的有按负荷的介质分类、按空气来源分类、按设备的集中程度分类、按系统的用途分等。

常见的分类如图 4-5 所示。

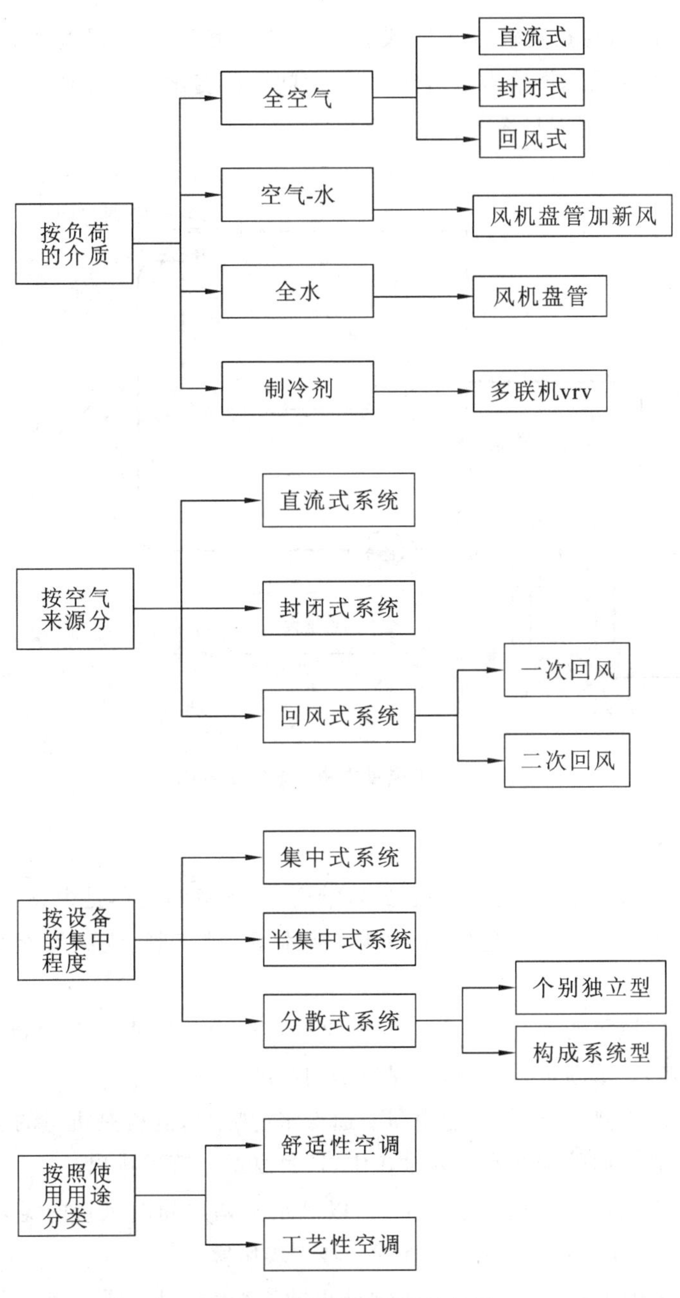


**图 4-5　常见的空调系统分类**

## 三、典型空调系统介绍

**1. 单风管集中式系统**

单风管集中式系统属于全空气式空调系统，系统仅有一个送风管，夏天送冷风，冬天送热风。

优点：(1) 设备简单，初投资较省；(2) 设备集中，易于管理；(3) 风道冷量损失小.

缺点：当一个集中式系统供给多个房间，而各房间负荷变化不一致时，无法进行精确调节。

单风管集中式系统示意图见图 4-6。

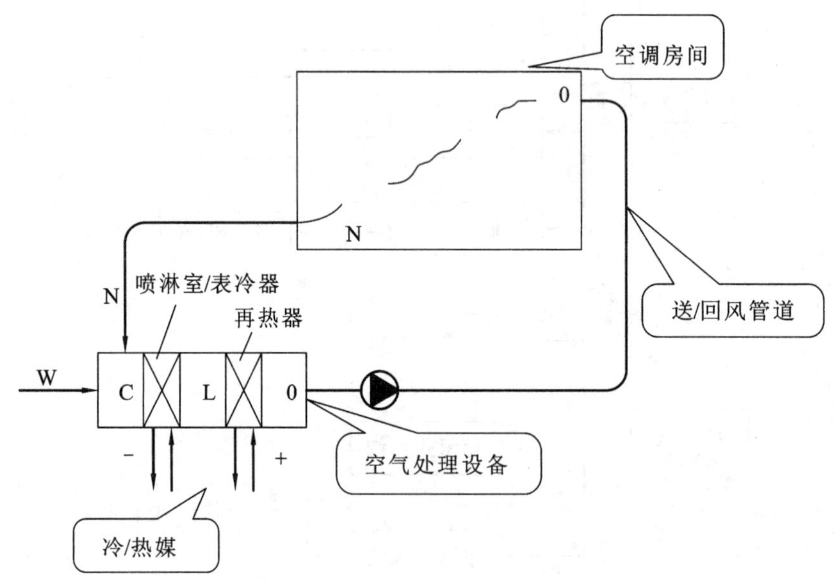


**图 4-6　单风管集中式系统示意图**

**2. 风机盘管系统**

风机盘管是中央空调广泛使用的，理想的末端产品，规范的全称是中央空调风机盘管机组。风机盘管机组由热交换器，水管，过滤器，风扇，接水盘，排气阀，支架等组成，属于半集中式系统。

其工作原理是：在风机的作用下，室内空气通过机组内的冷水(热水)盘管，空气被减(加)湿，或者被冷却(加热)后重新进入室内，以保持房间温度的恒定。

机组中用来冷却(加热)空气的盘管中需要通冷水(热水)，这就是机组的水系统。水系统包括供、回水管道。盘管表面的凝结水滴入水盘中，通过凝结水管道排出。

通常，新风通过新风机组处理后送入室内，以满足空调房间新风量的需要。机组内的空气过滤器可改善房间的卫生条件，也可保护盘管不被尘埃堵塞。

随着风机盘管技术的不断发展，运用的领域也随之变大，现主要运用在办公室、医院、科研机构等一些场所。风机盘管结构示意图见图 4-7。

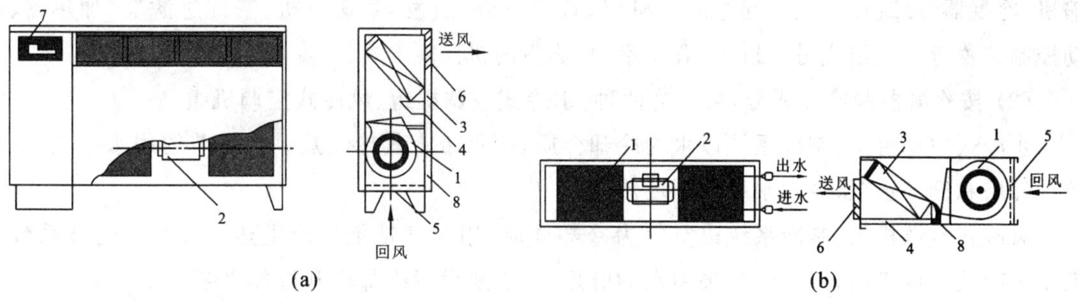


**图 4-7 风机盘管机组结构示意图**

1—离心式风机；2—电动机；3—盘管；4—凝水盘；
5—空气过滤器；6—出风格栅；7—控制器(电动阀)；8—箱体

风机盘管实物见图 4-8。

**图 4-8 风机盘管实物图**

### 3. 局部空调机组

局部空调机组一般由工厂成批生产，现场安装。机组一般安装在需要空调的房间，就地处理空气。家用窗式空调、壁挂式空调、柜式空调都属于这种空调。这种空调常见的分类如下。

(1) 按结构形式分，可分为两种：整体式空调机组、分体式空调机组

整体式空调机组：把制冷压缩机、冷凝器、蒸发器、通风机、空气过滤器、加热器、自动控制装置等组装在柜式箱体内。

分体式空调机组：把制冷压缩机、冷凝器、冷凝器风机同室内空气处理设备分开安装。冷压

缩机、冷凝器、冷凝器风机一起组成一机组,置于室外;蒸发器、送风机、空气过滤器、加热器、自动控制装置等一起组成另一机组,置于室内,称室内机。

(2) 按冷凝器制冷介质分,可分为两种:水冷式空调机组、风冷式空调机组

水冷式空调机组:制冷系统以水为冷却介质,用水带走其冷凝热。为了节约用水,一般要设置冷却塔和循环水泵,冷却水可以循环使用。

风冷式空调机组:制冷系统以空气为冷却介质,用空气带走其冷凝热。其制冷性能系数要低于水冷式空调机组,但可以免去用水的麻烦,不需要设置冷却塔和循环水泵。

(3) 按供热方式分,可分为三种:电热式空调机组、热媒式空调机组、热泵式空调机组

## 四、空调系统主要设备及部件

**1. 热源和冷源**

(1) 热源主要设备有锅炉、电加热器、换热器等,用来提供的热水或蒸汽。

(2) 冷源主要是制冷装置。主要设备有电制冷装置、吸收式制冷装置、热泵机组。

**2. 空气处理设备**

空气处理设备的作用是利用冷(热)源或其他辅助方法对空气进行加热、冷却、加湿、干燥等处理,将空气处理到所要求的状态。空气处理设备分为两大类:组合式空调机组、整体式空调机组。

组合式空调机组是由各种功能的模块组合而成,用户可以根据自己的需求选择不同的功能设备进行组合,这些设备有加热器、加湿器、表面式冷却器、喷水室、过滤器等。

整体式空调机组是在工厂中组装成一体,具有固定的功能。这种机组结构紧凑,体积较小,适用于对空气处理的功能要求不多,机房面积较小的场合。

**3. 空调风系统**

空调风系统由风机和风管系统组成。

风机主要包括送、回、排风机;风管系统是指输送空气的管道、管道上的各种阀门、各种附属装置,以及为使气流分布合理、均匀而设置的各种风口(送风口、回风口、新风口、排风口)。

**4. 空调水系统**

水系统按其功能分为以下三个系统:冷冻水(热水)系统、冷却水系统、冷凝水系统。空调水系统中的主要设备有水泵、输水管道及管道上各种附件等。其中冷却水系统中主要设备还有冷却塔。

**5. 控制、调节装置**

该系统中主要设备为各种电气设备及元件。

# 子项目 4.2 地下二层通风工程施工图识读

## 任务 1 项目三——地下二层通风工程施工图图纸展示

项目三选取了一个高层住宅空调通风工程的一小部分内容，是其中地下二层部分的通风工程。以下是项目三——地下二层通风工程施工图图纸的内容。可参见表 4-1 和图 4-9～图 4-12。

### 通风施工说明

一、通风管道

1. 地下室排风管采用镀锌钢板制作。采用镀锌钢板制作的风管，其制作要求平整、严密、不漏风。

2. 当矩形风管边长＞630 mm 且管道长度＞1200 mm 应采取加固措施。

3. 所有风管均应选用质量稳定可靠，具有完整的技术质量保证体系的产品。制作应符合国家有关技术文件的要求。风管及配件不得扭曲，内表面应平整光滑，外表面应整齐美观，厚度应均匀。

4. 砖、混凝土风道内表面应平整，无裂纹，并不得渗水。风道与其他风管部件的连接处，应设预埋件，其位置应准确，应须气流方向插入，并应采取密封措施。

5. 柔性短管：风机前后采用防火软接，长度 150 mm，其接缝处应严密牢固。

6. 风管及部件安装完毕后，应按系统压力等级进行严密性检验，漏风量应符合《通风与空调工程施工质量验收规范》的要求。

7. 钢板风管支吊架不得设置在风口，阀门，检查门及自控机构处，吊杆不宜直接固定在法兰上。风管直径或长边尺寸＜400 mm，间距不应大于 4 m；＞400 mm，间距不应大于 3 m。

8. 法兰垫片的厚度宜为 3～5 mm，垫片应与法兰齐平，不得凸入管内。垫片的材质，可采用橡胶板、闭孔海绵橡胶板、密封胶带或其它闭孔弹性材料等。

9. 各类阀门应安装在便于操作的部位。防火阀安装方向位置应正确，易熔件应迎气浼方向，安装后应做动作试验，其阀板的启闭应灵活，动作应可靠，并单设支吊架。正压送风口及手控装置(包括预埋导管)的位置应符合设计要求，预埋管不应有死弯瘪陷。送风口安装后应做动作试验，手动、电动操作应灵活可靠，阀板关闭时应严密。

二、设备安装

1. 设备安装前应按设计要求检验其型号、规格，应有产品合格证和安装使用说明书，核对无误时方能进行安装。安装应按说明书要求进行或由供货商提供指导，吊装时应安全、稳妥，受力点不得使设备产生扭曲变形或损伤。

2. 风机盘管机组、风机等均应按照设计要求设置橡胶隔振垫、减振器或减振吊架。

3. 风机进出口均应安装软接管。

4. 风机盘管机组、风机吊装时，在混凝土楼板处必须采用预埋钢板或其他安全可靠的固定方法。

5. 所有设备安装用的预埋件、预留洞等应与土暖施工单位密切配合，避免遗漏和返工。

三、套用国家及地方标准图

| 序号 | 标准图集编号 | 标准图集名称 | 备　注 |
|---|---|---|---|
| 1 | 94K302 | 《卫生间通风器安装图》 | |
| 2 | 01K403 | 《风机盘管安装》 | |
| 3 | 05K102 | 《风机安装》 | |
| 4 | 05R427-1 | 《室内管道支架》 | |
| 5 | 06K131 | 《风管测量孔和检查门》 | |
| 6 | 07K103-2 | 《防排烟系统设备及附件选用与安装》 | |
| 7 | 07K120 | 《风阀选用与安装》 | |
| 8 | 08K132 | 《金属、非金属风管支吊架》 | |
| 9 | 08K507-2 | 《管道与设备绝热——保冷》 | |
| 10 | 10K121 | 《风口选用与安装》 | |

暖通图例

FIRE DAMPER
防烟防火阀(火灾时电信号关闭)

NON-RETURN DAMPER
风道止回阀

ROUND-RECTANGULAR TRANSFORMATION
圆形-矩形变径

RETURN/EXHAUST AIR GRILLE
回风/排风格栅风口

SUPPLY AIR LOUVRE
百叶送风口

SUPPLY AIR LOURE
常闭多页送风口

**表 4-1 主要设备材料表**

| 序号 | 名 称 | 型 号 规 格 | 单位 | 数量 | 备 注 |
|---|---|---|---|---|---|
| 1 | 混流式通风机 | SWF(A)-I-5 | 台 | | |
| | | $L$=5252 $m^3$/h $H$=326 Pa $N$=1.1 kW | | | $U$=380 V |
| 2 | 止回阀 | 630×200 $L$=300 mm | 个 | | |
| 3 | 70℃防火阀 | 630×200 $L$=210 mm | 个 | | 常开型 |
| 4 | 百叶排风口 | FK-2A 400×400 | 个 | | |
| 5 | 多叶送风口 | YZPYK-3L 500×600 | 个 | | 常闭型 |
| 6 | 多叶送风口 | YZPYK-3L 600×800 | 个 | | 常闭型 |
| 7 | 自垂百叶送风口 | FK-14 800×1000 | 个 | | |
| 8 | 进风百叶风口 | 1000×500 | 个 | | 设 70℃防火阀 |
| | | | | | |
| | | | | | |

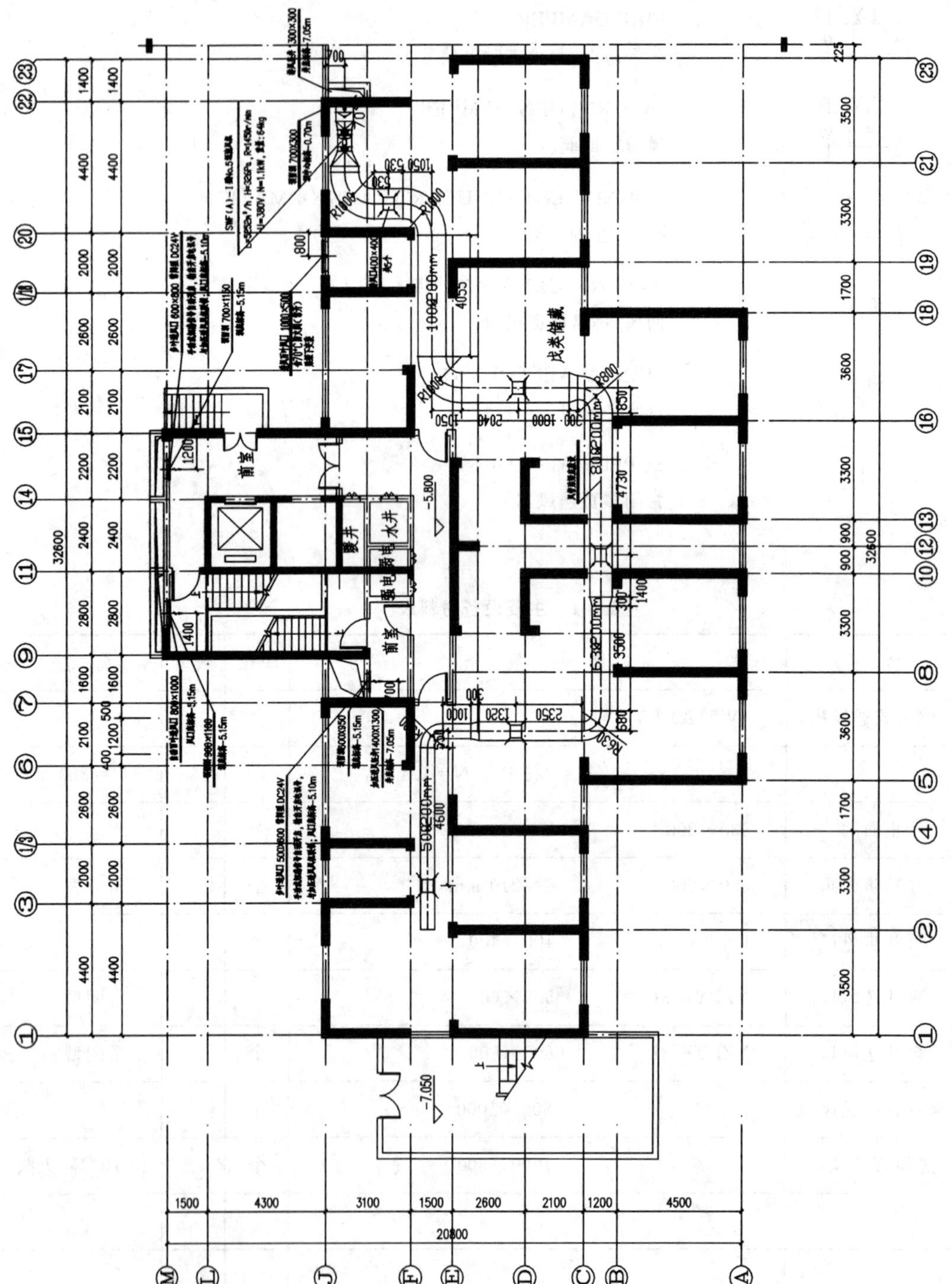


图4-9 地下二层通风平面图(1:100)

A
A
4400
A
A
F
F
3100
G
G
630X200
700
70°C
1000X200
1050
500
420
300
210
200
150
150
300
270

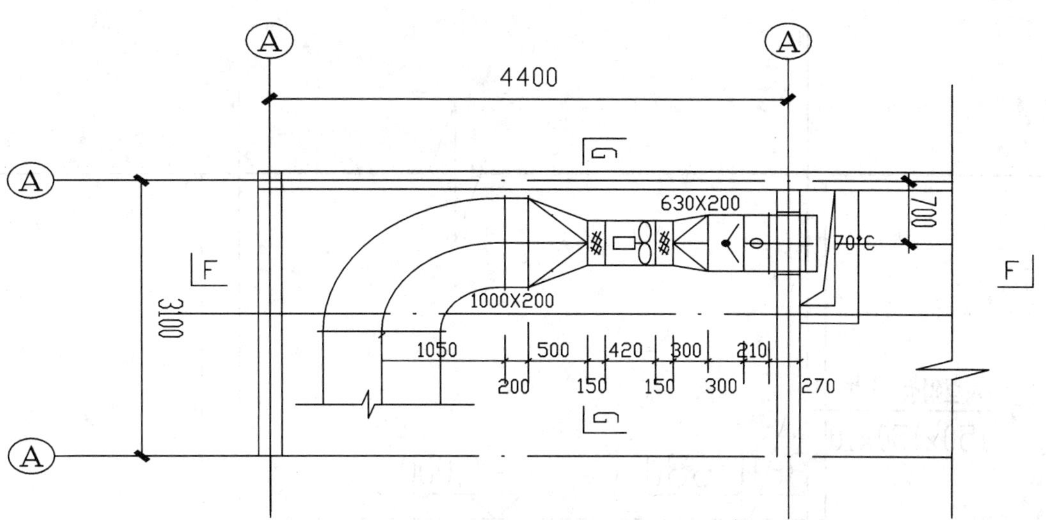

图 4-10　排风机楼板吊装平现图

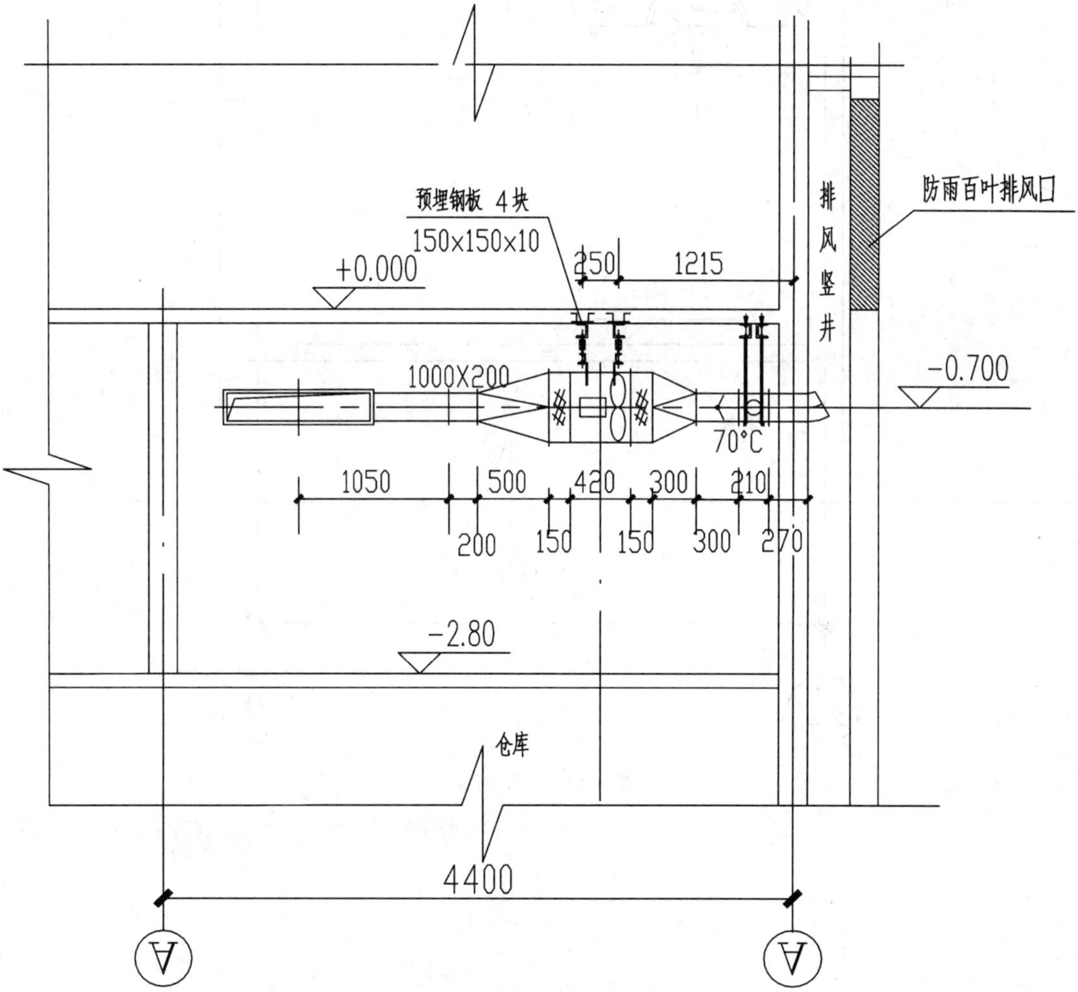

预埋钢板 4块
150x150x10
250
1215
+0.000
排
风
竖
井
防雨百叶排风口
-0.700
1000X200
70°C
1050
500
420
300
210
200
150
150
300
270
-2.80
仓库
4400
A
A

图 4-11　*F-F* 剖面

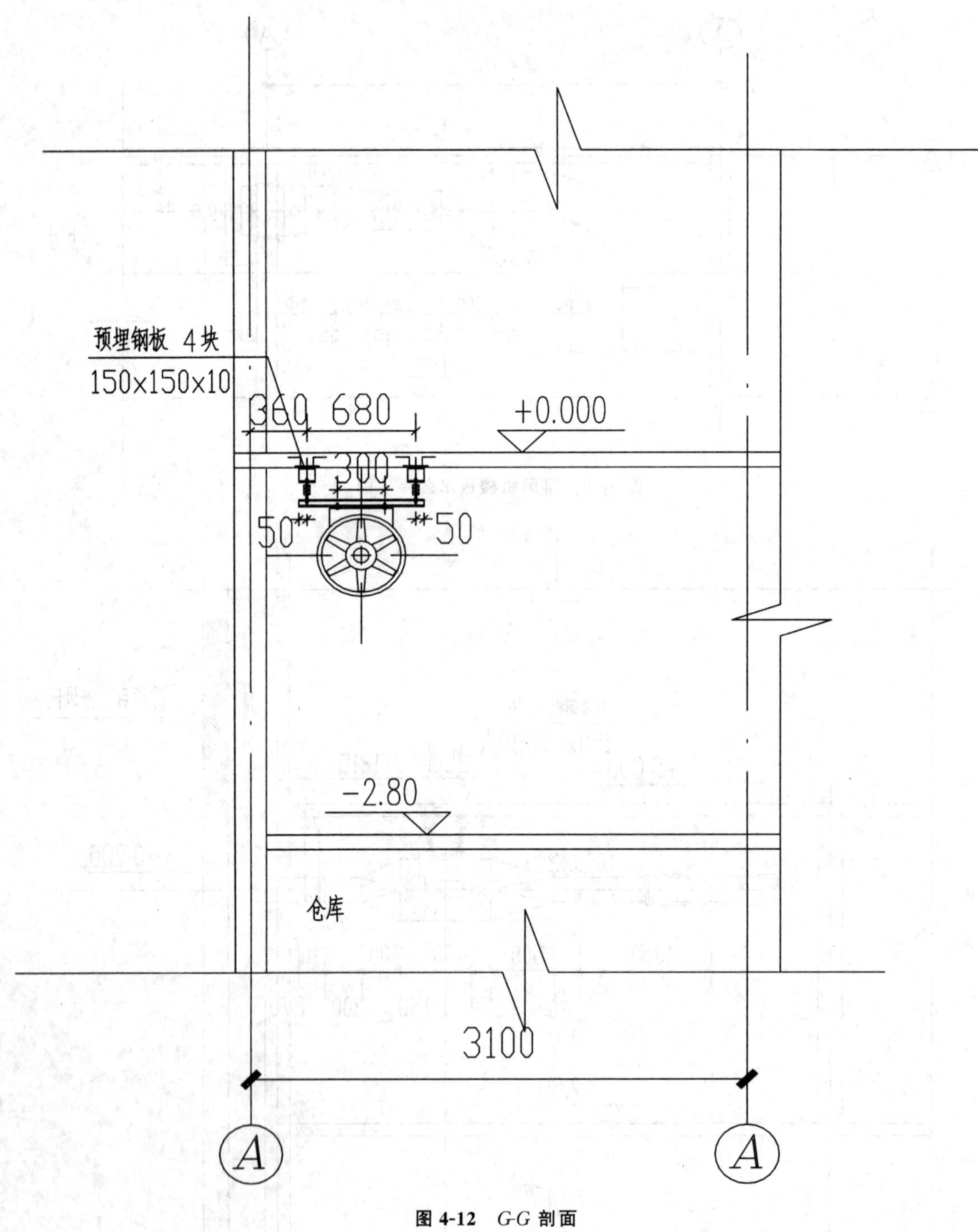


图 4-12　*G-G* 剖面

# 子项目 4.3 通风及空调工程工程量清单与计价概述

## 任务 1 通风及空调工程工程量清单与计价

2013 版《工程通用安装工程量计算规范》附录 G 适用于采用工程量清单计价的工业与民用建筑的新建、扩建项目中的通风、空调工程的工程量清单的编制与计价。附录 G 主要包括的内容见表 4-2。

**表 4-2 附录 G 主要包括的内容**

| 表标号 | 表名称 | 表编码 |
|---|---|---|
| G. 1 | 通风空调设备及部件制作安装 | 030701 |
| G. 2 | G. 2 通风管道制作安装 | 030702 |
| G. 3 | 通风管道部件制作安装 | 030703 |
| G. 4 | 通风工程检查、调试 | 030704 |
| G. 5 | 相关问题及说明 | |

所有采用工程量清单计价的通风、空调工程的工程量清单编制，综合单价的分析表的计算等计价工作都必须按照附录 G 的规范要求去做。

G. 5 相关问题说明中的主要内容如下。

(1) 冷冻机组站内的设备安装、通风机安装及人防两用通风机安装，应按本规范附录 A 机械设备安装工程相关项目编码列项。

(2) 冷冻机组站内的管道安装，应按本规范附录 H 工业管道工程相关项目编码列项。

(3) 冷冻站外墙皮以外通往通风空调设备的供热、供冷、供水等管道，应按本规范附录 K 给排水、采暖、燃气工程相关项目编码列项。

(4) 设备和支架的除锈、刷漆、保温及保护层安装，应按本规范附录 M 刷油、防腐蚀、绝热工程相关项目编码列项。

## 任务 2 计取有关费用的规定

2014 版《江苏省安装工程计价定额》第七册《通风空调工程》适用于工业与民用建筑的新建、

扩建项目中的通风、空调工程。

## 一、关于计取各项费用的规定

(1) 脚手架搭拆费,按人工费的3%计算,其中人工工资占25%。

(2) 高层建筑增加费(指高度在6层或20m以上的工业与民用建筑)按表4-3计算(其中全部为人工工资)。

**表4-3　高层建筑增加费表**

| 层数 | 9层以下(30 m) | 12层以下(40 m) | 15层以下(50 m) | 18层以下(60 m) | 21层以下(70 m) | 24层以下(80 m) | 27层以下(90 m) | 30层以下(100 m) | 33层以下(110 m) |
|---|---|---|---|---|---|---|---|---|---|
| 按人工费的(%) | 3 | 5 | 7 | 10 | 12 | 15 | 19 | 22 | 25 |
| 其中人工工资占(%) | 33 | 40 | 43 | 40 | 42 | 40 | 42 | 45 | 52 |
| 机械费占(%) | 67 | 60 | 57 | 60 | 58 | 60 | 58 | 55 | 48 |
| 层数 | 36层以下(120 m) | 40层以下(130 m) | 42层以下(140 m) | 45层以下(150 m) | 48层以下(160 m) | 51层以下(170 m) | 54层以下(180 m) | 57层以下(190m) | 60层以下(200 m) |
| 按人工费的(%) | 28 | 32 | 36 | 39 | 41 | 44 | 47 | 51 | 54 |
| 其中人工工资占(%) | 57 | 59 | 62 | 65 | 68 | 70 | 72 | 73 | 74 |
| 机械费占(%) | 43 | 41 | 38 | 35 | 32 | 30 | 28 | 27 | 26 |

(3) 超高增加费(指操作物高度距离楼地面6m以上的工程),按人工费的15%计算。

(4) 系统调整,按系统工程人工费的13%计算,其中人工工资占25%。

(5) 安装与生产同时进行增加的费用,按人工费的10%计算。

(6) 在有害身体健康的环境中施工增加的费用,按人工费的10%计算。

## 二、通风、空调的刷油、绝热、防腐蚀相关规定

通风、空调的刷油、绝热、防腐蚀，执行《第十一册　刷油、防腐蚀、绝热工程》相应定额。

(1) 薄钢板风管刷油，按其工程量执行相应项目：仅外(或内)面刷油者，定额乘以系数 1.2；内外均刷油者，定额乘以系数 1.1(其法兰加固框、吊托支架已包括在此系数内)。

(2) 薄钢板部件刷油，按其工程量执行金属结构刷油项目，定额乘以系数 1.15。

(3) 绝热保温材料不需黏结着，执行相应项目时需减去其中的黏结材料，人工乘以系数 0.5。

## 三、其他相关规定

(1) 不包括在风管工程量内而单独列项的各种支架(不锈钢吊托支架除外)，按其工程量执行相应项目。

(2) 薄钢板风管、部件以及单独列项的支架，其除锈不分锈蚀程度，一律按其第一遍刷油的工程量执行轻锈相应项目。

# 子项目 4.4　通风及空调设备及部件制作安装工程量清单编制与计价

## 任务 1　通风及空调设备及部件制作安装工程量清单设置

"通风及空调设备及部件制作安装"一节的内容包括空气加热器(冷却器)、除尘设备、空调器、　风机盘管、表冷器、过滤器、净化工作台、洁净室、除湿机、人防过滤吸收器、密闭门、挡水板、滤水器、溢水盘、金属壳体等内容。

工程量清单项目设置、项目特征描述的内容、计量单位、工程量计算规则，应按清单计价规范附录 G 中表 G.1 的规定执行，见表 4-4。

**表 4-4　通风空调设备及部件制作安装(编码 030701)**

| 项目特征 | 项目名称 | 项目特征 | 计量单位 | 工程量计算规则 | 工程内容 |
|---|---|---|---|---|---|
| 030701001 | 空气加热器(冷却器) | 1. 名称<br>2. 型号<br>3. 规格<br>4. 质量<br>5. 安装形式<br>6. 支架形式、材质 | 台 | 按设计图示数量计算 | 1. 本体安装<br>2. 设备动架制作、安装<br>3. 补(刷)喷油漆 |
| 030701002 | 除尘设备 | | | | |
| 030701003 | 空调器 | 1. 名称<br>2. 型号<br>3. 规格<br>4. 安装形式<br>5. 质量<br>6. 隔振垫(器)支架形式、材质 | 台(组) | | 1. 本体安装或组装、调试<br>2. 设备动架制作、安装<br>3. 补(刷)喷油漆 |
| 030701004 | 风机盘管 | 1. 名称<br>2. 型号<br>3. 规格<br>4. 安装形式<br>5. 隔振器支架形式、材质<br>6. 试压要求 | 台 | | 1. 本体安装、调试<br>2. 支架制作、安装<br>3. 试压<br>4. 补刷(喷)油漆 |
| 030701005 | 表冷器 | 1. 名称<br>2. 型号<br>3. 规格 | 个 | | 1. 本体安装<br>2. 型钢制作、安装<br>3. 过滤器安装<br>4. 挡水板安装<br>5. 调试及运转<br>6. 补刷(喷)油漆 |
| 030701006 | 密闭门 | 1. 名称<br>2. 型号<br>3. 规格<br>4. 形式<br>5. 支架形式、材质 | | | 1. 本体制作<br>2. 本体安装<br>3. 支架制作、安装 |
| 030701007 | 挡水板 | | | | |
| 030701008 | 滤水器、溢水盘 | | | | |
| 030701009 | 金属壳体 | | | | |
| 030701010 | 过滤器 | 1. 名称<br>2. 型号<br>3. 规格<br>4. 类型<br>5. 框架形式、材质 | 1. 台<br>2. $m^2$ | 1. 以台计量,按设计图示数量计算<br>2. 以面积计算按设计图示尺寸以过滤面积计算 | 1. 本体安装<br>2. 框架制作、安装<br>3. 补刷(喷)油漆 |

续表

| 项目特征 | 项目名称 | 项目特征 | 计量单位 | 工程量计算规则 | 工程内容 |
|---|---|---|---|---|---|
| 030701011 | 净化工作台 | 1.名称<br>2.型号<br>3.规格<br>4.类型 | 台 | 安设计图示数量计算 | 1.本体安装<br>2.补刷(喷)油漆 |
| 030701012 | 风淋室 | 1.名称<br>2.型号<br>3.规格<br>4.类型<br>5.质量 | 台 | 安设计图示数量计算 | 1.本体安装<br>2.补刷(喷)油漆 |
| 030701013 | 洁净室 | | | | |
| 030701014 | 除湿机 | 1.名称<br>2.型号<br>3.规格<br>4.类型 | | | 本体安装 |
| 030701015 | 人防过滤吸收器 | 1.名称<br>2.规格<br>3.形式<br>4.材质<br>5.支架形式、材质 | | | 1.过滤吸收器安装<br>2.支架制作、安装 |

# 任务 2 通风及空调设备及部件制作安装

规范附录G中表G.1列出了通风工程以及空调工程中常用设备及部件制作安装项目的内容。

## 一、通风工程中常用设备及部件制作安装项目

表G.1中所列项目有许多项属于通风工程中空气净化系统常用设备，主要包括除尘设备、过滤器、人防过滤吸收器、净化工作台、风淋室、洁净室等。

**1. 除尘设备**

除尘设备是净化空气的一种设备，能把粉尘从烟气中分离出来。除尘器种类很多，按除尘机理不同可分为机械、洗涤、过滤、静电、磁力等几大类。

(1) 机械力除尘设备：包括重力除尘设备、惯性除尘设备、离心除尘设备等。

(2) 洗涤式除尘设备：包括水浴式除尘设备、泡沫式除尘设备、文丘里管除尘设备、水膜式除尘设备等。

(3) 过滤式除尘设备：包括布袋除尘设备和颗粒层除尘设备等。

(4) 静电除尘设备。

(5) 磁力除尘设备。

**2. 过滤器**

过滤器是空气洁净系统中的主要设备。从气源出来的空气中含有液体杂质如水汽、油滴,固体杂质,如铁锈、沙粒等,空气过滤器的作用就是将空气中的液态水、油滴分离出来,并滤去空气中的灰尘和固体杂质。

空气过滤器根据其工作原理可以分为初效过滤器,中效过滤器,高效过滤器等几类。

1) 初效过滤器

主要适用于空调与通风系统初级过滤、洁净室回风过滤、局部高效过滤装置的预过滤,主要用于过滤粒径较大的尘埃粒子。也用于多级过滤系统的初级保护。过滤材料有无纺布,尼龙网,铝波网,不锈钢网等。

2) 中效空气过滤器

主要材料为人造纤维。有各种效率可供选择,包括 40%～45% ,60%～65% ,80%～85% ,90%～95%。此系列产品可应用于工、商业、医院、学校、大楼和其他各种工厂空调设备(系空调系统的初级过滤,以保护系统中下一级过滤器和系统本身,在对空气净化洁净度要求不严格的场所,经中效过滤器处理后的空气可直接送至用户)。

3) 高效空气过滤器

主要材料为超细玻璃棉纤维纸、超细石棉纤维纸,用以过滤初、中效过滤器不能过滤的而且含量最多的 1$\mu$m 以下的微粒,保证洁净房间的洁净要求。广泛应用于航天、航空、电子、制药、生物工程等精密领域。

**3. 净化工作台**

净化工作台是使局部空间形成无尘无菌的操作台,以提高操作环境的洁净要求。净化工作台一般按气流组织和排风方式来分类。

以气流组织来分,工作台可分为水平单向流和垂直单向流两大类。

以排风方式来分,工作台可分为无排风的全循环式、全排风的直流式、台面前部排风至室外式、台面上排风至室外式。无排风的全循环式净化工作台,适用于工艺不产生或极少产生污染的场合;全排风的直流式净化工作台,采用全新风,适用于工艺产生较多污染的场合;台面前部排风至室外式净化工作台,其排风量大于等于送风量,不使有害气体外溢;台面上排风至室外式净化工作台,其排风量小于送风量。

**4. 风淋室**

风淋室又称为风淋,洁净风淋室,净化风淋室,风淋房,吹淋房,风淋门,浴尘室、吹淋室,风淋通道,空气吹淋室等。

风淋室是进入洁净室所必需的通道,可以减少进出洁净室所带来的污染问题。

风淋室是一种通用性较强的局部净化设备,安装于洁净室与非洁净室之间。当人与货物要进入洁净区时需经风淋室吹淋,其吹出的洁净空气可去除人与货物所携带的尘埃,能有效地阻断或减少尘源进入洁净区。风淋室/货淋室的前后两道门为电子互锁,又可起到气闸的作用,阻止未净化的空气进入洁净区域。

**5. 洁净室**

洁净室,亦称无尘车间、无尘室或清净室。洁净室的主要功能为室内污染控制。洁净室是指将一定空间范围内空气中的微粒子、有害空气、细菌等污染物排除,并将室内温度、洁净度、室内压力、气流速度与气流分布、噪音振动及照明、静电控制在某一需求范围内,而所给予特别设计的房间。亦即是不论外在空气条件如何变化,其室内均能俱有维持原先所设定要求之洁净度、温湿度及压力等性能之特性。

没有洁净室,污染敏感零件不可能批量生产。洁净室最主要作用在于控制产品(如硅芯片等)所接触的大气的洁净度日及温湿度,使产品能在一个良好之环境空间中生产、制造。

洁净室被定义为具备空气过滤、分配、优化、构造材料和装置的房间,其中特定的规则的操作程序以控制空气悬浮微粒浓度,从而达到适当的微粒洁净度级别。洁净程度和控制污染的持续稳定性,是检验洁净室质量的核心标准,该标准根据区域环境、净化程度等因素,分为若干等级。

按照国际惯例,无尘净化级别主要是根据每立方米空气中粒子数量大于划分标准的粒子数量来规定。也就是说所谓无尘并非100%没有一点灰尘,而是控制在一个非常微量的单位上。

洁净室分为生物洁净室和非生物洁净室两种。生物洁净室空气净化系统必须连续运转;非生物洁净室使用前空气净化系统应提前4小时开启。

## 二、空调工程中常用设备及部件制作安装项目

表G.1中所列项目有一些属于空调工程中常用设备。主要包括空调器、空气加热器、表面式冷却器、除湿机、风机盘管等。其中空调器、空气加热器、表面式冷却器、除湿机等属于空调系统中的空气处理设备。

### (一) 空调系统空气处理设备

空气处理设备的作用是利用冷(热)源或其他辅助方法对空气进行净化、加热、冷却、加湿、干燥等处理,将空气处理到所要求的状态。

空气处理设备分为两大类:组合式空调机组、整体式空调机组。

组合式空调机组是由各种功能的模块组合而成,用户可以根据自己的需求选择不同的功能设备进行组合,这些设备包括空气加热器、表面式冷却器、加湿器、除湿机、喷水室等。

整体式空调机组是在工厂中组装成一体,具有固定的功能。

**1. 表面换热器**

表面式换热器包括空气加热设备和空气冷却设备。即空气加热器、表面式冷却器。它的原理是让热媒或冷媒或制冷工质流过金属管道内腔,而要处理的空气流过金属管道外壁进行热交换来达到加热或冷却空气的目的。

1) 表面换热器的分类

按其传热面结构形式分类:板式、管式。

板式又可细分为螺旋板式、板壳式、波纹板式、板翅式。

管式又可细分为列管式、套管式、蛇形管式、翅片管式。目前最常用的是翅片管式表面式空

气换热器。

2）表面换热器的构造

光管式：最早的表面式换热器是用光管焊制的，即所谓光管换热器。光管式表面换热器构造简单，易于清扫，空气阻力小，但其传热效率低，已经很少应用。

肋管式：为了增强空气侧换热，通常在空气侧加设肋片。空气加热器与表面式冷却器构造与型式相似，都是由肋片管组合而成的。为使表面式换热器性能稳定，应保证其加工质量，力求使管子与肋片间接触紧密，减小接触热阻，并保证长久使用后也不会松动。

3）常用表面换热器

在空调系统中，使用表面式换热器处理空气是一种广泛使用的方法。常用的表面式换热器包括空气加热器和表面式冷却器（简称表冷器）两类。空气加热器一般是用热水或蒸汽做热媒的，或者用电加热。

(1) 空气加热器。

空气加热器是对气体流进行加热的加热设备。一般是用热水或蒸汽做热媒的，或者用电加热，对空气加热以提高空调室内温度。

(2) 表面式冷却器。

表面式冷却器是对气体流进行冷却的冷却设备。以冷水或蒸发的制冷剂做冷媒，因此表面式冷却器又分为水冷式和直接蒸发式两类，对空气进行冷却以降低空调室内温度。

**2. 除湿机**

除湿机又称为抽湿机、干燥机、除湿器，一般可分为民用除湿机和工业除湿机两大类，属于空调家庭中的一个部分。

通常，常规除湿机由压缩机、热交换器、风扇、盛水器、机壳及控制器组成。

其工作原理是：由风扇将潮湿空气抽入机内，通过热交换器，此时空气中的水分子冷凝成水珠，处理过后的干燥空气排出机外，如此循环使室内湿度保持在适宜的相对湿度。

除湿机分类：一般分为冷却除湿机、转轮除湿机、溶液除湿机、电渗透除湿机等几类。

1）冷却除湿机

按使用功能分，可分为：一般型、降温型、调温型、多功能型。

一般型除湿机是指空气经过蒸发器冷却除湿，由再热器加热升温，降低相对湿度，制冷剂的冷凝热全部由流过再热器的空气带走，其出风温度不能调节，只用于升温除湿的除湿机。

降温型除湿机是指在一般型除湿机的基础上，制冷剂的冷凝热大部分由水冷或风冷冷凝器带走，只有小部分冷凝热用于加热经过蒸发器后的空气，可用于降温除湿的除湿机。

调温型除湿机是指在一般型除湿机的基础上，制冷剂的冷凝热可全部或部分由水冷或风冷冷凝器带走，剩余冷凝热用于加热经过蒸发器后的空气，其出风温度能进行调节的除湿机。

多功能型除湿机是指集升温除湿（一般型）、降温除湿、调温除湿三种功能于一体的除湿机，在无室外机（风冷）或冷却水（水冷）时仍可选择升温除湿功能进行除湿的除湿机。

2）转轮除湿机

转轮除湿机的主体结构为一不断转动的蜂窝状干燥转轮。干燥转轮是除湿机中吸附水分的关键部件，它是由特殊复合耐热材料制成的波纹状介质所构成。波纹状介质中载有吸湿剂。这种设计，结构紧凑，而且可以为湿空气与吸湿介质提供充分接触的巨大表面积。从而大大提高了除湿机的除湿效率。图4-13所示为转轮除湿机原理图。

3）溶液除湿机

溶液除湿空调系统是基于以除湿溶液为吸湿剂调节

溶液除湿空调系统是基于以除湿溶液为吸湿剂调节空气湿度，以水为制冷剂调节空气温度的主动除湿空气处理技术而开发的可以提供全新风运行工况的新型空调产品；其核心是利用除湿剂物理特性，通过创新的溶液除湿与再生的方法，实现在露点温度之上高效除湿。系统温度调节完全在常压开式气氛中进行。具有制造简单，运转可靠，节能高效等技术特点。本系统主要由四个基本模块组成。分别是送风（新风和回风）模块、湿度调节模块、温度调节模块和溶液再生器模块。

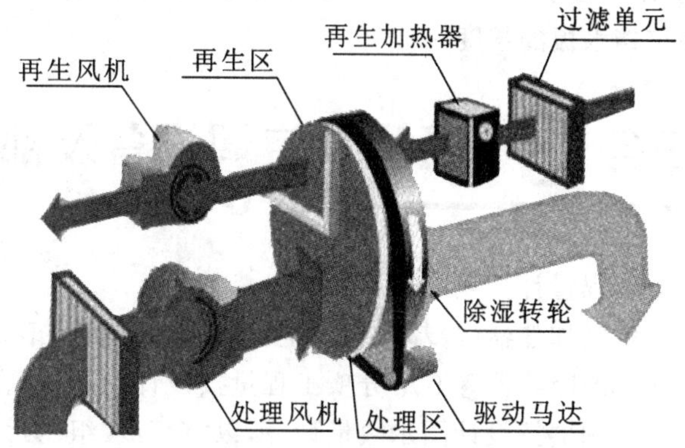


**图4-13　转轮除湿机原理图**

4）电渗透除湿机

电渗透除湿机又名墙体除湿机，是一种新型防潮防水除湿设备，产品运用多脉冲电渗透除湿（MPS）原理。电渗透除湿机可以产生一个脉冲磁场，从根源上解决了墙体因毛细作用而潮湿的难题。电渗透除湿机具有体积小、能耗低、除湿面积大、高效静音等优点，被广泛应用于别墅、地铁、古建筑、医院、图书馆、地下建筑工程等领域的防水除湿。

（二）风机盘管

风机盘管是中央空调广泛使用的，理想的末端产品，规范的全称是中央空调风机盘管机组。风机盘管机组由热交换器，水管，过滤器，风扇，接水盘，排气阀，支架等组成，属于半集中式系统。这部分内容前面已做详细介绍。

## 三、通风空调工程中都常用的设备及部件制作安装项目

**1. 滤水器、溢水盘**

在通风空调系统中，当使用循环水时，为了防止杂质堵塞喷嘴口，通常在循环水管入口处安装滤水器，滤水器内安装有滤网，滤网一般用黄铜丝网或尼龙丝网做成，网银大小可根据喷嘴孔径而定。

在夏季空气的冷却干燥过程中，由于空气中水蒸气的凝结，以及喷水系统中不断加入冷冻水，底池水位将不断上升，为了保持一定的水位，必须设溢水盘。

**2. 挡水板**

挡水板是中央空调末端装置的一个重要部件，它与中央空调相配套，作汽水分离功能。LMDS型挡水板是空调室的关键部件，在高低风速下均可使用。可采用玻璃钢材料或PVC材料，具有阻力小、重量轻、强度高、耐腐蚀、耐老化、水气分离效果好，清洗方便、经久耐用特点。

JS波型挡水板以PVC树脂为主的PVC挡水板，保持挡水板适宜的刚性，抗冲击性，抗老化，耐腐蚀防火等优点。连续挤塑成型，成功地保持了挡水板的密度和精确的几何尺寸，可任意确定挡水板的长度。

# 任务 3 通风及空调设备及部件制作安装工程量计算

工程量计算规则如下。

空气加热器(冷却器)、除尘设备、风机盘管、表冷器、净化工作台、风淋室、洁净室、除湿机、人防过滤吸收器等9个分项工程量按设计图示数量计算，以"台"为计量单位。

空调器按设计图示数量计算，以"台"或"组"为计量单位。

密闭门、挡水板、滤水器、溢水盘、金属壳体等几项按设计图示数量计算，以"个"为计量单位。

过滤器的计量方式有两种方式：按设计图示数量计算，以"台"为计量单位；或者按设计图示尺寸以过滤面积计算，以"平方米"为计量单位。

# 任务 4 通风及空调设备及部件制作安装清单编制

## 一、编制工程量清单相关规定

(1) 通风空调设备安装的地脚螺栓按设备自带考虑；

(2) 通风及空调设备及部件项目应按项目特征的不同编制工程量清单，如风机安装的形式应描述离心式、轴流式、屋顶式等；如除尘设备应标出每台的质量；空调器的安装形式应描述吊顶式、落地式、窗式、分体式等，并标注出每台设备的质量；过滤器的安装应描述初效、中效、高效等。

## 二、编制工程量清单应注意的问题

(1) 冷冻机组站内的设备安装、通风机安装及人防两用通风机安装，应按规范附录A机械设备安装工程相关项目编码列项；

(2) 冷冻机组站内的管道安装，应按规范附录H工业管道工程相关项目编码列项；

(3) 冷冻机组站外外墙皮以外通往通风空调设备的供热、供冷、供水等管道，应按规范附录K给排水、采暖、燃气工程相关项目编码列项；

(4) 设备和支架的除锈、刷油、保温及保护层安装，应按规范附录M刷油、防腐蚀、绝热工程相关项目编码列项。

## 三、清单编制实例

**例 4-1** 某办公楼的通风空调系统，其中采用的主要设备有：新风机组 1 台，型号为 DKB 型 5000m³/h 重量 0.4t/台，吊顶式安装；风机盘管 7 台，型号为 FP－300，采用卧式安装（吊顶式）。

试编制该两项设备安装的工程量清单。

**解** 该两项设备安装的工程量清单编制见表 4-5。

**表 4-5 分部分项工程量清单**

| 序号 | 项目编码 | 项目名称 | 项目特征描述 | 计量单位 | 工程量 | 金额/元 | | |
|---|---|---|---|---|---|---|---|---|
| | | | | | | 综合单价 | 合价 | 其中：暂估价 |
| 1 | 030701003001 | 空调器 | DKB 型，吊顶式安装，5000 m³/h，重量 0.4 t/台 | 台 | 1.00 | | | |
| 2 | 030701004001 | 风机盘管 | 型号 FP-300，卧式安装（吊顶式） | 台 | 7.00 | | | |

（二）编制“项目三”中通风及空调设备及部件工程量清单

解：“项目三”中的通风空调设备有通风机 1 台，工程量清单编制见表 4-6。

**表 4-6 分部分项工程量清单**

| 序号 | 项目编码 | 项目名称 | 项目特征描述 | 计量单位 | 工程量 | 金额/元 | | |
|---|---|---|---|---|---|---|---|---|
| | | | | | | 综合单价 | 合价 | 其中：暂估价 |
| 1 | 030108006001 | 其他风机 | SWF(A)-1 型 NO.5 混流风机 $L$=5252 m³/h $H$=326 Pa $N$=1.1 kW $U$=380 V 质量 64 kg | 台 | 1.00 | | | |

说明：

(1)《通用安装工程工程量计算规范》(GB 50856－2013)附录 G.1 通风空调设备及部件制作安装(编码 030701)中通风机项目编码。根据“通风空调设备安装与其他章节的划分”，通风机安装，应按机械设备安装工程相关项目编码列项(附录 A.8 风机安装)。

(2) 项目三中的通风设备“混流风机”，既不是离心式通风机，也不是轴流式通风机，而是介于两者之间的一种通风机，所以根据附录 A.8 选择项目名称时，选择“其他风机”。

任务五：通风及空调设备及部件制作安装清单综合单价的确定

## 一、确定综合单价应注意的问题

《江苏省安装工程计价定额》第七册中有“通风机安装”定额子目，该册定额中的通风机主要是指“通风空调工程中的通风机”。因此，本工程项目中“通风机”项目的综合单价计算套用第七册定额相关子目。

## 二、综合单价计算实例

以通风空调设备“通风机”，清单编码为 030108006001 的项目为例，说明通风空调设备综合单价的计算方法。具体计算过程见表 4-7。

**表 4-7 工程量清单综合单价分析表**

| 项目编码 | 030108006001 | 项目名称 | 其他风机 | | | | 计量单位 | 台 | 工程量 | | 1 | | |
|---|---|---|---|---|---|---|---|---|---|---|---|---|---|
| 清单综合单价组成明细 | | | | | | | | | | | | | |
| 定额编号 | 定额项目名称 | 定额单位 | 数量 | 单价/元 | | | | | 合价 | | | | |
| | | | | 人工费 | 材料费 | 机械费 | 管理费 | 利润 | 人工费 | 材料费 | 机械费 | 管理费 | 利润 |
| 7—25 | 轴流通风机安装 5# | 台 | 1 | 95.12 | 2.20 | 0.00 | 37.10 | 13.32 | 95.12 | 2.20 | 0.00 | 37.10 | 13.32 |
| 综合人工工日 | | | 小计 | | | | | | 95.12 | 2.20 | 0.00 | 37.10 | 13.32 |
| 3.68 工日 | | | 未计价材料费 | | | | | | 1332.00 | | | | |
| 清单项目综合单价 | | | | | | | | | 1479.73 | | | | |

| 材料费明细 | 主要材料名称、规格、型号 | 单位 | 数量 | 单价/元 | 合价/元 | 暂估单价/元 | 暂估合价/元 |
|---|---|---|---|---|---|---|---|
| | 通风机 | 台 | 1 | 1332 | 1332 | | |
| | 现浇混凝土 | $m^3$ | 0.01 | 219.69 | 2.20 | | |
| | | | | | | | |
| | | | | | | | |
| | | | | | | | |
| | 其他材料费 | | | — | 0 | — | |
| | 材料费小计 | | | — | 1334.20 | — | |

说明：该表中工程设备“通风机”为未计价主材，其单价为除税后价格。

# 子项目4.5 通风管道制作安装工程量清单编制与计价

## 任务1 通风管道制作安装工程量清单设置

“通风管道制作安装”一节的内容包括碳钢通风管道、净化通风管道、不锈钢板通风管道、铝板通风管道、塑料通风管道、玻璃钢通风管道 、复合型风、柔性软风管等各种通风管道的制作安装；以及弯头导流叶片、风管检查孔、温度、风量测定孔的制作安装等内容。

工程量清单项目设置、项目特征描述的内容、计量单位、工程量计算规则，应按规范附录G中表G.2的规定执行，见表4-8。

**表4-8 通风管道制作安装(编码030702)**

<table>
<tr><th>项目编码</th><th>项目名称</th><th>项目特征</th><th>计量单位</th><th>工程量计算规则</th><th>工程内容</th></tr>
<tr><td>030702001</td><td>碳钢通风管道</td><td rowspan="2">1.名称<br>2.材质<br>3.形状<br>4.规格<br>5. 板材厚度<br>6.管件、法兰等附件及支架设计要求<br>7.接口形式</td><td rowspan="6">$m^2$</td><td rowspan="5">按设计图示内径尺寸以展开面积计算</td><td rowspan="2">1. 风管、管件、法兰、零件、支吊架制作、安装<br>2.过跨风管落地支架制作安装</td></tr>
<tr><td>030702002</td><td>净化通风管道</td></tr>
<tr><td>030702003</td><td>不锈钢板通风管道</td><td rowspan="3">1.名称<br>2.形状<br>3.规格<br>4.板材厚度<br>5.管件、法兰等附件及支架设计要求<br>6.接口形式</td><td rowspan="3">1. 风管、管件、法兰、零件、支吊架制作、安装<br>2.过跨风管落地支架制作安装</td></tr>
<tr><td>030702004</td><td>铝板通风管道</td></tr>
<tr><td>030702005</td><td>塑料通风管道</td></tr>
<tr><td>030702006</td><td>玻璃钢通风管道</td><td>1.名称<br>2.形状<br>3.规格<br>4.板材厚度<br>5.支架形式、材质<br>6.接口形式</td><td>按设计图示外径尺寸以展开面积计算</td><td>1. 风管、管件安装<br>2.支吊架制作、安装<br>3.过跨风管落地支架制作安装</td></tr>
</table>

续表

| 项目编码 | 项目名称 | 项目特征 | 计量单位 | 工程量计算规则 | 工程内容 |
|---|---|---|---|---|---|
| 030702007 | 复合型风管制作安装 | 1.名称<br>2.材质<br>3.形状<br>4.规格<br>5.板材厚度<br>6.接口形式<br>7.支架形式、材质 | $m^2$ | 按设计图示外径尺寸以展开面积计算 | 1.风管管件安装<br>2.支吊架制作、安装<br>3.过跨风管落地支架制作安装 |
| 030702008 | 柔性软风管 | 1.名称<br>2.材质<br>3.规格<br>4.风管接头、支架形式、材质 | 1.m<br>2.节 | 1.以M计量,按设计图示中心线以长度计算<br>2.以节计算,按设计图示数量计算 | 1.风管安装<br>2.风管接头安装<br>3.支吊架制作、安装 |
| 030702009 | 弯头导流叶片 | 1.名称<br>2.材质<br>3.规格<br>4.形状 | 1.$m^2$<br>2.组 | 1.以面积计量,按设计图示以展开面积计算<br>2.以组计算,按设计图示数量计算 | 1.制作<br>2.安装 |
| 030702010 | 风管检查孔 | 1.名称<br>2.材质<br>3.规格 | 1. kg<br>2.个 | 1.以kg计量,按风管检查孔质量计算<br>2.以个计量,按设计图示数量计算 | 1.制作<br>2.安装 |
| 030702011 | 温度、风量测定孔 | 1.名称<br>2.材质<br>3.规格<br>4.设计要求 | 个 | 按设计图示数量计算 | 1.制作<br>2.安装 |

# 任务 2 通风管道制作安装

## 一、通风管道相关知识

通风管道主要应用在工业及建筑工程中,应用领域主要涉及:电子工业无尘厂房净化系统;医药食品无菌车间净化系统;酒店宾馆、商场医院、工厂及写字楼的中央空调系统;工业污染控制用除尘、排烟、吸油等排风管;工业环境或岗位舒适用送风管;煤矿抽放瓦斯用抽放瓦斯系统、煤矿矿井环境控制用送回风系统等。

通风管道按材质分：一般有：钢板风管（普通钢板）、镀锌板（白铁）风管、不锈钢通风管、玻璃钢通风管、塑料通风管、复合材料通风管、彩钢夹心保温板通风管、双面铝箔保温通风管、单面彩钢保温风管、涂胶布通风管（如矿用风筒）、矿用塑料通风管等。

通风管道按形状分：一般有圆形、矩形、螺旋形等。

## 二、常见管道管件

管件是风管的接头零件，常见的管件如弯头、三通、四通、异径管、天圆地方等。

(1) 矩形风管中常见的管件：如图 4-14 和图 4-15 所示。

图 4-14　矩形风管弯头

图 4-15　矩形风管三通

(2) 圆形风管中常见的管件：如图 4-16～图 4-19 所示。

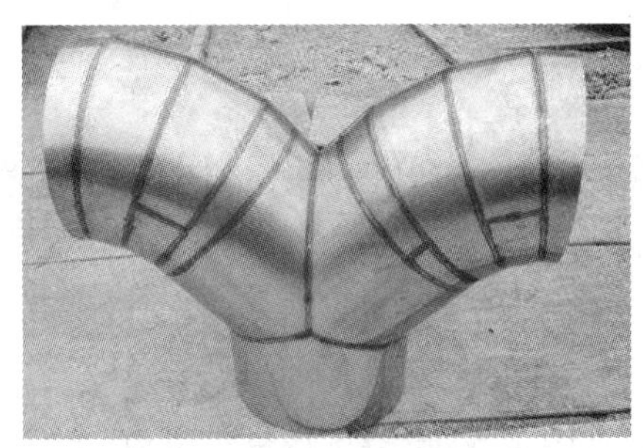

图 4-16　圆形风管三通

图 4-17　圆形风管弯头

图 4-18　圆形风管异径管

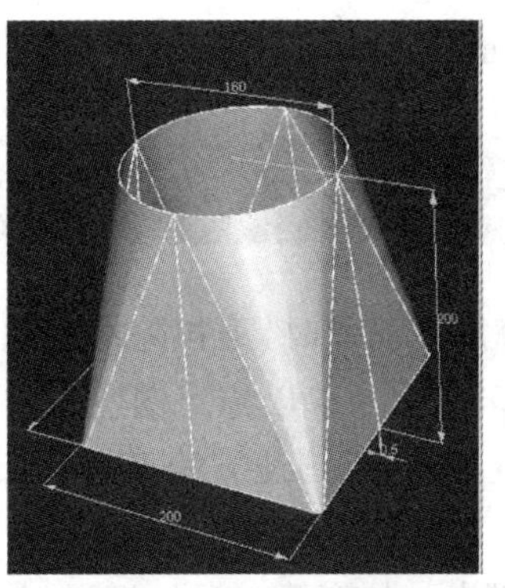


图 4-19　天圆地方

(3) 弯头导流叶片。

通风管道风管导流叶片一般在矩形风管转弯角度≦90°设置。目的是防止空气在急转弯处产生涡流导致气流不畅,损失能量,产生噪音等弊病。

金属风管边长大于500mm的风管宜设置导流叶片,导流叶片分单片式和月牙式两种类型。

# 任务3 通风管道制作安装工程量计算

## 一、工程量计算规则:

**1. 通风管道的制作安装**

由于通风管道材质的不同,各种通风管道的计量也稍有区别。

1) 碳钢通风管道、净化通风管道、不锈钢板通风管道、铝板通风管道、塑料通风管道:

按设计图示"内"径尺寸以展开面积计算,计量单位为"$m^2$"。

2) 玻璃钢通风管道 、复合型风管:

按设计图示"外"径尺寸以展开面积计算,计量单位为"$m^2$"。

3) 柔性软风管

按设计图示中心线以长度计算,计量单位为"m",或按设计图示数量计算,计量单位为"节"。

**2. 弯头导流叶片**

弯头导流叶片也有两种计量方式:

按设计图示尺寸以展开面积计算,计量单位为"$m^2$";或按设计图示数量计算,计量单位为"组"。

**3. 风管检查孔**

风管检查孔也有两种计量方式:

按风管检查孔质量计算,计量单位为"千克";按设计图示数量计算,计量单位为"个"。

**4. 温度、风量测定孔**

温度、风量测定孔按设计图示数量计算,计量单位为"个"。

## 二、工程量计算应注意的问题

(1) 计算展开面积时,不扣除检查孔、测定孔、送风口、吸风口等所占面积。

(2) 风管长度,一律以施工图所示中心线长度为准(主管与支管以其中心线交点划分),包括弯头、三通、变径管、天圆地方管等管件长度,但不包括通风部件所占长度。

① 管件:是风管的接头零件,在计价定额中,一般不单独设置定额子目,其工程量合并计入风管的工程量中。如弯管、三通、四通、异径管、法兰等。

② 部件:在计价定额中,一般单独设置定额子目,其工程量应单独列项计算。如各类风口、

阀门、排气罩、风帽、消音器、检查孔、测定孔、托吊支架等。

(3) 风管展开面积不包括风管、管口重叠部分面积。

(4) 风管渐缩管:圆形风管按平均直径计算,矩形风管按平均周长计算。

(5) 穿墙套管按展开面积计算,计入通风管道工程量中。

## 三、风管及管件展开面积计算公式及计算方法

风管和配件所用钢板和板材厚度应符合国家规范要求,如表 4-9 所示。

**表 4-9　钢板风管和配件板材厚度**

| 圆形风管直径或矩形风管大边长 | 钢板厚度 | |
|---|---|---|
| | 一般风管 | 除尘风管 |
| 100～200 | 0.5 | 1.5 |
| 220～500 | 0.75 | 1.5 |
| 530～1400 | — | 2.0 |
| 560～1120 | 1.0 | — |
| 1250～2000 | 1.2～1.5 | — |
| 1500～2000 | — | 3.0 |

**1. 圆形、矩形直管风管(见图 4-20 和图 4-21)**

①圆形风管展开面积:　$F=\pi DL$

②矩形风管展开面积:　$F=2(A+B)L$

其中:$L$——风管中心线长度;

$D$——圆形风管直径;

$A$、$B$——矩形风管边长。

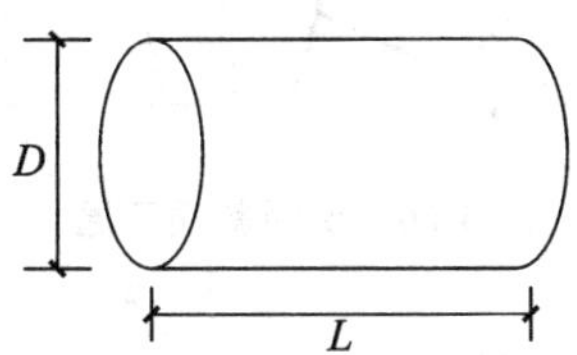


图 4-20　圆形直管风管

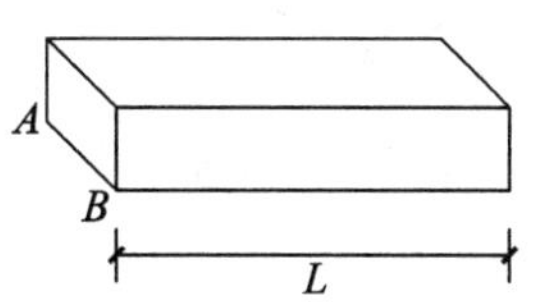


图 4-21　矩形直管风管

**2. 圆形、矩形异径管(大小头)**

按两种规格管计算,长度各为 $H/2$。

矩形风管:$F=2(A+B)\cdot\frac{H}{2}+2(a+b)\cdot\frac{H}{2}$

圆形风管:　$F=\pi D\frac{H}{2}+\pi d\frac{H}{2}$

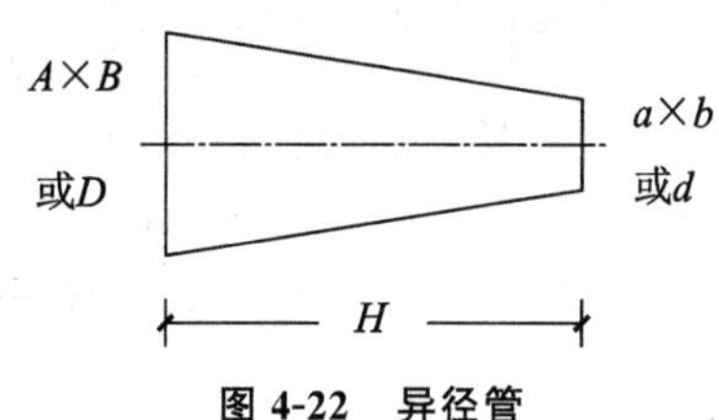


图 4-22　异径管

**3. 圆形、矩形管弯头(见图 4-23 和图 4-24)**

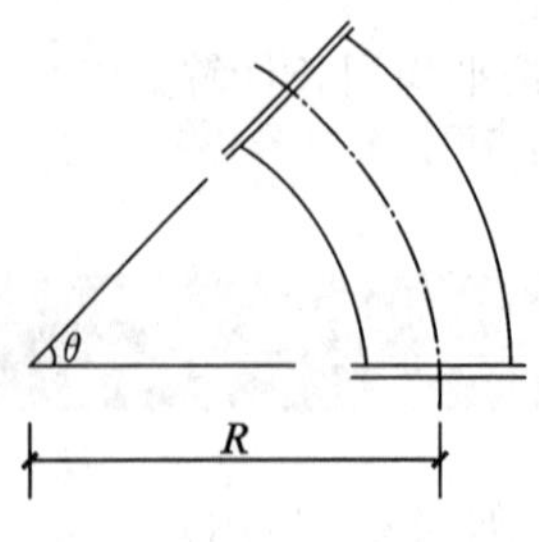


图 4-23 矩形管弯头

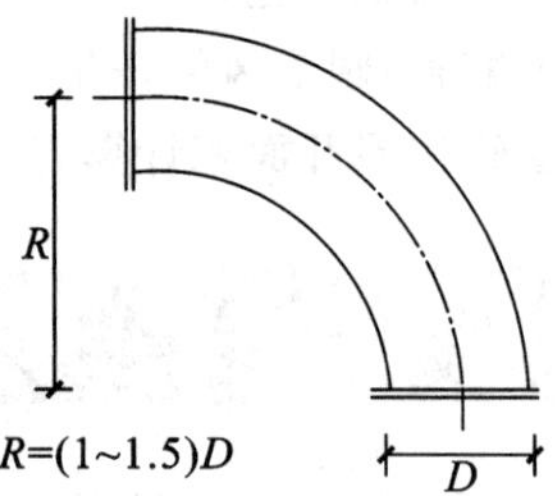


图 4-24 圆形管弯头

圆形管弯头：

$$F=\pi D\cdot\left(\frac{\pi}{180^\circ}\cdot\theta R\right)$$

矩形管弯头：

$$F=2(A+B)\cdot\left(\frac{\pi}{180^\circ}\cdot\theta R\right)$$

**4. 天圆地方管(见图 4-25)**

一半是圆形风管，另一半是矩形风管，长度各占 $H/2$。

圆形风管：

$$F=\pi D\cdot\frac{H}{2}$$

矩形风管：

$$F=2(A+B)\frac{H}{2}$$

**5. 圆形管三通**

(1) 变径斜插三通(见图 4-26)。

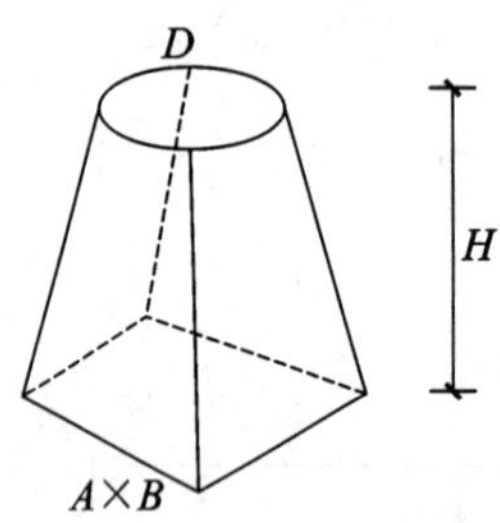


图 4-25 天圆地方管

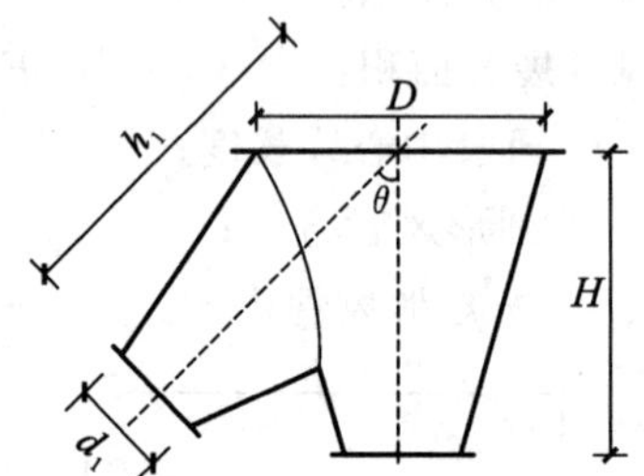


图 4-26 变径斜插三通

$$\theta=30^\circ 45^\circ 60^\circ \qquad H\geqslant 5D$$

$$F=\left(\pi D\times\frac{H}{2}+\pi d\times\frac{H}{2}\right)+\left(\pi D\times\frac{h_1}{2}+\pi d_1\times\frac{h_1}{2}\right)$$
$$=\left(\frac{D+d}{2}\right)\pi H+\left(\frac{D+d_1}{2}\right)\pi h_1$$

(2) 斜插三通(见图 4-27)。

$$\theta=30^\circ,45^\circ,60^\circ \qquad H\geqslant 5D$$
$$F=\pi D\cdot H+\pi d\cdot h$$

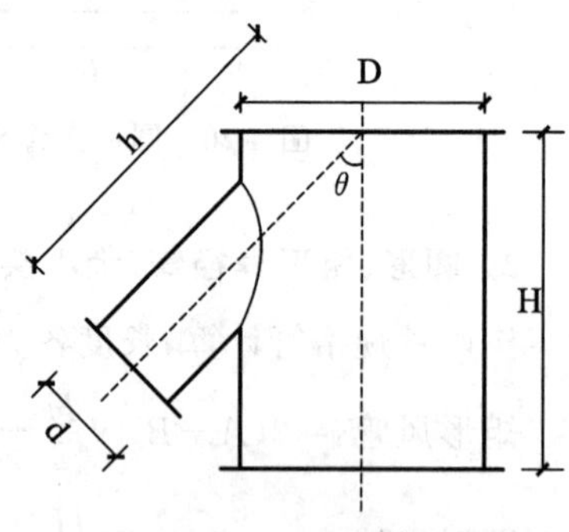


图 4-27 斜插三通

(3) 变径正三通(见图 4-28)。

$$H \geqslant 5D$$

$$F = \pi D \times \frac{H}{2} \times 2 + \pi d \times \frac{H}{2} \times 2 = \pi (D + d) H$$

(4) 正插三通(见图 4-29)。

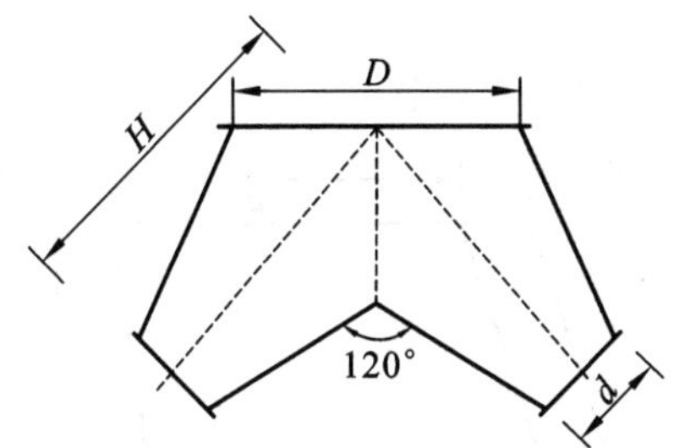


图 4-28　变径正三通

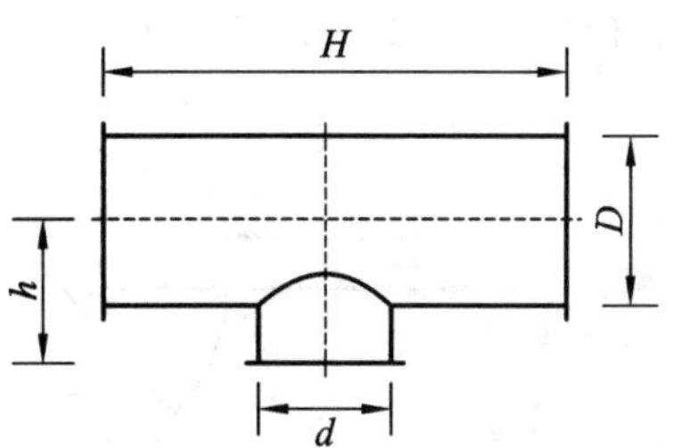


图 4-29　正插三通

$$F = \pi DH + \pi dH$$

(5) 圆管加弯三通(见图 4-30)。

加弯三通分段计算面积,相加即得展开面积。

$$F = \pi DH$$

$$F_1 = \pi d_1 h_1$$

$$F_2 = \pi d_2 \left( h_2 + h_3 + \frac{\pi}{180^\circ} \theta R \right)$$

$$F' = F + F_1 + F_2$$

**6. 矩形管三通**

(1) 插管式三通(见图 4-31)。

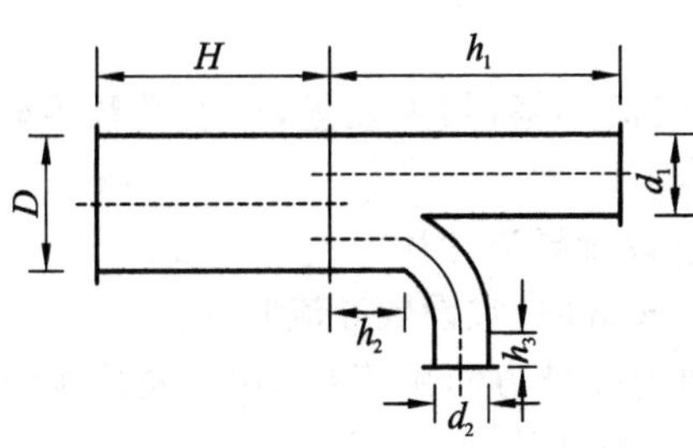


图 4-30　圆管加弯三通

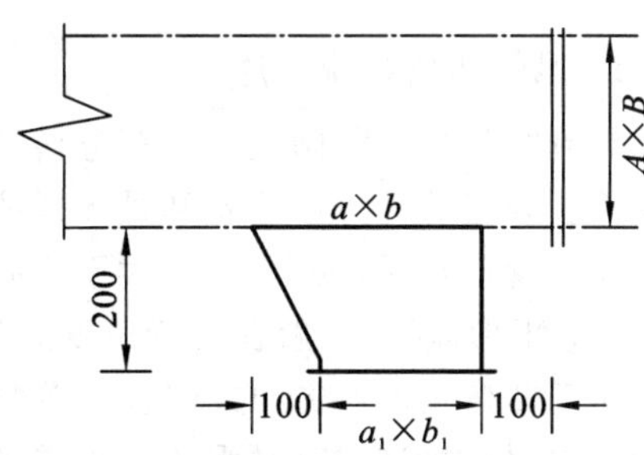


图 4-31　插管式三通

$$F = 2(a_1 + b_1) \times 100 + 2(a + b) \times 100 = 2(a_1 + b_1) \times 100 + 2(a_1 + 100 + b_1) \times 100 = 400(a_1 + b_1 + 50)$$

(2) 加弯三通(见图 4-32)

$$\theta=\frac{2\pi}{5}$$

$$F=2(A+B)\times\frac{H}{2}+2(a+b)\times\frac{H}{2}+2(a_1+b_1)\times\theta R$$

$$=(A+B)\times H+(a+b)\times H+2(a_1+b_1)\times\frac{2\pi}{5}\times R$$

(3)斜插变径三通(见图 4-33)

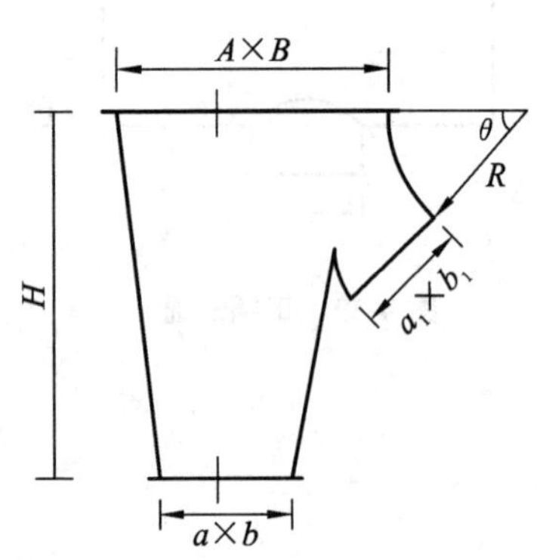


图 4-32　加弯三通

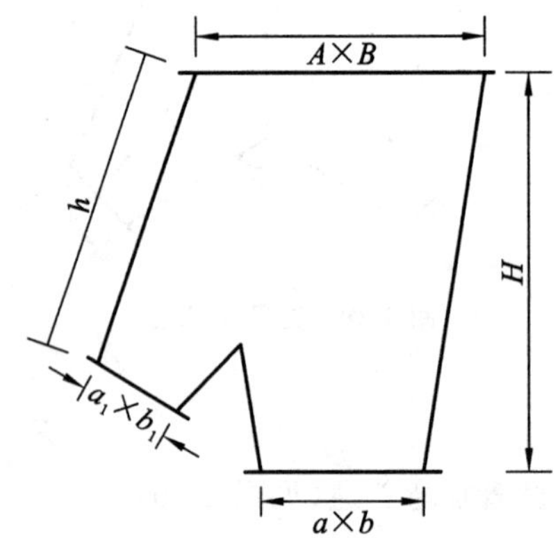


图 4-33　斜插变径三通

$$F=2(A+B)\times\frac{H}{2}+2(a+b)\times\frac{H}{2}+2(A+B)\times\frac{h}{2}+2(a_1+b_1)\times\frac{h}{2}$$

$$=(A+B+a+b)H+(A+B+a_1+b_1)h$$

## 三、风管附件

**1. 风管弯头导流叶片**

导流叶片是一种防止空气在急转弯处产生涡流导致气流不畅，损失能量，产生噪音等弊病的零件。导流叶片分单片式和月牙式两种类型。

通风管道直径(或大边长)大于 500 mm 的风管弯头宜设置导流叶片。

(1) 矩形风管：一般在转弯角度≦90°，且大边长＞500 mm 时，宜设置导流叶片。

对于转弯角度＝90°的情况，如果弯头是直角弯头(即内弧外方)，由于在 90°直角内弧外方的弯头内，易形成气流的“涡流”，阻碍了风速，所以需要做导流叶片。

而如果弯头是弧形弯头(导流叶片也是弧形弯头状)，弧形弯头已经起到导流叶片的效果，不会产生“涡流”，所以弧形弯头不用做导流叶片。

(1) 圆形风管：风管直径＞500 mm 的风管弯头处宜设置导流叶片。

**2. 风管弯头导流叶片计算方法**

(1) 公式计算法。

如图 4-34 所示，单叶片计算如下：

$$F=\frac{\pi}{180}(\theta \cdot R \cdot h)$$

如图 4-35 所示，双叶片的计算如下：

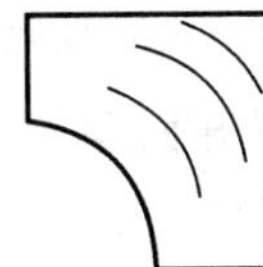

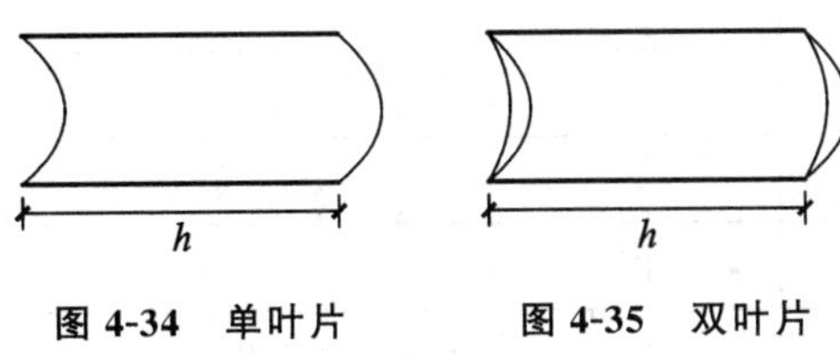


图 4-34　单叶片　　　图 4-35　双叶片

$$F=\pi(\theta_1 \cdot R_1+\theta_2 \cdot R_2) \cdot h$$

(2) 查表快速计算法.

① 根据风管长边规格尺寸选择相对应的导流叶片的片数，见表 4-10。

**表 4-10　风管导流叶片长边与片数表**

| 长边规格 | 500 | 630 | 800 | 1000 | 1250 | 1600 | 2000 |
|---|---|---|---|---|---|---|---|
| 导流叶片片数 | 4 | 4 | 6 | 7 | 8 | 10 | 12 |

② 根据风管高度规格尺寸选择相对应的导流叶片单片的表面积，见表 4-11。

**表 4-11　单叶片表面积表**

| 风管高度/mm | 导流叶片表面积/$m^2$ | 风管高度/mm | 导流叶片表面积/$m^2$ |
|---|---|---|---|
| 200 | 0.075 | 800 | 0.273 |
| 250 | 0.091 | 1000 | 0.425 |
| 320 | 0.114 | 1250 | 0.502 |
| 400 | 0.140 | 1600 | 0.623 |
| 500 | 0.170 | 2000 | 0.755 |
| 630 | 0.216 | | |

③ 计算导流叶片总面积：片数×单叶片表面积。

## 四、工程量计算实例

以项目三为例,介绍通风管道工程量计算方法及计算过程。

项目三中风管为矩形风管,有四种不同规格:1000×200 风管,800×200 风管,630×200 风管,500×200 风管。工程量计算内容,除计算直风管展开面积外,还需计算弯头、三通、变径管、天圆地方管等管件的展开面积。管件是风管的接头零件,在计价定额中,一般不单独设置定额子目,其工程量合并计入风管的工程量中。具体计算见表 4-12。

表 4-12　通风工程清单工程量计算书

| 序号 | 工程名称 | 计量单位 | 数量 | 计算公式 |
|---|---|---|---|---|
| 一 | 通风管道镀锌薄钢板 | | | |
| 1 | 矩形直风管 | | | |
| | 1000×200 风管 | | | |
| | 风管长度:20～22 轴 | | | 长度 $L$=200 mm |
| | 20 轴 | | | 长度 $L$=530×2=1060 mm |
| | 17～20 轴 | | | 长度 $L$=4055 mm |
| | 16 轴 | | | 长度 $L$=1800+2040=3840 mm |
| | 3 个弯头两边增加 | | | 长度 $L$=50×2×3=300 mm |
| | 风管长度合计: | m | 9.455 | 长度 $L$=200+1060+4055+3840+300=9455 mm |
| | 风管展开面积合计: | $m^2$ | 22.69 | $S$=2×(1.0+0.2)×9.155 |
| | 800×200 风管 | | | |
| | 风管长度:10～16 轴 | | | 长度 $L$=4730+1400=6130 mm |
| | 1 个弯头两边增加 | | | 长度 $L$=50×2×1=100 mm |
| | 风管长度合计: | m | 6.23 | |
| | 风管展开面积合计: | $m^2$ | 12.46 | $S$=2×(0.8+0.2)×6.23 |
| | 630×200 风管 | | | |
| | 风管长度:8～10 轴 | | | 长度 $L$=3500 |
| | 5～8 轴 | | | 长度 $L$=2350+1320=3670 mm |
| | 1 个弯头两边增加 | | | 长度 $L$=50×2×1=100 mm |
| | 风管长度合计: | m | 7.27 | 长度 $L$=3500+2350+1320+100=7270 mm |
| | 风管展开面积合计: | $m^2$ | 12.07 | $S$=2×(0.63+0.2)×7.17 |
| | 500×200 风管 | | | |
| | 风管长度:3～6 轴 | | | 长度 $L$=1474+4600=6074 mm |

续表

| 序号 | 工程名称 | 计量单位 | 数量 | 计算公式 |
|---|---|---|---|---|
| | 6～7 轴 | | | 长度 $L$＝1000 mm |
| | 1 个弯头两边增加 | | | 长度 $L$＝50×2×1＝100 mm |
| | 风管长度合计： | m | 7.174 | |
| | 风管展开面积合计： | $m^2$ | 10.04 | $S$＝2×(0.5＋0.2)×7.074 |
| 2 | 矩形弯头 | | | |
| | 1000×200 3 个 展开面积 | $m^2$ | 11.30 | $S$＝2×(1.0＋0.2)×(π/180°× 90°× 1.0) × 3 |
| | | | | ＝2.4×π×1.0/2×3＝2.4×4.71＝11.30 |
| | 800×2001 个 展开面积 | $m^2$ | 2.51 | $S$＝2×(0.8＋0.2)×(π/180°× 90°×0.8) × 1 |
| | | | | ＝2.0×π×0.8/2×1＝2.0×1.256＝2.51 |
| | 630×2001 个 展开面积 | $m^2$ | 1.64 | $S$＝2×(0.63＋0.2)×(π/180°× 90°×0.63) × 1 |
| | | | | ＝1.66×π×0.63/2×1＝1.66×0.99＝1.64 |
| | 500×2001 个 展开面积 | $m^2$ | 1.10 | $S$＝2×(0.5＋0.2)×(π/180°× 90°×0.5) × 1 |
| | | | | ＝1.4×π×0.5/2×1＝1.4×0.785＝1.10 |
| 3 | 矩形异径管 | | | |
| | 1000×200—800×200 | | | |
| | 风管长度:16 轴 | | | 长度 L＝300 mm |
| | 风管长度合计： | m | 0.3 | |
| | 风管展开面积合计： | $m^2$ | 0.66 | $S$＝2×(1.0＋0.2)×0.3/2＋2×(0.8＋0.2)×0.3/2＝0.66 |
| | 800×200—630×200 | | | |
| | 风管长度:8～10 轴 | | | 长度 $L$＝300 mm |
| | 风管长度合计： | m | 0.3 | |
| | 风管展开面积合计： | $m^2$ | 0.55 | $S$＝2×(0.8＋0.2)×0.3/2＋2×(0.63＋0.2)×0.3/2＝0.55 |
| | 630×200—500×200 | | | |
| | 风管长度:5～8 轴 | | | 长度 $L$＝300 mm |
| | 风管长度合计： | m | 0.3 | |
| | 风管展开面积合计： | $m^2$ | 0.46 | $S$＝2×(0.63＋0.2)×0.3/2＋2×(0.5＋0.2)×0.3/2＝0.46 |
| 4 | 天圆地方管件 | | | |
| | 1000×200—$\phi$420$L$＝500 mm | $m^2$ | 0.93 | $S$＝π×0.42×0.5/2＋2×(1.0＋0.2)×0.5/2＝0.93 |
| | | | | |
| | 630 ×200—$\phi$420 $L$＝300mm | $m^2$ | 0.45 | $S$＝π×0.42×0.3/2＋2×(0.63＋0.2)×0.3/2＝0.45 |
| 二 | 柔性短风管 | | | |
| | $\phi$420 | m | 0.30 | $L$＝150×2＝300 mm |

将表中各部分工程量分类汇总，见表 4-13。

表 4-13　通风管道、管件工程量分类汇总表

| 序号 | 工程名称 | 风管钢板厚度/mm | 风管周长/mm | 风管长度/m | 风管展开面积/$m^2$ |
|---|---|---|---|---|---|
| 一 | 通风管道　镀锌薄钢板 | | | | |
| 1 | 矩形直风管 | | | | |
| | 1000×200 风管 | 1 | 2400 | 9.455 | 22.692 |
| | 800×200 风管 | 1 | 2000 | 6.23 | 12.46 |
| | 630×200 风管 | 1 | 1660 | 7.27 | 12.07 |
| | 500×200 风管 | 0.75 | 1400 | 7.174 | 10.04 |
| 2 | 矩形弯头 | | | | |
| | 1000×200 3 个 | 1 | | | 11.30 |
| | 800×200　1 个 | 1 | | | 2.51 |
| | 630×200　1 个 | 1 | | | 1.64 |
| | 500×200　1 个 | 0.75 | | | 1.10 |
| 3 | 矩形异径管 | | | | |
| | 1000×200—800×200 | 1 | 2200 | 0.3 | 0.66 |
| | 800×200—630×200 | 1 | 1830 | 0.3 | 0.55 |
| | 630×200—500×200 | 1 | 1530 | 0.3 | 0.46 |
| 4 | 天圆地方管件 | | | | |
| | 1000×200—φ420 L=500mm | 1 | | | 0.93 |
| | 630 ×200—φ420 L=300mm | 1 | | | 0.45 |

按风管不同规格进行汇总，见表 4-14 不同规格风管工程量汇总表。

表 4-14　不同规格风管工程量汇总表

| 序号 | 工程名称 | 周长级别 | 风管钢板厚度/mm | 风管周长/mm | 风管长度/m | 风管展开面积/$m^2$ |
|---|---|---|---|---|---|---|
| | 通风管道　镀锌薄钢板 | | | | | |
| 一 | 1000×200 风管 | ≤4000 | | | | |
| 1 | 矩形直风管 | | 1 | 2400 | 9.455 | 22.69 |
| 2 | 矩形弯头　3 个 | | 1 | 2400 | 4.71 | 11.30 |
| 3 | 矩形异径管 1000×200—800×200 | | 1 | 2200 | 0.3 | 0.66 |
| 4 | 天圆地方管件 1000×200—φ420　$L$=500mm | | 1 | | 0.5 | 0.93 |
| | 小计 | | | | 14.965 | 35.58 |

续表

| 序号 | 工程名称 | 周长级别 | 风管钢板厚度/mm | 风管周长/mm | 风管长度/m | 风管展开面积/m² |
|---|---|---|---|---|---|---|
| 二 | 800×200 风管 | ≤2000 | | | | |
| 1 | 矩形直风管 | | 1 | 2000 | 6.23 | 12.46 |
| 2 | 矩形弯头　1个 | | 1 | 2000 | 1.256 | 2.51 |
| 3 | 矩形异径管 800×200—630×200 | | 1 | 1830 | 0.3 | 0.55 |
| | 小计 | | | | 7.786 | 15.52 |
| 三 | 630×200 风管 | ≤2000 | | | | |
| 1 | 矩形直风管 | | 1 | 1660 | 7.27 | 12.07 |
| 2 | 矩形弯头　1个 | | 1 | 1660 | 0.9891 | 1.64 |
| 3 | 矩形异径管 630×200—500×200 | | 1 | 1530 | 0.3 | 0.46 |
| 4 | 天圆地方管件 630 ×200—$\phi$420　$L$=300mm | | 1 | | 0.3 | 0.45 |
| | 小计 | | | | 8.8591 | 14.62 |
| 四 | 500×200 风管 | ≤2000 | | | | |
| 1 | 矩形直风管 | | 0.75 | 1400 | 7.174 | 10.04 |
| 2 | 矩形弯头　1个 | | 0.75 | 1400 | 0.785 | 1.10 |
| | 小计 | | | | 7.959 | 11.14 |

注意：本工程中不需要计算“导流叶片”的工程量。因为虽然通风管道边长都＞500mm，但是其转弯角度为90°的风管弯头都是弧形弯头，而不是直角弯头(即内弧外方)。

# 任务 4　通风管道制作安装清单编制

## 一、编制工程量清单相关规定

各种通风管道在描述项目特征时都要描述名称、材质、形状、规格、板材厚度、接口形式以及支架的形式和材质。碳钢通风管道、净化通风管道、不锈钢板通风管道、铝板通风管道、塑料通风管道还应描述管件、法兰等附件的设计要求。

## 二、编制工程量清单应注意的问题

(1) 通风管道的法兰垫料或封口材料，按设计图纸要求应在项目特征中描述。

(2) 净化通风管道的空气洁净度按100000级标准编制。净化通风管使用的型钢材料如要求镀锌时，工作内容应注明支架镀锌。

(3) 弯头导流叶片数量，按设计图纸或规范要求计算。

(4) 风管检验员查孔、温度测定孔、风量测定孔数量，按设计图纸或规范要求计算。

## 三、清单编制实例

以项目三为例，介绍通风管道工程量清单的编制方法，具体内容见表 4-15。

表 4-15 分部分项工程和单价措施项目清单与计价表

| 序号 | 项目编码 | 项目名称 | 项目特征描述 | 计量单位 | 工程量 | 金额/元 | | |
|---|---|---|---|---|---|---|---|---|
| | | | | | | 综合单价 | 合价 | 其中 |
| | | | | | | | | 暂估价 |
| 1 | 030702001001 | 碳钢通风管道 | 镀锌薄钢板矩形风管，1000×200 厚度 1mm，垫片厚度为 3～5mm，垫片材质为橡胶板，咬口 | $m^2$ | 35.58 | | | |
| 2 | 030702001002 | 碳钢通风管道 | 镀锌薄钢板矩形风管，800×200 厚度 1mm，垫片厚度为 3～5mm，垫片材质为橡胶板，咬口 | $m^2$ | 15.52 | | | |
| 3 | 030702001003 | 碳钢通风管道 | 镀锌薄钢板矩形风管，630×200 厚度 1mm，垫片厚度为 3～5mm，垫片材质为橡胶板，咬口 | $m^2$ | 14.62 | | | |
| 4 | 030702001004 | 碳钢通风管道 | 镀锌薄钢板矩形风管，500×200 厚度 0.75mm，垫片厚度为 3～5mm，垫片材质为橡胶板，咬口 | $m^2$ | 11.14 | | | |
| 5 | 030702008001 | 柔性软风管 | 风机前后采用防火帆布软连接，$\varphi$420，长度 $L=150$mm | 节 | 2.00 | | | |

# 任务 5 通风管道制作安装清单综合单价的确定

## 一、计价定额相关说明

(一) 薄钢板通风管道制作安装

(1) 工作内容具体如下。

① 风管制作：放样、下料、卷圆、折方、轧口、咬口，制作直管、管件、法兰、吊托支架，钻孔、铆焊、上法兰、组对。

② 风管安装：找标高、打支架墙洞、配合预留孔洞、埋设吊托支架，组装、风管就位、找平、找

正，制垫、垫垫、上螺栓、紧固。

(2) 整个通风系统设计采用渐缩管均匀送风，圆形风管按平均直径，矩形风管按平均周长执行相应规格项目其人工乘以系数 2.5。

(3) 镀锌薄钢板风管项目中的板材是按镀锌薄钢板编制的，如设计要求不用镀锌薄钢板者，板材可以换算，其他不变。

(4) 风管导流叶片不分单叶片和香蕉形双叶片均执行同一项目。

(5) 如制作空气幕送风管时，按矩形风管平均周长执行相应风管规格项目，其人工乘以系数 3，其余不变。

(6) 薄钢板通风管道制作安装项目中，包括弯头、三通、变径管、天圆地方等管件及法兰、加固框和吊托支架的制作用工，但不包括过跨风管落地支架，落地支架执行设备支架项目。

(7) 薄钢板风管项目中的板材，如设计要求厚度不同者可以换算，但人工、机械不变。

(8) 软管接头使用人造革而不使用帆布者可以换算。

(9) 项目中的法兰垫料如设计要求使用材料品种不同者可以换算，但人工不变。使用泡沫塑料者每千克橡胶板换算为泡沫塑料 0.125 kg，使用闭孔乳胶海绵者每千克橡胶板换算为闭孔乳胶海绵 0.5 kg。

(10) 柔性软风管适用于由金属、涂塑化纤织物、聚酯、聚乙烯、聚氯乙烯薄膜、铝箔等材料制成的软风管。

(11) 柔性软风管安装按图示中心线长度以“m”为单位计算；柔性软风管阀门安装以“个”为单位计算。

### (二) 净化通风管道制作安装

(1) 工作内容具体如下。

① 风管制作：放样、下料、折方、轧口、咬口，制作直管、管件、法兰、吊托支架，钻孔、铆焊、上法兰、组对，口缝外表面涂密封胶、风管内表面清洗、风管两端封口。

② 风管安装：找标高、找平、找正、配合预留孔洞、打支架墙洞、埋设支吊架，风管就位、组装、制垫、垫垫、上螺栓、紧固，风管内表面清洗、管口封闭、法兰口涂密封胶。

③ 部件制作：放样、下料、零件、法兰、预留预埋，钻孔、铆焊、制作、组装、擦洗。

④ 部件安装：测位、找平、找正，制垫、垫垫、上螺栓、清洗。

(2) 净化通风管道制作安装项目中包括弯头、三通、变径管、天圆地方等管件及法兰、加固框和吊托支架，不包括过跨风管落地支架。落地支架执行设备支架项目。

(3) 净化风管项目中的板材，如设计厚度不同者可以换算，人工、机械不变。

(4) 圆形风管执行本章矩形风管相应项目。

(5) 风管涂密封胶是按全部口缝外表面涂抹考虑的，如设计要求口缝不涂抹而只在法兰处涂抹者，每 10 $m^2$ 风管应减去密封胶 1.5 kg 和人工 0.37 工日。

(6) 风管及部件项目中，型钢未包括镀锌费，如设计要求镀锌时，另加镀锌费。

### (三) 不锈钢板通风管道制作安装

(1) 工作内容具体如下。

① 不锈钢风管制作：放样、下料、卷圆、折方，制作管件、组对焊接、试漏、清洗焊口。

② 不锈钢风管安装：找标高、清理墙洞、风管就位、组对焊接、试漏、清洗焊口、固定。

③ 部件制作：下料、平料、开孔、钻孔，组对、铆焊、攻丝、清洗焊口、组装固定，试动、短管、零

件、试漏。

④ 部件安装：制垫、垫垫、找平、找正、组对、固定、试动。

(2) 矩形风管执行本章圆形风管相应项目。

(3) 不锈钢吊托支架执行本章相应项目。

(4) 风管凡以电焊考虑的项目，如需使用手工氩弧焊者，其人工乘以系数 1.238，材料乘以系数 1.163，机械乘以系数 1.673。

(5) 风管制作安装项目中包括管件，但不包括法兰和吊托支架；法兰和吊托支架应单独列项计算执行相应项目。

(6) 风管项目中的板材如设计要求厚度不同者可以换算，人工、机械不变。

### (四) 铝板通风管道制作安装

(1) 工作内容具体如下。

① 铝板风管制作：放样、下料、卷圆、折方，制作管件、组对焊接、试漏，清洗焊口。

② 铝板风管安装：找标高、清理墙洞、风管就位、组对焊接、试漏、清洗焊口、固定。

③ 部件制作：下料、平料、开孔、钻孔，组对、焊铆、攻丝、清洗焊口、组装固定，试动、短管、零件、试漏。

④ 部件安装：制垫、垫垫、找平、找正、组对、固定、试动。

(2) 风管凡以电焊考虑的项目，如需使用手工氩弧焊者，其人工乘以系数 1.154，材料乘以系数 0.852，机械乘以系数 9.242。

(3) 风管制作安装项目中包括管件，但不包括法兰和吊托支架；法兰和吊托支架应单独列项计算执行相应项目。

(4) 风管项目中的板材如设计要求厚度不同者可以换算，人工、机械不变。

### (五) 塑料通风管道制作安装

(1) 工作内容具体如下。

① 塑料风管制作：放样、锯切、坡口、加热成型制作法兰、管件，钻孔、组合焊接。

② 塑料风管安装：就位、制垫、垫垫、法兰连接、找正、找平、固定。

(2) 风管项目规格表示的直径为内径，周长为内周长。

(3) 风管制作安装项目中包括管件、法兰、加固框，但不包括吊托支架，吊托支架执行相应项目。

(4) 风管制作安装项目中的主体，板材(指每 10 $m^2$ 定额用量为 11.6 $m^2$ 者)，如设计要求厚度不同者可以换算，人工、机械不变。

(5) 项目中的法兰垫料如设计要求使用品种不同者可以换算，但人工不变。

(6) 塑料通风管道胎具材料摊销费的计算方法：塑料风管管件制作的胎具摊销材料费，未包括在定额内，按以下规定另行计算；风管工程量在 30 $m^2$ 以上的，每 10 $m^2$ 风管的胎具摊销木材为 0.06$m^3$，按地区预算价格计算胎具材料摊销费；风管工程量在 30 $m^2$ 以下的，每 10 $m^2$ 风管的胎具摊销木材为 0.09$m^3$，按地区预算价格计算胎具材料摊销费。

### (六) 玻璃钢通风管道制作安装

(1) 工作内容具体如下。

① 风管：找标高、打支架墙洞、配合预留孔洞、吊托支架制作及埋没、风管配合修补、粘接、组

装就位、找平、找正、制垫、垫垫、上螺栓、紧固。

② 部件:组对、组装、就位、找正、制垫、垫垫、上螺栓、紧固。

(2) 玻璃钢通风管道安装项目中,包括弯头、三通、变径管、天圆地方等管件的安装及法兰、加固框和吊托架的制作安装,不包括过跨风管落地支架。落地支架执行设备支架项目。

(3) 本定额玻璃钢风管及管件按计算工程量加损耗外加工定作,其价值按实际价格;风管修补应由加工单位负责,其费用按实际价格发生,计算在主材费内。

(4) 定额内未考虑预留铁件的制作的埋设,如果设计要求用膨胀螺栓安装吊托支架者,膨胀螺栓可按实际调整,其余不变。

(七) 复合型风管制作安装

(1) 工作内容具体如下。

① 复合型风管制作:放样、切割、开槽、成型、粘合、制作管件、钻孔、组合。

② 复合型风管安装:就位、制垫、垫垫、连接、找正、找平、固定。

(2) 风管项目规格表示的直径为内径,周长为内周长。

(3) 风管制作安装项目中包括管件、法兰、加固框、吊托支架。

## 二、确定综合单价应注意的问题

(1) 薄钢板通风管道、玻璃钢风管、净化通风管道、复合型通风管道的制作、安装,定额内已包括支架的制作安装,不另行计算。

(2) 不锈钢风管、铝板通风管道制作安装,定额内不包括法兰和支架,其工程量以“ kg”为计量单位另行计算,执行相应定额。

(3) 塑料风管制作安装,定额内不包括吊托支架,其工程量以“ kg”为计量单位另行计算,执行相应定额。

(4) 不包括在风管工程量内而单独列项的各种支架(不锈钢吊托支架除外),按其工程量执行相应项目。

(5) 通风、空调的刷油、绝热、防腐蚀,执行《第十一册　刷油、防腐蚀、绝热工程》相应定额。

① 薄钢板风管刷油,按其工程量执行相应项目:仅外(或内)面刷油者,定额乘以系数 1.2。内外均刷油者,定额乘以系数 1.1(其法兰加固框、吊托支架已包括在此系数内)。

② 薄钢板部件刷油,按其工程量执行金属结构刷油项目,定额乘以系数 1.15。

③ 薄钢板风管、部件以及单独列项的支架,其除锈不分锈蚀程度,一律按其第一遍刷油的工程量执行轻锈相应项目。

6. 绝热保温材料不需黏结着,执行相应项目时需减去其中的黏结材料,人工乘以系数 0.5。

7. 风道及部件在加工厂预制的,其场外运费由各省、自治区、直辖市自行制定。

## 三、综合单价计算实例

以表 4-12 中项目编码为 030702001001 的项目为例,介绍通风管道综合单价的分析计算方法。具体计算过程见表 4-16。

**表 4-16　工程量清单综合单价分析表**

| 项目编码 | 030702001001 | 项目名称 | 碳钢通风管道 | 计量单位 | $m^2$ | 工程量 | 35.58 |
|---|---|---|---|---|---|---|---|

清单综合单价组成明细

| 定额编号 | 定额项目名称 | 定额单位 | 数量 | 单价/元 | | | | | 合价/元 | | | | |
|---|---|---|---|---|---|---|---|---|---|---|---|---|---|
| | | | | 人工费 | 材料费 | 机械费 | 管理费 | 利润 | 人工费 | 材料费 | 机械费 | 管理费 | 利润 |
| 7-84 | 镀锌薄钢板矩形风管制作周长4000δ1.2 咬口 | 10 $m^2$ | 0.1 | 188.6 | 180.17 | 42.53 | 75.44 | 26.4 | 18.86 | 18.02 | 4.25 | 7.54 | 2.64 |
| 7-85 | 镀锌薄钢板矩形风管安装周长4000δ1.2 咬口 | 10 $m^2$ | 0.099 | 126.28 | 9.5 | 2.24 | 50.51 | 17.68 | 12.56 | 0.94 | 0.22 | 5.02 | 1.76 |
| 综合人工工日 | | 小　计 | | | | | | | 31.42 | 18.96 | 4.47 | 12.56 | 4.4 |
| 0.3831 工日 | | 未计价材料费 | | | | | | | 41.51 | | | | |
| 清单项目综合单价 | | | | | | | | | 113.33 | | | | |

| | 主要材料名称、规格、型号 | 单位 | 数量 | 单价/元 | 合价/元 | 暂估单价/元 | 暂估合价/元 |
|---|---|---|---|---|---|---|---|
| 材料费明细 | 热镀锌钢板　δ0.5～1.2 | $m^2$ | 1.138 | 36.48 | 41.51 | | |
| | 等边角钢　∟ 60×5 | kg | 3.3288 | 3.9 | 12.98 | | |
| | 等边角钢　∟ 63×5 | kg | 0.0152 | 3.9 | 0.06 | | |
| | 扁钢　＜－59 | kg | 0.1064 | 3.64 | 0.39 | | |
| | 圆钢　Φ5.5～9 | kg | 0.1416 | 3.42 | 0.48 | | |
| | 电焊条　J422 Φ3.2 | kg | 0.0466 | 4.4 | 0.21 | | |
| | 精制带母镀锌螺栓　M8×75 以下 | 套 | 4.085 | 0.64 | 2.61 | | |
| | 铁铆钉 | kg | 0.0209 | 5.15 | 0.11 | | |
| | 橡胶板　δ1～15 | kg | 0.0874 | 7.72 | 0.67 | | |
| | 膨胀螺栓　M12 | 套 | 0.1425 | 1.03 | 0.15 | | |
| | 乙炔气 | kg | 0.0152 | 15.44 | 0.23 | | |
| | 氧气 | $m^3$ | 0.0428 | 2.83 | 0.12 | | |
| | 等边角钢　∟ 60×5 | kg | 0.1742 | 3.9 | 0.68 | | |
| | 等边角钢　∟ 63×5 | kg | 0.0008 | 3.9 | | | |
| | 扁钢　＜－59 | kg | 0.0056 | 3.64 | 0.02 | | |
| | 圆钢　Φ5.5～9 | kg | 0.0075 | 3.42 | 0.03 | | |
| | 电焊条　J422 Φ3.2 | kg | 0.0025 | 4.4 | 0.01 | | |
| | 精制带母镀锌螺栓　M8×75 以下 | 套 | 0.2138 | 0.64 | 0.14 | | |
| | 铁铆钉 | kg | 0.0011 | 5.15 | 0.01 | | |
| | 橡胶板　δ1～15 | kg | 0.0046 | 7.72 | 0.04 | | |
| | 膨胀螺栓　M12 | 套 | 0.0075 | 1.03 | 0.01 | | |

该表中的“热镀锌钢板 δ0.5～1.2”为未计价主材，未计价主材费为41.51元。

该表中的人材机费用经过了价差调整，人材机的价格从定额价调整到市场价。人材机各项目具体单价见4-17。

**表4-17 人材机分析表**

| 类别 | 编号 | 项目名称 | 单位 | 数量 | 定额单价/元 | 市场单价/元 | 合价/元 |
|---|---|---|---|---|---|---|---|
| 清单 | 030702001001 | 碳钢通风管道 | $m^2$ | 35.58 | | | 113.33 |
| | | [综合单价取费模式] | | | | | 113.33 |
| | | 人工费 | 元 | | | | 31.42 |
| | | 材料费 | 元 | | | | 60.48 |
| | | 机械费 | 元 | | | | 4.48 |
| | | 直接费 | 元 | | | | 96.37 |
| | | 管理费 | 元 | | | | 12.57 |
| | | 利润 | 元 | | | | 4.4 |
| 人工 | 00010303 | 二类工安装工程 | 工日 | 0.3831 | 74 | 82 | 31.41 |
| | | [人工合计] | | | | | 31.41 |
| 材料 | 01290453 | 热镀锌钢板 δ0.5～1.2 | $m^2$ | 1.138 | | 36.48 | 41.51 |
| | 01210332 | 等边角钢∟60×5 | kg | 3.503 | 3.96 | 3.9 | 13.66 |
| | 01210338 | 等边角钢∟63×5 | kg | 0.016 | 3.96 | 3.9 | 0.06 |
| | 01130141 | 扁钢＜－59 | kg | 0.112 | 4.25 | 3.64 | 0.41 |
| | 01090166 | 圆钢 Φ5.5～9 | kg | 0.1491 | 3.99 | 3.42 | 0.51 |
| | 03410206 | 电焊条 J422 Φ3.2 | kg | 0.0491 | 4.4 | 4.4 | 0.22 |
| | 03050575 | 精制带母镀锌螺栓 M8×75 以下 | 套 | 4.2988 | 0.75 | 0.64 | 2.75 |
| | 03011002 | 铁铆钉 | kg | 0.022 | 6 | 5.15 | 0.11 |
| | 02010106 | 橡胶板 δ1～15 | kg | 0.092 | 9 | 7.72 | 0.71 |
| | 03070126 | 膨胀螺栓 M12 | 套 | 0.15 | 1.2 | 1.03 | 0.15 |
| | 12370335 | 乙炔气 | kg | 0.016 | 18 | 15.44 | 0.25 |
| | 12370305 | 氧气 | $m^3$ | 0.0451 | 3.3 | 2.83 | 0.13 |
| | | [材料合计] | | | | | 60.47 |

续表

| 类别 | 编号 | 项目名称 | 单位 | 数量 | 定额单价 | 市场单价 | 合价 |
|---|---|---|---|---|---|---|---|
| 机械 | 99250303 | 交流弧焊机容量 21 kVA | 台班 | 0.0077 | 65 | 56.33 | 0.43 |
| | 99190715 | 台式钻床钻孔直径 16 mm | 台班 | 0.0275 | 110.04 | 119.21 | 3.28 |
| | 99191102 | 剪板机厚度 6.3 mm×宽度 2000 mm | 台班 | 0.0023 | 154.86 | 157.46 | 0.36 |
| | 99194575 | 折方机厚度 4 mm×宽度 2000 mm | 台班 | 0.0023 | 38.36 | 33.16 | 0.08 |
| | 99194501 | 咬口机板厚 1.2 mm | 台班 | 0.0023 | 124.66 | 131.87 | 0.3 |
| | 99192305 | 电锤功率 520 W | 台班 | 0.0031 | 8.34 | 7.61 | 0.02 |
| | | [机械合计] | | | | | 4.47 |

综合单价分析应注意的问题如下。

(1) "碳钢通风管道"清单项目的综合单价,只包括风管的制作、安装费用,不包括风管除锈、刷油的费用,风管除锈、刷油的费用应单独列清单项目,单独计算综合单价。

(2) 通风、空调的刷油、绝热、防腐蚀,执行《第十一册 刷油、防腐蚀、绝热工程》相应定额。薄钢板风管刷油,执行相应定额子目项目:仅外(或内)面刷油者,定额乘以系数 1.2;内外均刷油者,定额乘以系数 1.1(其法兰加固框、吊托支架已包括在此系数内,即此系数已包括了风管法兰加固框、风管吊托支架的刷油,此两部分的刷油费用不需另计)。

(3) 薄钢板通风管道、玻璃钢风管、净化通风管道、复合型通风管道的制作、安装,定额内已包括支架的制作安装,支架的制作安装费用不另行计算。

# 子项目 4.6 通风管道部件制作安装清单编制与计价

## 任务 1 通风管道部件制作安装工程量清单设置

"通风管道部件制作安装"一节的内容包括碳钢阀门、柔性软风管阀门、铝蝶阀等各种阀门,碳钢风口、散流器、百叶窗以及各种风帽等内容。

工程量清单项目设置、项目特征描述的内容、计量单位、工程量计算规则,应按规范附录 G 中表 G.3 的规定执行,见表 4-18。

表 4-18　通风管道部件制作安装(编码 030703)

| 项目编码 | 项目名称 | 项目特征 | 计量单位 | 工程量计算规则 | 工程内容 |
|---|---|---|---|---|---|
| 030703001 | 碳钢阀门 | 1. 名称<br>2. 型号<br>3. 规格<br>4. 质量<br>5. 类型<br>6. 支架形式、材质 | 个 | 按设计图示数量计算 | 1. 阀全制作<br>2. 阀体安装<br>3. 支架制作、安装 |
| 030703002 | 柔性软风管阀门 | 1. 名称<br>2. 规格<br>3. 材质<br>4. 类型 | | | 阀体安装 |
| 030703003 | 铝蝶阀 | 1. 名称<br>2. 规格<br>3. 质量<br>4. 类型 | | | |
| 030703004 | 不锈钢蝶阀 | | | | |
| 030703005 | 塑料阀门 | 1. 名称<br>2. 型号<br>3. 规格<br>4. 类型 | | | |
| 030703006 | 玻璃钢蝶阀 | | | | |
| 030703007 | 碳钢风口、散流器、百叶窗 | 1. 名称<br>2. 型号<br>3. 规格<br>4. 质量<br>5. 类型<br>6. 形式 | | | 1. 风口制作、安装<br>2. 散流器制作、安装<br>3. 百叶窗安装 |
| 030703008 | 不锈钢风口、散流器、百叶窗 | 1. 名称<br>2. 型号<br>3. 规格<br>4. 质量<br>5. 类型<br>6. 形式 | | | |
| 030703009 | 塑料风口、散流器、百叶窗 | | | | |
| 030703010 | 玻璃钢风口 | 1. 名称<br>2. 型号<br>3. 规格<br>4. 类型<br>5. 形式 | | | 风口安装 |
| 030703011 | 铝及铝合金风口、散流器 | | | | 1. 风口制作、安装<br>2. 散流器制作、安装 |

续表

| 项目编码 | 项目名称 | 项目特征 | 计量单位 | 工程量计算规则 | 工程内容 |
| --- | --- | --- | --- | --- | --- |
| 030703012 | 碳钢风帽 | 1. 名称<br>2. 规格<br>3. 质量<br>4. 类型<br>5. 形式<br>6. 筝绳、泛水设计要求 | 个 | 按设计图示数量计算 | 1. 风帽制作、安装<br>2. 筒形风帽滴水盘制作、安装<br>3. 风帽筝绳制作、安装<br>4. 风帽泛水制作、安装 |
| 030703013 | 不锈钢风帽 | | | | |
| 030703014 | 塑料风帽 | | | | |
| 030703015 | 铝板伞形风帽 | | | | 1. 板伞形风帽制作安装<br>2. 风帽筝绳制作、安装<br>3. 风帽泛水制作、安装 |
| 030703016 | 玻璃钢风帽 | | | | 1. 玻璃钢风帽安装<br>2. 筒形风帽滴水盘安装<br>3. 风帽筝绳安装<br>4. 风帽泛水安装 |
| 030703017 | 碳钢罩类 | 1. 名称<br>2. 型号<br>3. 规格<br>4. 质量<br>5. 类型<br>6. 形式 | 个 | | 1. 罩类制作<br>2. 罩类安装 |
| 030703018 | 塑料罩类 | | | | |
| 030703019 | 柔性接口 | 1. 名称<br>2. 规格<br>3. 材质<br>4. 类型<br>5. 形式 | $m^2$ | 按设计图示尺寸以展开面积计算 | 1. 柔性接口制作<br>2. 柔性接口安装 |
| 030703020 | 消声器 | 1. 名称<br>2. 规格<br>3. 材质<br>4. 形式<br>5. 质量<br>6. 支架形式、材质 | 个 | 按设计图示数量计算 | 1. 消声器制作<br>2. 消声器安装<br>3. 支架制作、安装 |

续表

| 项目编码 | 项目名称 | 项目特征 | 计量单位 | 工程量计算规则 | 工程内容 |
|---|---|---|---|---|---|
| 030703021 | 静压箱 | 1. 名称<br>2. 规格<br>3. 形式<br>4. 材质<br>5. 支架形式、材质 | 1. 个<br>2. $m^2$ | 1. 以个计量，按设计图示数量计算<br>2. 以 $m^2$ 计量，按设计图示尺寸以展开面积计算 | 1. 制作、安装<br>2. 支架制作、安装 |
| 030703022 | 人防超压自动排气门 | 1. 名称<br>2. 型号<br>3. 规格<br>4. 类型 | 个 | 按设计图示数量计算 | 安装 |
| 030703023 | 人防手动密闭阀 | 1. 名称<br>2. 型号<br>3. 规格<br>4. 支架形式、材质 | 个 | | 1. 密闭阀安装<br>2. 支架制作、安装 |
| 030703024 | 人防其他部件 | 1. 名称<br>2. 型号<br>3. 规格<br>4. 类型 | 个(套) | 按设计图示数量计算 | 安装 |

# 任务 2 通风管道部件相关知识

## 一、通风管道中常见的部件

通风管道中常见的部件有以下几大类。

### (一) 防火及排烟阀门

防火及排烟阀门是空气输配管网的控制机构，其功能是断开或开通空气流通的管路。

通风管道中常见的防火及排烟阀门分两大类：防火阀类、排烟阀类。

图 4-36 防火阀

**1. 防火阀类**

防火阀安装在空调系统的管路上(见图 4-36)。

平时呈“开启”状态，火灾时发生时，当温度达到 70 ℃时关闭，起火灾关断作用，以切断烟、火沿通风、空调管道向其他防火分区蔓延。防止烟火通过通风、空调管路进入其他区域。防火阀一般安装在风管穿越防火墙处和结构变形缝处。

防火阀由安装在阀体中的温度熔断器带动阀体连动机构动作。该温度熔断器的易熔片或易熔环熔断温度 70 ℃，这类防火阀用得最多。安装时要特别注意，温度熔断器一定要应着气流方向安装。

当防火阀带有调节功能时，又称为防火调节阀。

有的防火阀上既设有温度熔断器又与烟感器联动，这类阀门称为防烟防火阀。

**2. 排烟阀类**

排烟阀类最常见的是排烟防火阀。

排烟防火阀一般安装在机械排烟系统的管道上，属于消防排烟系统。

排烟防火阀兼有排烟口和防火阀的功能，是安装在排烟管道上的常闭阀，排烟阀体上加装 280 ℃熔断的温度熔断器。

排烟防火阀平时呈“关闭”状态。发生火灾时，通过控制模块“打开”阀门，开启排烟，实施排烟功能；当排烟温度达 280 ℃时，温度熔断器动作，阀门关闭，同时给出信号，关闭相应排烟风机，停止排烟，起隔烟阻火作用。目的是为了防止高温烟火扩散。

主要材质：碳素钢、镀锌板、不锈钢。

（二）风量调节阀

风量调节阀，又叫调风门，是空气输配管网的风量调节机构，其功能是调节或分配管路空气流量。它是工业厂房、民用建筑的通风、空气调节及空气净化工程中不可缺少的中央空调末端配件，一般用在空调，通风系统管道中，用来调节管网的风量，也可用于新风与回风的混合调节。

风量调节阀按叶片多少可分为单叶式和多叶式；按叶片转动方向有可分为对开式和平行式（或顺开式）。风量调节阀分手动、电动，按所用材料分：铁板、镀锌板、铝合金板、不锈钢板四种，阀体结构及规格尺寸相同。

常用的风量调节阀有以下几种：蝶阀、菱形单叶调节阀、对开多叶调节阀、平行多叶调节阀、菱形多叶调节阀等。

蝶阀、菱形单叶调节阀主要用于小断面风管；对开、平行、菱形多叶调节阀主要用于大断面风管。

蝶阀、对开、平行多叶调节阀是靠改变叶片的角度调节风量。平行多叶调节阀的叶片转动方向相同，对开多叶调节阀的相邻叶片转动方向相反。

菱形多叶调节阀靠改变叶片的张角调节风量。

蝶阀是单叶调节阀中的一种。蝶阀是一种结构简单的调节阀（见图 4-37～图 4-39）。蝶阀分为手动和电动传动，可由电动机或者涡轮带动驱动执行机构，使蝶板在 90°范围内自由转动以达到启闭或调节介质流量的目的。

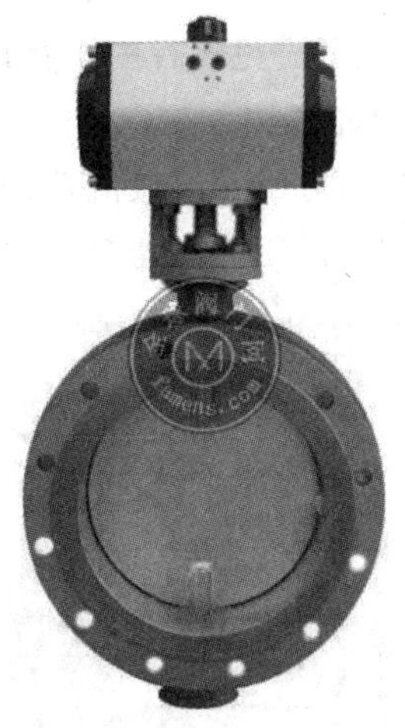

图 4-37　蝶阀

图 4-38　对开多叶风量调节阀

图 4-39　单叶调节阀

（三）风口、散流器

通风、空气调节及空气净化工程中，风口的基本功能是将气体气人或排除管网。

目前常用的风口类型有格栅风口、条缝型风口、百叶风口（包括固定百叶风口、活动百叶风口）和散流器等。

按具体功能分，可将风口分为新风口、排风口、送风口、回风口等。新风口是将室外清洁空气吸入官网内；排风口是将室内或管网内的空气排到室外；送风口是将管网内空气送入室内；回风口是将室内空气吸入管网。新风口、回风口比较简单，常用格栅、百叶等形式；排风口为了防止室外对排风效果的影响，通常需要加装避风风帽；送风口形式比较多，工程中要根据室内气流组织的要求选用不同的形式，常用的有格栅、百叶、条缝、散流器、喷口等。

其中散流器是空调系统中常用的送风口，具有均匀散流特性及简洁美观的外形，其作用是让出风口出风方向分成多向流动，一般用在大厅等大面积地方的送风口设置，以便新风分布均匀。可根据使用要求制成正方形或长方形，能配合任何天花板的装修要求。散流器的内芯部分可从外框拆离，方便安装及清洗。后面可配风口调节阀以控制调整风量。适用于播音室、医院、剧场、教室、音乐厅、图书馆、游艺厅、剧场休息厅、一般办公室、商店、旅馆、饭店及体育馆等。为了使人们在各种环境里避免噪音的干扰以及不适感,除了按性能表确定颈部风速外,还需要考虑安装高度及安装场合。

常用的散流器有:方(矩)形散流器、圆形多层锥面散流器、圆形凸型散流器,其气流流型为平送贴附型,送回(吸)两用散流器等。如图 4-40 所示。

(a) 方形散流器

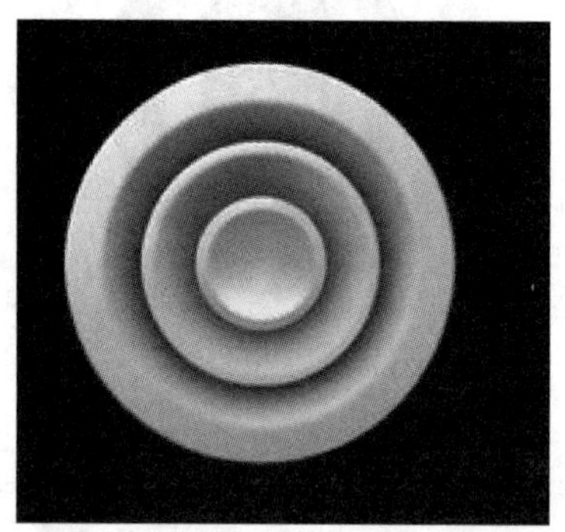
(b) 圆形散流器

**图 4-40　散流器**

(四) 百叶窗

百叶窗用于阻挡室外杂物进入到室内。可用多种材质制成,常见的有碳钢类百叶窗、不锈钢百叶窗、塑料百叶窗、铝制百叶窗等。

(五) 风帽及风罩

风帽是装在排风系统末端的一种自然通风装置,它利用风压的作用,加强排风能力,同时可以防止雨雪落入风管内。排风系统中一般使用伞形风帽、锥形风帽和桶形风帽。

排气罩是排风系统的局部排气装置,主要作用是排出工艺生产过程中的含尘气体、有毒气体、油烟、余热、余湿等。其形式很多,按工作原理的不同,可分为密闭罩、柜式排风罩、外部吸气罩、接受式排风罩、吹吸式排风罩。

## 二、通风管道部件制作安装

(1) 碳钢阀门包括:空气加热器上通阀、空气加热旁通阀、圆形瓣式启动阀、风管蝶阀、风管止回阀、密闭式斜插板阀、矩形风管三通调节阀、对开多叶调节阀、风管防火阀、各型风罩调节阀。

(2) 塑料阀门包括:塑料蝶阀、塑料插板阀、各型风罩塑料调节阀。

(3) 碳钢风口、散流器、百叶窗包括:百叶风口、矩形送风口、矩形空气分布器、风管插板风口、旋转吹风口、圆形散流器、主形散流器、流线型散流器、送吸风口、活动箅式风口、网式风口、钢百叶窗等。

(4) 碳钢罩类包括:皮带防护罩、电动机防护罩、侧吸罩、中小型零件焊接台排气罩、整顿秩序体分组式槽边侧吸罩、吹吸式槽边侧风罩、条缝侧边抽风罩、泥心拱炉排气罩、升降式回转排气罩、上下吸式圆形回转罩、升降式排气罩、手锻炉排气罩。

（5）塑料罩类包括：塑料槽边侧吸罩、塑料槽边风罩、塑料条缝槽边抽风罩。

（6）柔性接口包括：金属、非金属软接口及伸缩节。

（7）消声器包括：片式消声器、矿棉管式消声器、聚酯泡沫管式消声器、卡布隆纤维管式消声器、弧形声流式消声器、阻抗复合式消声器、微穿孔板消声器、消声弯头。

# 任务3 通风管道部件制作安装工程量计算

## 一、通风管道部件工程量计算规则

（1）碳钢阀门、柔性软风管阀门、铝蝶阀等各种阀门，碳钢风口、散流器、百叶窗以及各种风帽等工程量，按设计图示数量计算，以"个"为计量单位。

（2）静压箱工程量有两种计算方法。

① 按"个"计算：按设计图示数量计算，以"个"为计量单位。

② 按"面积"计算：按设计图示尺寸以展开面积计算，不扣除开口的面积。

## 二、通风管道部件清单工程量计算实例

以项目三为例，介绍通风管道部件清单工程量计算方法。具体计算见表4-19。

**表4-19 通风工程清单工程量计算书**

| 序号 | 工程名称 | 计量单位 | 数量 | 备注 |
|---|---|---|---|---|
| 三 | 管道部件 | | | |
| 1 | 70 ℃防火阀(成品安装) | 个 | 1.00 | |
| | 630×200 L=210 mm 常开型 | | | |
| 2 | 风道止回阀(制作安装) | 个 | 1.00 | |
| | 630×200 L=300 mm | | | |
| 3 | 风口(成品安装) | | | |
| | 自垂百叶送风口 800×1000 FK－14 | 个 | 1.00 | |
| | 多叶送风口 600×800 常闭型 DC24V | 个 | 1.00 | DC24V 电源 电动多叶送风口 |
| | 多叶送风口 500×600 常闭型 DC24V | 个 | 1.00 | DC24V 电源 电动多叶送风口 |
| | 百叶排风口 400×400FK－2A | 个 | 5.00 | |
| | 进风百叶送风口 1000×500 | 个 | 1.00 | 含 70 ℃防火阀(常开) |

# 任务 4 通风管道部件制作安装清单编制

## 一、编制工程量清单应注意的问题

通风部件如图示要求制作安装或用成品部件只安装不制作，这类特征在项目特征中应明确描述。

## 二、清单编制实例

以项目三为例，介绍通风管道部件制作安装清单编制方法，具体见表 4-20。

**表 4-20 分部分项工程和单价措施项目清单与计价表**

| 序号 | 项目编码 | 项目名称 | 项目特征描述 | 计量单位 | 工程量 | 金额/元 | | |
|---|---|---|---|---|---|---|---|---|
| | | | | | | 综合单价 | 合价 | 其中 暂估价 |
| 1 | 030703001001 | 碳钢阀门 | 70 ℃防火阀 630×200 $L=$210mm；成品安装；周长 1660mm | 个 | 1.00 | | | |
| 2 | 030703001002 | 碳钢阀门 | 止回阀 630×200 $L=$300mm；成品安装；周长 1660mm | 个 | 1.00 | | | |
| 3 | 030703007001 | 碳钢风口 | 百叶排风口 400×400 FK－2A；成品安装；周长 1600mm | 个 | 5.00 | | | |
| 4 | 030703007002 | 碳钢风口 | 多叶送风口 500×600 YZPYK－3L 常闭型 DC24V；成品安装；周长 2200mm | 个 | 1.00 | | | |
| 5 | 030703007003 | 碳钢风口 | 多叶送风口 600×800 YZPYK－3L 常闭型 DC24V；成品安装；周长 2800mm | 个 | 1.00 | | | |
| 6 | 030703007004 | 碳钢风口 | 进风百叶送风口 1000×500 设 70 ℃防火阀；成品安装；周长 3000 mm | 个 | 1.00 | | | |
| 7 | 030703007005 | 碳钢风口 | 自垂百叶送风口 800×1000 FK－14；成品安装；周长 3600mm | 个 | 1.00 | | | |

在项目三中，阀门和送风口等通风部件都是采用成品部件，不是现场按图制作安装。这类特征都应在项目特征中明确描述。

# 任务5 通风管道部件制作安装清单综合单价的确定

## 一、确定综合单价应注意的问题

(1) 标准部件的制作：按其成品重量以“kg”为计量单位，根据设计型号、规格，按“国标通风部件标准重量表”计算重量；非标准部件按图示成品重量计算。

部件的安装：按图示规格尺寸(周长或直径)以“个”为计量单位，分别参照相应定额。

应注意：如果通风部件用成品部件只安装不制作，则在计算综合单价时，只套用相应“安装”定额子目，并给出“未计价主材”费用即可；而不能再套用相应“制作”定额子目。

(2) 钢百叶窗及活动金属百叶风口的制作以“$m^2$”为计量单位，安装按规格尺寸以“个”为计量单位。

(3) 风帽筝绳制作安装按图示规格、长度，以“kg”为计量单位。

(4) 风帽泛水制作安装按图示展开面积以“$m^2$”为计量单位。

## 二、综合单价计算实例

以项目三中项目编码为030703001001的清单项目为例，介绍通风管道部件清单项目综合单价分析计算方法，具体见表4-21。

表4-21 工程量清单综合单价分析表

| 项目编码 | 030703001001 | 项目名称 | 碳钢阀门 | | | 计量单位 | 个 | 工程量 | 1 | | | | |
|---|---|---|---|---|---|---|---|---|---|---|---|---|---|
| 清单综合单价组成明细 | | | | | | | | | | | | | |
| 定额编号 | 定额项目名称 | 定额单位 | 数量 | 单价/元 | | | | | 合价/元 | | | | |
| | | | | 人工费 | 材料费 | 机械费 | 管理费 | 利润 | 人工费 | 材料费 | 机械费 | 管理费 | 利润 |
| 7-320 | 风管防火阀周长2200安装 | 个 | 1 | 13.12 | 12.96 | | 5.25 | 1.84 | 13.12 | 12.96 | | 5.25 | 1.84 |
| 综合人工工日 | | 小计 | | | | | | | 13.12 | 12.96 | | 5.25 | 1.84 |
| 0.16工日 | | 未计价材料费 | | | | | | | 180 | | | | |
| 清单项目综合单价 | | | | | | | | | 213.17 | | | | |
| 材料费明细 | 主要材料名称、规格、型号 | | | | 单位 | 数量 | | | 单价/元 | 合价/元 | | 暂估单价/元 | 暂估合价/元 |
| | 70 ℃防火阀 630×200 L=210 mm | | | | 个 | 1 | | | 180 | 180 | | | |
| | 精制带母镀锌螺栓 M8×75以下 | | | | 套 | 17 | | | 0.64 | 10.88 | | | |
| | 橡胶板 δ1～15 | | | | kg | 0.27 | | | 7.72 | 2.08 | | | |
| | 其他材料费 | | | | | | | | — | 2.48 | | — | |
| | 材料费小计 | | | | | | | | — | 35.93 | | — | |

说明：

(1) 如果通风部件用成品部件只安装不制作，则在计算综合单价时，只套用相应“安装”定额子目，并给出“未计价主材”费用即可；而不能再套用相应“制作”定额子目。

(2) 表中“70 ℃防火阀”为成品部件，只安装不制作。因此，在计算综合单价时只套用了“防火阀安装”定额子目，并给出未计价主材费(“70 ℃防火阀”为未计价主材)。没有再套用“防火阀制作”定额子目。

# 子项目 4.7 通风工程检测、调试工程量清单编制与计价

## 任务 1 通风工程检测、调试工程量清单设置

“通风工程检测、调试”一节的内容包括通风工程检查、调试和风管漏光试验、漏风试验两部分内容。

工程量清单项目设置、项目特征描述的内容、计量单位、工程量计算规则，应按规范附录 G 中表 G.4 的规定执行，见表 4-22。

**表 4-22 通风工程检查、调试(编码 030704)**

| 项目特征 | 项目名称 | 项目特征 | 计量单位 | 工程量计算规则 | 工程内容 |
|---|---|---|---|---|---|
| 030704001 | 通风工程检查、调试 | 风管工程量 | 系统 | 按通风系统计算 | 1、通风管道风量测定<br>2. 风压测定<br>3. 温度测定<br>4. 各系统风口、阀门调整 |
| 030704002 | 风管漏光试验、漏风试验 | 漏光试验、漏风试验，设计要求 | $m^2$ | 按设计图纸或规范要求以展开面积计算 | 通风管道漏光试验、漏风试验 |

### 一、工程项目说明

(一) 通风工程检查、调试

通风工程检查、调试的内容包括：

(1) 通风管道风量测定；

(2) 风压测定；

(3) 温度测定；

(4) 各系统风口、阀门调整

（二）风管漏光试验、漏风试验

(1) 管道漏光试验。
(2) 管道漏风试验。

# 任务2 通风工程检测、调试工程量计算

## 一、工程量计算规则

**1. 通风工程检查、调试**

按通风系统计算，计量单位为“系统”。

**2. 风管漏光试验、漏风试验**

按设计图纸或规范要求以展开面积计算，计量单位为“$m^2$”。

二、项目计算实例

以项目三为例，介绍通风工程检测、调试工程量计算工程量计算方法。具体计算见表4-23。

**表4-23 通风工程清单工程量计算书**

| 序号 | 工程名称 | 风管厚度/mm | 风管周长/mm | 计量单位 | 数量 | 计算公式 |
|---|---|---|---|---|---|---|
| 四 | 通风工程检查、调试 | | | 系统 | 1.00 | |

# 任务3 通风工程检测、调试工程量清单编制

## 一、编制工程量清单相关规定

(1) 通风空调工程适用于通风(空调)设备及部件、通风管道及部件的制作安装。

(2) 冷冻机组站内的设备安装、通风机安装及人防两用通风机安装，应按本规范附录A机械设备安装工程相关项目编码列项。

(3) 冷冻机组站内的管道安装，应按本规范附录H工业管道工程相关项目编码列项。

(4) 冷冻站外墙皮以外通往通风空调设备的供热、供冷、供水等管道，应按本规范附录K给排水、采暖、燃气工程相关项目编码列项。

(5) 设备和支架的除锈、刷漆、保温及保护层安装，应按本规范附录M刷油、防腐蚀、绝热工程相关项目编码列项。

## 二、编制工程量清单应注意的问题

（1）通风工程检查、调试应描述风管工程量。

（2）风管漏光试验、漏风试验应注明按设计要求。

## 三、清单编制实例

以项目三为例，介绍通风工程检测、调试工程量清单编制方法，具体见表 4-24。

**表 4-24　分部分项工程和单价措施项目清单与计价表**

| 序号 | 项目编码 | 项目名称 | 项目特征描述 | 计量单位 | 工程量 | 金额/元 | | |
|---|---|---|---|---|---|---|---|---|
| | | | | | | 综合单价 | 合价 | 其中 |
| | | | | | | | | 暂估价 |
| 1 | 030704001001 | 通风工程检测、调试 | 风管工程量 | 系统 | 1.00 | | | |

# 任务 4　通风工程检测、调试工程量清单综合单价的确定

## 一、综合单价计算实例

以项目三中项目编码为 030704001001 的清单项目为例，介绍通风工程检测、调试工程量清单项目综合单价分析计算方法，具体见表 4-25。

**表 4-25　工程量清单综合单价分析表**

| 项目编码 | 030704001001 | 项目名称 | 通风工程检测、调试 | 计量单位 | 系统 | 工程量 | 1 |
|---|---|---|---|---|---|---|---|

| 定额编号 | 定额项目名称 | 定额单位 | 数量 | 单价/元 | | | | | 合价/元 | | | | |
|---|---|---|---|---|---|---|---|---|---|---|---|---|---|
| | | | | 人工费 | 材料费 | 机械费 | 管理费 | 利润 | 人工费 | 材料费 | 机械费 | 管理费 | 利润 |
| 7—1000 | 第 7 册通风工程检测调试费增加人工费 13%其中人工工资 25%材料费 75% | 项 | 1 | 105.72 | 317.15 | | 41.23 | 14.8 | 105.72 | 317.15 | | 41.23 | 14.8 |
| 综合人工工日 | | 小　计 | | | | | | | 105.72 | 317.15 | | 41.23 | 14.8 |
| | | 未计价材料费 | | | | | | | | | | | |
| 清单项目综合单价 | | | | | | | | | 478.9 | | | | |

续表

| | 主要材料名称、规格、型号 | 单位 | 数量 | 单价/元 | 合价/元 | 暂估单价/元 | 暂估合价/元 |
|---|---|---|---|---|---|---|---|
| 材料费明细 | | | | | | | |
| | | | | | | | |
| | 其他材料费 | | | — | 317.15 | — | |
| | 材料费小计 | | | — | 317.15 | — | |

# 项目4清单计价实例——地下二层通风工程清单编制与计价

## 任务　项目三——地下二层通风工程清单编制

### 一、计算清单工程量

完整的清单工程量计算过程如表4-26所示。

表4-26　清单工程量计算书

| 序号 | 工程名称 | 风管厚度/mm | 风管周长/mm | 计量单位 | 数量 | 计算公式 |
|---|---|---|---|---|---|---|
| 一 | 通风管道镀锌薄钢板 | | | | | |
| 1 | 矩形直风管 | | | | | |
| | 1000×200风管 | 1 | 2400 | | | |
| | 风管长度：20－22轴 | | | | | 长度 $L$＝200 mm |
| | 20轴 | | | | | 长度 $L$＝530×2＝1060 mm |
| | 17－20轴 | | | | | 长度 $L$＝4055 mm |
| | 16轴 | | | | | 长度 $L$＝1800＋2040＝3840 mm |
| | 3个弯头两边增加 | | | | | 长度 $L$＝50×2×3＝300 mm |
| | 风管长度合计： | | | m | 9.455 | 长度 $L$＝200＋1060＋4055＋3840＋300＝9455 mm |

续表

| 序号 | 工程名称 | 风管厚度/mm | 风管周长/mm | 计量单位 | 数量 | 计算公式 |
|---|---|---|---|---|---|---|
| | 风管展开面积合计： | | | $m^2$ | 22.69 | $S=2\times(1.0+0.2)\times9.155$ |
| | 800×200 风管 | 1 | 2000 | | | |
| | 风管长度：10－16 轴 | | | | | 长度 $L=4730+1400=6130$ mm |
| | 1 个弯头两边增加 | | | | | 长度 $L=50\times2\times1=100$ mm |
| | 风管长度合计： | | | m | 6.23 | |
| | 风管展开面积合计： | | | $m^2$ | 12.46 | $S=2\times(0.8+0.2)\times6.23$ |
| | 630×200 风管 | 1 | 1660 | | | |
| | 风管长度：8－10 轴 | | | | | 长度 $L=3500$ |
| | 5－8 轴 | | | | | 长度 $L=2350+1320=3670$ mm |
| | 1 个弯头两边增加 | | | | | 长度 $L=50\times2\times1=100$ mm |
| | 风管长度合计： | | | m | 7.27 | 长度 $L=3500+2350+1320+100=7270$ mm |
| | 风管展开面积合计： | | | $m^2$ | 12.07 | $S=2\times(0.63+0.2)\times7.17$ |
| | 500×200 风管 | 0.75 | 1400 | | | |
| | 风管长度:3－6 轴 | | | | | 长度 $L=1474+4600=6074$ mm |
| | 6－7 轴 | | | | | 长度 $L=1000$ mm |
| | 1 个弯头两边增加 | | | | | 长度 $L=50\times2\times1=100$ mm |
| | 风管长度合计： | | | m | 7.174 | |
| | 风管展开面积合计： | | | $m^2$ | 10.04 | $S=2\times(0.5+0.2)\times7.074$ |
| 2 | 矩形弯头 | | | | | |
| | 1000×200 3 个 展开面积 | | | $m^2$ | 11.30 | $S=2\times(1.0+0.2)\times(\pi/180°\times90°\times1.0)\times3$ |
| | | | | | | $=2.4\times\pi\times1.0/2\times3=2.4\times4.71=11.30$ |
| | 800×200　1 个　展开面积 | | | $m^2$ | 2.51 | $S=2\times(0.8+0.2)\times(\pi/180°\times90°\times0.8)\times1$ |
| | | | | | | $=2.0\times\pi\times0.8/2\times1=2.0\times1.256=2.51$ |
| | 630×200　1 个　展开面积 | | | $m^2$ | 1.64 | $S=2\times(0.63+0.2)\times(\pi/180°\times90°\times0.63)\times1$ |
| | | | | | | $=1.66\times\pi\times0.63/2\times1=1.66\times0.99=1.64$ |

续表

| 序号 | 工程名称 | 风管厚度/mm | 风管周长/mm | 计量单位 | 数量 | 计算公式 |
|---|---|---|---|---|---|---|
| | 500×200　1个　展开面积 | | | $m^2$ | 1.10 | $S=2\times(0.5+0.2)\times(\pi/180°\times 90°\times 0.5)\times 1$ |
| | | | | | | $=1.4\times\pi\times 0.5/2\times 1=1.4\times 0.785=1.10$ |
| | | | | | | |
| 3 | 矩形异径管 | | | | | |
| | 1000×200—800×200 | 1 | 2200 | | | |
| | 风管长度:16 轴 | | | | | 长度 $L=300$ mm |
| | 风管长度合计: | | | m | 0.3 | |
| | 风管展开面积合计: | | | $m^2$ | 0.66 | $S=2\times(1.0+0.2)\times 0.3/2+2\times(0.8+0.2)\times 0.3/2=0.66$ |
| | 800×200—630×200 | | 1830 | | | |
| | 风管长度:8－10 轴 | | | | | 长度 $L=300$ mm |
| | 风管长度合计: | | | m | 0.3 | |
| | 风管展开面积合计: | | | $m^2$ | 0.55 | $S=2\times(0.8+0.2)\times 0.3/2+2\times(0.63+0.2)\times 0.3/2=0.55$ |
| | 630×200—500×200 | | 1530 | | | |
| | 风管长度:5－8 轴 | | | | | 长度 $L=300$ mm |
| | 风管长度合计: | | | m | 0.3 | |
| | 风管展开面积合计: | | | $m^2$ | 0.46 | $S=2\times(0.63+0.2)\times 0.3/2+2\times(0.5+0.2)\times 0.3/2=0.46$ |
| | | | | | | |
| 4 | 天圆地方管件 | | | | | |
| | 1000×200—$\phi$420 $L=500$mm | | | $m^2$ | 0.93 | $S=\pi\times 0.42\times 0.5/2+2\times(1.0+0.2)\times 0.5/2=0.93$ |
| | | | | | | |
| | 630 ×200—$\phi$420 $L=300$ mm | | | $m^2$ | 0.45 | $S=\pi\times 0.42\times 0.3/2+2\times(0.63+0.2)\times 0.3/2=0.45$ |
| | | | | | | |
| 二 | 柔性短风管 | | | | | |
| | $\phi$420 | | | m | 0.30 | $L=150\times 2=300$ mm |
| | | | | | | |
| 三 | 管道部件 | | | | | |
| 1 | 70 ℃防火阀(成品安装) | | | 个 | 1.00 | |

续表

| 序号 | 工程名称 | 风管厚度/mm | 风管周长/mm | 计量单位 | 数量 | 计算公式 |
|---|---|---|---|---|---|---|
| | 630×200 $L$=210mm 常开型 | | | | | |
| 2 | 风道止回阀(制作安装) | | | 个 | 1.00 | |
| | 630×200 $L$=300mm | | | | | |
| 3 | 风口(成品安装) | | | | | |
| | 自垂百叶送风口 800×1000 FK-14 | | | 个 | 1.00 | |
| | 多叶送风口 600×800 常闭型 DC24V | | | 个 | 1.00 | DC24V 电源 电动多叶送风口 |
| | 多叶送风口 500×600 常闭型 DC24V | | | 个 | 1.00 | DC24V 电源 电动多叶送风口 |
| | 百叶排风口 400×400FK-2A | | | 个 | 5.00 | 单面送吸风口 15.68 kg——定额附录二“国际通风部件标准重量表” |
| | 进风百叶送风口 1000×500 | | | 个 | 1.00 | 含 70 ℃防火阀(常开) |
| | | | | | | |
| 四 | 通风工程检查、调试 | | | 系统 | 1.00 | |
| | | | | | | |
| 五 | 矩形风管刷油 | | | $m^2$ | 76.86 | |
| | | | | | | |
| 六 | 通风机 | | | 台 | 1.00 | |

## 二、编制工程量清单

工程量清单包括分部分项工程量清单、措施项目清单、其他项目清单、规费和税金，各表格格式同项目一。此处不再详列。

## 三、计算综合单价

通过工程量清单综合单价分析表来计算各清单项目的综合单价。见前面各单元。

## 四、工程量清单计价

分部分项工程和单价措施项目清单与计价表内容和计算见表 4-27。

表 4-27　分部分项工程和单价措施项目清单与计价表

| 序号 | 项目编码 | 项目名称 | 项目特征描述 | 计量单位 | 工程量 | 金额/元 | | |
|---|---|---|---|---|---|---|---|---|
| | | | | | | 综合单价 | 合价 | 其中：暂估价 |
| 1 | 030108006001 | 其他风机 | SWF(A)-1 型 No 5 混流风机 $L=5252$ m³/h $H=326$ Pa $N=1.1$ kW $U=380$ V　质量 64 kg | 台 | 1.00 | 1479.73 | 1479.73 | |
| 2 | 030702001001 | 碳钢通风管道 | 镀锌薄钢板矩形风管，1000×200 厚度 1 mm，垫片厚度为 3～5 mm，垫片材质为橡胶板，咬口 | m² | 35.58 | 113.33 | 4032.28 | |
| 3 | 030702001002 | 碳钢通风管道 | 镀锌薄钢板矩形风管，800×200 厚度 1 mm，垫片厚度为 3～5 mm，垫片材质为橡胶板，咬口 | m² | 15.52 | 136.36 | 2116.31 | |
| 4 | 030702001003 | 碳钢通风管道 | 镀锌薄钢板矩形风管，630×200 厚度 1 mm，垫片厚度为 3～5 mm，垫片材质为橡胶板，咬口 | m² | 14.62 | 136.37 | 1993.73 | |
| 5 | 030702001004 | 碳钢通风管道 | 镀锌薄钢板矩形风管，500×200 厚度 0.75mm，垫片厚度为 3～5 mm，垫片材质为橡胶板，咬口 | m² | 11.14 | 122.55 | 1365.21 | |
| 6 | 030702008001 | 柔性软风管 | 风机前后采用防火帆布软连接，$\phi$ 420，长度 $L=150$ mm | 节 | 2.00 | 90.76 | 181.52 | |
| 7 | 030703001001 | 碳钢阀门 | 70 ℃防火阀 630×200 $L=210$ mm；成品安装；周长 1660 mm | 个 | 1.00 | 213.17 | 213.17 | |
| 8 | 030703001002 | 碳钢阀门 | 止回阀 630×200 $L=300$ mm；成品安装；周长 1660 mm | 个 | 1.00 | 244.63 | 244.63 | |
| 9 | 030703007001 | 碳钢风口 | 百叶排风口 400×400 FK-2A；成品安装；周长 1600 mm | 个 | 5.00 | 122.81 | 614.05 | |

续表

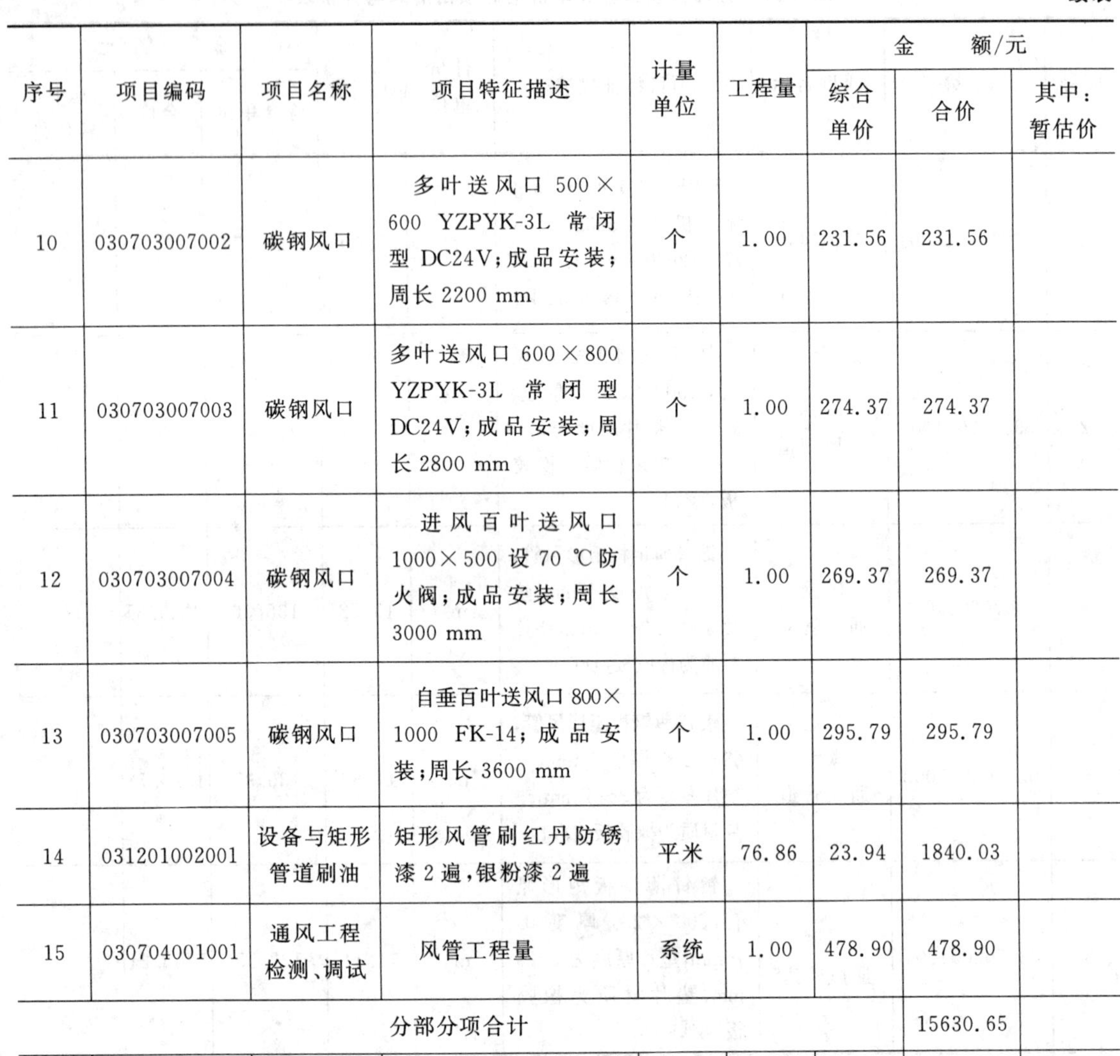

| 序号 | 项目编码 | 项目名称 | 项目特征描述 | 计量单位 | 工程量 | 金额/元 | | |
|---|---|---|---|---|---|---|---|---|
| | | | | | | 综合单价 | 合价 | 其中：暂估价 |
| 10 | 030703007002 | 碳钢风口 | 多叶送风口 500×600 YZPYK-3L 常闭型 DC24V；成品安装；周长 2200 mm | 个 | 1.00 | 231.56 | 231.56 | |
| 11 | 030703007003 | 碳钢风口 | 多叶送风口 600×800 YZPYK-3L 常闭型 DC24V；成品安装；周长 2800 mm | 个 | 1.00 | 274.37 | 274.37 | |
| 12 | 030703007004 | 碳钢风口 | 进风百叶送风口 1000×500 设 70 ℃防火阀；成品安装；周长 3000 mm | 个 | 1.00 | 269.37 | 269.37 | |
| 13 | 030703007005 | 碳钢风口 | 自垂百叶送风口 800×1000 FK-14；成品安装；周长 3600 mm | 个 | 1.00 | 295.79 | 295.79 | |
| 14 | 031201002001 | 设备与矩形管道刷油 | 矩形风管刷红丹防锈漆 2 遍，银粉漆 2 遍 | 平米 | 76.86 | 23.94 | 1840.03 | |
| 15 | 030704001001 | 通风工程检测、调试 | 风管工程量 | 系统 | 1.00 | 478.90 | 478.90 | |
| 分部分项合计 | | | | | | | 15630.65 | |
| 16 | 031301017001 | 脚手架搭拆 | 定额相关各册 | 项 | 1.00 | 168.12 | 168.12 | |
| 单价措施合计 | | | | | | | 168.12 | |
| 合计 | | | | | | | 15798.77 | |

综合单价分析有关项目计算说明如下。

(1) 本工程中有通风机安装清单项目“其他风机”，由于图纸不详，风机安装暂不考虑除风机安装外其他辅助部位的安装(如风机吊架)。

(2) 本工程中有风管刷油清单项目“设备与矩形管道刷油”，综合单价分析计算时，通风管道的刷油、绝热、防腐蚀，执行《第十一册　刷油、防腐蚀、绝热工程》相应定额。

① 薄钢板风管刷油，按其工程量执行相应项目：仅外(或内)面刷油者，定额乘以系数 1.2；内外均刷油者，定额乘以系数 1.1(其法兰加固框、吊托支架已包括在此系数内)。

② 薄钢板部件刷油，按其工程量执行金属结构刷油项目，定额乘以系数 1.15。

③ 薄钢板风管、部件以及单独列项的支架，其除锈不分锈蚀程度，一律按其第一遍刷油的工程量执行轻锈相应项目。

（2）总价措施项目清单与计价表内容和计算见表4-28。

**表4-28　总价措施项目清单与计价表**

| 序号 | 项目编码 | 项目名称 | 计算基础 | 费率/(%) | 金额/元 | 调整费率/(%) | 调整后金额/元 | 备注 |
|---|---|---|---|---|---|---|---|---|
| 1 | 031302001001 | 安全文明施工 | | | 214.82 | | | |
| 1.1 | 1.1 | 基本费 | 分部分项工程费＋单价措施项目费－分部分项除税工程设备费－单价措施除税工程设备费 | 1.5 | 217.00 | | | |
| 1.2 | 1.2 | 增加费 | | | | | | |
| 2 | 031302002001 | 夜间施工 | | | | | | |
| 3 | 031302003001 | 非夜间施工照明 | | | | | | |
| 4 | 031302005001 | 冬雨季施工 | | | | | | |
| 5 | 031302006001 | 已完工程及设备保护 | | | | | | |
| 6 | 031302008001 | 临时设施 | | | | | | |
| 7 | 031302009001 | 赶工措施 | | | | | | |
| 8 | 031302010001 | 工程按质论价 | | | | | | |
| 9 | 031302011001 | 住宅分户验收 | 分部分项工程费＋单价措施项目费－分部分项除税工程设备费－单价措施除税工程设备费 | 0.1 | 14.47 | | | |
| | | | | | | | | |
| 合　计 | | | | | 231.47 | | | |

说明：

总价措施项目计算基础为：

分部分项工程费＋单价措施项目费－分部分项除税工程设备费－单价措施除税工程设备费

＝15630.65＋168.12－1332.00（通风机设备费）－0.00

＝14466.77

(3) 其他项目清单与计价表内容和计算见表4-29。

**表4-29　其他项目清单与计价汇总表**

| 序号 | 项　目　名　称 | 金额/元 | 结算金额/元 | 备注 |
|---|---|---|---|---|
| 1 | 暂列金额 | 0.00 | | |
| 2 | 暂估价 | 0.00 | | |
| 2.1 | 材料(工程设备)暂估价 | 0.00 | | |
| 2.2 | 专业工程暂估价 | 0.00 | | |
| 3 | 计日工 | 0.00 | | |
| 4 | 总承包服务费 | 0.00 | | |
| | | | | |
| 合　计 | | 0.00 | | — |

(4) 规费、税金项目清单与计价表内容和计算见表4-30。

**表4-30　规费、税金项目清单与计价汇总表**

<table>
<tr><th>序号</th><th>项目名称</th><th>计算基础</th><th>计算基数/元</th><th>计算费率/(%)</th><th>金额/元</th></tr>
<tr><td>1</td><td>规　费</td><td rowspan="4">分部分项工程费＋措施项目费＋其他项目费－除税工程设备费</td><td></td><td></td><td>429.19</td></tr>
<tr><td>1.1</td><td>社会保险费</td><td>14550.38</td><td>2.4</td><td>352.76</td></tr>
<tr><td>1.2</td><td>住房公积金</td><td rowspan="2">14550.38</td><td rowspan="2">0.42</td><td rowspan="2">61.73</td></tr>
<tr><td>1.3</td><td>工程排污费</td></tr>
<tr><td>2</td><td>税　金</td><td>分部分项工程费＋措施项目费＋其他项目费＋规费－(甲供材料费＋甲供设备费)/1.01</td><td>14550.38<br>16459.43</td><td>0.1<br>11</td><td>14.70<br>1810.54</td></tr>
<tr><td colspan="4">合　计</td><td></td><td>2239.73</td></tr>
</table>

说明：

(1) 规费项目的计算基础为：

分部分项工程费＋措施项目费(包括单价措施和总价措施)＋其他项目费－除税工程设备费

＝15630.65＋168.12＋231.47＋0.00－1332.00(通风机设备费)

＝14698.24

(2) 税金项目的计算基础为：

＝分部分项工程费＋措施项目费(包括单价措施和总价措施)＋其他项目费＋规费－(甲供材料费＋甲供设备费)/1.01

=15630.65+168.12+231.47+0.00+429.19 −0.00

=16459.43

## 五、单位工程造价的确定

单位工程造价是由以上各项费用合计后确定的,具体计算过程见表4-31。

**表4-31 单位工程费用汇总表**

| 序号 | 汇总内容 | 金额/元 | 其中:暂估价/元 |
|---|---|---|---|
| 1 | 分部分项工程 | 15630.65 | |
| 2 | 措施项目 | 399.59 | — |
| 2.1 | 单价措施项目费 | 168.12 | — |
| 2.2 | 总价措施项目费 | 231.47 | |
| 2.2.1 | 其中:安全文明施工措施费 | 217.00 | |
| 3 | 其他项目 | 0.00 | — |
| 3.1 | 其中:暂列金额 | | — |
| 3.2 | 其中:专业工程暂估价 | | — |
| 3.3 | 其中:计日工 | | — |
| 3.4 | 其中:总承包服务费 | | — |
| 4 | 规费 | 429.19 | — |
| 5 | 税金 | 1810.54 | — |
| 工程造价合计=1+2+3+4+5 | | 18269.97 | |

本项目练习见本书配套教学资源包。

# 附　　录

## 附录 A　建筑安装工程费用项目组成表
（按费用构成要素划分）

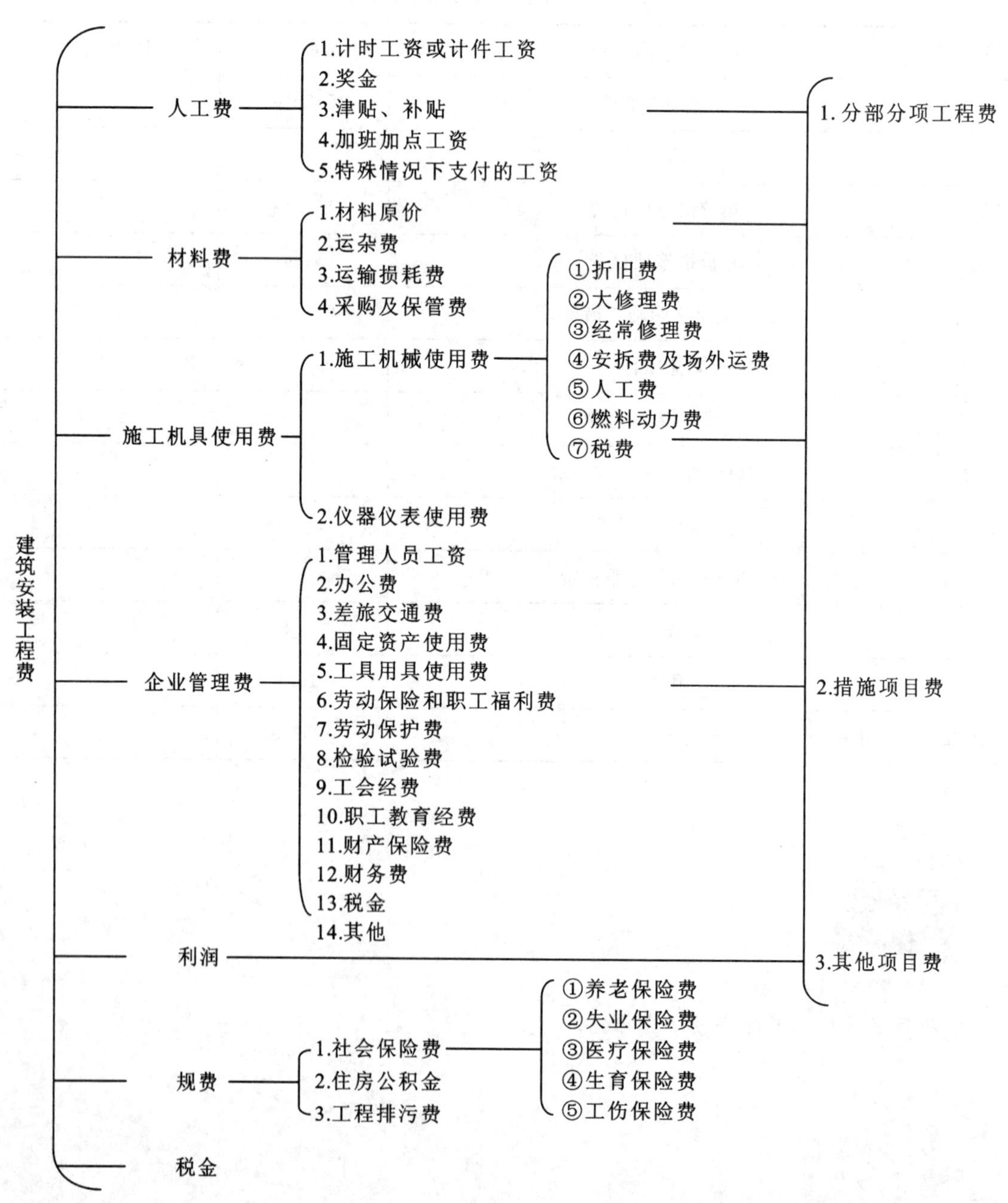

# 附录B 建筑安装工程费用项目组成表

## （按造价形成划分）

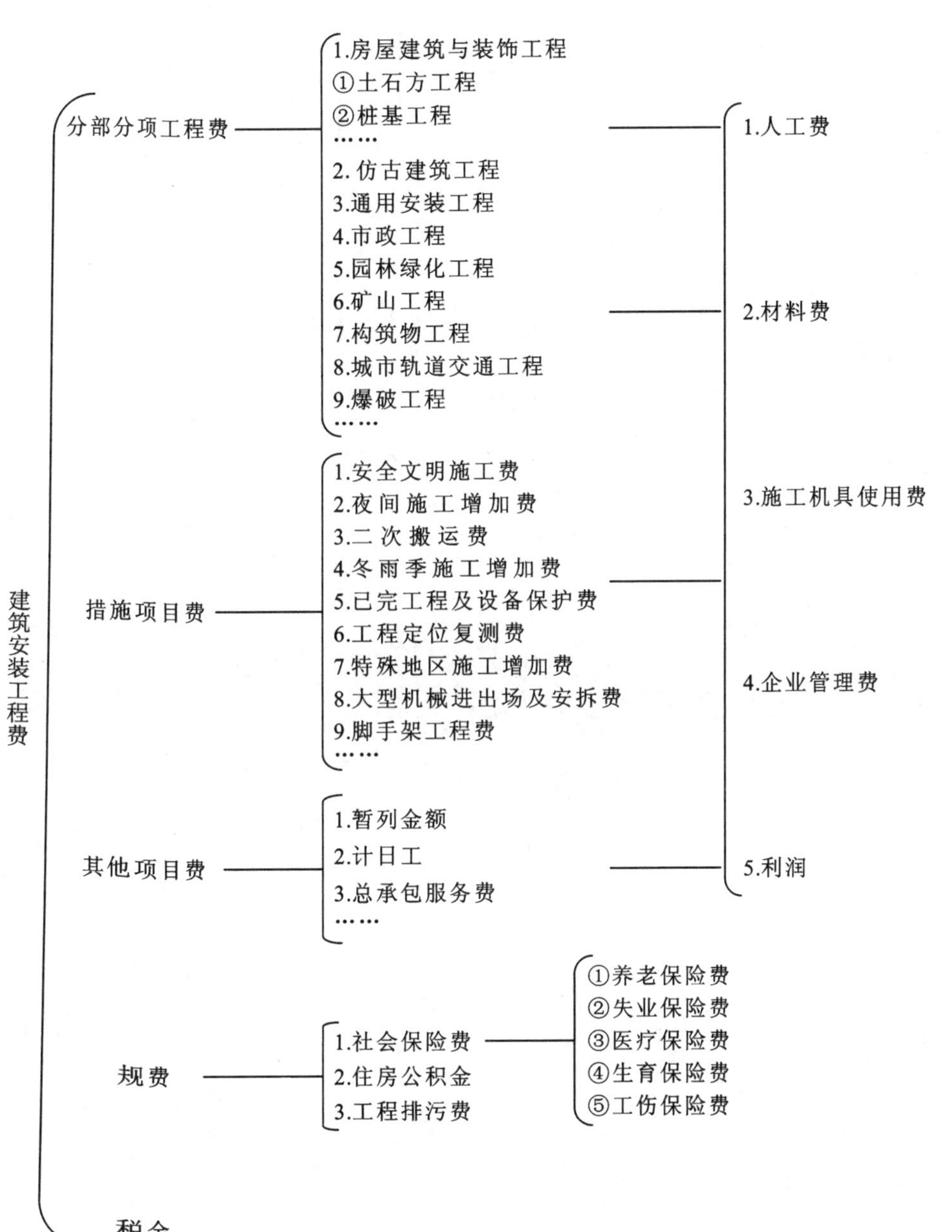